河北大学动物学国家重点（培育）学科资助
西南林业大学云南省森林灾害预警与控制重点实验室资助
国家自然科学基金项目（No. 30960057；No. 30760033）
大理学院高层次人才科研启动金资助

云南蝗虫区系、分布格局及适应特性

毛本勇　任国栋　欧晓红　著

中国林业出版社

图书在版编目（CIP）数据

云南蝗虫区系、分布格局及适应特性／毛本勇，任国栋，欧晓红著．－北京：中国林业出版社，2011.5

普通高等教育"十一五"国家级规划教材

ISBN 978-7-5038-6151-2

Ⅰ.①云…　Ⅱ.①毛…　②任…　③欧…　Ⅲ.①蝗科－研究－云南省　Ⅳ.①Q969.26

中国版本图书馆 CIP 数据核字（2011）第 072191 号

出版　中国林业出版社（100009　北京西城区刘海胡同 7 号）

网址　http://lycb. forestry. gov. cn

E-mail：forestbook@163. com　电话　010-83222880

发行　中国林业出版社

印刷　北京北林印刷厂

版次　2011 年 5 月第 1 版

印次　2011 年 5 月第 1 次

开本　787mm×1092mm　1/16

印张　22　　图版　8

字数　520 千字

印数　1～1500 册

定价　180.00 元

Supported by
National Key Discipline (Cultivate) of Zoology in Hebei University
Key Laboratory of Forest Disaster Warning and
Control in Yunnan Province, Southwest Forestry University
China National Natural Science Foundation (No. 30960057; No. 30760033)
Dali University Science Start-up Fund for High-level Personnel

Fauna, Distribution Pattern and Adaptability on Acridoidea from Yunnan

By
MAO Ben-yong, REN Guo-dong & OU Xiao-hong

China Forestry Publishing House

摘　要

　　本书在比较全面地考察云南蝗虫物种及其地理分布的基础上，首次系统报道和总结了蝗总科的区系分类、区系组成与起源、分布格局、适应进化及地理区划等方面的内容。全文共记录云南蝗总科昆虫 6 科 29 亚科 92 属 226 种（亚种），科学新发现 16 新种、1 新雌性和 1 中国新记录种；指出 4 个异名属、1 个异名种和 4 新组合种。系统分析了 225 种的区系性质，表明云南蝗总科特有种丰富，东洋区系成分占绝对优势。详细分析了云南蝗总科昆虫地理分布特点及物种丰富度空间分布格局，结果表明，在世界动物地理区中，云南蝗虫区系成分与非洲界的渊源关系较近；在东洋界中，与印度亚界的渊源关系较近；特有属呈狭域分布特点，特有种呈岛状间断分布特点；物种丰富度居全国之冠并随海拔、纬度和经度的增加物种丰富度总体呈下降趋势。区系起源和演化的分析结果表明了云南蝗虫的本土起源性质并经历了三次大规模的，特别是与冈瓦那古陆成分的交流；尝试提出了斑腿蝗科在中国西南的起源中心及西双版纳区系渊源。根据统计结果提出云南蝗虫特有种趋同进化的基本趋势，认为中、低海拔地区翅退化现象是长期适应草栖生境的结果，高海拔地区还与有效提高体温有关等结论。最后依据栅格聚类的结果，提出云南省蝗总科昆虫地理区可划分为 2 亚区 8 小区的建议。

　　本书可供大专院校师生、科研人员、生物多样性研究人员和昆虫爱好者参考。

序

　　蝗虫类昆虫是广为人知的植食性昆虫，它们分布广泛，种类繁多，不乏种群数量庞大造成蝗灾者，常被作为害虫开展研究和防治，并取得了众多的研究成果。到目前为止，全球已记载蝗亚目 14 324 种，其中蝗科 8 410 种。关于蝗虫区系研究方面，欧洲、北美洲、非洲；俄罗斯、日本、澳大利亚、印度及朝鲜半岛都于 20 世纪或 21 世纪初相继出版了区域性研究专著。我国也于 2006 年完成了蝗总科志和蚱总科志的编撰。据不完全统计，目前已知中国蝗总科 8 科 267 属 1 154 种，出版了二十余部地方蝗虫志。对于云南蝗虫的记录和研究，只是分散在这些论著之中。因此，亟需对云南蝗虫区系开展全面系统的总结工作，阐述物种区系及多样性特点，揭示地理分布格局特征，探讨区系的起源和演化以及生态地理区划等理论问题。

　　云南省的生态环境类型复杂多样，物种多样性极其丰富，生活于其间的蝗虫除少数种类严重危害水稻、甘蔗、竹类或其他一些农作物外，绝大多数为中性生物。因此，把蝗虫作为占有重要生态位的物种，探讨它们与其他生物之间及其与环境因子之间的适应进化关系，对正确理解蝗虫在云南自然生态系统中的地位和作用，对云南生态环境的维护，实现经济持续增长和保持生态平衡双赢的目标具有现实意义。书中把蝗虫物种强烈分化的事实和地理隔离及生态隔离联系起来加以研究具有重要的理论意义。

　　我欣喜地看到本书作者不仅仅是汇集多年来云南省内外众多作者所做的大量工作成果，他们从收集标本开始，历时十余年坚持不懈工作，方获得第一手调查资料，根据数理统计原理充分发挥计算机软件和技术在分布格局、特有分布区聚类、趋同特征统计、昆虫地理区划等方面上的运用，减少个人兴趣倾向和主观臆测对研究结果的扰乱，信息量大，其结论具有较大参考价值。

　　总体上看，本书包含了三个层次研究内容，即云南有些什么蝗虫？在哪里分布？为什么会存在在那里以及它们是怎样生存和发展的？前一个层次的研究结果奠定了后一个层次研究的基础；后一个层次研究结果是前一个层次研究内容的深入，其结论能相互渗透，从而深化了对所涉及问题的认识。除本书记述的科学新发现外，作者对云南蝗虫的区系分析和区系起源方面、特有种的趋同进化方面提出一些独到的见解，体现了明显的创新性。该著作超越了一般蝗虫志的内容，无疑将对云南蝗虫研究产生推动作用。

　　诚然，对云南蝗虫更加深入的研究工作还有很长的路要走，衷心希望年轻一代进一步拓展研究领域，深化研究内容，充分运用各种现代研究手段，为探索和揭示生命的奥秘而不懈努力。

郑哲民

2010 年 12 月 25 日于西安

前　　言

　　云南省地处北纬 21°09′～29°15′，东经 97°39′～106°12′之间，平均海拔约 2 000 m，属于低纬度高原，总面积 3.94×10⁵km²。云南地质起源十分古老，分别起源于劳亚古陆和冈瓦那古陆，沧海桑田的巨变导致境内内高山林立，河谷深嵌，湖泊和盆地星罗棋布。云南气候带跨越热带雨林边缘和青藏区东南边际，垂直和水平分异明显，类型复杂多样，生态小境千差万别，是生境高度异质的典型地区。特殊而优越的地理环境孕育了极其丰富的生物资源，是备受世界瞩目的生物多样性热点地区。

　　蝗虫隶属于直翅目 Orthoptera 蝗总科 Acridoidea。在云南，除少数种类严重危害水稻、甘蔗、竹类或其他一些农作物外，绝大多数蝗虫是对人类益害关系不显的中性生物。作为生态系统中的能量载体和初级消费者，它们是食物链中较高位物种的食物来源，占有重要的生态位，成为维系生态平衡不可或缺的重要组分。如同其他昆虫一样，该地区的蝗虫种类繁多，形态奇异，在长期的自然选择过程中分化和发展了众多的特化类群。它们常呈片状或岛状分布，同属物种的异域分化现象十分明显。这些神奇的自然现象强烈地激发我们去探究，为揭示其生命奥秘而不懈努力。云南究竟有多少种蝗虫？它们生存在哪些地方？其分布格局与地质历史和环境之间的关系怎样？为什么会有如此强烈的物种分化？其自然选择的动因和机制是什么？它们发展趋势将是怎样的呢？这些看似无关的问题之间却有着本质的内在联系，关键是对物种特化、分化及其动因和机制的认识。因为，要搞清物种分化的现象，就必须对物种的组成及地理分布开展慎密的调查和厘定；要探索物种分化的动因和机制就必须对性状特化与物种分化之间的关系、环境变迁与地理隔离和生态隔离机制之间的关系开展研究，并为区系的起源和进化等问题的解决奠定基础。探索云南高原是如何孕育这些丰富而有特色昆虫的奥秘，认识它们如何适应高度异质生境的动因和机制，历来就是国内外学术界关注的深层次理论问题，揭示这些规律，对认识生物与环境之间的相互关系十分重要。

　　前人在区系分类、区系性质及起源和演化以及生态适应性等方面作了诸多研究，然有关云南蝗虫研究的成果主要集中在物种的调查和新种的报道方面，根据以往资料尚不能全面客观地反映该区蝗虫的物种本底，对云南与各动物地理区及东洋区各亚区之间关系的区系起源问题、时间和空间分布格局问题、物种异域分化及特化趋势问题、趋同适应的进化机制等问题的研究则远远不够。为了缩小云南省该类群研究与我国整体水平的差距，自 1995 年以来，作者在各级经费特别是国家自然科学基金（No. 30960057；No. 30760033）的支持下，陆续开展了对该类群的研究工作，采集点涉及云南 74 个县、市，获得标本 9 700 余号，发表了 40 余篇相关论文，这些工作为本书的顺利完成奠定了坚实的基础。

　　在书稿付梓之时，特别感谢业师郑哲民教授多年来对该项目研究的关心和指导。先生童年和中学时代就在云南渡过,对云南的一草一木怀有深厚的感情,他时刻关注云南的经济和社会发展,作为昆虫学家多次深入云南开展昆虫调查,足迹遍及全省各地。先生对云南的昆虫学研究一直以来都寄予厚望,每每鼓励我们创造条件开展昆虫学研究工作。正是在先生的勉励、关怀和帮助下该书稿才得以完成。作者特别感谢河北大学石福明教授为我们提供许多文献资料,在工作思路与方法上给予的指点和帮助,他们为书稿的顺利完成给予了极大的帮助。特别感谢河北大学印象初院士和朱明生教授、中国科学院动物研究所杨星科研究员、梁爱萍研究员、张润志研究员对文稿提出的中肯而宝贵的意见和建议,并由此而改写了部分内容。感谢山东大学王裕文教授使我们有机会查看模式标本并惠赠了一些云南蝗虫标本和资料以及上海昆虫研究所刘宪伟研究员帮助核对部分模式标本。感谢河南师范大学牛瑶教授、陕西师范大学许升全教授、延安大学王文强教授、山西大学马恩波教授、湖南教育学院傅鹏教授、广西师范大学黄建华博士、德国 S. Ingrisch 博士惠赠了他们的油印本或帮助复印有关文献。S. Ingrisch 博士、美国 Hojun Song 博士以及澳大利亚 David Rentz 博士帮助修改润色发表论文。大理学院肖文博士、美国 Matt Scott 博士审定英文摘要。中国科学院动物研究所的陈军博士和杨玉霞博士生等帮助购买或复印有关文献,河北大学李新江博士赠送了其新近发表的论文。陈尽先生提供黄星蝗照片。感谢大理学院杨自忠博士、冯建孟博士、徐吉山副教授、杨国辉高级实验师、董晓东教授、李继红高级实验师、肖文博士、范朋飞博士、西华大学石爱民博士、西南大学张志升博士在标本采集中的给予的帮助,或提供各种分析软件并教授使用方法以及在学术问题上的有益探讨。标本采集还得到河北大学生命科学学院诸多老师和同事的帮助,得到大理学院学术带头人培养经费支持,在此一并致谢。

必须要说明的是,云南自然生境极其复杂,许多物种仅仅分布在一些十分狭隘的地区,如果从精细调查的角度出发,应该说调查的广度和深度仍然是不够的,因此种类记录肯定有遗漏,加之本书包含的内容较多,涉及各学科的范围较广以及作者认识水平的限制,不足之处在所难免,恳请读者指出,以便使其日臻完善。

作者

2010 年 10 月

目　　录

云南蝗总科区系特点及地理分布格局

云南蝗总科区系起源和演化

云南蝗总科物种的适应与进化

云南蝗总科昆虫地理区划

概　　述

一、研究背景

　　蝗虫（grasshopper）隶属于昆虫纲 Insecta 直翅目 Orthoptera 蝗总科 Acridoidea。它们在地球上分布广泛，种类繁多，不乏种群数量庞大、造成蝗灾者。作为生态系统中的能量载体和初级消费者，蝗虫是食物链中较高位物种的重要食物来源，在生态系统中占有重要的生态位。在云南，就蝗虫而言，除少数种类严重危害水稻、甘蔗、竹类或其他一些农作物外，绝大多数是对人类既无益又无害的中性生物。它们一方面通过摄食消耗山区各种杂草生长，另一方面又直接或间接成为其他捕食性动物的重要食物来源，成为维系生态平衡不可或缺的重要组分。

　　云南自然环境条件十分复杂，生物多样性极其丰富，一直以来就是学术界关注的生物学研究热点地区。在可持续发展思想的指导下，云南省提出了建设绿色经济强省和生态友好型社会的战略构想；发展经济，保护环境，实现经济持续增长和保持生态平衡双赢的理念已日益成为人们的共识。在此背景下，开展"云南蝗总科区系、分布格局及适应特性"的研究，对于全面系统地总结云南蝗虫区系分类工作，阐述其物种多样性特点及其地理分布格局、生态地理区划等理论问题，以及对正确理解蝗虫在云南自然生态系统中的地位和作用，都具有重要的理论意义，同时对指导农、林、牧业生产和保护区规划等也具有重要的现实意义。

　　云南省位于我国的西南边陲，地处北纬 21°09′~29°15′，东经 97°39′~106°12′ 之间，总面积 $3.94 \times 10^5 km^2$。云南是低纬度高原，北回归线横贯本省南部，境内大部地区属于热带和亚热带气候；在动物地理区划中，分属东洋界华南区和西南区。云南地貌主要由山地和盆地组成，地势西北高（平均海拔 2 400~3 000 m），向东南呈台地式倾斜（平均海拔 1 500~2 000 m），境内峰峦叠嶂，河谷深嵌，地形复杂，海拔差异悬殊，小气候类型多样；在山区，随海拔高度升高气候垂直分异明显。在大的气候方面，主要受印度洋西南季风和西风环流季节性交替的支配，冬春干冷，夏秋湿热；但由于西北青藏高原挡住了北方寒冷气流南下，因此全省大部分地区夏无酷暑，冬无严寒，全年温暖如春；气温总的趋势由北向南逐渐递增。特殊而优越的地理环境孕育了极其丰富的生物资源。

　　云南素有"动植物王国"之称。仅以动物为例，全省有哺乳动物 300 种（亚种）（中国 499 种）、鸟类 802 种（亚种）（中国 1 244 种）、爬行类 152 种（亚种）（中国 376 种）、两栖类 112 种（亚种）（中国 279 种），它们分别占我国该类群的 60.1%、64.5%、40.4% 和 40.1%。在节肢动物中，蜘蛛 663 种（杨自忠，2006），占我国已知种类 2 540 种的 26.1%。可见仅占全国陆地面积 4.1% 的云南却拥有近全国 20% 以上动物种类。云南的昆虫资源十分丰富，物种多样性明显，但区系分类研究还比较落后。如《云南森林昆虫》记载 5 333 种，仅占我国已知森林昆虫物种总数 70 000 种的 7.6%；迄今云南已知蝗总科昆虫 92 属 210 种（亚种），分别占国内已知属、种的 34.5% 和 18.2%。据保守估计，云南的蝗虫至少有 250 种（牛瑶，私人通讯），然对其种类组成、区系性质、分布格局、地理起源和生态适应性等方面的报导仍不十分全面、系统和深入，尚有进一步调查研究的空间。通过本项目的研究，旨在补充这方面研究的不足和填补系统总结工作的空白，揭示云南蝗虫物种多样性分布格局及其生态地理特征，以为地方志的出版和相关内容的后续研究奠定基础。

　　到目前为止，全球已记载蝗科 Acrididae 及其近缘类群 9 科 2 261 属 10 136 种（Yin et al.

1996）；Eades，D. C. & D. Otte（2009）记载世界蝗亚目 Caelifera 14 324 种，其中蝗科 69 亚科、167 族、1 911 属、8 410 种和 1 679 亚种。关于蝗虫区系研究方面，欧洲、俄罗斯、北美、非洲、日本、朝鲜半岛、印度及澳大利亚都于上世纪或本世纪初相继出版了区域性研究专著。我国于 2006 年完成了蝗总科 Acridoidea 志的编撰，共记述 8 科 238 属 879 种。2003年报导我国蝗总科 253 属 1 053 种（郑哲民，2003），2004 ~ 2009 年累计发表新单元 14 属 101种，目前，已知中国蝗总科 8 科 267 属 1 154 种。同时，全国各地方志也陆续出版（表 1-1）。对于云南蝗虫的记录和研究，只是分散在这些论著之中，尚缺少专门著作加以全面、系统的修订和总结。

表 1-1 中国蝗虫地方志出版情况一览表（The endemic records published on Chinese grasshoppers）

作者	出版日期	著作	属（种，含亚种）
陈永林、黄春梅、刘举鹏、孙定邦	1979	新疆蝗虫及其防治	58（135）
黄春梅、刘举鹏	1981	西藏昆虫（第 1 册）直翅目蝗科	47（87）
印象初	1984	青藏高原的蝗虫	77（186）
郑哲民	1985	云贵川陕宁地区的蝗虫	139（329）
郑哲民、廉振民、奚耕思	1985	甘肃蝗虫图志	53（133）
郑哲民	1987	贵州农林昆虫志	45（66）
尤其徽、黎天山	1990	广西经济昆虫图册	67（131）
郑哲民、许文贤、廉振民	1990	陕西蝗虫	56（103）
张长荣等	1991	河北的蝗虫	40（74）
李鸿昌、康乐	1991	内蒙古草地蝗虫	36（86）
郑哲民，万力生	1992	宁夏蝗虫	37（86）
黄春梅、刘举鹏	1992	横断山区昆虫，第 1 册	62（120）
刘举鹏等	1995	海南岛的蝗虫研究	48（79）
张经元、石志、王向荣等	1995	山西蝗虫	37（76）
蒋国芳、郑哲民	1998	广西蝗虫	72（147）
黄春梅、佘春仁	1999	福建昆虫志第 1 卷	47（73）
能乃扎布等	1999	内蒙古昆虫	55（146）
任炳忠	2001	东北蝗虫志	51（144）
贝纳新等	2002	辽宁蝗虫	44（63）

云南蝗虫区系研究历史可追溯到 20 世纪初。最早到云南采集蝗虫标本始见于 1914 年的 R. Mell。20 世纪 20 ~ 40 年代，计有 Höne（1934 ~ 1936）、Graharn（1923 ~ 1930）、Gregergy、Sven Hedin、Su Ping-chang、Tinkham、K. S. F. Chang，等人在云南采集标本。值得一提的是英国人 Gregergy 从西藏进入云南，在西藏、云南、四川采得大批昆虫标本，加上 F. Kingdon在西藏采获的标本，之后由 Uvarov 等人进行研究，共发表了 10 新属，其中包括产自云南的 3 属（云南蝗属 *Yunnannites* Uvarov、湄公蝗属 *Mekongiana* Uvarov 和奇翅蝗属 *Xenoderus* Uvarov），此外 Kevan（1966）根据此批标本另分离出 1 新属澜沧蝗属 *Mekongiella* Kevan；Ramme（1941）根据采自云南大理的标本建立了梅荔蝗属 *Melliacris* Ramme；此间仅有 1 名中国学者张光朔先生发表了云南的 1 新属云秃蝗属 *Yunnanacris* Chang。可见，中华人民共和国成立前，关于云南蝗虫的研究主要是由西方学者的零星调查开始的。中华人民共和国成立后，云南蝗虫区系的研究取得飞速发展，先后有多单位多人多次在云南进行昆虫考查，如中国科学院曾与苏联的联合考查（1955 ~ 1957）以及中国科学院（1959 ~ 1960、1981 ~ 1984），郑乐怡（1963、1979），郑哲民等（1973 ~ 1980），周尧、袁锋（1974），云南省林业厅（1977 ~

1979）等单位或专家组织的考查。

在以往的文献中，有多人次明确记述了云南的蝗虫（表1-2）。加上近年来发表的新属、新种（亚种），已知分布于云南的蝗总科昆虫共有6科92属210种（亚种）（统计至2009年11月），分别占国内已知属、种的34.5%和18.2%。

表1-2　云南蝗虫研究情况（The researchs of grasshoppers from Yunnan）

作者	出版日期	记载内容
Uvarov	1924	云南蝗虫20种
Bei-Bieenko、Mishchenko	1963	云南蝗虫3种
夏凯龄	1958	云南蝗虫32种
郑哲民	1980～1981	云南蝗虫88种
黄春梅、刘举鹏	1987	云南蝗虫88种
黄春梅、刘举鹏	1992	横断山区蝗虫34属45种
刘举鹏	1990	云南蝗虫70属113种
黄春梅、杨龙	1998	云南蝗虫48属79种
毛本勇、郑哲民	1999	滇西苍山地区蝗虫55种
欧晓红等	1999	滇西北地区蝗虫9种
夏凯龄等；郑哲民等；印象初等；李鸿昌等	1994；1998；2003；2006	共记录云南蝗虫86属176种

关于云南蝗虫区系的地理划分方面，马世骏（1959）把云南归为东洋区的中国-缅甸亚区，进而分为3小区：滇南省、云贵高原省和西南谷地省；黄复生、侯陶谦等（1987）划分为2区7小区：热带雨林季雨林区（含西双版纳、河口、瑞丽小区）、亚热带山地森林区（含横断山脉、无量山、金沙江、元江小区）；曹诚一、杨本立（1998）根据农林昆虫区系进行了地理区划，共分为7大区45亚区。可见，亚区和小区的划分有逐渐趋细的趋势，特别后者主要是从常见农林昆虫类群、结合气候及适生农作物特点划分的，其目的是指导农业生产，并非一定反映动物地理区系性质。这些个人观点需要进一步验证和完善，使之在学术界成为更成熟和广为接受的观点。

关于云南蝗虫区系性质及起源和演化，王书永（1990），王书永、谭娟杰（1992）对横断山区昆虫区系作了初步探讨，认为古北和东洋区系成分交汇重叠，特有种、原始种和高山种丰富，并有地域上的狭布性，东洋和古北界的分界线应在海拔2800～3000 m之间，并对物种分化和区系渊源作了分析。黄春梅、成新跃（1999）认为我国西南、东南部地区是斑腿蝗科的起源中心之一。许升全、郑哲民、李后魂（2003）认为斑腿蝗科在云南发生的先后顺序是云南南部、云贵高原、云南北部。张红玉、欧晓红（2005）比较了西双版纳、滇西北和西藏高原斑腿蝗科区系并探讨了其起源，认为西双版纳可能为斑腿蝗科物种的现代分布中心，滇西北为过渡地带；许升全（2005）认为从云南西北的腾冲、保山经过贵州南部到广西桂林的一个东西狭长的区域可以作为斑腿蝗科的一个特有分布区。以上分析对进一步研究云南蝗虫区系性质，探讨其起源和演化，揭示系统发育关系奠定了良好的开端，但限于调查的不完善性和所分析区域、类群及某些分析手段的局限性，其结论只在一定层面上反映云南蝗虫的系统演化关系，尚需从全省范围，利用现代生物地理学的原理和方法对蝗总科典型类群进行深入探讨，以期真正揭示云南蝗虫的起源和分布格局问题。

在蝗虫的生态适应性研究方面，印象初（1984）对青藏高原蝗虫的发音器、鼓膜、体型、中垫、体色、生活史等方面进行了深入的调查研究，提出了极有价值的创见；张红玉、欧晓红（2005）对西双版纳、滇西北、西藏高原 3 个区域的斑腿蝗科区系成分进行比较，结果表明在翅型、体型、体色的变化方面，总趋势是随海拔升高，翅退化强烈、体型趋小、体色加深。云南跨越热雨林带边缘和青藏区东南边际，其热带适应和高寒适应两种情况并存，适应机制应更为复杂，对其揭示和阐述，对于深化我国蝗虫进化研究具有重要理论价值。

二、研究目的及内容

通过对云南蝗虫研究历史的回顾，在总结前人研究结果的基础上，我们认为深入而系统地开展云南蝗虫的研究工作十分迫切和重要。在中国国家自然科学基金项目的资助下，基于1995 年后获得的第一手资料，试图通过更加深入全面的调查，利用数理统计方法，把宏观分析和实验室微观研究相结合；利用现代蝗虫分布信息及系统发育关系资料，探讨分布区之间的有机联系，并与地史资料相互印证；根据生物进化和环境演变相适应的原理，揭示其适应进化的规律与趋势。

根据研究内容开展时间的先后顺序和研究程度由浅入深的进展顺序，研究内容划分为以下三个层次：

第一层次：云南蝗虫的物种多样性与区系特征探讨。该部分是本项目研究的基础。在全面考察云南蝗虫研究历史和总结前人研究成果的基础上，主要根据翔实的考察记录、标本信息和鉴定结果（包括对新分类单元进行详细的描述和绘图），整理出云南迄今最为完整的种类修订目录，并据其相关信息分析它们的物种多样性特点，尤其是物种丰富度特点和区系组成特征。

第二层次：云南蝗虫的区系起源和分布格局分析。在修订目录的基础上，对重要类群的分类地位与系统发育关系开展研究，确定单系类群，遵循隔离分化生物地理学、历史生物地理学和分支生物地理学的基本原理和方法，利用数理统计软件（PC-ORD、SPSS），分析和解释云南蝗虫的区系起源、区系形成和分布格局等深层次理论问题。

第三层次：云南蝗虫的适应进化与生态地理特征探讨。在深入分析云南蝗虫区系起源和分布格局分析基础上，与毗邻地区比较，从进化生物学角度分析和探讨云南蝗虫的地域特殊性及其生态地理相，探索云南蝗虫与云贵高原环境的特殊适应与进化关系，推测其发展演化趋势，检阅和验证本省已有的昆虫生态地理区划观点，或根据蝗虫的分布提出云南省昆虫动物地理区划建议。

三、研究方法

（一）标本采集、处理及制作

本书所用材料主要来源于大理学院多年采集、收藏的标本，其中主要集中采集是在2004～2007 年间，部分来源于西南林业大学和河北大学博物馆收藏的以及从山东大学借阅的标本。借阅标本经复核、照相并记录采集信息后归还。未见标本的种类则依据文献确定其分布地，再在世界地名录查出分布地经纬度。

根据年度工作计划，预先设计采集路线和布点。路线设计重点考虑了前人工作尚不十分深入的地区以及自然环境复杂的地区，具体包括：滇西北地区、滇西横断山区、滇西南地区、滇南地区，其次是滇东北地区、滇中地区和滇东地区。采集点设计着重考虑了以下自然保护区：白马雪山、三江源、苍山洱海、高黎贡山、哀牢山、大山包、南滚河、无量山、纳板河流域、西双版纳、大围山、金平分水岭及哀牢山等国家级自然保护区；玉龙雪山、剑川老君山、师宗菌子山、哈巴雪山、纳帕海、泸沽湖、梁河后山、漾濞雪山河、宾川鸡足山、云龙天池、普洱菜阳河、马关古林箐、盈江铜壁关、永德大雪山、临沧五老山、龙陵小黑山、峨山锦屏山、腾冲来凤山等省、县一级自然保护区。

通过自 1995 年以来，特别是 2004～2009 年间多次分点采集调查（包括大理学院学生暑假期间的采集活动），采集点已涉及云南 127 个县、市、区中的 74 个（详见种类记述的采集记录部分），获得标本 9 700 余号，掌握了记载分布于云南的蝗虫中的 83 属 165 种（亚种）标本，分别占云南已知属、种的 90.2% 和 78.6%。这些较完备的第一手资料使我们对云南蝗虫的区系性质有了相对充分的了解，为本书的顺利完成奠定了基础。尽管本研究组人员在云南采集了很长时间和很多地点，但云南自然生境极其复杂，隔离分化现象十分普遍，许多物种仅仅分布在一些十分狭隘的地区，如果从精细调查的角度出发，应该说调查的广度和深度仍然是不够的。下面重点罗列了具体调查时间和相应的采集点（图 1-1，表 1-3）。

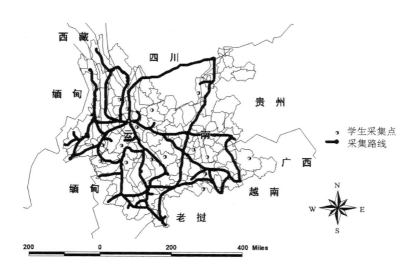

图 1-1　采集路线图（The route of collecting specimens）

表 1-3　采集时间及路线（The time and route of collecting specimens）

时间	路线
1998 年 8 月	大理—洱源—剑川—香格里拉
1999 年 8 月	大理—洱源（百草罗）
2000 年 7～8 月	大理—保山—腾冲—怒江坝
2002 年 8 月	大理—剑川—丽江—虎跳峡—哈巴雪山—白水台—香格里拉—维西

（续）

时间	路线
2004 年 7~8 月	大理—丽江—宁蒗泸沽湖自然保护区—盐源—西昌—永善—昭通—鲁甸—会泽—绿春（坪河）—勐腊—耿马（南滚河、孟定）
2005 年 5 月	大理—屏边大围山国家级自然保护区—文山
2005 年 7~8 月	大理—六库—片马—腾冲—高黎贡山国家级自然保护区—梁河后山自然保护区—盈江—瑞丽
2006 年 7~8 月	大理—师宗菌子山自然保护区—文山—马关古林箐自然保护区—河口—金平分水岭自然保护区—绿春—西双版纳国家级自然保护区—景谷—无量山国家级自然保护区
2007 年 5 月	大理—双柏—新平—哀牢山国家级自然保护区
2007 年 7 月	大理—普洱（梅子湖）—莱阳河自然保护区
2007 年 7~8 月	大理—玉溪—江川—华宁—元江
2007 年 8 月	大理—鹤庆—香格里拉—德钦—白马雪山国家级自然保护区
2007 年 11 月	大理—景洪—龙林—南贡山

采集时根据蝗虫的生活习性，选择适当的采集地点，利用昆虫网和徒手采集的办法进行随机采集。蝗虫为植食性，多数生活在草丛中，有的生活在灌木上，少数甚至躲藏在荆棘内；它们大多有很好的保护色，不利于肉眼搜寻，但对扰动十分敏感，一遇惊扰便迅速跳离或飞走，或滚落于枯草之间，从而使之更容易被发现。一般来说多数蝗虫都有群聚性，易被发现和捕捉。对采集过程中所见到的蝗虫都尽量捕捉 10~30 头，以适应区系研究之目的。采集到的蝗虫经大致检查后投入盛有氰化钾的毒瓶中杀死，之后选择典型个体放回其寄主植物上或生活环境中，整姿后，用 SONY101 或 Olympus SP5500-UZ 数码相机拍摄生态照片，照相完后再转移到三角纸袋中，在纸袋上做好采集信息（包括采集地、经纬度、海拔、日期、采集人、寄主植物等）记录，并同时记录下生态信息，标本带回住地后放入 10% 福尔马林 2 份 +70% 乙醇 1 份 + 甘油适量浸泡 3~5 min，晾干表面溶液后再放入三角纸袋中风干，带回实验室。

在实验室的回软器中连同三角纸袋裹在湿毛巾内常温回软 8~12 h，整姿后制成针插干标本，最后系上标签，插入标本盒，留待分类鉴定之用。标本保存过程中注意防潮霉变和防虫蛀食。

（二）分类鉴定、绘图及术语

1. 分类鉴定

本书采用印象初（1982）提出的，后经夏凯龄（1985）修改的系统进行分类鉴定。在夏氏系统中蝗总科 Acridoidea 隶属于昆虫纲 Insecta、直翅目 Orthoptera、蝗亚目 Caelifera，含 8 个科：癞蝗科 Pamphagidae、瘤锥蝗科 Chrotogonidae、锥头蝗科 Pyrgomorphidae、斑腿蝗科 Catantopidae、斑翅蝗科 Oedipodidae、网翅蝗科 Arcypteridae、槌角蝗科 Gomphoceridae 和剑角蝗科 Acrididae。

区系研究的关键是物种的准确鉴定。首先将标本初分到科，然后再用检索表逐步鉴定到亚科、属、种（亚种）。先解决资料完整、系统发育关系明确、雌雄标本齐全和鉴别特征明确、稳定的类群，然后逐步解决难度较大的类群。对有疑问的种，必须核对原始描记或补充描记，有条件的尚须核查模式标本，直至做到准确鉴定到种（亚种）为止；否则将作为未定种对待。鉴定工作在麦克奥迪 SMZ-186 型双目体视连续变倍显微镜下进行。对有多个标本的新单元描述时选取典型（普通）成熟个体 3~10 个测量各项数据，给出数据变化范围和平均值。鉴定过程中如有必要对雄性外生殖器进行解剖的先将标本在清水中浸泡 12 h 左右，用 3 号和 4 号昆虫针自制成带锋利刀刃的钩状解剖器自外生殖器和肛侧板间插入，割断肌肉和结缔组织，钩出外生殖器，置 2% KOH 溶液中，隔水加热 10～20 min，冲洗并剔除多余肌肉和结缔组织后，小心分离阳具基背片和阳具复合体，暂时保存在 70% 酒精中备用。画图时将阳具基背片和阳具复合体放在自来水中，画图后用水溶性胶水粘贴在三角形小纸片近顶角处，小纸片随同标本插在同一根昆虫针上，以备再次复查（外生殖器的保存方法参考 Ingrisch，1989）。

2. 绘　图

绘图在 Olympus SZ 体视显微描绘仪下，用 2H、1H 和 HB 铅笔初绘在 A4 白纸上，再用日本产绘图钢笔或工程绘图笔蘸取碳素墨水在 A4 硫酸纸上点、线复墨。复墨图经 Uniscan E70 扫描仪扫描后在 Photoshop CS2.9.0 图像处理器上仔细擦去多余的墨迹或添补修改不足之处后完成图像处理。图中比例尺均为 1 mm。

3. 术　语

对新的分类单元、中国新记录、雄性或雌性新发现的分类单元详细描述；对以往原始描述不够详细的分类单元和尚未记述其雄性外生殖器的种类补充描述。描述的顺序是先头部，再胸部，后腹部。

头部的描述点依次有：头部、头顶、颜顶角沟、头侧窝、颜面、颜面隆起、触角、复眼、颊部等。

胸部的描述点依次有：前胸背板、前胸腹板或前胸腹板突、中胸腹板、后胸腹板、前翅、后翅、前足、中足和后足。其中本文对中胸腹板侧叶间中隔的长度和宽度按以下规定进行描述：长度为中隔最前缘到两侧叶最后缘连线间的垂直距离；宽度为中隔最狭处距离。侧叶的长度和宽度均为最大长度和最大宽度（图 1-2）。

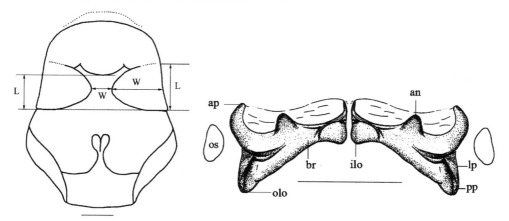

图 1-2　三斑阿萨姆蝗的中、后胸腹板（左）（The mesosternum and metasternum of *Assamacris trimaculata* Mao, Ren *et* Ou, 2007, left）及德宏卵翅蝗阳具基背片背面观（右）（The dorsal view of epiphallus of *Caryanda dehongensis* Mao, Xu *et* Yang, 2003, right）

腹部的描述点依次有：鼓膜器、雄性第 10 腹节背板、肛上板、尾须、下生殖板和产卵瓣。

雄性外生殖器的观察和描述点依次有：阳具基背片（epiphallus）的桥（br = bridge）、前突（an = anterior projection）、侧板（lp = lateral plate）、后突（pp = posterior projection）、冠突（lophi）（有的种类又分为外冠突（olo = outer lophi）和内冠突（ilo = inner lophi））及卵形骨片（os = oval sclerites）（图 1-2）；阳具复合体（phallic complex）的阳具基瓣（bp = basal valves of penis）、阳具端瓣（ap = apical valves of penis）、色带瓣（cv = cingular valves）、色带表皮内突（apd = apodemes）、色带连片（zy = zygoma）、色带基支（rm = cingular rami）以及阳茎鞘（ecto = ectophallus）等（图 1-3）。

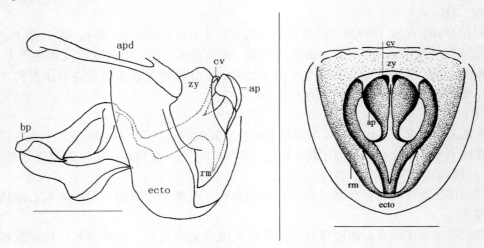

图 1-3　印氏卵翅蝗阳具复合体侧面和顶面观

（The phallic complex of *Caryanda yini* Mao *et* Ren，2006，lateral and apical views）

本文的测量项目按以下规定进行：

体长：头顶前缘至后足股节顶端之间的距离（图 1-4）。

头长：头顶前缘至后头后缘之间的距离（图 1-4）。

头顶长：头顶前缘至头顶在两复眼前缘连线之间的垂直距离（图 1-4）。

头顶宽：头顶在复眼前缘处两侧单眼之间的距离（图 1-4）。

触角长：触角柄节基部至触角顶端的长度。

复眼纵径：复眼纵径的最大长度（图 1-4）。

复眼横径：复眼横径的最大长度。

前胸背板长：前缘最突出处至后缘最突出处的距离（图 1-4）。

沟前区长：沟前区沿中隆线的长度（图 1-4）。

沟后区长：沟后区沿中隆线的长度（图 1-4）。

后足股节长：后足股节前缘至膝部末端的长度（图 1-4）。

后足股节宽：后足股节的最大宽度。

4. 模式标本保存

文中记述的新分类单元的模式标本除特别说明外均保存在大理学院昆虫标本室。

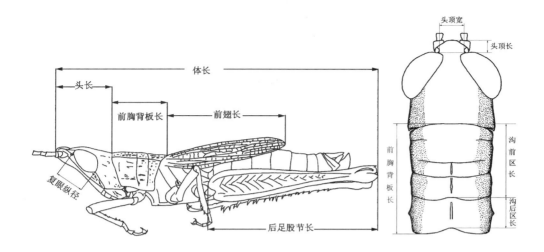

图 1-4　筱翅华佛蝗雄性整体侧观（Male body of *Sinophlaeba brachyptera* Mao，Ou *et* Ren，2008，lateral view）及金平卵翅蝗头、前胸背板背面（Head and pronotum of *Caryanda jinpingensis*，sp. nov.，dorsal view）

四、云南自然地理概况

云南自然历史过程决定了现今的地貌形态。地貌条件通过对热量、水分和基质等的影响从而影响该地区气候特点的形成和生物区系的性质。因此认识和了解云南自然及其历史过程，对深入研究云南蝗虫区系性质是十分必要的。本节参考前人的研究资料，简要阐述对云南蝗虫区系性质有重要影响的自然历史过程，并对地貌形成、气候特点和植被类型3个方面作扼要的阐述。

（一）自然历史

云南省位于我国的西南边陲，地处北纬 21°8′32″~ 29°15′8″，东经 97°31′39″~ 106°11′47″之间，南北长 900 km，东西宽 864.9 km，总面积 3.94 × 10⁵ km²。云南省东部与贵州省和广西壮族自治区毗邻，东南部、南部、西南部和西部以蜿蜒漫长的边界与越南、老挝、缅甸接壤，西北一隅以横断山脉和青藏高原相连，北部与四川的甘孜、凉山地区相连，东北一隅突出于四川宜宾地区。

云南地区的自然历史同地球历史一样经历了沧海桑田的变化。地球历史距今4 600 Ma（百万年，下同），在这漫长的岁月中，地球自身在永不停息地运动变化着。

1912 年，德国气象学家 Alfred Wegener（1880 ~ 1930）在总结前人有关大陆漂移概念的基础上，提出了大地构造学说——大陆漂移学说。该学说认为，300 Ma 前的古生代后期，地球上所有的大陆和岛屿连在一起，构成了一个超级联合大陆——联合古陆（Pangaea）。从中生代开始，这些大陆逐渐分离、漂移，演变成现在的格局。

云南高原的起源历史应追溯到古生代。古生代寒武纪（570 ~ 505 Ma 前）早期，川滇古陆即隆起形成。从起源上看，川滇古陆属于欧亚大陆的南端，呈南北走向的狭长纵条，其北端起于北纬32°52′的丹巴之南，向南伸至北纬 22°的云南南部，陆地范围虽经多次海退和海浸的深刻影响，但大约从大理至昆明之间的南北狭长部分从未被海水全部淹没（钟章成，

1979)。与此同时，澜沧江以西首次形成古陆，与川滇古陆隔海相望，以东仍为辽阔的海洋。此时海洋中出现了寒武纪生物大暴发，著名的云南澄江貌仙山动物化石群便在这一时期出现。这种状况一直持续到奥陶纪(505~438 Ma前)晚期。到志留纪(438~408 Ma前)早期，澜沧江两侧也陆续出露，但仍未与川滇古陆相连。有证据表明，在志留纪末期，冈瓦纳古陆处于初步的联合阶段；北美板块向欧洲板块俯冲，直到两板块相撞面对接，形成了初步的劳亚古陆(张雅林等，2004)。此时，节肢动物、蠕虫是发现最早的陆生动物(郝守刚，马学平，董熙平等，2000)。

到古生代的二叠纪(286~245 Ma前)末期，南方冈瓦纳古陆联合欧美古陆形成一个超级联合大陆(宋春青，张振春，2001)。此时昆虫纲已经形成并分化为各目。

由于海底扩张，使二叠纪完全形成的联合大陆分离、漂移，形成了劳亚古陆和冈瓦纳古陆，尤其是南方冈瓦纳古陆到中生代时显著分离、漂移，并向现代分布格局发展。由于川滇古陆部分一直未被海水完全淹没，许多古老的带有劳亚古陆区系成分昆虫类群应该得以保留，并且成为以后物种传播的策源地。

中生代三叠纪(245~208 Ma前)早期，西双版纳和滇西丘陵形成，但之间仍为狭窄的海沟相隔。到三叠纪中晚期，是云南高原大面积从海底抬升为陆地的转变时期。马来西亚、中南半岛并云南西部原为冈瓦纳古陆边缘的一部分，在晚二叠纪时与冈瓦纳古陆分离并向北移动，至侏罗纪(208~144 Ma前)中期与欧亚大陆相撞(Burrett *et al.*，1991；Sengr，1988)——印支运动。其结果使云南西部从景东—普洱—江城一线为界露出了海面，但西双版纳被沦为海洋。

白垩纪(144~66 Ma前)早期西双版纳再次升起与川滇古陆相连，但澜沧江以东形成西北—东南走向的狭长滇西盆地。至新生代早第三纪(65~23 Ma前)，云南西北部和四川西南部的横断山区的核心地带已经形成(钟章成，1979)，滇西盆地大部消失。到第三纪末期，云、贵、川完全露出海面形成川滇黔准平原，由于受古特提斯海洋性气候的影响，境内气候为热带—亚热带气候(孙航，2002)，被子植物和古老的热带植被比较发达，许多热带、亚热带植物物种成为当时整个地区的共通种。即便是现在，四川东南部虽在海拔上和属于云贵高原的滇东北地区有较大差距，但许多植物物种都有较大相似性(钟章成，1979)；同样的，当时的动物区系当然具有亚热带、热带平原区系的性质。由于中南半岛与欧亚大陆相撞并相连，来自冈瓦纳古陆的动物成分得以进入云南，使该地区的动物区系不可避免地带有了冈瓦纳古陆—马来亚动物区系成分的性质。

新生代第三纪的始新世(58~37 Ma前)，冈瓦纳古陆进一步分裂，澳大利亚与南极大陆分开并逐渐向北迁移；印度板块在西藏南部与亚洲相撞，形成欧亚次大陆。相撞引发的造山运动使得这一地区的海拔不断提高，逐步形成喜马拉雅山和青藏高原。但在上新世(6~2 Ma前)早期，喜马拉雅山并不高，南北动物可以自由迁徙；到上新世中晚期，喜马拉雅山才渐渐成为动物不可逾越的屏障(赵铁桥，杨正本，1985)。上新世末至第四纪(2~0.01 Ma前)初，青藏高原大幅度抬升，抬升的结果对全球气候产生了很大的影响；同时，云南准平原也随之被解体，高原被抬升。由于各地的抬升程度不同，且抬升过程具间歇性，造成了云南高原西北高、东南低的台阶式地貌(杨一光，1987)。从更新世中期到现代，由于青藏高原进入均衡调整的整体抬升期，云南中西部则形成保持云贵高原格局，又作为青藏高原向中南半岛延伸的阶梯，形成强烈切割的横断山系以及多级残存体状剥蚀面和狭长山间盆地的地貌景观(李余华等，2005)。在高原面抬升解体过程中，由于承袭了区域地质历史的深刻影响，使得云南省境内深断裂十分发育，自西向东有怒江断裂，澜沧江深断裂，红河断裂，安宁河—龙川江断裂，滇东平行断裂带等一系列的大断裂，它们对云南境内的主要山脉、河流的走向有着明显的控制作用（杨一光，1987）。这个时期，云南地貌的雏形已基本形成。喜马拉雅山脉的隆升和青藏高原的形成改变了东亚的大气环流，阻挡了北来寒流，对云南的气候和动植物的变迁产生了深刻的影响。

第四纪冰期和间冰期到来，寒冷与温暖气候多次重复交替出现，平原地区物种需经南迁北移来适应气候的变化，在高山地区只需作垂直高度上的迁移，加之云南广大地区地处低纬度地带，受全球气温变化的影响较小，许多古老或生态幅狭窄的种类得以保存；南迁北移的大量物种在此地汇集、分化和发展，在漫长的适应过程中因自然选择获得了许多新的性状，或成为新的物种。它们生生不息，繁衍至今，只有那些保守而不适应者则逐渐走向衰败甚至灭绝的道路。

（二）地　貌

总体来说，云南是一个低纬度高原，北回归线横贯本省南部。高原山地和丘陵共占95%，其间散布河谷盆地 1 400 多个。

从地形地貌上看可以元江为界分为两大部分：此界以东，地貌以丘陵状石灰岩溶高原为主，高原面保持完好，海拔约 1 500～2 000 m 左右，地形波状起伏，表现为起伏缓和的低山和浑圆丘陵，石灰岩和熔岩喀斯特地貌广泛分布，低洼地带红壤土质发育。昆明—河口一线以西为滇中的断陷湖盆高原，高原湖泊星罗棋布。元江界线以西又可分为两部分，西部、西北部为著名的横断山区高山山原峡谷地貌，该区高山林立、河谷南北纵伸，地势险峻，山顶与谷底相对高差大。高黎贡山、怒山、云岭、哀牢山等多数山峰均在 3 000～4 000 m 以上，而滇西北的玉龙雪山、白马雪山、哈巴雪山、梅里雪山海拔可达 5 000 m 以上，其山体基本上自北向南呈帚状分布，形成了南部和西南部的间山盆地地貌。滇东北为高山山原地貌，其间的拱王山、大药山等海拔均在 4 000 m 以上，成为滇东高原的脊梁，是红河和金沙江之间的分水岭，向东逐渐过渡到昭通、宣威、镇雄一带。

两山夹一江是云南省地貌的重要特征，隶属印度洋水系的伊洛瓦底江、怒江以及隶属太平洋水系的澜沧江、金沙江、元江、南盘江等江河顺着地势，呈帚状流向西南、东南或向东（金沙江）流去。云南的这些大致呈南北纵向排列的山脉成为北方物种向南入侵的通道，而其相间的深谷又成了南方物种向北扩散的走廊。

全省地势西北高东南低，高差大，这是云南省地貌的另一重要特征。如滇西北的梅里雪山主峰——卡瓦格博峰，海拔 6 740 m，为全省最高峰，而南部河口县的南溪河与元江汇合处是全省最低点，海拔仅 76.4 m，两地相差仅约 5 个纬度，海拔差距竟达 6 663.6 m，反映出其地势的显著起伏。但从相对高程上看，又可大致分为两级夷平面：一级夷平面大体上由滇中高原和滇西北横断山区组成，一般高程在 2 000 m 以上，二级夷平面主见于滇南和滇东南地区，一般高程 1 200～1 400 m。但由于隆升和切蚀作用，这种西北高东南低的两级夷平面又被十分发育的高山和峡谷强烈切割，只在西南和滇南形成较为开阔的谷地。这些谷地开阔平坦，如著名的盈江河谷区，海拔一般在 800～1 000 m，水分充沛，热量充足，是云南省主要的热带、亚热带稻作区和经济作物区。

（三）植　被

根据吴征镒和朱丞彦（1987）的结论，云南植被共分为热带雨林—季雨林、常绿阔叶林、硬叶常绿阔叶林、暖性针叶林、温性针叶林、稀树灌木草丛、灌丛、草甸、高原水生植被九种类型。云南的热带雨林—季雨林分布于东南部、南部和西南部的低海拔地区，与东南亚的越南、老挝、缅甸的植被一样，具典型的热带东南亚植物区系特点；常绿阔叶林是云南亚热带植被的优势类型，分布于云南境内广大地区，其植物区系成分为云南植物之冠。硬叶常绿阔叶林分布于滇西北地区，是该地区的主要植被类型，主要集中于金沙江中下游的高山峡谷中。以思茅松和云南松为主的暖性针叶林主要分布于山地干旱或半干旱地带。温性针叶林为亚高山的针叶林，以云杉、冷杉、铁杉为主要特征，主要分布于滇西和滇西北中山以上地区。稀树灌木草丛为干热河谷和热带、亚热带荒山坡常见植被，这种植被以草丛为主。灌丛分为高寒山地的寒温灌丛、亚热带石灰岩灌丛、干热河谷灌丛和热带河谷灌丛。草甸零散分布在滇西北和滇东北的亚高山和高山地区，虽然面积不大，但植物种类丰富。高原水生植被主要分布在各地的湖泊、池塘、水库、江川、河流的边缘浅水地带。可见，云南的植被类型不仅表现出随纬度增加呈现由热带向寒温带过渡的现象，而且表现出随海拔升高由热带、亚热带向温带、寒温带过渡的现象；在相对狭小的范围内，即有如此丰富的植被类型，这在世界上也是不多见的。

（四）气　候

云南地处南亚次大陆和欧亚大陆交汇地带，深受印度洋西南季风和西风环流季节交替的影响，具有浓郁的南亚季风气候和低纬度高原气候特点，即干、湿季分明，年温差较小；太阳辐射强烈，日温差较大；除西北端属湿润高原气候、滇南低热河谷区属北热带湿润季风气候外，大部分属亚热带高原型季风气候（杨一光，1987），具体来讲，腾冲—开远一线以南属南亚热带气候，以北属中亚热带气候。

因受所处纬度和海拔的影响，全省气候复杂多样，表现出立体气候特征。从纬度上看，全省各地的年平均温度，除金沙江河谷和元江河谷外，由北向南呈梯度增高，平均在 5 ~ 24℃左右，南北气温相差可达 19℃左右。据有关资料记载，除滇东北的昭通地区和滇西北的丽江、迪庆地区温差稍大，各地年温差大多在 10 ~ 14℃ 之间，明显小于我国东部同纬度地区；全省气温最热月 19 ~ 22℃，最冷月 5 ~ 7℃ 以上；日温差冬半年可达 12 ~ 22℃。云南冬季受大陆季风控制，降雨较少，气候干燥；夏季为海洋季风支配，气候湿润多雨，干湿季节非常明显。但不同地区因受不同大气环流的控制和影响，干湿季节的持续时间和同一时间的降雨情况也有区别。雨季一般从 5 月开始，可持续到 10 月，进入 11 月至翌年 4 月为干季。在雨季，不同地区的降水量也有很大差别，如滇中的祥云、宾川（600 mm）、南华降雨量偏少，而西盟县降雨量为全省之最，达到 2 780.9 mm；即使同一地区不同坡向的降水也有所不同，如高黎贡山西坡降水量明显大于东坡，而苍山南坡降水量较大于北坡（段诚忠等，1995）。全省降水在季节上和地域上的分配极不均匀。

同一地区因受海拔高度的影响也呈现出立体气候的特征。高山地区从山麓到山顶，其气候类型同样呈现出热带、亚热带、温带、寒带的分异；海拔每升高 100 m，一般气温下降 0.6 ~ 0.8℃；降水量也随海拔升高有逐渐递增的趋势。

总之，复杂的地形地貌和立体气候特点创造了诸多条件迥异的生态小境，为适应不同生境的生物提供了得天独厚的生存发展空间，奠定了云南省生物多样性的前提，使其成为我国乃至世界物种多样性最为丰富的地区之一。

种类记述

蝗总科 ACRIDOIDEA

体圆柱形，多数略侧扁，少数近扁平，体长最小约 8 mm，大者可超过 80 mm。头卵圆形或圆锥形，颜面侧观近垂直或向后倾斜，多数下口式，少数后口式；头顶中央具细纵沟或缺如，头顶侧缘常具或不具头侧窝。复眼 1 对，单眼 3 个。触角长于前足股节，呈丝状、槌状或剑状。前胸背板发达，仅覆盖住胸部背面和侧面，其背面常具中隆线和侧隆线，中、侧隆线被横沟割断，有时仅见后横沟。前、后翅一般均发达，前翅略长于后翅，少数种类前、后翅均缩短或完全缺翅。足 3 对，后足较发达，较长于前两对足；跗节 3 节，跗节端部具爪 1 对，爪间具中垫。腹部第 1 节背板两侧具鼓膜器，少数种类的鼓膜器退化或缺如。雄性腹端由腹部第 9 节腹板延伸形成短锥形的下生殖板，内具阳具复合体。尾须 1 对，不分节。雌性腹端具有明显的上、下两对产卵瓣，产卵瓣较短，上产卵瓣的端部常呈钩状。下生殖板较长，一般长大于宽。

中国已知种类划分为 8 个科，现列分科检索表如下。

蝗总科分科检索表

1(6) 头顶具细纵沟；后足股节上下隆线之间具有不规则的短棒状或颗粒状隆线，外侧基部上基片短于下基片，若上基片长于下基片，则阳具基背片非桥状，为壳片状或花瓶状，并具附片

2(3) 头型非锥形，头顶向前倾斜，侧观与颜面组成直角或钝角，触角丝状；腹部第 2 节背板侧面的前下方具有摩擦板；阳具基背片呈壳片状，缺附片 …………………… 癞蝗科 Pamphagidae

3(2) 头型一般锥形，若非锥形，则腹部第 2 节背板侧面的前下方缺摩擦板；触角丝状或剑状。阳具基背片呈花瓶状，并具附片

4(5) 触角丝状 ……………………………………………… 瘤锥蝗科 Chrotogonidae

5(4) 触角剑状…………………………………………………… 锥头蝗科 Pyrgomorphidae

6(1) 头顶缺细纵沟；后足股节上下隆线之间具有羽状隆线，外侧基部的上基片长于或近等于下基片。阳具基背片大多为桥状，缺附片

7(14) 触角丝状，或在其顶端部各节明显膨大形成棒槌状

8(13) 触角丝状

9(10) 前胸腹板在前足基部之间明显突起，呈圆锥形、圆柱形、三角形或横片状；阳具基背片的锚状突一般不与桥部相连接，相对较短 …………………… 斑腿蝗科 Catantopidae

10(9) 前胸腹板在前足基部之间较平坦或略隆起；阳具基背片的锚状突与桥部相连接，相对较长

11(12) 前翅中脉域的中闰脉在雌、雄两性均具明显的音齿，有时在雌性较弱，如若中闰脉不发达，缺音齿，则其后翅具明显的彩色斑纹，且跗节爪间中垫较小，达到爪的中部 … 斑翅蝗科 Oedipodidae

12(11) 前翅中脉域一般缺中闰脉，如具不发达的中闰脉，在雌、雄两性均不具音齿，且跗节爪间中垫较长，超过爪的中部 ………………………………………… 网翅蝗科 Arcypteridae

13(8) 触角棒槌状 …………………………………………………… 槌角蝗科 Gomphoceridae

14(7) 触角剑状 ……………………………………………………… 剑角蝗科 Acrididae

云南已知种类分属瘤锥蝗科、锥头蝗科、斑腿蝗科、斑翅蝗科、网翅蝗科和剑角蝗科，共 6 个科。

一、瘤锥蝗科 CHROTOGONIDAE

体小型至大型，多数纺锤形，体表具颗粒状突起或短锥刺。头短，多数锥形，少数近卵形，颜面侧观向后倾斜或近垂直；颜面隆起具纵沟。头顶前端中央具细纵沟，触角丝状。前胸背板背面平坦或具瘤状突起。前胸腹板突瘤状或呈领状。前、后翅发达，或退化或缺。后足股节外侧中区具不规则短隆线或颗粒状突起，其外侧基部的上基片短于下基片。鼓膜器发达、退化或缺。腹部第 2 节背板侧面缺摩擦板。阳具基背片桥状，两侧各具较长的附片。

分布于非洲界与东洋界，少数种类分布在古北界。中国已知 9 属，隶属于 5 亚科，主要分布于西南与东南地区，少数分布于西北地区。云南已知 4 亚科 6 属。

瘤锥蝗科分亚科、属检索表

1(6)　前后翅均很发达，到达或超过后足股节顶端，如短缩则至少有背部毗连

2(3)　颜面侧观近垂直，与头顶形成近直角形；前翅较宽长，顶端较宽圆；前胸腹板突非片状，一般锥状突起，不盖住口器的下部；前胸背板背面具较大的瘤状突起或短锥刺；头近卵形 ………………………………………………………………………… 沟背蝗亚科 Taphronotinae

　　　颜面隆起较短，在中单眼之上明显隆起，并具纵沟；前胸背板背面仅在近前缘处具较大的瘤状突；前翅透明，常具圆斑点 ………………………………………… 黄星蝗属 Aularches

3(2)　颜面侧观明显向后倾斜，与头顶形成锐角；前翅较狭长，顶端较狭锐；前胸腹板突非片形的围领状，一般为圆形突起，不盖住口器的后部；前胸背板背面缺瘤状或短锥状突起；前胸背板背面具较大的瘤状突起；头近锥形；前翅主要纵脉缺颗粒状突起；触角基部着生在侧单眼的前方；体近纺锤形 ……………………………………………………………… 橄蝗亚科 Tagastinae

4(5)　体型较大；前胸背板侧片之后下角锐角形；后翅基部透明，本色；雄性尾须较特化，长而弯曲 ……………………………………………………………… 似橄蝗属 Pseudomorphacris

5(4)　体型较小；前胸背板侧片之后下角近直角形；后翅基部透明，一般具有色彩；雄性尾须不特化，一般为短锥形 ……………………………………………………………… 橄蝗属 Tagasta

6(1)　前后翅退化，呈鳞片状，侧置，后翅微小，或前后翅均缺如

7(10)　前翅鳞片状，侧置 ……………………………………………………………… 云南蝗亚科 Yunnanitinae

8(9)　前翅长条形鳞片状；腹部第 1 节两侧具鼓膜器 ……………………………… 云南蝗属 Yunnanites

9(8)　前翅甚小，短鳞片状；鼓膜器退化，近乎闭合；体表较平滑；中胸腹板侧叶间中隔在雌雄两性中均较宽，短宽形 ……………………………………………… 湄公蝗属 Mekongiana

10(7)　前后翅缺如 ……………………………………………………………… 澜沧蝗亚科 Mekongiellinae

11(12)　鼓膜器缺如；头顶宽明显大于长 ……………………………………… 澜沧蝗属 Mekongiella

12(11)　鼓膜器发达，其长度约为腹部第 1 节背板长度的 1/3；头顶宽略大于长 ……………………………………………………………… 拟澜沧蝗属 Paramekongiella

沟背蝗亚科 Taphronotinae

体大型。头近卵圆形，颜面侧观近垂直，头顶前缘中央具细纵沟。触角丝状，着生于侧单眼的下方。前胸背板背面具瘤状突或短锥刺。前胸腹板突圆形或近围领状，但不覆盖口器的后部，前后翅发达，宽长，端部近圆形。后足股节外侧中区具不规则的短棒状隆线，其基部外侧的上基片短于下基片。后足胫节具内、外端刺。鼓膜器发达。阳具基背片具较长的附片，冠突呈弯钩状，缺锚状突。

中国仅知 2 属，分布于西南部。云南有 1 属。

（一）黄星蝗属 *Aularches* Stål，1873

Aularches Stål，1873a：51；Bolivar，I. 1904：393；Kirby，1914：168；Willemse，C.，1930：73，74；Bei-Bienko & Mishchenko，1951：1，277-294；Yin，1984b：28；Zheng，1985：36，37；Zheng，1993：43；Xia *et al.*，1994：254；Yin，Shi & Yin，1996：82.

Type-species：*Aularches miliaris*（Linnaeus，1758）

体大型，粗大，具瘤状突起和黄色斑点。头大而钝圆，短于前胸背板。头顶宽短，三角形，前端纵沟明显，头侧窝缺。颜面侧面观向后倾斜，颜面隆起仅在中眼以上明显，具纵沟，中眼以下平坦。复眼近圆形。触角丝状，不到达、到达或超过前胸背板后缘。前胸背板背面前缘具圆球形突起，中部具小圆锥形突起，沟后区具粗大刻点和短隆线，中隆线低而明显，侧隆线缺。前胸腹板前缘具三角形突起，顶端较尖。中胸腹板侧叶间中隔近方形。前翅宽长，超过后足股节的顶端，端部圆形，翅面常具有鲜明的黄色圆斑。后翅略短于前翅，暗色。后足股节匀称。后足胫节具外端刺。阳具基背片具深的桥，与侧板基部扩大部分相融合。

已知仅 1 种，云南有分布。

1. 黄星蝗 *Aularches miliaris*（Linnaeus，1758）

Gryllus（*Locusta*）*milliaris* Linnaeus，1758：432.

Aularches miliaris（Linnaeus，1758）// Stål，1873a：18；Bei-Bienko & Mishchenko，1951：277；Zheng，1985：36，37，figs. 173～178；Zheng，1993：43，figs. 89，90；Xia *et al.*，1994：254～258，fig. 147；Yin，1984b：29，30；Yin，Shi & Yin，1996：82，83.

Gryllus（*Locusta*）*punctatus* Drury，1773：tab. 41，fig. 4.

Gryllus scabiosus Fabricius，1793：51.

检视标本：1 ♂，2 ♀，大理（苍山），1700 m，北纬 25°35′，东经 100°13′，1995-Ⅷ-23，1997-Ⅷ-21，史云楠、杨自忠采；1 ♀，弥渡，北纬 25°20′，东经 100°30′，2002-Ⅷ-2，白云芳采；3 ♂，2 ♀，祥云，北纬 25°29′，东经 100°33′，2002-Ⅶ-31，施燕琼、刘丽英采；1 ♀，潞西，2002-Ⅷ-3，北纬 24°24′，东经 98°30′，谷学文采；2 ♀，云龙（团结），北纬

25°44′，东经99°35′，1950 m，2007-Ⅶ-22，徐吉山采；2♀，永胜，北纬26°34′，东经100°38′，1996-Ⅵ-26，谭志雄，冯双玲采；2♂，宾川，北纬25°48′，东经100°33′，1995-Ⅷ-23，1996-Ⅷ-12；1♂，华坪，北纬26°36′，东经101°12′，1995-Ⅷ-7；4♂，2♀，耿马（孟定），北纬23°29′，东经99°0′，700 m，2004-Ⅷ-6，毛本勇，杨自忠采；1♂，1♀，景洪（勐养），2004-Ⅸ-18；1♀，龙陵（腊勐），1500 m，北纬24°44′，东经98°56′，2005-Ⅷ-5，普海波采。

分布：云南（大理、宾川、漾濞、巍山、下关、云龙、永平、永胜、华坪、石林、宜良、昆明、姚安、普洱、景东、墨江、澜沧、耿马、龙陵、景洪、勐腊、勐海）、西藏、四川、贵州、广西、广东、海南；马来西亚、印度尼西亚、泰国、越南、老挝、缅甸、斯里兰卡、孟加拉国、印度、尼泊尔、巴基斯坦以及安德曼群岛、克什米尔地区。

橄蝗亚科 Tagastinae

体中型，呈粗短的纺锤形。头短锥形，颜面侧观向后倾斜，颜面隆起具细纵沟；头顶突出，前缘中央具细纵沟。触角丝状，着生于侧单眼的前方。前胸背板中隆线低平，侧隆线缺；前胸腹板前缘隆起，中胸腹板侧叶间中隔较宽。前、后翅均发达，主要纵脉常具颗粒状突起。后足股节外侧中区具短棒状隆线，其外侧基部上基片短于下基片。鼓膜器发达。阳具基背片具较长的附片。

（二）似橄蝗属 *Pseudomorphacris* Carl，1916

Pseudomorphacris Carl，1916：465；Kevan，1962：208；Kevan，1968：141，142；Zheng，1985：43，44；Zheng，1993：44；Xia *et al.*，1994：264～265；Yin，Shi & Yin，1996：584.

Mestra // Brunner-Wattenwyl，1893b：130.

Type-species：*Pseudomorphacris notata*（Brunner-Wattenwyl，1893）

体中型，呈较粗壮的纺锤形。触角粗短，着生在侧单眼前方，基部节扁，不达到或超过前胸背板后缘。前胸背板中隆线不明显，侧隆线缺，后缘角形突出，侧片后下角呈锐角。前翅不到达或略超过后足股节顶端，翅顶尖；后翅透明、本色。雄性第10腹节背板显著长。尾须细长而弯曲；雌性下生殖板中央角形凹陷。

已知约13种，分布于东南亚地区，中国已知1种，分布于云南。

2. 曲尾似橄蝗 *Pseudomorphacris hollisi* Kevan，1968

Pseudomorphacris hollisi Kevan，1968：141；Zheng，1985：44，45，fig. 207～218；Zheng，1993：44，45，figs. 99～105；Xia *et al.*，1994：265，267，fig. 151；Yin，Shi & Yin，1996：584.

Pseudomorphacris notata notata（B.-W. 1839）// Kevan，1964：95.

检视标本：1♂，1♀，勐腊（曼庄），北纬21°26′，东经101°40′，2004-Ⅷ-1，毛本勇采；1♂，勐腊（勐仑），北纬21°57′，东经101°15′，2006-Ⅶ-29，毛本勇采。

分布：云南（勐腊）；老挝，泰国。

（三）橄蝗属 *Tagasta* Bolivar，1905

Tagasta Bolivar，1905：111；Kirby，1914：179；Xia，1958：70，74；Bi，1982～1983：175；Zheng，1985：53，54；Zheng，1993：45，46；Xia *et al.*，1994：267，268；Yin，1984b：39；Yin，Shi & Yin，1996：686；Jiang & Zheng，1998：48.

Mestra Stål，1877：52.

Type-species：*Tagasta hoplosterna*（Stål，1877）

体形粗短，纺锤形，具细密的刻点和稀疏的绒毛。头呈短锥形，长度稍短于或等于前胸背板。头顶较短，短于、等于或略长于复眼前头顶的宽度。颜面侧观颇向后倾斜，颜面隆起较低,中央具纵沟。复眼卵圆形。触角丝状,其中段一节的长约为宽的3倍,基部数节略较宽,常超过前胸背板的后缘(雄);或不到达、到达前胸背板的后缘(雌)。前胸背板前缘宽弧形,后缘呈钝角或圆形突出;中隆线颇低,线状,侧隆线不明显;后横沟位于后端,沟前区明显地长于沟后区。前胸腹板突呈圆弧形突起,有时顶端具有小齿。中胸腹板侧叶间的中隔较宽,其宽度明显大于长。前翅不到达、到达或刚超过后足股节的顶端,顶端略圆。后翅红色。后足股节匀称,后足胫节顶端具有外端刺。雄性尾须呈圆锥形,未超过肛上板;雄性下生殖板呈短锥形,顶端较钝。雌性产卵瓣顶端尖锐,其上外缘具有不明显的齿。

已知约13种,分布于东南亚地区,中国已知6种,云南有3种。

橄蝗属分种检索表

1(2) 前翅较长,几达后足股节端部;后翅明显地短于前翅,其外缘折叠处具明显的凹口,形成波状;头顶呈等腰三角形,其长略长于在复眼的宽度;复眼小;后足股节内侧下膝侧片本色 ………………
……………………………………………………………………………… 印度橄蝗 *T. indica*
2(1) 前翅较短,远不到达后足股节端部
3(4) 前翅到达后足股节2/3处,后翅略短于前翅;后足股节内侧下膝侧片基部有黑色斑纹 ………
…………………………………………………………………………… 云南橄蝗 *T. yunnana*
4(3) 前翅到达后足股节中部,后翅明显短于前翅;后足股节内侧下膝侧片基部本色,不具黑色斑 ……
…………………………………………………………………………… 短翅橄蝗 *T. brachyptera*

3. 印度橄蝗 *Tagasta indica* Bolivar,1905

Tagasta indica Bolivar,1905:112;Kirby,1910:331;Kirby,1914:180;Tinkham,1935:488;Zheng,1985:54,55,figs. 264~271;Zheng,1993:46,figs. 106~108;Xia *et al.*,1994:270,fig. 154;Yin,1984b:39,40;Yin,Shi & Yin,1996:687;Jiang & Zheng,1998:49,50,figs. 68~74.

检视标本:1♀,西双版纳,2001-Ⅶ-21,唐艳采;1♀,耿马(孟定),北纬23°29′,东经99°0′,2004-Ⅷ-6,毛本勇采;1♂,2♀,河口,北纬22°30′,东经103°58′,1600 m,2006-Ⅶ-22,毛本勇采。

分布:云南(元江、普洱、澜沧、景洪、勐腊、江城、勐旺、耿马、河口、宁洱)、西藏、广西、广东、福建;印度、缅甸、越南、泰国、不丹、马来西亚、尼泊尔。

4. 云南橄蝗 *Tagasta yunnana* Bi,1983

Tagasta yunnana Bi,1983:176,figs. 1~4.

未见标本。

分布:云南(勐仑、勐腊)。

5. 短翅橄蝗 *Tagasta brachyptera* Liang,1988(图版Ⅷ:3)

Tagasta brachyptera Liang,1988b:293,figs. 1~3.

检视标本:4♂,5♀,元江(纳诺),北纬23°23′,东经102°7′,1731 m,2009-IX-29,毛本勇采。

分布:云南(元阳、元江)。

云南蝗亚科 Yunnanitinae

体中型，粗壮。头锥形，颜面侧观向后倾斜，颜面隆起具细纵沟；头顶前缘中央具细沟。触角丝状，着生于侧单眼的下方。前胸背板中隆线明显，侧隆不明显或消失。前胸腹板前缘呈圆形突起，顶端较尖。中胸腹板侧叶间中隔近方形，后胸腹板侧叶较宽地分开。前、后翅均退化，前翅柳叶状，侧置，后翅很小。鼓膜器发达或较退化。后足胫节端部具内外端刺。阳具基背片具较长的附片。

（四）云南蝗属 *Yunnanites* Uvarov，1925

Yunnanites Uvarov，1925a：314；Xia，1958：70，74；Kevan，1966：1276；Zheng，1985：40；Zheng，1993：47；Xia *et al.*，1994：274；Yin，Shi & Yin，1996：754；Mao & Yang，2003：485.

Type-species：*Yunnanites coriacea* Uvarov，1925

体大中型，粗胖，体表具较密的颗粒。头圆锥形，较短于前胸背板，颜面侧观颇向后倾斜，颜面隆起较平，全长具明显的纵沟。复眼卵圆形，位于头的中部。触角丝状，较短粗。头顶宽短，顶端具明显的纵沟。自复眼的前缘至顶端的长度相等于或略长于复眼间的宽度。前胸背板具明显的细密刻点，中隆线较低，侧隆线不明显或消失。前胸背板前缘较直，后缘中央具钝角形凹口。前胸腹板突近三角锥形，顶端较尖。前翅短小，柳叶状，侧置，顶端到达腹部第2节背板。中胸腹板侧叶间中隔在雄性长略大于宽，在雌性宽明显大于长。后足股节匀称，下基片长于上基片，外侧中区具不规则隆线纹，上侧中隆线光滑。后足胫节具外端刺。发音器缺。鼓膜器发达。阳具基背片呈桥状，附片特长，阳具复合体朔果状。

已知3种，主要分布于云南。

云南蝗属分种检索表

1(2) 前胸背板侧片后缘略弧形凹入，后下角呈直角或钝角形，下缘黄白色 ·· 白边云南蝗 *Y. albomargina*

2(1) 前胸背板侧片后缘极弧形凹入，后下角锐角形突出，下缘非黄白色

3(4) 腹部各节背板密具刻点及颗粒·································· 革衣云南蝗 *Y. coriacea*

4(3) 腹部各节背板光滑，无刻点及颗粒·································· 郑氏云南蝗 *Y. zhengi*

6. 白边云南蝗 *Yunnanites albomargina* Mao et Zheng，1999（图版 I：3）

Yunnanites albomargina Mao et Zheng，1999：84~86，figs. 1~3；Mao & Yang，2003：486.

检视标本：1♀（正模），1♂（副模），兰坪（营盘），1997-Ⅷ-17，和金海采。4♂，3♀，兰坪（啦井），2008-Ⅷ-1，徐吉山采。

分布：云南（兰坪）。

7. 革衣云南蝗 *Yunnanites coriacea* Uvarov，1925

Yunnanites coriacea Uvarov，1925a：331；Xia，1958：74，75，fig. 122；Kevan，1966：1276～1278，figs. 1～4，13，16；Yin，1982：76，fig. 5（a～c）；Zheng，1985：40，figs. 189～196；Zheng，1993：47～48，figs. 113～117；Xia *et al.*，1994：274～275，fig. 157（a～c）；Yin，Shi & Yin，1996：754；Mao & Yang，2003：485，486.

检视标本：3♂，4♀，大理（苍山温泉），1900～2200 m，1997-Ⅴ-26-27，杨华远、尹玉祥采；32♂，25♀，大理（苍山宝林箐），1900～2200 m，2005-Ⅵ-22-26，宋美锋、叶祖春采；10♂，4♀，师宗（菌子山），北纬24°48′，东经104°22′，2000 m，2006-Ⅶ-15，毛本勇采。10♂，4♀，昭通（永丰、鲁甸），2004-Ⅶ-23，毛本勇。1♂，1♀，洱源，1999-Ⅴ-5，毛本勇采；1♀，洱源，2000-Ⅷ-8，杨自忠采；1♂，祥云，1996-Ⅷ-8，毛本勇采；2♂，1♀，漾濞（顺濞），北纬25°29′，东经99°55′，1900 m，1997-Ⅴ-26-27，王绍龙、段永林采；5♂，会泽，北纬26°25′，东经103°17′，2004-Ⅶ-24，毛本勇采。

分布：云南（昭通、会泽、宣威、师宗、昆明、晋宁、富民、呈贡、石林、禄丰、安宁、楚雄、南华、大理、下关、洱源、巍山、漾濞、祥云、丽江、兰坪、景东、墨江、景洪）、贵州、四川。

8. 郑氏云南蝗 *Yunnanites zhengi* Mao et Yang，2003（图版Ⅰ：2）

Yunnanites zhengi Mao et Yang，2003：485～486，figs. 1～4.

检视标本：1♀（正模），香格里拉，1999-Ⅷ-10，杨自忠、杨艳芬采；5♂，4♀（副模），香格里拉（三坝），2002-Ⅷ-8，毛本勇采；1♀，宁蒗（泸沽湖），北纬27°41′，东经100°46′，2004-Ⅶ-15，毛本勇采。

分布：云南（香格里拉、宁蒗）。

（五）湄公蝗属 *Mekongiana* Uvarov，1940

Mekongia Uvarov，1925：330.

Mekongiana Uvarov，1940：112；Kevan，1966：1275；Huang，1990：230～233；Yin，1984：16；Zheng，1993：48；Xia *et al.*，1994：275，276；Yin，Shi & Yin，1996：395.

Type-species：*Mekongiana gergoryi*（Uvarov，1925）

体型较大，粗胖，呈菱形。头圆锥形，短于前胸背板，颜面侧观向后倾斜，颜面隆起在触角之间明显突出，全长具明显的纵沟。复眼卵圆形，位于头的中部。触角丝状，粗短。头顶前端背面具明显的纵沟。前胸背板具明显的中隆线，侧隆线明显，不规则；后缘较直，中央具凹口。前翅很小，鳞片状，侧置。中胸腹板侧叶长和宽相等，侧叶间中隔宽大于长。后足股节下基片长于上基片，外侧中区具不规则隆线；后足胫节具内、外端刺。鼓膜器较退化，近乎闭合。

已知仅1种，分布于中国西南部。

9. 戈弓湄公蝗 *Mekongiana gregoryi* (**Uvarov，1925**) (图版 I ：1)

Mekongia gregoryi Uvarov，1925a：330，331，fig. 8；Tsai，1929：148；Wu，1935：185；Uvarov，1937：279~282，fig. 2G，pl. 5，fig. G；Huang，1981：73.

Mekongiana gregoryi (Uvarov，1925) // Kevan，1966：1275~1282，figs. 5~8，14，16，19~21，28~30；Huang，1987：53；Huang，1990：230，231，figs. 8~9；Huang，1992：65；Zheng，1993：48；Xia *et al.*，1994：226，227，figs. 158 (a，b)；Yin，Shi & Yin，1996：395.

检视标本：1♀，德钦(梅里雪山)，2005-Ⅷ-3，杨国辉采。

分布：云南(德钦)、西藏、四川。

澜沧蝗亚科 Mekongiellinae

体中型，较粗壮，体表粗糙。头锥形，颜面侧观向后倾斜，颜面隆起具细纵沟，头顶前缘中央具细沟。触角丝状，着生于侧单眼的下方。前胸背板中隆线明显，侧隆线较弱或消失。前、后翅均缺。鼓膜器缺如或较退化。后足股节外侧中区具不规则的短隆线，上基片短于下基片，后足胫节端部具内、外端刺，跗节爪间中垫略不到达爪之顶端。阳具基背片具有较长的附片，冠突明显呈钩状。

已知2属，即澜沧蝗属 *Mekongiella* Kevan，1966 和拟澜沧蝗属 *Paramekongiella* Huang，1990，前者主要分布于东喜马拉雅山区及毗邻中国西藏的印度北部山区。后者仅知分布于云南香格里拉金沙江虎跳峡一带山区。

（六）拟澜沧蝗属 *Paramekongiella* Huang，1990

Paramekongiella Huang，1990：230~232. Yin，Shi & Yin，1996：507.

Type-species：*Paramekongiella zhongdianensis* Huang，1990

体中型。头短。头顶短宽，顶端具纵沟。颜面侧观向后倾斜。复眼卵圆形。触角丝状，超过前胸背板后缘。前胸背板具粗刻点，前、后缘中央微凹入，中隆线低，明显；侧隆线微弱，前横沟不明显，后横沟位于中部之后。前胸腹板突圆锥状，中胸腹板侧叶间中隔近方形；后胸腹板侧叶较宽地分开。完全无翅。具鼓膜器。后足股节匀称，上侧中隆线光滑，外侧缺羽状平行隆线。后足胫节具内外端刺，跗节爪间中垫大。肛上板三角形，尾须圆锥状，下生殖板短锥形。

仅知1种，分布于云南。

10. 中甸拟澜沧蝗 *Paramekongiella zhongdianensis* Huang，1990（图版 I：5）

Paramekongiella zhongdianensis Huang，1990：230~232；Mao & Yang，2003：486~487，fig. 5.

检视标本：3 ♂，3 ♀（地模），香格里拉（虎跳峡），1900 m，2002-Ⅷ-7，徐吉山、毛本勇、杨自忠采。

分布：云南（香格里拉：虎跳峡）。

二、锥头蝗科 PYRGOMORPHIDAE

体小型至中型，一般呈较细长的纺锤形。头锥形，颜面侧观极向后倾斜，有时侧面近波状；颜面隆起具细纵沟；头顶向前突出较长，顶端中央具细纵沟，其侧缘头侧窝不明显或缺。触角近剑状，着生于侧单眼的前方或下方。前胸背板具颗拉状突起，前胸腹板突明显。前、后翅均发达或短缩，发达者狭长，端部尖削或狭圆。后足股节外侧中区具不规则的短棒状隆线或颗粒状突起，其基部外侧上基片短于下基片或长于下基片。后足胫节端部具或不具外端刺。鼓膜器发达。缺摩擦板。阳具基背片具较长的附片，冠突明显呈钩状。

中国已知 2 亚科 2 属，云南仅知 1 亚科 1 属。

负蝗亚科 Atractomorphinae

体小型至中型，细长，近纺锤形。头锥形，颜面侧观甚向后倾斜，与头顶形成锐角。头顶较长，向前突出，其前缘中央具细纵沟。头侧窝不明显或缺。触角近剑状，着生于侧单眼的前方。前胸背板背面平坦，中隆线细，侧隆线明显或不明显，前胸背板侧片的底缘斜直，沿其下缘具 1 列小的圆形颗粒。前胸腹板突呈横片状。前、后翅或短缩，顶端常较狭锐。后足股节外侧中区具不规则的短棒状隆线，上基片长于下基片。后足胫节端部具外端刺。鼓膜器发达。发音为后翅—后足型，后翅纵脉下面的音齿与后足股节上侧中隆线摩擦发音。阳具基背片呈花瓶状，具较长的附片，缺锚状突。

（七）负蝗属 *Atractomorpha* Saussure，1862

Atractomorpha Saussure，1862：474；Kirby，1914：7；Bei-Bienko & Mistshenko 1951：274；Johnston，H. B. 1956：194；Dirsh，1956b：223；Xia，1958：71，72；Steinmann，1967：565；Kevan，1975：95；Yin，1984b：36；Zheng，1985：47；Zheng，1993：51；Xia *et al.*，1994：284，285；Liu *et al.*，1995：34；Yin，Shi & Yin，1996：77；Jiang & Zheng，1998：52.

Truxalis Fabricius，1793：26（partim）.

Perena Walker，1870a：506.

Type-species：*Atractomorpha crenulata*（Fabricius，1793）（ = *Truxalis crenulatus* Fabricius，1793）

体小型或中型，细长，匀称，体被细小颗粒。头锥形，头顶突出；颜面向后倾斜，颜面隆起明显，常具纵沟，头侧窝不明显。复眼长卵形。触角近剑状，较远地着生于侧单眼之前。眼后方具 1 列小圆形颗粒。前胸背板平坦，中隆线低，侧隆线较弱或不明显，后缘弧形或角状突出。前胸背板侧片下缘向后倾斜，近直，上有 1 列小圆形颗粒；后缘弧形凹陷。前胸腹板突片状，略向后倾斜，端部方形。中胸腹板侧叶间中隔呈前宽后狭的四边形；前、后翅均发达或短缩，发达者前翅狭长，端部狭锐；后翅基部本色或玫瑰色。后足股节细长，上基片长于下基片，外侧具不规则颗粒和短隆线。后足胫节具外端刺，近端部侧缘较宽，呈狭片状。鼓膜器发达。雄性肛上板长三角形，尾须短锥形，阳具基背片呈花瓶状。雌性上产卵瓣的上缘具齿，端部钩形。

中国已知 14 种，分布广泛。云南已知 6 种。

负蝗属分种检索表

1（4）　　体较匀称，前胸背板侧片后缘具膜区；后翅稍长，但一般略短于前翅

2（3）　　体明显细长，头顶较长，其长为复眼纵径的 1.10～1.43（雄性）或 1.50～1.71（雌性）倍；雄性下生殖板顶端近直角形，雌性上产卵瓣较狭长 ·················· **柳枝负蝗** *A. psittacina*

3（2）　体较匀称，头顶较短，其长略长于复眼纵径；雄性下生殖板顶端近圆形，雌性上产卵瓣较粗短 …
……………………………………………………………………………………………… 短额负蝗 *A. sinensis*

4（1）　体较粗状，前胸背板侧片后缘处缺膜区；后翅较短，距前翅顶端较远

5（6）　体较粗长，雄性体长为体宽的 8 倍，雌性为 6 倍；后足股节长为宽的 7 倍；体型较大，雄性 19～23
mm，雌性 27～32 mm；前胸背板侧片后下角锐角形；复眼长为宽的 1.7 倍 …………………………
………………………………………………………………………………………… 奇异负蝗 *A. peregrina*

6（5）　体较粗短，雄性体长为体宽的 5 倍，雌性为 5～6 倍；体型较小，雄性 16.5～20.5 mm，雌性24.8～
30.0 mm

7（8）　头顶较长，明显地较长于复眼的长径，其顶端为圆弧形；体较粗长，触角较长，尤其雄性，其中
段一节的长度为其宽的 1～1.7 倍；前胸背板具有少数颗拉，其后缘中央呈钝角形突出，中横沟和
后横沟均深而明显，侧片近前部具有明显的横沟，向下延伸，几达下缘，其后下角近乎直角，前
翅较长，其超过后足股节顶端的长度约为翅长的 1/4，后翅自 2A$_1$ 脉之后呈玫瑰红色 …………
…………………………………………………………………………………… 喜马拉雅负蝗 *A. himalayica*

8（7）　头顶较短，其长等于或短于复眼之长

9（10）　雌雄两性前、后翅较宽，尤其在雌性较明显；前翅端部的前缘略向后弯曲，前翅较短，超出后足
股节顶端的长度短于翅长的 1/4；前胸背板颗粒较少 ………………………… 云南负蝗 *A. yunnanensis*

10（9）　雌雄两性前、后翅较狭；前翅端部的前缘较直，端部较狭，前翅略长，超出后足股节顶端的长度
约等于翅长的 1/4；前胸背板颗粒较多，尤其雌性较明显 ……………………………… 纺梭负蝗 *A. burri*

11. 柳枝负蝗 *Atractomorpha psittacina*（De Haan，1842）

Acridium（*Truxalis*）*psittacina* De Haan，1842：143，146.

Atractomorpha psittacina（De Haan，1842）// Kirby，1914：182；Kevan，1966：401；
Banerjee & Kevan，1960：169，187，figs. 3，8，17，20，27；Bi，Xia，1981：407，408，
figs. 2，9，10；Zheng，1985：47，49，figs. 231，239，240，242；Zheng，1993：51，52，
figs. 130～132；Xia *et al.*，1994：289，295，296，figs. 162，167；Yin，Shi & Yin，
1996：79.

Pyrgomorpha parabolica Walker，1870a：498.

Pyrgomorpha contracia Walker，1870a：499.

Atractomorpha philippina I. Bolivar，1905：199，212.

Atractomorpha dohrni I. Bolivar，1905：199，212.

未见标本。

分布：云南（景洪、河口、景东、普洱、元江、勐海）、广西；巴基斯坦、印度、泰国、
缅甸、印度尼西亚、马来西亚群岛、菲律宾以及婆罗洲北部。

12. 短额负蝗 *Atractomorpha sinensis* I. Bol.，1905

Atractomorpha sinensis Bolivar，I. 1905：198，205，207；Bei-Bienko & Mishchenko，1951：
275～276，fig. 568；Kevan. 1975：121；Bi & Xia，1981：408，figs. 8，12；Yin，1984b：37，
figs. 64～65；Zheng，1985：48，figs. 226，227，229，232，233，235，236，241；Zheng，
1993：51～52，figs. 126～128；Xia *et al.*，1994：291～292，figs. 162，164a～c；Yin，Shi &
Yin，1996：79；Jiang & Zheng，1998：54～55，figs. 81～83.

Perena concolor Walker，1870a：506（partim）.

Atractomorpha aurivillii Bolivar，1884：64，67（partim）.

Atractomorpha ambigua Bolivar 1905：198，208，209.

Atractomorpha angusta Bolivar，1905：198，204（partim）.

Atractomorpha angustata（error for above）Bolivar，1905：207.

检视标本：4♂，5♀，大理（苍山、洱海边），1600-2000 m，1995-Ⅶ-12～26，1997-Ⅲ-29，1998-Ⅷ-10，毛本勇采；2♂，1♀，兰坪（金顶），北纬26°25′，东经99°24′，2600-2700 m，1997-Ⅷ-23，杨自忠采；1♂，临沧，北纬23°53′，东经100°5′，1300 m，1998-Ⅷ-5，杨骏采；1♀，凤庆，1996-Ⅷ-17，廖绍波采；1♀，维西，北纬27°11′，东经99°17′，1700 m，2002-Ⅷ-12，徐吉山采；3♂，3♀，永平，北纬25°27′，东经99°25′，2600 m，1998-Ⅹ-30，毛本勇、杨晓霞采；1♂，1♀，洱源，北纬26°7′，东经99°56′，2600 m，1999-Ⅴ-25，毛本勇采；3♀，昭通（鲁甸），北纬27°12′，东经103°33′，2004-Ⅶ-23，2006-Ⅷ-17，毛本勇、周连冰采；2♀，耿马（孟定），北纬23°29′，东经99°0′，2004-Ⅷ-26，毛本勇采；3♂，3♀，开远，北纬23°42′，东经103°15′，2000-Ⅶ-10，杨艳采；6♂，4♀，云县，北纬24°27′，东经100°7′，1300 m，2003-Ⅶ-21，毛本勇采；7♂，5♀，永平，北纬25°27′，东经99°25′，2004-Ⅶ-20，毛本勇采；4♂，2♀，绿春，北纬23°0′，东经102°24′，2004-Ⅶ-28，毛本勇采；3♂，1♀，腾冲（高黎贡山），北纬25°1′，东经98°29′，1950 m，12005-Ⅷ-8，毛本勇采；2♂，1♀，梁河，北纬24°48′，东经98°18′，1300 m，2005-Ⅶ-27，毛本勇、普海波采；1♀，泸水，北纬25°59′，东经98°49′，1800 m，2005-Ⅶ-22，徐吉山采；4♂，1♀，景谷，北纬23°31′，东经100°39′，1500 m，2006-Ⅷ-6，徐吉山采；1♀，南涧（无量山），北纬24°42′，东经100°30′，2000 m，2003-Ⅶ-10，毛本勇采；1♂，祥云，北纬25°29′，东经100°33′，1998-Ⅷ-20，毛本勇采；1♀，宾川，北纬25°48′，东经100°33′，1998-Ⅷ-07；1♂，2♀，巍山，北纬25°14′，东经100°0′，1999-Ⅵ-13，范学连采；1♀，版纳（野象谷），北纬22°20′，东经101°53′，850 m，2006-Ⅷ-3，毛本勇采；1♀，龙陵（腊勐），北纬24°44′，东经98°56′，1500 m，2005-Ⅷ-5，毛本勇采；1♂，2♀，六库，北纬25°52′，东经98°52′，1000 m，2002-Ⅰ-30，毛本勇；6♂，14♀，双柏（崿嘉），北纬24°27′，东经101°15′，1450，2007-Ⅴ-1，毛本勇采；2♀，新平（者竜），北纬24°19′，东经101°22′，1700 m，2007-Ⅳ-30，毛本勇采。

分布：云南（全省各地）、四川、贵州、广西、广东、福建、台湾、浙江、江苏、上海、湖南、湖北、江西、安徽、山东、河南、河北、北京、山西、陕西、甘肃、青海、东北三省；日本、越南。

13. 奇异负蝗 *Atractomorpha peregrina* Bi *et* Hsia，1981

Atractomorpha peregrina Bi *et* Hsia，1981：51；Zheng，1985：48，52，figs. 259～263；Liang，1988a：159；Zheng，1993：51，54，figs. 144～147；Xia *et al.*，1994：289，295～296，figs. 162，167a～i；Yin，Shi & Yin，1996：79.

未见云南标本，仅检视1♂、1♀四川（雅安）标本。

分布：云南（路南、呈贡、东川、陆良）、四川、贵州。

14. 喜马拉雅负蝗 *Atractomorpha himalayica* Bolivar，1905

Arractomorpha himalayica Bolivar，1905：197，198，204；Kirby，1914：181，183；Kevan & Chen，1969：152，160，189，figs. 45，48，pl. 2h-i；Huang，1981：72，73；Bi & Xia，1981：409；Zheng，1985：48，53，figs. 244，246，250，251；Zheng，1993：52，55，figs. 148，149；Xia *et al.*，1994：289，297，298，figs. 162，163e，164f；Yin，Shi & Yin，1996：79.

检视标本：1 ♂，六库，北纬25°52′，东经98°52′，1000 m，1999-Ⅶ-26，毛本勇采。

分布：云南(六库、泸水、瑞丽)、西藏；尼泊尔、印度、不丹。

15. 云南负蝗 *Atractomorpha yunnanensis* Bi *et* Hsia，1981

Atractomorpha yunnanensis Bi *et* Hsia，1981：409，412～413，figs. 40～48；Zheng，1993：55～56，figs. 150～152；Xia *et al.*，1994：289，299，300，figs. 162，168a～i；Yin，Shi & Yin，1996：80.

检视标本：2 ♂，3 ♀，绿春(坪河)，北纬22°50′，东经102°31′，1300 m，2006-Ⅶ-26，毛本勇采；3 ♂，1 ♀，瑞丽(勐秀)，北纬24°5′，东经97°46′，1600 m，2005-Ⅷ-3，2002-Ⅹ-1，毛本勇、李燕珍采；1 ♂，1 ♀，勐腊(曼庄)，北纬21°26′，东经101°40′，2004-Ⅷ-1，毛本勇采；2 ♂，4 ♀，景洪(勐仑)，北纬21°57′，东经101°15′，650 m，2006-Ⅶ-29，毛本勇采；5 ♂，3 ♀，金平(分水岭)，北纬22°55′，东经103°13′，1400～1850 m，2006-Ⅶ-24，毛本勇采；1 ♂，开远，北纬23°42′，东经103°15′，2001-Ⅷ-10，杨艳采；1 ♀，文山，北纬23°22′，东经104°29′，2002-Ⅷ-17，黄晓俞采；1 ♂，3 ♀，文山，北纬23°22′，东经104°29′，1500 m，2005-Ⅳ-28，毛本勇采；1 ♂，盈江(岗勐)，2004-Ⅴ-16，杨自忠采；5 ♂，5 ♀，盈江(姐帽)，北纬24°32′，东经97°49′，1200 m，2005-Ⅷ-1，毛本勇、普海波采；10 ♂，12 ♀，马关(八寨)，北纬23°0′，东经104°4′，1700～1750 m，2006-Ⅶ-19，毛本勇采；6 ♂，13 ♀，马关(古林箐)，北纬22°49′，东经103°58′，1400～1700 m，2006-Ⅶ-20，毛本勇采；3 ♂，屏边(大围山)，2000 m，2005-Ⅳ-26，毛本勇采；4 ♂，2 ♀，版纳(野象谷)，北纬22°20′，东经101°53′，850 m，2006-Ⅷ-3，刘浩宇采；3 ♂，3 ♀，勐海(南糯山)，北纬21°56′，东经100°36′，1550 m，2006-Ⅷ-2，毛本勇采；2 ♂，耿马(孟定)，北纬23°29′，东经99°0′，2004-Ⅷ-6，毛本勇采；1 ♂，景谷，北纬23°31′，东经100°39′，1500 m，2006-Ⅷ-6，毛本勇采；1 ♂，1 ♀，麻栗坡，1991-Ⅶ-31，向余采；2 ♂，1 ♀，双柏(嵋嘉)，北纬24°27′，东经101°15′，1450 m，2007-Ⅴ-1，毛本勇采；1 ♀，新平(者竜)，北纬24°19′，东经101°22′，1700 m，2007-Ⅳ-30，毛本勇采；3 ♂，4 ♀，普洱，北纬22°46′，东经100°52′，1350 m，2007-Ⅶ-29，毛本勇采。

分布：云南(景洪、勐腊、勐仑、勐海、文山、马关、绿春、屏边、瑞丽、金平、开远、盈江、耿马、景谷、景东、麻栗坡、元江、普洱)。

16. 纺梭负蝗 *Atractomorpha burri* Bolivar，1905

Atractomorpha burri Bolivar，1905：197，203；Kirby，1914：181，183；Banerjee & Kevan，1960：177；Kevan & Chen，1969：48，158，160，193，figs. 29，73，77，pl. 6，I-L；

Kevan, 1975：150；Bi & Xia, 1981：409, 412, 413, fig.11；Zheng, 1985：48, 52, figs.247, 252, 253；Zheng, 1993：56, fig.53；Xia *et al.*, 1994：289, 300, 301, figs.162, 164e；Yin, Shi & Yin, 1996：78.

Atractomorpha lanceolata Bolivar, 1905：197, 202.

检视标本：1♀，南涧（无量山），北纬24°42′，东经100°30′，1995-Ⅷ-24，吴家武采；4♂，1♀，盈江（姐帽），北纬24°32′，东经97°49′，1200 m，2005-Ⅷ-1，毛本勇采；1♂，金平（分水岭），北纬22°55′，东经103°13′，1650 m，2006-Ⅶ-24，吴琦琦采；1♀，梁河（芒东），北纬24°39′，东经98°14′，1300 m，2005-Ⅶ-27，徐吉山采；1♀，版纳（野象谷），北纬22°20′，东经101°53′，650 m，2006-Ⅷ-4，吴琦琦采；10♂，2♀，马关（古林箐），北纬22°49′，东经103°58′，1400～1700 m，2006-Ⅶ-20，毛本勇采；3♂，文山，北纬23°22′，东经104°29′，1500 m，2005-Ⅳ-28，毛本勇采；1♂，1♀，绿春（坪河），北纬22°50′，东经102°31′，1400～1450 m，2006-Ⅶ-26，徐吉山采；5♂，8♀，新平（水塘），北纬24°9′，东经101°31′，820 m，2007-Ⅳ-29，毛本勇采。

分布：云南（南涧、无量山、盈江、金平、梁河、版纳、马关、文山、绿春、镇沅）、四川、广西、广东、陕西；尼泊尔、不丹、印度、缅甸、泰国、越南、马来西亚群岛。

三、斑腿蝗科 CATANTOPIDAE

体中型至大型。头部一般卵形，颜面侧观垂直或向后倾斜；头顶前端缺细纵沟，头侧窝不明显或缺如。触角丝状。前胸背板多样，常具有中隆线，有时在沟前区明显隆起、不明显或缺如；侧隆线在多数种类缺如，少数种类明显。前胸腹板突明显，锥形、圆柱形或横片状。中胸腹板侧叶常较宽地分开，少数种类侧叶的内缘相互毗连。后胸腹板侧叶常分开，少数在后端部分相互毗连。前、后翅发达，有时退化为鳞片状或缺如。鼓膜器在具翅种类一般均很发达，仅在缺翅种类不明显或缺如。后足股节外侧中区具羽状纹，上基片明显长于下基片，仅少数种类的近乎等长。雄性阳具基背片的形状变化较多，均具冠突，锚状突存在或缺如，缺附片。发音方式为前翅—后足股节型、前翅—后足胫节型或后翅—后足股节型。

中国已知 17 个亚科，云南已知种类可归属于其中的 15 个亚科。

斑腿蝗科分亚科检索表

1（2）　中胸腹板侧叶内缘全长或部分彼此毗连，形成中胸侧叶闭合；体型一般较细长 ……………………
　　　 ……………………………………………………………………………………… 梭蝗亚科 Tristrinae

2（1）　中胸腹板侧叶较宽地分开，侧叶间具较宽的中隔，有时中隔较狭，但左、右侧叶不相互毗连，或
　　　 仅有一点相接触；体型一般较粗壮

3（6）　后足股节膝部外侧的下膝侧片端部向后延伸，形成锐刺

4（5）　前翅发达，到达或超过腹端；若短缩，仍在背部相互毗连；后足胫节端部之半的上侧边缘呈片状
　　　 扩大；雄性下生殖板正常 ………………………………………………………… 稻蝗亚科 Oxyinae

5（4）　前翅鳞片状，侧置，在背部不相毗连；后足胫节端部之半圆柱形，边缘不扩大；雄下生殖板明显
　　　 延长或正常 …………………………………………………………………… 卵翅蝗亚科 Caryandinae

6（3）　后足股节膝部外侧的下膝侧片端部不向后延伸成锐刺形，一般圆形或锐角形，但不呈刺状

7（18）　后足股节上侧之中隆线平滑，缺细齿

8（13）　前翅径脉域具有一系列较密的平行小横脉，垂直于主要纵脉；如若前翅退化为鳞片状或缺翅，则
　　　 前胸腹板突横片状

9（10）　前胸背板之横沟黑色；前胸腹板突圆锥形或横片状 ………………… 蔗蝗亚科 Hieroglyphinae

10（9）　前胸背板之横沟本色；前胸腹板突横片状

11（12）　前翅发达，不到达或到达后足股节端部；前胸背板后缘中央缺明显的凹口 ……………………
　　　 ……………………………………………………………………………… 板胸蝗亚科 Spathosterninae

12（11）　前翅不发达，鳞片状，侧置；前胸背板后缘中央具有较宽的凹口 ………………………………
　　　 ………………………………………………………………… 拟凹背蝗亚科 Pseudoptygonotinae

13（8）　前翅径脉域缺一系列较密的平行小横脉；如若前翅退化为鳞片状或缺如，则其前胸腹板突非横
　　　 片状

14（17）　雌、雄两性前、后翅均很发达，到达或超过腹端；或前、后翅均退化为鳞片状，但至少前翅仍可
　　　 看见；通常鼓膜器发达

15（16）　雌、雄两性前、后翅均很发达，到达或超过腹端，有时前、后翅均短缩，但仍在背面相互毗连 …
　　　 …………………………………………………………………………………… 黑蝗亚科 Melanoplinae

16(15)　雌、雄两性前、后翅均退化为鳞片状，侧置，在背面较宽地分开 ············· **秃蝗亚科 Podisminae**

17(14)　雌、雄两性前、后翅均缺如，前翅若存在即也非常微小；鼓膜器也缺或很小，不发达 ···············
　　　　··· **裸蝗亚科 Conophyminae**

18(7)　后足股节上侧中隆线呈锯齿状

19(26)　雌、雄两性的前、后翅均很发达，到达或超过腹端；如若前、后翅短缩，但仍在背部相互毗连；
　　　　有时前、后翅短缩呈鳞片状，侧置，则其雄性尾须的端部裂成两叶

20(25)　前胸背板缺侧隆线，有时在沟前区具有不明显的侧隆线，则其后足胫节的上侧外缘具有较少的刺，
　　　　约 8~10 个

21(22)　中胸腹板侧叶较狭长，其内缘近乎直角形，或其内缘的下角锐角形；体形一般较大 ··················
　　　　·· **刺胸蝗亚科 Cyrtacanthacridinae**

22(21)　中胸腹板侧叶较宽短，其内缘近乎宽圆形，或其内缘下角钝角形；体形一般较小

23(24)　前胸腹板突圆锥形，顶端略尖；后胸腹板侧叶的后端部分明显地分开；雄性第 10 腹节背板的后缘
　　　　一般具有小尾片；多数种类的前翅端部呈斜切状 ················· **切翅蝗亚科 Coptacridinae**

24(23)　前胸腹板突为圆柱形，其顶端较钝圆；后胸腹板侧叶的后端部分常相互毗连；雄性腹部末节的背
　　　　板后缘多数种类缺尾片；前翅端部常宽圆形 ················· **斑腿蝗亚科 Catantopinae**

25(20)　前胸背板具有明显的侧隆线，有时侧隆线较弱，则后足胫节上侧的外缘具有较多的刺，约 11~16
　　　　个刺；雄性尾须侧扁，较强地向下弯曲，其顶端完整，不分裂为齿状；前胸背板的背面中央常具
　　　　黑丝绒色的斑纹；阳具基背片非盘状，常具有冠突 ················· **黑背蝗亚科 Eyprepocnemidinae**

26(19)　雌、雄两性的前、后翅缩短呈鳞片状，侧置；或雌、雄两性前、后翅均缺如；雄性尾须圆锥形，
　　　　顶端不呈齿状

27(28)　前翅呈鳞片状，侧置，在背面不相互毗连 ···················· **丽足蝗亚科 Habrocneminae**

28(27)　雌、雄两性前、后翅均缺如 ·· **蛙蝗亚科 Ranacridinae**

梭蝗亚科 Tristrinae

体圆柱形、细长。头形变化较多，一般近卵形。颜面侧观较向后倾斜。触角丝状。前胸背板具中隆线和侧隆线；有时侧隆线较不明显。前胸腹板突喙状或圆柱形，端部呈平的或宽圆形的扩大。中胸腹板侧叶的内缘全长或部分相互毗连。后胸腹板侧叶的内缘全长相互毗连。前、后翅均发达，有时较短缩。后足股节基部外侧的上基片较长于下基片；上侧中隆线平滑；下膝侧片顶端圆形。后足胫节端部具外端刺。鼓膜器较大而明显。雄性尾须较长，变异较多。阳具基背片桥状，有时分开，具锚状突和冠突。前翅的前缘脉域和亚前缘脉域内的横脉具音齿，可与后足股节摩擦发音。

中国已知有2属，分布于南部地区，云南有分布。

梭蝗亚科分属检索表

1(2) 前胸腹板突伞菌状，其端部明显扩宽，呈方形，顶面平或中央略凹；体形一般较细小 ……………
……………………………………………………………………………………………… 梭蝗属 *Tristria*

2(1) 前胸腹板突锥形，明显地侧扁，端部较钝圆；体形一般较长大 …………… 大头蝗属 *Oxyrrhepes*

（八）梭蝗属 *Tristria* Stål，1873

Tristria Stål，1873a：40，80；Tinkham，1940：269，277；Willemse，1955［1956］：199，200；Xia，1958：29，30；Dirsh，V. M. 1965：220；Dirsh，V. M. 1970：152；Hollis，1970：458；Johnsen，P. 1982：119；Zheng，1985：66；Zheng，1993：65；Liu *et al.*，1995：42，43；Yin，Shi & Yin，1996：723；Jiang & Zheng，1998：63；Li，Xia *et al.*，2006：7，8.

Metapula Giglio-tos，1907：10.

Tapinophyma Uvarov，1921a：496.

Type-species：*Tristria pisciforme*（Audinet-Serville，1839）（= *Opsomala pisciformis* Audinet-Serville，1839）

已知20种（Li，Xia *et al.*，2006），分布于亚洲（中国、泰国、印度尼西亚、印度、斯里兰卡）；非洲（马里、加纳、乌干达、肯尼亚、坦桑尼亚、莫桑比克、刚果、赞比亚、马拉维、多哥、苏丹），中国已知3种，云南记载1种。

17. 细尾梭蝗 *Tristria pulvinata* Uvarov，1921

Tristria pulvinata Uvarov，1921：497；Uvarov，1929：559；Hollis，D. 1970：461，465～467. figs. 2-6，22；Zheng，1993：65，66，figs. 163，164；Yin，Shi & Yin，1996：724；Li，Xia *et al.*，2006：13.

检视标本：1♀，六库，北纬25°52′，东经98°52′，1000 m，1995-Ⅶ-26，毛本勇采；

1 ♂，1 ♀，腾冲，1900 m，1999-Ⅶ-26，毛本勇采；1 ♂，1 ♀，保山（怒江坝），850 m，1999-Ⅶ-27，毛本勇采；1 ♀，云龙，1995-Ⅶ-26，何晓芳采。

分布：云南（云龙、六库、腾冲、保山、瑞丽、畹叮）；印度、斯里兰卡、马来西亚群岛。

（九）大头蝗属 *Oxyrrhepes* Stål，1873

Oxyrrhepes Stål，1873a：53；Stål，1873b：40，79；Brunner-Wattenwyl，1893b：137；Kirby，1914：191，209；Tinkham 1940：279；Willemse，C. 1930：135；Willemse，1955 [1956]：30；Xia，1958：41；Zheng，1985：69，70；Zheng，1993：66；Liu *et al.*，1995：44；Yin，Shi & Yin，1996：490；Jiang & Zheng，1998：65，66；Li，Xia *et al.*，2006：14，15，fig. 2.

Type-species：*Oxyrrhepes obtusa*（De Haar，1842）（= *Acridium*（*Oxya*）*obtusum* De Haan，1842）

体型中等，具较密的长绒毛，刻点粗大。头大而明显短于前胸背板。头顶较短，自复眼前缘至顶端的长度略短于或相等于复眼前最宽处。颜面侧观向后倾斜，刻点粗大而较密；颜面隆起宽平，中单眼之下低凹，侧缘明显。复眼较大，卵形，位于头的中部。触角丝状，到达或超过前胸背板后缘。前胸背板后缘钝圆；中隆线较低，侧隆线不明显；3 条横沟均明显，后横沟较近后端。前胸腹板突钝锥形，左右侧扁，略向后倾斜。中胸腹板侧叶全长相互毗连。前、后翅常超过后足股节的顶端，自中部渐向顶端趋狭。后足股节细长，到达或几到达腹端。下膝侧片顶端圆形。后足胫节顶端具内、外端刺，沿外缘具齿 12 ~ 15 个。爪间中垫甚大，常超过爪的顶端。雄性下生殖板细长，圆锥形，顶端尖锐。雌性上产卵瓣的上外缘无细齿。

已知 4 种，分布于中国、马来西亚、印度尼西亚；中国已知 2 种，云南仅知 1 种。

18. 长翅大头蝗 *Oxyrrhepes obtusa*（De Haan，1842）

Acridium（*Oxya*）*obtusa* De Haan，1842：155，156.

Oxyrrhepes obtusa（De Haan，1842）// Willemse，C. 1929：463；Willemse，C. 1930：136；Willemse，1955 [1956]：32；Xia，1958：43；Zheng，1985：71，figs. 351 ~ 360；Zheng，Lian，Xi. 1985：2；Zheng，1993：67，figs. 165 ~ 168；Liu *et al.*，1995：45，figs. 165 ~ 168；Yin，Shi & Yin，1996：491；Jiang & Zheng，1998：66，67，figs. 114 ~ 123；Li，Xia *et al.*，2006：16，17，fig. 6.

Acridium extensum Walker，1859：222.

Opsomala lineatitarsis Stål，1860：324.

Oxya obtuse（De Haan，1842）// Walker，1870b：647.

Heteracris antica Walker，1870b：668.

Heteracris strangulata Walker，1870b：665.

Oxyrrhepes celebesia Willemse，C.，1931：234，fig. 97.

Oxyrrhepes quadripunctata Willemse，C.，1939：75，fig. 2.

　　检视标本：1♀，六库，北纬25°52′，东经98°52′，900 m，2004-V-1，毛本勇采；1♀，腾冲(荷花)，2004-V-13，杨自忠采；1♂，1♀，漾濞，1500 m，1997-V-28，毛本勇采；2♂，大理(苍山)，北纬25°35′，东经100°13′，1500 m，1998-VI-7，毛本勇采；4♂，2♀，文山，北纬23°22′，东经104°29′，1500 m，2005-IV-28，毛本勇采；1♀，河口，北纬22°30′，东经103°58′，300 m，2005-IV-26，毛本勇采。

　　分布：云南(邱北、开远、昆明、文山、河口、金平、普洱、勐腊、六库、腾冲、漾濞、大理)、广西、广东、台湾、江西。

稻蝗亚科 Oxyinae

头长卵形，少数锥形。头顶背观常呈宽圆形或近五角形；颜面侧观略向后倾斜或明显倾斜，颜面隆起中央具纵沟，通常达上唇基，颜面侧隆线一般明显，少数缺如。复眼长卵形。触角丝状。前胸背板柱状，有时背面较平；中隆线较弱，侧隆线缺如。前胸腹板突锥形或横片状。中胸腹板侧叶较宽地分开，侧叶间中隔一般长大于宽。前、后翅均发达，如若短缩，则仍在背面相互毗连；有时前翅的径脉域具有 1 列较密而平行的小横脉。后足股节基部外侧的上基片明显地长于下基片；外侧下膝侧片端部向后延伸为锐刺形。后足胫节近端部之半常扩宽，上侧边缘形成狭片，有时缺；具外端刺或缺如。鼓膜器发达。雄性第 10 腹节背板的后缘多数缺小尾片。腹端部数节的腹板常具有短丛毛。雌性产卵瓣一般较狭，边缘常具齿。雄性阳具基背片的桥部常完全分开，少数不完全分开，桥部一般较狭；具锚状突或缺如，但至少具有 1 对冠突。

中国已知 15 属，多数分布于南部地区。云南有 6 属。

稻蝗亚科分属检索表

1(2)　前胸腹板突横片状，其顶端一般平直，或呈 2～3 齿状突起 ················· **板角蝗属** *Oxytauchira*

2(1)　前胸腹板突圆锥形或柱形，端部较狭锐或宽圆形，但不具齿状突起

3(6)　前翅径脉域具有 1 列较密而平行的小横脉

4(5)　头顶背面中央具有明显的纵隆线；后足胫节上侧内缘各刺之间的距离近乎等长；雄性尾须锥形；雌性产卵瓣较狭长 ··· **野蝗属** *Fer*

5(4)　头顶背面中央缺纵隆线；后足胫节上侧内缘的顶端第 1 与第 2 两刺之间的距离较大，明显地较长于其余各刺间的距离；雄性尾须的端部略弯曲；雌性产卵瓣较宽短 ················· **芋蝗属** *Gesonula*

6(3)　前翅径脉域缺 1 列较密而平行的小横脉，一般呈不规则的排列

7(10)　后足股节端部的上膝侧片顶端圆形，不呈刺状，仅下膝侧片的顶端呈锐刺状

8(9)　雄性第 10 腹节背板后缘缺尾片；阳具基背片一般具有 2 对冠突 ················· **稻蝗属** *Oxya*

9(8)　雄性第 10 腹节背板后缘具 1 对小尾片；阳具基背片具 1 对片状冠突 ········· **伪稻蝗属** *Pseudoxya*

10(7)　后足股节端部的上膝侧片顶端锐刺状 ··································· **稞蝗属** *Quilta*

（十）板角蝗属 *Oxytauchira* Ramme，1941

Oxytauchira Ramme，1941：117；Willemse，1955［1956］：206～207；Hollis, D. 1975：200，204；Zheng，1981：299；Ingrisch，1989：211；Zheng，1985：62；Zheng，1993：69；Yin, Shi & Yin，1996：491；Ingrisch, S., F. Willemse & M. S. Shishodia. 2004：147，289～320；Li, Xia *et al.*，2006：24，fig. 9.

Sinstauchira Zheng，1981b：304. **syn. nov.**

Type-species：*Oxytauchira gracilis*（Willemse，1931）（= *Tauchira gracilis* Willemse，1931）

体中小型。头顶较狭，向前突出；在复眼前缘处具 1 横沟。颜面侧观向后倾斜；颜面隆起两侧缘近平行，全长具纵沟。复眼长卵形。触角丝状，超过前胸背板的后缘。前胸背板圆筒形，前缘平直，后缘圆角形；中隆线明显，缺侧隆线；沟前区长于沟后区。前胸腹板突片状，顶端呈 2~3 齿状突起。中胸腹板侧叶宽略大于长，或长宽相等。后胸腹板侧叶毗连。前翅发达，不到达、到达或超过后足股节的顶端；前缘基部略扩大，翅顶端较狭；在翅顶端之半径脉分支处不具平行小横脉。后翅与前翅等长。后足股节上侧中隆线平滑，顶端形成锐刺；下膝侧片顶端较尖。后足胫节具或不具外端刺。雄性第 10 腹节背板后缘具或不具小尾片。肛上板三角形，基部中央具纵沟。尾须圆锥形。下生殖板短圆锥形，顶端较钝。雌性产卵瓣外缘具细齿。

该属已知 12 种，主要分布中国、印度、印度尼西亚、马来西亚群岛、爪哇、泰国、缅甸等。本文另外记述分布于云南的 3 新种和 1 中国新记录种，至此，云南分布有该属 8 种。

讨论：板角蝗属 *Oxytauchira* Ramme，1941 以分布于印度尼西亚苏拉威西岛的两头 *Tauchira gracilis* Willemse，1931 雌性移出建立，理由是：①前翅顶端之半径脉分支处不具平行小横脉。②前胸腹板突呈横片状，顶端呈 2 齿状突起。③后足胫节具外端刺（除 *O. aspinosa* 外）（Willemse，C.，1955）。Hollis（1975）修订了该属属征，指出前胸腹板突顶端呈 3 齿状突起，雄性第 10 腹节背板后缘具尾片。Ingrisch（1989）综合前人的结果，认为前胸腹板突顶端既可能呈 3 齿状突起，也可能呈 2 齿状或有中齿的迹象（如 *O. bilobata*）。可见，只有特征①是稳定的。尽管属模的雄性尚未发现，但在确定前胸腹板突顶端突起数量上已无关紧要。板齿蝗属 *Sinstauchira* Zheng，1981 非常近似于板角蝗属和板突蝗属 *Tauchira* Stål，1878，其模式种云南板齿蝗 *Sinstauchira yunnana* Zheng，1981 的颜顶角阔，前胸腹板突呈横片状，顶端呈 3 齿状突起，前翅顶端之半径脉分支处不具平行小横脉，后足胫节具外端刺。前一特征难于把握，其余特征正是板角蝗属区别于板突蝗属的特征。虽然云南板齿蝗的雄性第 10 腹节背板后缘无尾片，但后来发现的该属其他种有的具尾片。另外，该属有些种或有些个体前胸腹板突顶端中央突起较小，近似 2 突起状。由于在确定这些特征居间种类的归属问题上模棱两可，本文参照 Ingrisch（1989）的意见，认为随着一些特征居间个体的发现，板齿蝗属的主要属征包含于板角蝗属属征，故将板齿蝗属并入板角蝗属，因此产生了云南产的 2 个新组合：云南板角蝗 *O. ynnnana*（Zheng，1981）、红角板角蝗 *O. ruficornis*（Huang et Xia，1984）。

板角蝗属分种检索表

1（6）　后足股节外侧无暗色纵斑纹

2（5）　雄性尾须近端部内侧具小齿状突起

3（4）　体型较大，雄性体长 23 mm，后足股节长 13 mm ……………………… **曙黄板角蝗 *O. aurora***

4（3）　体型较小，雄性体长 16.5~20.0 mm，后足股节长 9.4~10.7 mm
　　……………………………………………………………… **伴曙板角蝗 *O. paraurora* sp. nov.**

5（2）　雄性尾须近端部内侧无小齿状突起 ……………………… **无斑板角蝗 *O. amaculata* sp. nov.**

6（1）　后足股节外侧具黑色或黑褐色纵斑纹

7（14）　前翅明显狭长，至少到达或超过肛上板基部，即至少超过后足股节的 2/3

8（11）　前翅明显超过后足股节顶端，前胸腹板突顶端呈明显的 3 齿

9（10）　雄性第 10 腹节背板后缘无尾片 …………………………………………… **云南板角蝗 *O. ynnnana***

10(9) 雄性第 10 腹节背板后缘具尾片 ·· **突缘板角蝗** *O. flange* **sp. nov.**

11(8) 前翅不超过后足股节顶端，前胸腹板突顶端呈明显的 2 齿，少数个体呈 3 齿，在此情况下则端部不向两侧变阔，中齿较低

12(13) 前翅超过腹部顶端，即到达后足股节的 4/5 处；雄性肛上板宽三角形，长宽几相等；阳具基背片的冠突顶端之二突起等长 ························· **短翅板角蝗** *O. brachyptera*

13(12) 前翅不到达或刚到达肛上板基部，即到达后足股节的 2/3 处；雄性肛上板长三角形，其长度为最宽处的 1.5 倍；阳具基背片的冠突顶端之二突起不等长，内突较长而向内突出 ·················
·· **小板角蝗** *O. oxyelegans*

14(7) 前翅明显短缩，刚到达或不到达后足股节的 1/2 ···················· **红角板角蝗** *O. ruficornis*

19. 曙黄板角蝗，中国新记录 *Oxytauchira aurora*（Brunner，1893）

Racilia aurora Brunner, 1893a：155；Kirby, W. F. 1910：397.

Oxytauchira aurora（Brunner, 1893）// Hollis, 1975：204；Ingrisch, 1989：212.

检视标本：1 ♂，盈江（那邦），北纬 24°42′，东经 97°35′，2009-Ⅷ-1，505 m，毛本勇采。

分布：云南（盈江）；缅甸（模式产地）。

20. 伴曙板角蝗，新种 *Oxytauchira paraurora* sp. nov.（图版 Ⅰ：4；图 2-1）

体小型。体表具细密的刻点。头锥形，略短于前胸背板；头顶背观平坦，卵圆形，具中隆线，边缘隆起，复眼前缘的宽度为其长度的 1.11～1.27（平均 1.18，n=4，♂）或 1.43～1.49（♀）倍，复眼前缘具横压痕。颜面侧观向后倾斜。颜面隆起具浅纵沟，侧缘仅在中单眼处略扩展，中单眼下渐弱（♂）或近平行（♀）。颜面侧隆线近直，仅在下端向后弯曲。复眼卵圆形，纵径为横径的 1.37～1.56（平均 1.48，n=4，♂）或 1.56～1.67（♀）倍，为眼下沟长度的 1.61～2.38（平均 2.00，n=4，♂）或 2.00～1.54（♀）倍。触角丝状，到达后足基节（♂）或不到达前胸背板后缘（♀），中段任一节长度为宽度的 1.93～2.37（平均 2.14，n=4，♂）或 1.93～2.37（♀）倍。前胸背板圆筒形，前缘近平直或略突出，后缘宽圆形；中隆线弱，被三条明显的横沟切断，沟前区长为沟后区长度的 1.44～1.63（平均 1.53，n=4，♂）或 1.50～1.63（♀）倍；侧隆线缺；侧片前下角宽圆，后下角钝角形。前胸腹板突横片状，向顶端渐宽，顶端呈 3 齿状突起。中胸腹板侧叶近方形，宽度为长度的 1.15～1.33（平均 1.21，n=4，♂）或 1.35～1.43（♀）倍；侧叶间中隔长度为宽度最狭处的 2.14～3.75（平均 3.13，n=4，♂）或 1.82～2.00（♀）倍。后胸腹板侧叶在后端相互毗连（♂）或弱分开（♀）。前翅发达，到达或略不到达后足股节顶端，在端部之半的径脉分支处无平行的小横脉，前缘近基部略膨大，顶端 1/4 明显变狭，顶圆形；后翅与前翅等长。后足股节上侧中隆线平滑，顶端形成锐刺，下膝侧片顶刺状；后足胫节端部上侧边缘略扩大，有锐边，上侧外缘具刺 8 枚（包括 1 微小的外端刺），内缘具刺 10 枚；跗节第 3 节等于第 1、2 节长度之和，中垫大，超过爪之顶端。鼓膜器发达，孔近圆形。腹部腹面密具长毛。

雄性腹部第 10 节背板在中部较宽地裂开，后缘具明显的小尾片。肛上板长三角形，其长度为最宽处的 1.3 倍，基部中央具宽的纵沟，端部之半平，顶锐角形。尾须锥形，略侧扁，直，近顶端内侧具 1 小的突起，顶钝尖，略超过肛上板顶端。下生殖板锥形，顶钝。阳具基背片在中央分离；锚状突钩曲；外冠突向背面突出，与桥呈 90° 的角，背观两侧缘几平

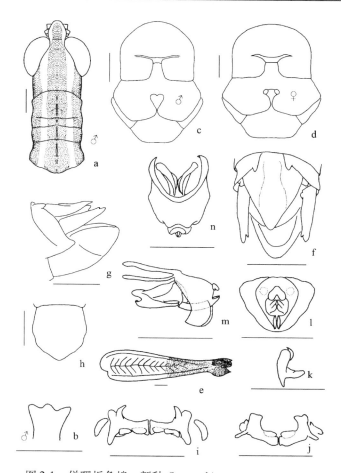

图 2-1　佯曙板角蝗，新种 *Oxytauchira paraurora* sp. nov.

a. 头、前胸背板背面（head and pronotum, dorsal view）；b. 前胸腹板突前面观（prosternal spine, anterior view）；c-d. 中、后胸腹板（mesosternum and metasternum, male and female）；e. 后足股节外侧（postfemur, outer side）；f-g. 雄性腹端背面、侧面观（male terminalia, dorsal and lateral views）；h. ♀下生殖板（subgenital plate of female）；i-k. 阳具基背片背面、后面和侧面观（epiphallus, dorsal, posterior and lateral views）；l-m. 阳具复合体顶面、侧面观（phallic complex, apical and lateral views）

行，顶 2 叶状；内冠突小。卵形骨片狭长。色带连片发达，顶端突出，在中部两侧形成两个圆弧形突起；色带基支在背后方突起，分别和阳茎鞘膜相连接，覆盖在阳茎端瓣的腹侧顶端，其前下角呈锐角形；色带连片在腹侧相连成弧形；后面观两侧色带瓣组成倒 "心" 形。阳茎曲折部较阔。

雌性肛上板长三角形，中部具横压痕，基部中央具宽的纵沟，端部之半近平。尾须锥形，超过肛上板顶端。下生殖板阔，后缘阔三角形突出。上、下产卵瓣的外缘具齿。

体色：通常为黑、黄色纵带相间。颜面黑色或黑褐色。颊黄色或黄褐色，复眼下具 1 黑色或黑褐色条纹，向下延伸至大颚基部。触角黑褐色或黄褐色，向端部色渐深。复眼褐色或棕色。头顶黑色或黑褐色。头背中央具阔的黑色或黑褐色纵带（雌性为棕黄色），并延伸至前胸背板背面和前翅臀域；此带两侧自复眼后具窄的黄色或污黄色纵带，并延伸至前胸背板和前翅肘脉域（雌性不明显）。眼后带黑色（雌性为棕色），并延伸至前胸背板侧片上部和前翅的肘脉域之前。前胸背板侧片黄色或污黄色，下缘黑色。前胸腹板突黄色。后翅大部烟色。前、中足黄绿色或绿黄色。后足股节绿黄色或黄色，但端部 1/3 红色，膝黑色（雌性棕色）。后足胫节基部黑色或棕色，近基部具浅蓝色环，其余蓝色或蓝黑色。后足跗节淡蓝色。

量度（mm）：体长：♂16.5~20.0，♀21.2~21.5；前胸背板长：♂3.3~4.1，♀4.8~5.0；前翅长：♂11.4~12.7，♀14.8~15.0；后足股节长：♂9.4~10.7，♀11.8~12.0。

正模：♂，瑞丽（勐秀），北纬24°5′，东经97°46′，2005-Ⅷ-2~3，1600 m，毛本勇采。副模：10♂，瑞丽（勐秀），北纬24°5′，东经97°46′，2005-Ⅷ-2~3，1600 m，毛本勇采；2♂，盈江（姐帽），北纬24°32′，东经97°49′，2005-Ⅷ-1，1200 m，毛本勇、徐吉山采；1♂，盈江（铜壁关），北纬24°37′，东经97°38′，2009-Ⅶ-30，1334 m，毛本勇采；1♀，梁河（芒东），北纬24°39′，东经98°14′，1300 m，2005-Ⅶ-27，普海波采；1♀，梁河（城郊），2005-Ⅶ-29，1300 m，徐吉山采；1♂，龙陵（邦腊掌），北纬24°39′，东经98°39′，2009-Ⅶ-25，1403 m，毛本勇采。模式标本保存大理学院动物标本室（除特别说明外，下同）。

分布：云南（瑞丽、盈江、梁河、龙陵）。

词源学：种名由前缀 Paro-（拟）与曙黄板角蝗的种本名 aurora 合成。

新种在形态、色彩特征方面与曙黄板角蝗 O. aurora（Brunner, 1893）及无斑板角蝗 O. amaculata sp. nov. 近似，分布地接近，三者的区别见表2-1。

表2-1　佯曙板角蝗 O. paraurora sp. nov.、无斑板角蝗 O. amaculata sp. nov. 和曙黄板角蝗 O. aurora 的区别

佯曙板角蝗 O. paraurora sp. nov.	曙黄板角蝗 O. aurora	无斑板角蝗 O. amaculata sp. nov.
体较小，体长：♂16.5~20.0 mm，后足股节长：♂9.4~10.7 mm	体较大，体长：♂23 mm，后足股节长：♂13 mm	体较小，体长：♂15.0~15.5 mm，后足股节长：♂8.8~9.0 mm
雄性尾须近顶端内侧具1小的突起	雄性尾须近顶端内侧具1小的突起	雄性尾须近顶端内侧无小突起
阳具基背片背观桥较狭，外冠突后面观顶端近平	阳具基背片背观桥较阔，外冠突后面观顶端近2齿状	阳具基背片背观桥较阔，外冠突后面观顶端近平
阳具复合体色带基支前下角锐角形，阳茎基瓣背观短于色带表皮内突	阳具复合体色带基支前下角锐角形，阳茎基瓣背观长于色带表皮内突。	阳具复合体色带基支前下角钝圆角形，阳茎基瓣背观短于色带表皮内突

21. 无斑板角蝗，新种 _Oxytauchira amaculata_ sp. nov.（图版Ⅱ：1；图2-2）

体小型。头锥形，略短于前胸背板。头顶近圆形突出，背面具小凹和刻点，略低于头背（♂）或与头背在同一平面上（♀），具弱的中隆线，边缘略隆起，复眼前缘的宽度为其长度的 1.15~1.32（平均1.24，n=4，♂）或 1.60~1.67（平均1.63，n=4，♀）倍，复眼前缘具横压痕。颜面具多数刻点，侧观向后倾斜，颜面隆起具全长具浅纵沟，侧缘仅在中单眼处略扩展（♂）或近平行（♀）。颊部较光滑，颜面侧隆线近直，仅在中部稍向后弯曲。复眼卵圆形，纵径为横径的 1.52~1.56（平均1.54，n=4，♂）或 1.64~1.69（平均1.67，n=4，♀）倍，为眼下沟长度的 2.13~2.50（平均2.28，n=4，♂）或 1.64~1.85（平均1.71，n=4，♀）倍。触角丝状，到达后足基节（♂）或不到达前胸背板后缘（♀），中段任一节长度为宽度的 1.33~1.92（平均1.74，n=4，♂）或 1.15~1.40（平均1.26，n=4，♀）倍。前胸背板表面具细密的刻点，圆筒形，前缘近平直或略突出，后缘宽圆形；中隆线弱，被三条明显的横

沟切断，沟前区长为沟后区长度的 1.50 ~ 1.63（平均 1.55，n = 4，♂）或 1.64 ~ 1.67（平均 1.65，n = 4，♀）倍；侧隆线缺；侧片前下角呈阔的钝角形，后下角呈稍大于 90° 的钝角形。前胸腹板突横片状，向顶端渐宽，基部前、后径稍长于端部，顶呈 3 齿状突起。中胸腹板侧叶近正方形，宽度为长度的 1.00 ~ 1.13（平均 1.04，n = 4，♂）或 1.11 ~ 1.27（平均 1.21，n = 4，♀）倍；中隔长度为宽度最狭处的 1.94 ~ 2.63（平均 2.20，n = 4，♂）或 1.33 ~ 2.11（平均 1.77，n = 4，♀）倍。后胸腹板侧叶在后端相互毗连（♂）或弱分开（♀）。两性前翅发达，其顶端略超过腹部末端，但不到达后足股节顶端，在端部之半的径脉分支处无 1 列平行的小横脉，前缘近基部略膨大，顶端 1/4 明显趋狭，顶圆形；后翅与前翅等长。后足股节上侧中隆线平滑，顶端形成锐刺，下膝侧片顶刺状；后足胫节端部上侧边缘略扩大，有锐边，上侧外缘具刺 8 枚（包括 1 微小的外端刺），内缘具刺 10 枚；跗节第 3 节等于第 1、2 节长度之和，爪间中垫大，超过爪之顶端。鼓膜器发达，孔近圆形。腹部腹面密具长毛。

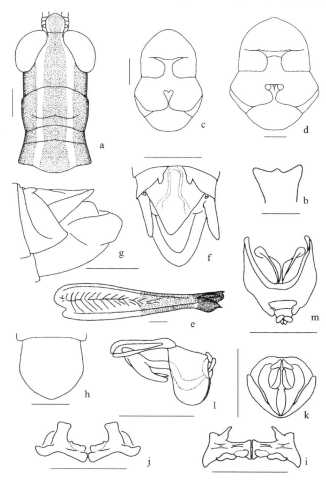

图 2-2　无斑板角蝗，新种 Oxytauchira amaculata sp. nov.

a. 头、前胸背板背面（head and pronotum, dorsal view）；b. 前胸腹板突前面观（prosternal spine, anterior view）；c-d. 中、后胸腹板（mesosternum and metasternum, male and female）；e. 后足股节外侧（postfemur, outer side）；f-g. 雄性腹端背面、侧面观（male terminalia, dorsal and lateral views）；h. ♀下生殖板（subgenital plate of female）；i-j. 阳具基背片背面、后面面观（epiphallus, dorsal and posterior views）；k-m. 阳具复合体顶面、侧面和背面观（phallic complex, apical, lateral and dorsal views）

雄性腹部第 10 节背板在中部较宽地裂开，后缘具明显的小尾片；肛上板三角形，其长度为最宽处的 1.3 倍，基部之半中央具宽的纵沟，纵沟两侧隆起较宽，并在中部之后向两侧弯曲变阔；端部之半平，顶锐角形。尾须直，锥形，略侧扁，顶钝尖，略超过肛上板顶端。下生殖板锥形，顶钝。阳具基背片桥在中部分离，背观较阔；锚状突钩曲；外冠突向背面突出，与桥呈 90° 的角，背观两侧缘几平行，顶略呈 2 叶状；内冠突小。卵形骨片存在。色带连片发达，顶端突出，在顶端中部两侧形成两个弧形软骨片包围阳茎端瓣；色带基支在顶端阳茎端瓣下形成柔软的骨片突起，分别和阳茎鞘膜相连接，覆盖在阳茎端瓣的腹侧顶端，前下角宽圆；后面观两侧色带瓣顶端组成三角形。阳茎曲折部较阔。

雌性肛上板长三角形，中部具横压痕，基部中央具宽的纵沟，端部之半近平。尾须锥形，到达肛上板顶端。下生殖板阔，后缘阔三角形突出。上、下产卵瓣的外缘具齿。

体色：通常为黑（雌性棕色）、黄色纵带相间。颜面黑色。颊黄色或黄褐色，复眼下具 1 黑色斜纹（雌性棕色），向下延伸至大颚基部。触角黄褐色，向端部色渐深。复眼棕色或褐色。头顶黑色（雌性棕色）。头背中央具阔的黑色或黑褐色纵带（雌性棕黄色），并延伸至前胸背板背面和前翅臀域；此带两侧自复眼后具窄的黄色或污黄色纵带，并延伸至前胸背板和前翅肘脉域（雌性略不明显）。眼后带黑色（雌性棕色），并延伸至前胸背板侧片上部和前翅的肘脉域之前的脉域。前胸背板侧片黄色或污黄色，下缘黑色。前胸腹板突黄色。后翅烟色。前、中足黄绿色。后足股节绿黄色，但端部 1/3 红色，膝黑色（雌性棕色）。后足胫节基部黑色或烟色，近基部具浅蓝色环，其余蓝色或蓝黑色。后足跗节淡蓝色。

量度（mm）：体长：♂15.0～15.5，♀17.3～20.0；前胸背板长：♂3.1～3.3，♀4.1～4.6；前翅长：♂10.0～10.4，♀12.8～14.0；后足股节长：♂8.8～9.0，♀10.2～12.5。

正模：♂，腾冲（高黎贡山），北纬 25°1′，东经 98°29′，2005-Ⅷ-7，1950 m，徐吉山采。副模：10 ♂，8 ♀，2005-Ⅷ-7～8，毛本勇、普海波采，其余资料同正模；4 ♂，盈江（铜壁关），北纬 24°36′，东经 97°38′，2005-Ⅶ-30，1334 m，毛本勇采；4 ♂，2 ♀，龙陵（邦腊掌），北纬 24°39′，东经 98°39′，2005-Ⅶ-30，1403 m，毛本勇采。

分布：云南（腾冲、盈江、龙陵）。

词源学：种名反映后足腿节无深色斑纹。

新种在形态、色彩特征方面和曙黄板角蝗 *Oxytauchira aurora*（Brunner，1893）近似，分布地接近，和后者的区别见表 2-1。

22. 云南板角蝗，新组合 *Oxytauchira ynnnana*（Zheng，1981），comb. nov.

Sinstauchira yunnana Zheng，1981b：304，figs. 18～27；Zheng，1985：63～65，figs. 313～322；Zheng，1993：69～70，figs. 176～179；Yin，Shi & Yin，1996：644；Li，Xia *et al.*，2006：28～30，figs. 12.

未见标本。

分布：云南（勐腊、勐混、勐龙）。

讨论：该种因原所属板齿蝗属 *Sinstauchira* Zheng，1981 并入板角蝗属 *Oxytauchira* Ramme，1941 而形成新组合。

23. 突缘板角蝗，新种 *Oxytauchira flange* sp. nov.（图版Ⅱ：2；图 2-3）

雄性：体中型。头锥形，和前胸背板近等长。头顶近圆形突出，略低于头背，具弱的中隆线，边缘略隆起，复眼前缘具横压痕，复眼前缘的宽度为其长度的 1.34～1.76（♂）或 1.76（♀）倍。颜面具多数刻点，侧观极向后倾斜，颜面隆起具全长具浅纵沟，侧缘近平行（♂）或向下略扩展（♀）。颊部较光滑，颜面侧隆线近直，仅在下部明显向后弯曲。复眼突出，卵圆形，纵径为横径的 1.44（♂）或 1.59（♀）倍，为眼下沟长度的 1.5（♂）或 2.00（♀）倍。触角丝状，到达后足基节（♂）或不到达前胸背板后缘（♀），中段任一节长度为宽度的 2.04～2.13（♂）或 1.81（♀）倍。前胸背板表面具细密的小凹，圆筒形，前缘近平直，后缘圆角形；中隆线弱，被三条明显的横沟切断，沟前区长为沟后区长度的 1.44～1.50（♂）或 1.38（♀）倍；侧隆线缺；侧片前下角呈阔的钝角形，后下角呈稍大于 90° 的圆钝角形。前胸腹板突横片状，向顶端极度变宽，顶呈 3 齿状突起。中胸腹板侧叶近正方形，宽度为长度的 1.06～1.08（♂）或 1.09（♀）倍；中隔长度为宽度最狭处的 1.50～1.74（♂）或 1.43（♀）倍。两性后胸腹板侧叶在后端相互毗连。前翅狭长，其顶端略超过后足股节顶端，超过部分约为翅长的 1/6（♂）或 1/10（♀），在端部之半的径脉分支处无 1 列平行的小横脉，前缘近基部不膨大，顶圆形；后翅与前翅等长。后足股节上侧中隆线平滑，顶端形成锐刺，下膝侧片顶刺状；后足胫节端部上侧边缘略扩大，有锐边，上侧外缘具刺 9 枚（包括 1 微小的外端刺），内缘具刺 10 枚；跗节第 3 节的长度约等于第 1、2 节长度之和，爪间中垫大，超过爪之顶端。鼓膜器发达，孔近圆形。腹部腹面具丛状毛。

雄性第 10 腹节背板在中部较宽地裂开，后缘具明显的小尾片。肛上板长三角形，其长度为最宽处的 1.50 倍，基部之半中央具深纵沟，纵沟在端部之半变阔，纵沟两侧的隆起较宽，并在中部之后向两侧弯曲变阔；端部之半平，两侧缘中部略外突，顶锐角形。尾须直，锥形，顶端骤趋狭，顶钝尖，明显超过肛上板顶端。下生殖板短锥形，顶钝。阳具基背片桥在中部分离；锚状突钩曲；外冠突向背面突出，与桥呈 90° 的角，后面观两侧缘几平行，顶略斜切状，内角呈圆的锐角形；内冠突小。卵形骨片存在。色带连片发达，背面平，顶端突出，在顶端中部两侧形成两个弧形软骨片包围阳茎端瓣；色带基支在顶端阳茎端瓣下形成柔软的骨片突起，分别和阳茎鞘膜相连接，覆盖在阳茎端瓣的腹侧顶端，前下角钝；后面观两侧色带瓣顶端组成三角形。

雌性肛上板长三角形，中部具横压痕，基部中央具宽的纵沟，纵沟两侧具极度突出的纵隆线，端部之半舌状，背面近平。尾须锥形，不到达肛上板顶端。下生殖板阔，后缘圆形突出。上、下产卵瓣的外缘具齿。

体色：通常为黑、黄色纵带相间。颜面黑色，颜面隆起黄色。颊黄色，复眼下具 1 黑色三角形斜纹，向下延伸至大颚中部；大颚黄色。触角红色，端部 3～4 节红褐色。复眼棕色或褐色。头顶黑色，侧缘后半段黄色。头背中央具阔的黑色纵带，并延伸至前胸背板背面和前翅臀域；此带两侧自复眼后具窄的黄色纵带，并延伸至前胸背板和前翅肘脉域。眼后带黑色，并延伸至前胸背板侧片上部和前翅的肘脉域之前的脉域。前胸背板侧片黄色，下缘黑色。前胸腹板突黄色。中、后胸前侧片黑色，具黄色斜斑；中、后胸腹板黄色，但沿骨缝边缘具黑色镶边。后翅基部蓝黑色，端部烟色，但前缘端部黄色。前、中足黄色。后足股节基部 2/5 黄色，之后的 1/3 红色，膝黑色，具黄色膝前环；外侧基部之半具黑色纵斑纹，中部红色斑的后半段染有褐色；上侧具两个红褐色斑纹，分别和外侧黑色、褐色斑纹相连。后足胫节基部黑色，近基部具黄色环，其余黑色。后足跗节黄色。腹部黑褐色，端部 5 节背板两侧具不规则黄色斑。尾须黄色。

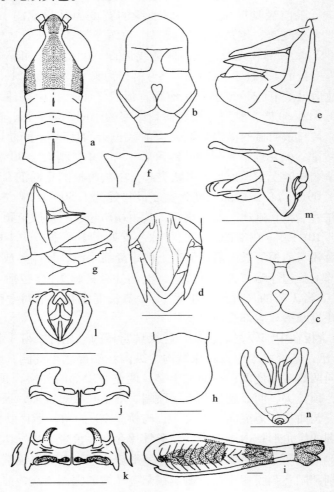

图 2-3　突缘板角蝗，新种 *Oxytauchira flange* sp. nov.

a. 头、前胸背板背面（head and pronotum, dorsal view）；b-c. 中、后胸腹板（mesosternum and metasternum, male and female）；d-e. 雄性腹端背面、侧面观（male terminalia, dorsal and lateral views）；f. 前胸腹板突前面观（prosternal spine, anterior view）；h. ♀下生殖板（subgenital plate of female）；i. 后足股节外侧（postfemur, outer side）；j-k. 阳具基背片后面、背面观（epiphallus, posterior and dorsal views）；l-n. 阳具复合体顶面、侧面和背面观（phallic complex, apical, lateral and dorsal views）

量度（mm）：体长：♂ 18.2～19.0，♀ 21.7；前胸背板长：♂ 3.8，♀ 4.7；前翅长：♂ 15.0～15.8，♀ 17.3；后足股节长：♂ 10.1～10.7，♀ 12.6。

正模：♂，西双版纳勐腊（望天树），北纬 21°26′，东经 101°40′，700 m，2004-Ⅷ-3，毛本勇采。副模：1 ♂，1 ♀，西双版纳勐腊（曼庄），北纬 21°25′，东经 101°40′，2004-Ⅷ-4，毛本勇采；5 ♂，5 ♀，绿春（平坡），北纬 22°40′，东经 102°12′，2009-Ⅶ-24，徐吉山、

张建雄采。

分布：云南（勐腊、绿春）。

词源学：种名反映雌性下生殖板后缘凸出。

新种在体型大小、外部形态及色彩特征上和云南板角蝗 *Oxytauchira ynnnana*（Zheng，1981）近似，但区别明显，见表2-2。

表2-2　突缘板角蝗 *Oxytauchira flange* sp. nov. 和云南板角蝗 *Oxytauchira ynnnana* 的区别

突缘板角蝗 *Oxytauchira flange* sp. nov.	云南板角蝗 *Oxytauchira ynnnana*
雄性第10腹节背板在中部较宽地裂开，后缘具明显的小尾片	雄性第9~10腹节背板中部三角形裂开；第10节背板后缘缺尾片
雄性肛上板长三角形，两侧缘中部不明显缢缩	雄性肛上板长三角形，两侧缘在中部明显缢缩
雌性下生殖板后缘圆形突出	雌性下生殖板后缘近平直，中央微凹

24. 短翅板角蝗 *Oxytauchira brachyptera* Zheng，1981

Oxytauchira brachyptera Zheng，1981b：300，figs. 28~38；Zheng，1985：62，figs. 302~312；Ingrisch，1989：211，215，figs. 21，22，26，34，40；Zheng，1993：69，fig. 174；Yin，Shi & Yin，1996：491；Li，Xia *et al.*，2006：25，fig. 10.

检视标本：28 ♂，12 ♀，金平（分水岭），北纬 22°55′，东经 103°13′，1300~1850 m，2006-Ⅶ-24，毛本勇采；13 ♂，5 ♀，勐海（南糯山），北纬 21°56′，东经 100°36′，1550 m，2006-Ⅷ-1~2，毛本勇采；11 ♂，4 ♀，绿春（城郊），2004-Ⅶ-28，杨自忠采。2 ♂，1 ♀，绿春（坪河），北纬 22°50′，东经 102°31′，2004-Ⅶ-28，杨自忠采；1 ♀，绿春（半坡），1115 m，北纬 22°40′，东经 102°12′，2009-Ⅶ-24，张建雄采；8 ♂，11 ♀，普洱（菜阳河），1700 m，北纬 22°34′，东经 101°11′，2007-Ⅶ-28，毛本勇采；2 ♂，2 ♀，孟连（勐马），1470 m，北纬 22°9′，东经 99°24′，2009-Ⅶ-16，张建雄采；1 ♂，3 ♀，江城（城周），1300 m，北纬 22°36′，东经 101°51′，2009-Ⅶ-21，张建雄采；7 ♂，4 ♀，元阳（新街），1829 m，北纬 23°6′，东经 102°45′，2009-Ⅷ-19，张建雄采；15 ♂，镇远（九甲），2160 m，北纬24°16′，东经 101°15′，2009-Ⅷ-3，徐吉山采；1 ♂，新平（新化），18700 m，北纬 24°06′，东经 101°51′，2009-Ⅷ-3，张建雄采。

分布：云南（普洱、勐腊、景洪、勐海、金平、绿春、孟连、江城、元阳、镇远、新平）。

25. 小板角蝗 *Oxytauchira oxyelegans* Otte，D.，1995

Oxytauchira elegans Zheng et Liang，1986：294，figs. 10~12；Zheng，1993：69，fig. 174；Li，Xia *et al.*，2006：25~28，fig. 11.

Oxytauchira oxyelegans Otte，D.，1995：321.

Oxytauchira chinensis Yin，Shi & Yin，1996：491.

未见标本。

分布：云南（墨江）。

26. 红角板角蝗，新组合 *Oxytauchira ruficornis*（Huang *et* Xia，1984），comb. nov.

Sinstauchira ruficornis Huang *et* Xia，1984：242；Zheng，1993：70，71；Yin，Shi & Yin，1996：644；Li，Xia *et al.*，2006：29，34~35，fig. 9.

未见标本。

分布：云南（西双版纳）。

讨论：该种因原所属板齿蝗属 *Sinstauchira* Zheng，1981 并入板角蝗属 *Oxytauchira* Ramme，1941 而成为新组合。

（十一）野蝗属 *Fer* Bolivar，I.，1918

Fer Bolivar，I. 1918a：8，17；Willemse，C. 1921 ［1922］：8，21；Willemse，1955 ［1956］：174~175；Zheng，1985：137；Zheng，1993：72；Yin，Shi & Yin，1996：292；Jiang & Zheng，1998：74；Li，Xia *et al.*，2006：37~38，fig. 9.

Type-species：*Fer coeruleipennis* Bolivar，1918

体中型。头短于前胸背板。头顶较凸或略凸，顶端呈圆弧形，具明显的中隆线，在复眼前具1横沟，头侧窝缺。颜面具粗刻点，侧观明显向后倾，与头顶的端部形成锐角；颜面隆起在触角间微凸出，两侧缘近平行，纵沟明显或略明显。颜面侧隆线明显，微弯曲。复眼卵形。触角丝状，到达或不到达前胸背板的后缘。前胸背板圆筒状，前、后缘略圆形，中隆线不明显，缺侧隆线；3条横沟明显可见，后横沟位于中部之后；侧片长大于高。前胸腹板突圆柱状，直，顶端钝。中胸腹板侧叶长宽相等或宽略大于长；侧叶间中隔在雄性甚狭，在雌性较宽。后胸腹板侧叶在后端毗连。前、后翅发达，到达后足股节的顶端；在径脉和中脉间具平行横脉。后足股节上侧中隆线平滑，顶端具1尖刺；下膝侧片端部呈尖刺状。后足胫节顶端略膨大，具外端刺或外端刺不明显。后足跗节不达胫节中部。雄性第10腹节背板后缘无明显尾片。肛上板长三角形。尾须圆锥形，端部尖，到达肛上板后缘。下生殖板短锥状，顶端钝。雌性产卵瓣直，具细齿。下生殖板长大于宽，后缘中央呈角状突出。

该属已知5种，分布于东南亚一带；中国已知4种，主要分布于广西、云南、福建；云南分布有1种。

27. 云南野蝗 *Fer yunnanensis* Huang *et* Xia，1984

Fer yunnanensis Huang *et* Xia，1984：241-245；Zheng，1985：137，figs. 663~671；Zheng，1993：72；Yin，Shi & Yin，1996：292；Li，Xia *et al.*，2006：38，40，41，figs. 19a~c.

检视标本：1♀，勐腊（曼庄），北纬21°26′，东经101°40′，650 m，2004-Ⅷ-2，毛本勇采；1♂，1♀，绿春（半坡），北纬22°40′，东经102°12′，1115 m，2009-Ⅶ-24，徐吉山、张建雄采。

分布：云南（景谷、绿春、勐腊）。

（十二）芋蝗属 *Gesonula* Uvarov，1940

Gesonula Uvarov，B. P. 1940a：174；Bei-Bienko & Mishchenko，1951：134，172；Mishchenko，1952：70，169；Rehn，1952：117；Willemse，1955［1956］：159；Rehn，1957：14；Xia，1958：33；Zheng，1985：135；Zheng，1993：74；Liu *et al.*，1995：47~48；Yin，Shi & Yin，1996：304~305；Jiang & Zheng，1998：79；Li，Xia *et al.*，2006：49，fig. 21.

Gesonia Stål，1878：47.

Type-species：*Gesonula punctifrons*（Stål，1860）（= *Acridium*（*Oxya*）*punctifrons* Stål，1860）

体小型，较细。头顶较狭，向前突出，顶端圆形，缺头侧窝。颜面侧观向后倾斜，与头顶形成锐角；颜面隆起全长具纵沟，侧缘平行。前胸背板圆柱形，后端稍扩大；前缘平，后缘圆角形；中隆线在沟前区不明显，在沟后区明显，缺侧隆线。前胸腹板突圆锥形，略向后倾斜。中胸腹板侧叶长宽相等或宽大于长，内缘圆形，中隔的长宽相等。后胸腹板侧叶在后端略相连。前、后翅发达，狭长，其长度超过后足股节顶端。后足股节上侧中隆线平滑；下膝侧片顶端锐刺状。后足胫节近顶端部分的侧缘呈片状扩大，顶端具内、外端刺，沿其内缘近顶端二刺间距离为 2 或 3 倍于其他刺间的距离。雄性肛上板三角形或盾形，具中纵沟，在顶端形成较宽的凹陷。尾须细长，锥形，超过肛上板之顶端。下生殖板短锥形。阳具基背片锚状突细长。雌性产卵器之上瓣大于下瓣，外缘具大而尖锐的齿。

已知 3 种 6 亚种，分布于印度，缅甸，泰国，印度尼西亚，菲律宾，澳大利亚及中国。中国已知 2 种，云南有分布。

芋蝗属分种检索表

1（2）　后足胫节仅基部红色；雄性肛上板之中央纵沟较狭，直达肛上板顶端，在顶端略扩大；阳具基背片锚状突较直，桥部较宽，侧片较长 ················· 芋蝗 *G. punctifrons*

2（1）　后足胫节全部红色；雄性肛上板中央纵沟较宽，在顶端形成一宽匙状凹陷；阳具基背片锚状突略弯曲，桥部较窄，侧片较短 ················· 思茅芋蝗 *G. szemaoensis*

28. 芋蝗 *Gesonula punctifrons*（Stål，1860）

Acridium（*Oxya*）*punctifrons* Stål，1860：336；Walker，1870b：647；Stål，1873b：81.

Gesonula punctifrons（Stål，1860）// Bei-Bienko & Mishchenko，1951：172，fig. 129；Rehn，1952：123；Mishchenko，1952：171，figs. 64，65；Willemse，1955［1956］：161；Xia，1958：34，177，178，figs. 36，37，pl. 2：4；Zheng，1985：135，136，figs. 653~660；Zheng，1993：74，75，fig. 188；Liu *et al.*，1995：48，pl. II：59~61；Yin，Shi & Yin，1996：305；Jiang & Zheng，1998：79~81；Li，Xia *et al.*，2006：49~51，figs. 24a-h.

Gesonia punctifrons Stål，1878：47；Tinkham，1940：297.

Heteracris tenuis Walker，1870b：647.

检视标本：1 ♂，六库，北纬 25°52′，东经 98°52′，900 m，2002-Ⅰ-30，毛本勇采；

1♂，1♀，河口（城郊），300 m，2005-Ⅳ-26，毛本勇采；3♂，3♀，河口（南溪），300 m，2005-Ⅳ-27，杨自忠采；2♂，1♀，双柏（嶍嘉），北纬24°27′，东经101°15′，1450 m，2007-Ⅴ-1，毛本勇采；2♂，8♀，勐腊（农林），北纬22°20′，东经101°22′，790 m，2007-Ⅺ-19，毛本勇采。

分布：云南（河口、金平、景洪、新平、普洱、勐腊、江城、六库）、四川、广西、广东、海南、台湾、福建、湖南、江西、浙江、江苏；日本、印度、缅甸、斯里兰卡、印度尼西亚。

29. 思茅芋蝗 *Gesonula szemaoensis* Cheng，1977

Gesonula szemaoensis Cheng，1977：303，fig. 1；Zheng，1985：136，137，figs. 661，662；Li，Xia *et al*.，2006：49，51，52，figs. 25a-b.

Gesonula mundata szemaoensis Cheng，1977 //Zheng，1993：74，75，fig. 189.

检视标本：1♂，河口（城郊），300 m，2005-Ⅳ-26，毛本勇采；1♂，2♀，河口（南溪），300 m，2005-Ⅳ-27，杨自忠采；1♂，双柏（嶍嘉），北纬24°27′，东经101°15′，1450 m，2007-Ⅴ-1，毛本勇采；2♂，2♀，勐腊（农林），北纬22°20′，东经101°22′，790 m，2007-Ⅺ-19，毛本勇采。

分布：云南（普洱、勐腊、江城、河口、双柏）。

（十三）稻蝗属 *Oxya* Audinet-Serville，1831

Oxya Audinet-Serville，1831：264，286；Brunner-Wattenwyl，1893b：136；Shiraki，1910：51，52；Kirby，1914：192，198；Bolivar，I. 1918a：7，14；Willemse，C. 1925：1；Willemse，C. 1930：104，119；Tinkham，1940：269，290，291；Bei-Bienko & Mishchenko，1951：163；Mishchenko，1965：138；Willemse，C. 1955〔1956〕：142；Xia，1958：21，34；Johnston，H. B. 1956：172；Rehn，1957a：18；Dirsh，1961：351；Hollis. 1971：272；Hollis，1975：189-234；Yin，1984b：65；Zheng，1985：120，125；Yin & Liu，1987：66～72，figs. 1～12；Zheng，1993：76；Liu *et al*.，1995：51；Yin，Shi & Yin，1996：482，483；Jiang & Zheng，1998：83；Xu，Zheng，Li，2003：99～105；Li，Xia *et al*.，2006：58，fig. 29.

Type-species：*Oxya hyla* Audinet-Serville，1831

体中型，通常具细刻点。头顶背观较短，端部钝圆，背面中央略凹，缺纵隆线。颜面侧观向后倾斜或较直；颜面隆起全长具纵沟，侧缘明显，到达上唇基；颜面侧隆线明显。复眼较大，椭圆形。触角丝状，略不到达、到达或略超过前胸背板后缘。前胸背板柱形，通常背面较平，中隆线较弱，侧隆线缺；3条横沟较细，沟后区较短于沟前区；后缘钝圆。前胸腹板突圆锥形，端部圆形或略尖，通常略向后倾斜，有时其后侧较平；中胸腹板侧叶间中隔宽度常短于长度。前翅发达，在背面相互毗连；在雌性其前缘往往具刺。后翅在臀脉域基部的背面常具有较密的绒毛。后足股节膝部的上膝侧片端部圆，下膝侧片端部延伸呈锐刺状；后足胫节近端部之半较扩展，其上侧外缘形成狭片状，具外端刺；跗节第1节较扁。腹端的腹面常具有丛生毛。雄性肛上板三角形，端部圆形或三角形，有时端部形成三叶。尾须锥形或侧扁，端部圆形或分枝状。下生殖板短锥形，端部钝圆。阳具基背片桥中部狭分开，通常缺锚状突；冠突两对，外冠突钩状，内冠突短齿状。雌性下生殖板的后缘常具齿或突起，表面常具纵隆脊或纵沟。产卵瓣细长，在其外缘具齿或刺。体色一般较一致，大体有二类：绿色类型和褐色类型。

世界已知 21 种，分布于非洲东南部、古北界、东洋界及巴布亚等地区。中国已知 14 种，分布广泛。云南已知 6 种。

稻蝗属分种检索表

1（4） 雄性肛上板长度明显大于宽度，侧缘中部各具 1 个不明显的突起，其端部中央颇向后延伸呈三角形

2（3） 后足股节绿色；雄性尾须端部斜截，中胸腹板侧叶间中隔在中部近毗连；雌性下产卵瓣内缘具 1～2 对齿突，外缘具长短不等的钝齿；腹基瓣片内缘具 4～5 个齿突，外缘无齿突 ………………………………………………………………………… 小稻蝗 *O. intricata*

3（2） 后足股节黄色；雄性尾须圆锥形，顶尖；中胸腹板侧叶间中隔长为宽的 3 倍；雌性下产卵瓣内缘具 3～4 对齿突，外缘具长短不等的锐齿；腹基瓣片内外缘均无齿突 …… 黄股稻蝗 *O. flavefemora*

4（1） 雄性肛上板两侧缘中部缺突起

5（6） 雌性腹部第 2、3 节背板侧面的后下角缺刺，下产卵瓣基部腹面的内缘缺齿，下生殖板后缘中央具 1 对较分开的刺；雄性尾须细锥形，端部近 1/5 处明显趋细，顶端细锐；色带瓣板背观平，和色带瓣形成 U 形深凹，色带瓣顶愈合，略膨大，阳具端瓣不及色带瓣长，几乎包在色带瓣板之内 ……………………………………………………………………………… 长翅稻蝗 *O. velox*

6（5） 雌性腹部第 2、3 节背板侧面的后下角具刺，下产卵瓣基部腹面的内缘具齿

7（10） 前、后翅发达，明显超过后足股节的端部

8（9） 雄性肛上板基部两侧有明显的侧沟；雌性下生殖板中央具宽纵沟，两侧具隆脊，后缘往往具 4 个齿突；雌性腹部第 2 节背板后下角具刺 ………… 日本稻蝗 *O. japonica*

9（8） 雄性肛上板一般较平，基部两侧缺侧沟；雌性下生殖板的表面较隆起或较平，后缘具两个粗齿突；雌性腹部第 3 节背板后下角具弯刺 ………… 云南稻蝗 *O. yunnana*

10（7） 前、后翅较不发达，不到达或刚到达后足股节的端部，有时略超过则雌性下生殖板后缘中央明显突出，端部具有 1 对甚为接近的齿；雄性肛上板基部两侧具弱的侧沟，尾须圆锥形，顶端斜切，中央略凹；雌性腹部第 3 节背板后下角锐刺状 ………… 山稻蝗 *O. agavisa*

30. 小稻蝗 *Oxya intricata*（Stål，1861）

Acridium（*Oxya*）*intricatum* Stål，1861：335.

Oxya intricata（Stål，1861）// Walker，1870b：647；Stål，1873b：82；Kirby，1914：198，200；Bolivar，I. 1918a：16；Uvarov，B. P. 1926：45；Tinkham，1940：292，294；Bei-Bienko & Mishchenko，1951：168，figs. 291，302，304，306；Mishchenko，1952：144，158，figs. 226，237，239，241；Willemse，1955〔1956〕：149；Yin，1984b：67；Zheng，1985：125，126，figs. 600～606；Zheng，1993：77，78，figs. 196～198；Liu *et al.*，1995：52，pl. II：65～66；Yin，Shi & Yin，1996：428；Ren，2001：19，figs. 42～45；Jiang & Zheng，1998：83，85，figs. 178～184；Li，Xia *et al.*，2006：61，63～65，fig. 30.

Oxya universalis，*Oxya insularis*，*Oxya siamensis* Willemse，C. 1925：11，12，21，34，35，37，figs. 12，13，32，33，36～38，64.

Oxya hyla intricate（Stål）// Hollis，1971：287；Roffey，1979：14，48，fig. 35.

检视标本：2 ♂，3 ♀，大理（苍山西坡），1600～1750 m，1995-Ⅷ-20，毛本勇采；1 ♂，1 ♀，漾濞（顺濞），1450 m，1995-Ⅷ-4，史云楠采；2 ♂，3 ♀，大理（苍山平坡），1600 m，1997-Ⅷ-3，毛本勇采；9 ♂，2 ♀，梁河（芒东），北纬24°39′，东经98°14′，1300 m，2005-Ⅶ-27，毛本勇、普海波采；1 ♂，云县，北纬24°27′，东经100°7′，1300 m，2003-Ⅶ-21，毛本勇采；9 ♂，3 ♀，景谷（城郊），1500 m，2006-Ⅷ-6，毛本勇采；5 ♂，1 ♀，马关（八寨），北纬23°0′，东经104°4′，1700 m，2006-Ⅶ-19，毛本勇采；1 ♂，盈江（姐帽），北纬24°32′，东经97°49′，1200 m，2005-Ⅷ-1，毛本勇采；3 ♂，勐腊（曼庄），北纬21°26′，东经101°40′，650 m，2004-Ⅷ-2，毛本勇；5 ♂，3 ♀，勐腊（农林），北纬22°20′，东经101°22′，790 m，2007-Ⅺ-19，毛本勇采；9 ♂，3 ♀，瑞丽（城郊），2002-Ⅹ-1，李燕珍采；1 ♂，六库，北纬25°52′，东经98°52′，1000 m，1995-Ⅶ-25，毛本勇采；1 ♂，腾冲（城郊），1999-Ⅶ-6，毛本勇采；2 ♂，1 ♀，永平，北纬25°27′，东经99°25′，1700 m，1998-Ⅹ-31，毛本勇采；2 ♂，维西，北纬27°11′，东经99°17′，2150 m，2002-Ⅷ-11，毛本勇采；1 ♂，永善（城郊），2004-Ⅶ-20，毛本勇采；3 ♂，绿春（坪河），北纬22°50′，东经102°31′，1500 m，2004-Ⅶ-20，毛本勇采；7 ♂，15 ♀，双柏（嗒嘉），北纬24°27′，东经101°15′，1450 m，2007-Ⅴ-1，毛本勇采。

分布：云南（大理、漾濞、梁河、云县、景东、普洱、景谷、景洪、开远、元阳、江城、邱北、元江、新平、双柏、澜沧、昆明、马关、盈江、勐腊、瑞丽、六库、腾冲、永平、维西、永善、绿春）、西藏、贵州、四川、广西、广东、海南、福建、台湾、香港、浙江、江苏、湖北、湖南、江西、辽宁；菲律宾、越南、泰国、马尔代夫、马来群岛、马六甲海峡岛屿、爪哇、琉球群岛、苏门答腊。

31. 黄股稻蝗 *Oxya flavefemora* Ma et Zheng，1993

Oxya flavefemora Ma et Zheng，1993：211-215；Zheng，1993：76，78，figs. 199～203.

检视标本：1 ♂，腾冲（上和），1996-Ⅷ，李加和采；1 ♂，云县，北纬24°27′，东经100°7′，1400 m，1996-Ⅷ-28，杨天强采。

分布：云南（勐腊、云县、腾冲、普洱）。

32. 长翅稻蝗 *Oxya velox*（Fabricius，1787）

Gryllus velox Fabricius，1787：239.

Oxya velox（Fabricius，1787）// Kirby，W. F. 1914：199，fig. 116；Oka. 1928：321～342；Tinkham，1940；296；Chang，K. S. F. 1937：186，188；Bei-Bienko & Mishchenko：167，fig. 288，297；Mishchenko，1952：143，154，figs. 223，232；Willemse，1955［1956］：145，153，figs. 98，100；Hollis，1971：297，281，297，figs. 94～105；Hollis，1975：221；Roffey，J. 1979：48，53，figs. 22，25，29，34；Yin，1984b：65，figs. 138～141，pl. Ⅵ：22，23；Zheng，1993：78，79，fig. 208；Yin，Shi & Yin，1996：485；Li，Xia *et al.*，2006：61，66～68，figs. 32a～h.

Gryllus squalidus Marschall，A. F. 1836：239.

Heteracris apta Walker，1870b：666.

Oxya vicina Brunner-Wattenwyl，1893a：192.

检视标本：2♂，4♀，开远，北纬23°42′，东经103°15′，2001-Ⅷ-10，杨艳采；1♂，河口（南溪），300 m，2005-Ⅳ-27，杨自忠采；1♀，河口（城郊），300 m，2005-Ⅳ-26，毛本勇采；1♂，1♀，耿马（孟定），北纬23°29′，东经99°0′，2004-Ⅷ-7；1♂，1♀，六库，北纬25°52′，东经98°52′，900 m，2004-Ⅴ-1，毛本勇采；3♀，绿春（坪河），北纬22°50′，东经102°31′，1600~1750 m，2004-Ⅶ-28~29，毛本勇采；3♂，5♀，腾冲（高黎贡山），1950 m，2005-Ⅷ-8，毛本勇、普海波采；5♂，3♀，勐腊（农林），北纬22°20′，东经101°22′，790 m，2007-Ⅺ-19，毛本勇采。

分布：云南（开远、河口、绿春、勐腊、耿马、六库、腾冲）、西藏；巴基斯坦、印度、缅甸、孟加拉国、泰国。

33. 日本稻蝗 *Oxya japonica* （Thunberg，1824）

Gryllus japonicus Thunberg，1824：492.

Oxya japonica （Thunberg，1824） // Hollis，1975：221；Zheng，1985：125，128，figs. 613，619；Zheng，1993：79；Yin，Shi & Yin，1996：484，485；Jiang & Zheng，1998：86，figs. 30~34；Li，Xia *et al.*，2006：61，68~70，fig. 33a~g；Ren，2101：17，18，figs. 30~34.

Acridium sinense Walker，1870b：628.

Heteracris straminea Walker，1870b：666.

Heteracris simplex Walker，1870b：669.

Oxya lobata Stål，1877：53.

Oxya sinensis Willemse，1925：32，figs. 29，30.

Oxya rufostriata Willemse，1925：33，fig. 31.

Oxya japonica japonica （Thunberg，1824） // Hollis，1971：280，281，302，figs. 117~121，123-133，138；Roffey，1979：52，figs. 24，27，map. 7.

检视标本：2♂，1♀，大理（洱湖滨），2000 m，1995-Ⅷ-21，毛本勇采；1♀，大理（苍山西坡），1700 m，1995-Ⅷ-14，史云楠采；1♀，漾濞，1500 m，1995-Ⅷ-4，史云楠采；1♂，1♀，宾川，北纬25°48′，东经100°33′，1998-Ⅷ-7，张合采；2♂，金平（分水岭），北纬22°55′，东经103°13′，1300 m，2006-Ⅶ-23，毛本勇采；4♂，2♀，维西，北纬27°11′，东经99°17′，1700 m，2002-Ⅷ-12，毛本勇采；1♂，丽江，1998-Ⅷ-16，毛本勇采；1♂，1♀，永善，2004-Ⅶ-20，毛本勇采；1♀，鹤庆（黄坪），2004-Ⅹ-16，杨国辉采；1♂，1♀，景谷（城郊），1500 m，2006-Ⅷ-6，毛本勇采；2♀，云县，北纬24°27′，东经100°7′，1300 m，1996-Ⅷ-17，杨天强采；1♂，1♀，盈江，1998-Ⅷ-22，杨天强采；2♂，1♀，玉溪，2007-Ⅷ-8，李晓东采；5♂，1♀，普洱（梅子湖），1350 m，北纬22°46′，东经100°52′，2007-Ⅶ-29，毛本勇采；1♂，1♀，永胜，1999-Ⅷ-27，黄金莲采。

分布：云南（开远、河口、耿马、景谷、普洱、云县、盈江、六库、绿春、金平、腾冲、大理、漾濞、宾川、维西、丽江、鹤庆、永胜）、河北、山东、湖北、四川、江苏、浙江、台湾、广东、广西、西藏；日本、新加坡、马来西亚、菲律宾、斯里兰卡、越南、巴基斯坦、印度、缅甸、泰国。

34. 云南稻蝗 *Oxya yunnana* Bi, 1986

Oxya yunnana Bi, 1986：156；Zheng, 1993：79；Yin, Shi & Yin, 1996：486；Li, Xia *et al.*, 2006：61, 70～72, figs. 34a～h.

检视标本：3♀，鹤庆，1998-Ⅸ-11，毛本勇采；2♂，4♀，昭通（鲁甸），北纬27°12′，东经103°33′，2006-Ⅷ-19，周连冰采；1♂，1♀，祥云，北纬25°29′，东经100°33′，2003-Ⅶ-15，毛本勇采。

分布：云南（广南、昭通、鹤庆、祥云）。

35. 山稻蝗 *Oxya agavisa* Tsai, 1931

Oxya agavisa Tsai, 1931：437, fig. 1；Chang, 1937：186；Tinkham, 1940：296；Bei-Bienko & Mishchenko, 1951：165, fig. 276；Mishchenko, 1952：151, figs. 211, 215；Xia, 1958：40；Hollis, 1971：280, 281, 317, figs. 173, 174～179, 180～183；Hollis, 1975：222；Zheng, 1985：129, figs. 620～625；Zheng, 1993：81, figs. 226～228；Liu *et al.*, 1995：54, pl. Ⅱ：70, 71；Yin, Shi & Yin, 1996：483；Jiang & Zheng, 1998：89, 90, figs. 207～213；Li, Xia *et al.*, 2006：62, 84～86, figs. 42a～f.

Oxya agavisa f. *robusta* Tsai, 1931：439.

检视标本：3♂，3♀，马关（古林箐），北纬22°49′，东经103°58′，1400～1700 m，2006-Ⅶ-21，毛本勇、吴琦琦、刘浩宇采。

分布：云南（马关、盈江）、贵州、四川、广东、广西、湖南、湖北、福建、浙江、江西、安徽、江苏、上海。

（十四）伪稻蝗属 *Pseudoxya* Yin *et* Liu, 1987

Pseudoxya Yin *et* Liu, 1987：66；Zheng, 1993：83；Yin, Shi & Yin, 1996：590；Jiang & Zheng, 1998：92；Li, Xia *et al.*, 2006：94, fig. 46.

Type-Species：*Pseudoxya diminuta*（Walker, 1871）（= *Oxya diminuta* Walker, 1871）

体小型。头短于前胸背板。头顶突出，顶端钝圆。颜面倾斜，颜面隆起具纵沟，两侧缘近乎平行。复眼长椭圆形。触角丝状。前胸背板圆柱形，背面较平坦，后缘呈钝角形突出；全长具中隆线，侧隆线缺。前胸腹板突圆锥形，顶端钝。前、后翅发达，超过后足股节之半，在背中部毗连；前翅前缘具音齿。中胸腹板侧叶宽略大于长，后胸腹板侧叶在后端相毗连。后足股节上侧中隆线平滑，顶端形成锐刺；下膝侧片顶端呈锐刺状。后足胫节中部以下呈片状扩展，具内、外端刺。鼓膜器发达。雄性第10腹节背板后缘具1对小尾片，肛上板圆三角形，尾须锥形。阳具基背片具锚状突。雌性上、下产卵瓣外缘均具齿。

已知仅1种，分布于我国南部和西南部。

36. 赤胫伪稻蝗 *Pseudoxya diminuta*（Walker, 1871）

Oxya diminuta Walker, 1871：64；Tinkham, 1940：292；Willemse, 1955［1956］：146；Xia, 1958：39；Hollis, 1971：278, 280.

Pseudoxya diminuta（Walker，1871）// Yin & Liu，1987：66，figs. 1~5；Zheng，1993：83，figs. 231~233；Yin，Shi & Yin，1996：590；Jiang & Zheng，1998：92，93，figs. 225~230；Li，Xia *et al.*，2006：95~96，figs. 48a-c.

Oxya rufipes Brunner-Wattenwy，1893：152，153.

Traulia diminuta（Walker，1871）// Kirby，1910：394，476.

Oxya diminuta f. *macroptera* Willemse，1925：10，13，figs. 1~3.

Caryanda diminuta（Walker，1871）// Hollis，1975：217，fig. 38.

检视标本：7♂，5♀，云县，北纬24°27′，东经100°7′，1300 m，2003-Ⅶ-21，毛本勇采；2♂，2♀，云县，北纬24°27′，东经100°7′，1300 m，2005-Ⅷ-15，刘浩宇采；2♂，1♀，临沧，北纬23°53′，东经100°5′，1300 m，1998-Ⅷ-5，杨骏；1♂，6♀，开远，北纬23°42′，东经103°15′，2001-Ⅷ-10，杨艳采；4♂，1♀，文山（城郊），1500 m，2005-Ⅳ-28，毛本勇采；9♂，6♀，绿春，北纬23°0′，东经102°24′，1700 m，2004-Ⅶ-28，毛本勇采；7♂，7♀，绿春（坪河），北纬22°50′，东经102°31′，1450 m，2006-Ⅶ-26，毛本勇采；2♂，3♀，河口，北纬22°30′，东经103°58′，1600 m，2006-Ⅶ-22，毛本勇采；4♂，4♀，河口（城郊），300 m，2005-Ⅳ-26，毛本勇采；1♂，3♀，屏边（大围山），2000 m，2005-Ⅳ-23，毛本勇采；8♂，4♀，金平（分水岭），北纬22°55′，东经103°13′，1300~1650 m，2006-Ⅶ-23，毛本勇采；1♂，2♀，耿马（孟定），北纬23°29′，东经99°0′，2004-Ⅷ-6，毛本勇采；5♂，3♀，景谷，北纬23°31′，东经100°39′，1600 m，2006-Ⅷ-6，刘浩宇采；4♂，4♀，勐海（南糯山），北纬21°56′，东经100°36′，1550 m，2006-Ⅷ-2，徐吉山、杨玉霞、刘浩宇、吴琦琦、朗俊通、毛本勇采；2♂，1♀，版纳（野象谷），北纬22°20′，东经101°53′，850 m，2006-Ⅷ-3，徐吉山、刘浩宇采；6♂，勐腊，850 m，1998-Ⅷ-11，杨自忠采；2♂，4♀，勐腊（曼庄），北纬21°26′，东经101°40′，650 m，2004-Ⅷ-2，毛本勇采；1♀，普洱，1300 m，2004-Ⅶ-31，毛本勇采；1♂，墨江，2000-Ⅷ-16，江学英采；1♂，个旧，北纬23°22′，东经103°9′，2002-Ⅶ-25，徐通采；16♂，23♀，双柏（嶍嘉），1450 m，2007-Ⅴ-1，毛本勇采；5♂，8♀，新平（者竜），北纬24°19′，东经101°22′，1700 m，2007-Ⅳ-30，毛本勇采；1♀，镇沅，1100 m，2007-Ⅷ-3，毛本勇采；5♀，普洱（莱阳河），1700 m，北纬22°34′，东经101°11′，2007-Ⅶ-27，毛本勇采。

分布：云南（景东、云县、临沧、普洱、耿马、景谷、宁洱、江城、澜沧、勐腊、景洪、河口、墨江、屏边、金平、绿春、新平、开远、文山、个旧）、广西、广东、贵州、福建。

（十五）稞蝗属 *Quilta* Stål，1860

Quilta Stål，1860：337；Stål，1873b：41，80；Kirby，1910：392；Bolivar，I. 1918a：13；Tinkham，1935：321；Tinkham，1940：269；Willemse，1955［1956］：34；Rehn，1957b：6；Xia，1958：21，32；Zheng，1985：120，123；Zheng，1993：84；Liu *et al.*，1995：54，55；Yin，Shi & Yin，1996：482，606；Jiang & Zheng，1998：93；Li，Xia *et al.*，2006：96，97，fig. 46.

Type-species：*Quilta mitrata*（Stål，1860）［ = *Acridium*（*Quilta*）*mitratum* Stål，1860］

　　体中型，细长。头略短于前胸背板。头顶颇向前突出；颜面侧观颇向后倾，与头顶组成锐角；颜面隆起较宽，在触角以上较突出，触角之间较低，全长具纵沟。复眼长卵形。触角丝状，到达或不到达前胸背板的后缘。前胸背板后缘呈钝角形；中隆线低、细，被3条横沟割断；后横沟位于中部之后，侧隆线不明显。前胸腹板突圆锥状，顶端钝，向后倾斜。中胸腹板侧叶长宽近相等。侧叶间之中隔长大于宽。后胸腹板侧叶全长毗连。前、后翅发达，超过后足股节的端部，顶端尖圆。后足股节细长，上侧中隆线平滑，上、下膝侧片端部呈尖刺状。后足胫节具外端刺，顶端一半呈狭片状扩大。后足跗节第1节略短于第2、3节之和，爪间中垫大。腹部第1节背板两侧具发达的鼓膜器。雄性第10腹节背板后缘的尾片不明显。肛上板三角形，基部具纵沟，顶端钝。尾须圆锥形，向内弯曲，顶端略下曲。下生殖板锥状，顶钝。雌性产卵瓣短而细，上产卵瓣长于下产卵瓣，边缘无细齿；下产卵瓣的下外缘具若干个小刺；下生殖板长大于宽，后缘中央钝圆。

　　本属已知3种，分布在东南亚一带。我国已知有2种，云南有分布。

稞蝗属分种检索表

1(2)　　体较细长；前翅较长，其超出后足股节端部的长度约为翅长的 $1/5 \sim 1/2$，近等于或长于前胸背板的长度；中胸腹板侧叶间之中隔的长度为其最狭处的 $2.8 \sim 5.6$ 倍 ················· **稻稞蝗 *Q. oryzae***

2(1)　　体较粗壮；前翅较短，其超出后足股节端部的长度约为翅长的 $1/10 \sim 1/5$，略短于或明显短于前胸背板的长度；中胸腹板侧叶间中隔的长度为其最狭处的 $2.6 \sim 8.0$ 倍 ········· **短翅稞蝗 *Q. mitrata***

37. 稻稞蝗 *Quilta oryzae* Uvarov, 1925

Quilta oryzae Uvarov, 1925：159；Tinkham, 1935：322；Willemse, 1955［1956］：35；Rehn, J. A. G. 1957：1~7, figs. 2, 3, 7, 8；Xia, 1958：33, fig. 55；Roffey, J. 1979：46, figs. 18, 20；Zheng, 1985：124, figs. 592~599；Zheng, 1993：84, 85, figs. 234~238；Liu *et al.*, 1995：55, 56, pl. II：73~76；Yin, Shi & Yin, 1996：606；Jiang & Zheng, 1998：94, 95, figs. 231~238；Li, Xia *et al.*, 2006：97~99, fig. 49a~c.

　　未见标本。

　　分布：云南、山东、湖南、湖北、江苏、广东、广西、福建；泰国。

38. 短翅稻稞蝗 *Quilta mitrata* Stål, 1861

Quilta mitrata Stål, 1861：337；Walker, 1870b：643；Bolivar, I. 1918a：13；Tinkham, 1940：269；Willemse, 1955［1956］：36；Rehn, J. A. G. 1957：1~7；Xia, 1958：33；Roffey, J. 1979：45, 47, figs. 16, 17；Zheng, 1993：85；Liu *et al.*, 1995：56；Yin, Shi & Yin, 1996：606；Jiang & Zheng, 1998：95；Li, Xia *et al.*, 2006：99, 100, fig. 50.

　　未见标本。

　　分布：云南、广东、广西、福建、江西、海南。

卵翅蝗亚科 Caryandinae

体中型。头顶背观近五边形，较短，宽大于长，缺中隆线或不明显。颜面侧观向后倾斜；颜面隆起具纵沟。复眼长卵形。触角丝状，到达或略超过前胸背板后缘。前胸背板柱形，有时背面略平；中隆线较弱，常不完整，缺侧隆线；3 条横沟较弱地切割中隆线。前胸腹板突圆锥形，顶端尖或稍尖。中胸腹板侧叶长略大于或近等于宽；中胸腹板侧叶间中隔常较狭。后胸腹板侧叶在雄性常相互毗连。前翅鳞片状，侧置，在背面不毗连；后翅甚小。后足股节基部外侧的上基片较长于下基片；上侧中隆线平滑；膝部外侧的下膝侧片顶端刺状。后足胫节端部之半圆柱形，端部具外端刺或很小，较不明显。鼓膜器发达。雄性第 10 腹节背板的后缘常具小尾片，有时不明显或缺如。雌性产卵瓣较细长，有时具齿。阳具基背片的桥部中央常分离，具锚状突。

中国已知有 3 属，云南有分布。

卵翅蝗亚科分属检索表

1(4)　雄性下生殖板锥形，端部较狭，顶端近圆形
2(3)　雄性第 10 腹节背板后缘具大而向上翘起或大而向前弯曲的尾片；阳具基背片冠突后面观较狭长，呈新月形或方形 ························· 龙川蝗属 *Longchuanacris*
3(2)　雄性第 10 腹节背板后缘具或不具尾片，具尾片时绝不向上翘起或向前弯曲；阳具基背片冠突后面观较阔短 ························· 卵翅蝗属 *Caryanda*
4(1)　雄性下生殖板明显向后延伸，近舟形，顶端微凹或两侧突出，呈叉形 ··········· 舟形蝗属 *Lemba*

（十六）龙川蝗属 *Longchuanacris* Zheng *et* Fu，1989

Longchuanacris Zheng *et* Fu，1989：305；Zheng，1993：58，85；Yin，Shi & Yin，1996：379；Li，Xia *et al*.，2006：100，101，fig. 46；Mao，Ren & Ou，2007a：51~62.

Type-species：*Longchuanacris macrofurculus* Zheng *et* Fu，1989

体小型。头短于前胸背板。头顶略突出，眼间距的宽度大于颜面隆起在触角间的宽度或为颜面隆起下部宽度的 1.5 倍。颜面侧观倾斜，颜面隆起全长具纵沟，侧缘近平行；颜面侧隆线明显。复眼卵形。触角丝状，超过前胸背板后缘。前胸背板柱状，后缘中央具三角形凹口；中隆线明显，缺侧隆线；后横沟位于背板近后端处；前胸背板侧片长略大于高度，后缘明显或不明显凹陷。前胸腹板突长锥形。中胸腹板侧叶宽度大于长度。后胸腹板侧叶相连。前翅鳞片状，侧置，到达第 1 腹节背板后缘。后足股节上侧之中隆线平滑；下膝侧片顶端刺。后足胫节圆柱状，缺或具微小的外端刺。后足跗节第 2 节短于第 1 节，第 3 节的长度为第 1、2 节之和。鼓膜孔卵圆形。雄性第 10 腹节背板后缘具大而向上翘起或向前弯曲的尾片。肛上板盾形。尾须长锥形。下生殖板短锥形。

本属已知 5 种，仅知分布于云南西南山区。

<h2 style="text-align:center">龙川蝗属分种检索表</h2>

1(6) 后足股节具橙色或红色膝前环

2(3) 后足股节具阔的红色膝前环；雄性第10腹节背板后缘尾片基半部向上翘起，端半部向前弯曲；尾须三角形，侧扁，顶端内曲，呈斜截状 ················· 二齿龙川蝗 *L. bidentatus*

3(2) 后足股节具狭的橙色膝前环；雄性第10腹节背板后缘尾片整体向上翘起

4(5) 雄性尾须顶尖锐 ················· 巨尾片龙川蝗 *L. macrofurculus*

5(4) 雄性尾须顶二叉状，背枝较腹枝长 ················· 叉尾龙川蝗 *L. bilobatus*

6(1) 后足股节缺膝前环

7(8) 雄性尾片整体垂直上翘，三角形；肛上板宽盾状；尾须顶斜截，上角尖锐，下角钝 ·················
················· 绿龙川蝗 *L. viridus*

8(7) 雄性尾片基部之半横直，且上翘，端部之半三角形，向前弯曲；肛上板半圆形；尾须顶端略呈二叶状 ················· 曲尾龙川蝗 *L. curvifurculus*

39. 二齿龙川蝗 *Longchuanacris bidentatus*（**Zheng *et* Liang, 1985**）(图版 Ⅱ：5)

Caryanda bidentata Zheng *et* Liang, 1985：84, 85, figs. 1～5；Yin, Shi & Yin, 1996：132；Li, Xia, *et al.*, 2006：140～141, figs. 76a～d.

Longchuanacris bidentatus（Zheng *et* Liang, 1985）// Mao, Ren & Ou 2007a：51～62, figs. 1～10.

检视标本：18♂, 12♀, 泸水（片马），北纬26°0′，东经98°30′，1900 m, 2005-Ⅶ-23, 毛本勇、普海波采。

分布：云南（泸水）。

40. 巨尾片龙川蝗 *Longchuanacris macrofurculus* **Zheng *et* Fu, 1989**

Longchuanacris macrofurculus Zheng *et* Fu, 1989：305, figs. 1～7；Yin, Shi & Yin, 1996：379；Li, Xia, *et al.*, 2006：100～101, figs. 51 a～g；Mao, Ren & Ou 2007a：51～62.

未见标本。

分布：云南（瑞丽）。

41. 叉尾龙川蝗 *Longchuanacris bilobatus* **Mao, Ren *et* Ou, 2007**(图版 Ⅱ：3)

Longchuanacris bilobatus Mao, Ren *et* Ou, 2007a：51～62, figs. 22～36.

检视标本：5♂, 梁河，北纬24°48′，东经98°18′，1300 m, 2005-Ⅶ-29, 徐吉山采；1♀, 毛本勇采，其余同正模。5♂, 7♀, 梁河（温泉），北纬24°47′，东经98°15′，1194 m, 2009-Ⅷ-5, 毛本勇采。

分布：云南（梁河）。

42. 曲尾龙川蝗 *Longchuanacris curvifurculus* **Mao, Ren *et* Ou, 2007**(图版 Ⅱ：4)

Longchuanacris curvifurculus Mao, Ren *et* Ou, 2007a：51～62, figs. 37～48.

检视标本：36♂, 36♀, 腾冲（高黎贡山），北纬25°1′，东经98°29′，2200 m, 2005-Ⅷ-9, 毛本勇、徐吉山采。

分布：云南（腾冲：高黎贡山）。

43. 绿龙川蝗 *Longchuanacris viridus* Mao et Ou，2007（图版Ⅲ：1）

Caryanda macrofurcula Mao et Ou，2000：182～184，figs. 1～4.

Longchuanacris viridus Mao et Ou，2007 // Mao，Ren & Ou 2007a：51～62，figs. 11～21.

检视标本：22 ♂，12 ♀，腾冲（来凤山），北纬 25°1′，东经 98°29′，1750 m，1999-Ⅶ-25，毛本勇采；5 ♂，4 ♀，腾冲（猴桥镇），北纬 25°23′，东经 98°13′，2005-Ⅷ-12，刘浩宇采；11 ♂，12 ♀，腾冲（大蒿坪），2200～2350 m，2002-Ⅸ-25，Ou 采；3 ♂，1 ♀，保山，北纬 25°7′，东经 99°10′，1750 m，1999-Ⅶ-26，徐吉山、杨自忠采；2 ♂，1 ♀，云龙（团结），北纬 25°44′，东经 99°35′，2000 m，2007-Ⅶ-21，徐吉山采；5 ♂，3 ♀，瑞丽（珍稀植物园），1200 m，2006-Ⅶ-28，刘彪采；1 ♂，大理（凤仪），北纬 25°35′，东经 100°13′，1970 m，1999-Ⅷ-2，杨自忠采。

分布：云南（瑞丽、腾冲、保山、云龙、大理）。

（十七）卵翅蝗属 *Caryanda* Stål，1878

Caryanda Stål，1878：47；Brunner-Wattenwyl，1893b：136；Kirby，1914：192，201；Bolivar, I. 1918a：8，19；Willemse, C. 1930：104，128；Chang, K. 1939：39；Tinkham，1940：301；Bei-Bienko & Mishchenko，1951：134，172；Mishchenko，1952：170，172；Willemse，1955［1956］：166；Xia，1958：40；Hollis，1975：201，217～219；Yin，1980：231；Yin，1984b：70；Zheng & Liang，1985：85；Zheng，1985：141，142；Liu & Yin，1987：55～60；Zheng，1993：87～89；Ma, Guo and Zheng，2000：333；Yin, Shi & Yin，1996：132～134；Jiang & Zheng，1998：95，96；Li, Xia *et al.*，2006：103～108，fig. 52.

Dibastica Giglio-Tos，1907：9.

Austenia Ramme，1929：331.

Austeniella Ramme，1931：934.

Tszacris Tinkham，1940：313.

Sinocaryanda Mao et Ren，2007. **syn. nov.**

Type-species：*Caryanda spuria* (Stål，1860)（= *Acridium*（*Oxya*）*spurium* Stål，1860)

体小型或中型。头顶宽短，宽大于长，缺中隆线。颜面隆起具纵沟。复眼长卵形。触角丝状，到达或超过前胸背板后缘。前胸背板圆柱形，背面稍平；前缘较平直、略弧形或在中部具1小凹口；后缘中央具三角形凹口；中隆线低而明显，缺侧隆线；后横沟在背板中后部。前胸腹板突圆锥形，前后稍扁，顶端尖。中胸腹板侧叶宽大于长或长宽相等，中隔的长度大于宽度或长宽相等。后胸腹板侧叶在雄性相连，在雌性分开。前翅鳞片状，侧置，在背部不毗连；翅顶端刚超过腹部第1～2节背板后缘。后足股节匀称，上侧中隆线光滑，在末端形成尖刺；下膝侧片顶端尖刺状。后足胫节近端部圆柱形，侧缘不扩大，具外端刺。雄性第10腹节背板后缘常具小尾片。肛上板三角形、盾形或近方形。尾须长圆锥形，超过肛上板的顶端。下生殖板短锥状，顶端较钝。阳茎基背片桥部较狭地分开，具锚状突。雌性上产卵瓣之上外缘及下产卵瓣之下外缘具细齿。下生殖板后缘多变化。

讨论：本文将华卵翅蝗属 *Sinocaryanda* Mao *et* Ren，2007 并入卵翅蝗属 *Caryanda* Stål，1878，理由见大尾须卵翅蝗 *Caryanda macrocercusa*（Mao *et* Ren，2007），comb. nov. 的讨论。

已知约 65 种，分布于印度，不丹，中南半岛、马来西亚、澳大利亚、新几内亚、印度尼西亚，菲律宾，中非和中国。中国已知约 50 种；云南已知 21 种，包括本文记述的 5 新种及 1 新组合。

卵翅蝗属分种检索表

1(24)　雄性尾须锥形，直，肛上板三角形或近盾形；雌性两腹基瓣片间空隙小，下产卵瓣内缘直

2(5)　　前翅较阔，呈覆瓦状，明显呈二色：背侧部分绿色或黄绿色，腹侧部分黑色

3(4)　　头顶、后头及前胸背板背面具黑色纵条纹；后足胫节黑色；雌性下生殖板后缘中央具 2 齿 ………
　　　…………………………………………………………………… 云南卵翅蝗 *C. yunnana*

4(3)　　头顶、后头及前胸背板背面不具黑色纵条纹；后足胫节红色；雌性下生殖板后缘中央圆弧形突出
　　　…………………………………………………………………… 小卵翅蝗 *C. neoelegans*

5(2)　　前翅较狭，呈披针形或长卵形，单色：黑色或棕黑色

6(11)　后足股节至少部分红色

7(8)　　体型较大，体长 19.0～22.0（雄性）或 22.7～25.5（雌性）mm；头部通常呈蓝色（雄性）或绿色（雌性）；后足股节基部之半金黄色，端部之半红色；后足胫节基部 1/10 黑色，其余部分蓝色 ………
　　　…………………………………………………………………… 金黄卵翅蝗 *C. aurata*

8(7)　　体型较小，体长在 19.0（雄性）或 20.7（雌性）mm 以下；头部通常呈绿色；后足股节和后足胫节颜色不如上述

9(10)　头顶较狭，在复眼前缘的宽度为其长度的 1.5 倍（雄性）；前翅到达第 2 腹节的 3/5；后足股节基部 1/4 黄绿色，其余部分红色；后足胫节基部黑色，其余蓝色 ………… 红股卵翅蝗 *C. rufofemorata*

10(9)　头顶较宽短，在复眼前缘的宽度为其长度的 2.4～2.5 倍（雄性）；前翅向后刚达到第 1 腹节背板后缘；后足股节基部约 1/6 黄绿色，其余部分红色；后足胫节基部 1/10 黑色，近基部 2/5 黄绿色，近端部 2/5 蓝绿色，端部 1/10 黑色 ………………… 彩色卵翅蝗 *C. colourfula*，sp. nov.

11(6)　后足股节绿色、黄色或黄绿色

12(19)　前翅较阔，长卵形，长度为宽度的 2.4 倍以下，前缘突出，后缘近直

13(16)　雌性下生殖板后缘具 1～3 个齿

14(15)　雌性下生殖板后缘中央突出呈钝齿状 ………………………… 澜沧卵翅蝗 *C. lancangensis*

15(14)　雌性下生殖板后缘具 3 齿，中齿较大 ………………………… 拟三齿卵翅蝗 *C. triodontoides*

16(13)　雌性下生殖板后缘缺齿

17(18)　体较小，雄性体长 17.5～18.5 mm 之间；雄性肛上板三角形；前胸腹板及前胸腹板突非黑色；雌性下生殖板后缘中央弱凹陷 ………………………………………… 绿卵翅蝗 *C. virida*

18(17)　体较大，雄性体长 20.3 mm；雄性肛上板近盾形；前胸腹板及前胸腹板突黑色；雌性下生殖板后缘中央圆形突出 ………………………………… 拟绿卵翅蝗 *C. viridoides* sp. nov.

19(12)　前翅较狭，柳叶形，长度为宽度的 2.7 倍以上，前、后缘近直且平行

20(21)　前胸腹板及前胸腹板突黑色；雌性下生殖板方形，后缘近直，中央圆形突出 ………
　　　…………………………………………………………………… 黑刺卵翅蝗 *C. nigrospina*，sp. nov.

21(20)　前胸腹板及前胸腹板突黄色；雌性下生殖板不如上述

22(23)　两性腹部背面具 2～3 条黄色纵条纹；雌性下生殖板中央近直，两侧各具 1 个缺口 ………
　　　…………………………………………………………………… 马关卵翅蝗 *C. maguanensis*，sp. nov.

23(22)　两性腹部背面具 2～3 条绿色纵条纹；雄性下生殖板后缘整体圆形突出 ………………
　　　…………………………………………………………………… 金平卵翅蝗 *C. jinpingensis*，sp. nov.

24（1） 雄性尾须侧扁，基部阔，顶端直、内曲或下弯，肛上板方形或近盾形；雌性两腹基瓣片间空隙大，下产卵瓣内缘弯曲

25（30） 雄性尾须长锥形，略侧扁，端部下曲；肛上板近盾形

26（27） 后足股节大部红色，体背具 13 个黄白色斑；雌性下生殖板后缘中部直，两侧各具 1 个大的三角形突起 ··· **白斑卵翅蝗** *C. albomaculata*

27（26） 后足股节大部绿色或黄绿色，体背无黄白色斑；雌性下生殖板后缘不如上述

28（29） 后足股节具阔的橙色膝前环；雌性下生殖板后缘波曲 ····················· **印氏卵翅蝗** *C. yini*

29（28） 后足股节缺膝前环；雌性下生殖板后缘近直，中央稍凹陷 ········· **德宏卵翅蝗** *C. dehongensis*

30（25） 雄性尾须片状或三角形，明显侧扁，背观端部内曲或直；肛上板近方形或阔三角形

31（34） 雄性第 10 腹节背板纵向阔；尾须背观直，侧观犁状或三角形；肛上板阔三角形

32（33） 雄性第 10 腹节背板背板后缘具小的三角形尾片，尾须超过肛上板顶端；雌性下生殖板后缘略具 3 个突起 ·· **犁须卵翅蝗** *C. cultricerca*

33（32） 雄性第 10 腹节背板背板后缘形成圆形的宽阔边缘，尾须到达或超过下生殖板顶端；雌性未知 ··· ··· **大尾须卵翅蝗** *C. macrocercusa* **comb. nov.**

34（31） 雄性第 10 腹节背板纵向狭；尾须背观顶端内曲，侧观薄片状；肛上板近方形

35（36） 后足股节黄绿色；雄性尾须内侧光滑，阳具基背片之冠突狭，角状 ···························· ··· **方板卵翅蝗** *Caryanda quadrata*

36（35） 后足股节至少端部之半橙红色；雄性尾须内侧具齿；阳具基背片之冠突阔，薄片状

37（38） 后足股节基部之半黄绿色，端部之半橙红色；无膝前环 ················· **圆板卵翅蝗** *C. cyclata*

38（37） 后足股节大部分橙红色；具完整的黄色膝前环

39（40） 雄性尾须内侧具 3~4 个钝齿状突起，肛上板后缘近直；雌性下生殖板后缘圆形突出，中央稍凹陷 ··· **尾齿卵翅蝗** *C. dentata*

40（39） 雄性尾须内侧齿状突起不明显，肛上板后缘呈三角形；雌性下生殖板后缘中央圆形突出 ········· ··· **抱须卵翅蝗** *C. amplexicerca*

44. 云南卵翅蝗 *Caryanda yunnana* Zheng，1981

Caryanda yunnana Zheng，1981b：297，figs. 10~17；Zheng，1985：142，figs. 684~691；Zheng，1993：89~90，figs. 253~255；Yin，Shi & Yin，1996：134；Li，Xia *et al.*，2006：108~110，figs. 52，53c，54a~h.

检视标本：3 ♂，5 ♀，勐腊（曼庄），北纬 21°26′，东经 101°40′，650 m，2004-Ⅷ-1，毛本勇采；1 ♂，2 ♀，勐腊（望天树），650 m，2004-Ⅷ-3，毛本勇采；2 ♂，2 ♀，绿春（坪河），北纬 22°50′，东经 102°31′，1400~1450 m，2006-Ⅶ-26，毛本勇采。

分布：云南（勐腊、绿春）。

45. 小卵翅蝗 *Caryanda neoelegans* Otte，D. 1995

Caryanda elegans Bolivar I.，1918a：20；Chang，1939：39；Tinkham，1940：301；Willemse，1955〔1956〕：171；Xia，1958：41；Zheng，1985：143，figs. 692~698；Zheng，1993：89，figs. 250~252；Yin，Shi & Yin，1996：132；Jiang & Zheng，1998：97，98，figs. 239~245；Li，Xia *et al.*，2006：110~112，figs. 56a~f.

Caryanda neoelegans Otte，D. 1995：288.

检视标本：7 ♂，4 ♀，绿春（坪河），北纬 22°50′，东经 102°31′，1300~1450 m，2006-

Ⅶ-26，毛本勇采；2♀，同上，2004-Ⅶ-28，毛本勇采；8♂，20♀，景洪（勐仑），北纬21°57′，东经101°15′，850 m，2006-Ⅶ-27，毛本勇；3♀，勐醒，650 m，2006-Ⅶ-27，毛本勇采；5♂，5♀，版纳（野象谷），北纬22°20′，东经101°53′，北纬22°20′，东经101°53′，650 m，2006-Ⅷ-4，刘浩宇采；5♂，1♀，勐腊（曼庄），北纬21°26′，东经101°40′，650 m，2004-Ⅷ-1，毛本勇采；14♂，7♀，勐腊（望天树），北纬21°28′，东经101°37′，650 m，2004-Ⅷ-3，毛本勇采；1♂，1♀，江城，北纬22°36′，东经101°51′，2004-Ⅶ-31，毛本勇采；5♂，1♀，普洱（梅子湖），1350 m，北纬22°46′，东经100°52′，2007-Ⅶ-29，毛本勇采。

分布：云南（勐腊、景洪、普洱、绿春、江城、河口）、广西；越南。

46. 金黄卵翅蝗 *Caryanda aurata* Mao，Ren *et* Ou，2007（图版Ⅳ：1）

Caryanda aurata Mao，Ren *et* Ou，2007c：55～62，figs. 1～13.

检视标本：21♂，5♀，马关（古林箐），北纬22°49′，东经103°58′，1400～1700 m，2006-Ⅶ-20～21，毛本勇采。

分布：云南（马关古林箐）。

47. 红股卵翅蝗 *Caryanda rufofemorata* Ma *et* Zheng，1992

Caryanda rufofemorata Ma *et* Zheng，1992：195～200，figs. 1～4；Zheng，1993：95；Li，Xia *et al.*，2006：107，141，142，figs. 77a～c.

未见标本。

分布：云南（勐腊）。

48. 彩色卵翅蝗，新种 *Caryanda colourfula* sp. nov.（图版Ⅳ：2；图2-4）

体小型。头较前胸背板略宽，其长度稍短于前胸背板长。头顶阔，在复眼前缘的宽度为其长度的2.38～2.50（♂）或2.33（♀）倍，背面中央略凹陷，边缘稍隆起，顶端圆形。颜面倾斜；颜面隆起侧观直（♂）或略凹陷（♀），全长具浅纵沟，纵沟近唇基处渐消失，侧缘近平行；颜面侧隆线略呈"S"形弯曲（♂）或近直（♀）。复眼长卵形，纵径为横径的1.49～1.56（♂）或1.61（♀）倍，约为眼下沟长度的2.56～2.70（♂）或1.70（♀）倍。触角丝状，到达后足股节基部（♂）或前胸背板后缘（♀），中段任一节长度为宽度的2.47～2.65（♂）或2.38（♀）倍。前胸背板近圆柱形，中部略缩狭（♂）或正常（♀），前缘略呈圆弧形（♂）或近直（♀），后缘近直且中央具小凹口；中隆线不明显，3条横沟明显切断中隆线；侧隆线缺；沟前区长为沟后区长的1.89～2.23（♂）或1.70（♀）倍。前胸腹板突长锥形，直，顶尖。中胸腹板侧叶近方形，宽为长的1.18～1.21（♂）或1.23（♀）倍，侧叶间中隔长度为最小宽度的1.88～2.00（♂）或1.67（♀）倍。后胸腹板侧叶毗连（♂）或略分开（♀）。前翅侧置，狭鳞片状，向后刚达到第1腹节背板后缘（♂、♀），长度为其最大宽度的2.62～3.20（♂）或2.83（♀）倍。后足股节上侧中隆线光滑，末端锐角形突出；下膝侧片顶刺状。后足胫节端部之半近圆柱形，外侧具刺8个，内侧具刺10个，外端刺存在。腹部背面具中隆线。鼓膜器显著，孔近圆形，其长度约为第1腹节背板长度的7/10。

雄性第10腹节背板在中部呈三角形裂开，后缘具小的尾片。肛上板盾形，基部之半具

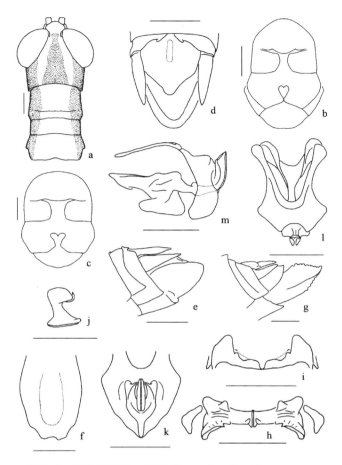

图 2-4　彩色卵翅蝗，新种 *Caryanda colourfula*, sp. nov.

a. 头、前胸背板背面（head and pronotum, dorsal view）；b-c. 中、后胸腹板（mesosternum and metasternum, male and female）；d-e. 雄性腹端背面、侧面观（male terminalia, dorsal and lateral views）；f. 雌性下生殖板（female subgenital plate）；g. 产卵瓣侧面观（ovipositor, lateral view）；h-j. 阳具基背片背面、后面和侧面观（epiphallus, dorsal, posterior and lateral views）；k-m. 阳具复合体顶面、背面和侧面观（phallic complex, apical, dorsal and lateral views）

中纵沟，后缘圆角形突出。尾须长锥形，顶尖，超过肛上板顶端。下生殖板短锥形，末端背面观较平，顶钝。阳具基背片具 2 对冠突；外冠突背观呈四边形，向背面突出与桥呈 90° 角，顶钝；内冠突小；锚状突扁平，曲向前方，顶钝；前突侧观其后缘明显突出；桥在中部裂开。阳具复合体的阳茎端瓣呈鸟喙状，较色带瓣为长，阳茎基瓣膨大；色带瓣顶端分离，成对存在于阳茎端瓣之后，背观色带连片向两侧突出。

雌性下生殖板近后缘中部略纵向凹陷，后缘波曲，中央凹陷，具 1 个三角形褶膜。上、下产卵瓣顶端不明显钩曲，上产卵瓣的上外缘和下产卵瓣的下外缘具细齿。

雄性体色：颜面和颜面隆起绿色或绿褐色；上唇黄绿色；颊部绿色，在复眼下具 1 斜行棕色斑；大颚绿色。头顶黑色；头背深绿色，有的个体具 1 三角形深色中央斑。触角柄节和梗节淡绿色，顶端 6 节黑色，其余绿褐色。复眼棕红色，具细碎黑斑。眼后带黑色，向后延伸到前胸背板侧片上部和腹部第 5 节背板两侧，在前胸背板部分上缘有棕色镶边。前胸背板背面绿色，3 条横沟在背面中部棕色；侧片具两个被黑色线分开的黄斑，下缘黑色。前翅黑

色。前、中足绿黄色。后足股节基部约 1/6 黄绿色，膝黑色，其余部分红色；胫节基部1/10
黑色，近基部 2/5 黄绿色，近端部 2/5 蓝绿色，端部 1/10 黑色。跗节绿色；中垫黑色。中、
后胸腹板边缘黑色。腹部腹板和腹部末端黄色。尾片及肛上板端部之半黑色或色稍淡。

　　雌性体色：通常绿黄色。头顶和颜面隆起棕黄色；在复眼下无斜行棕色斑；头背缺三角
形中央斑；触角柄节和梗节绿黄色，向顶端色渐深。复眼棕红色，具细碎黑斑。眼后带棕
色，向后延伸到前胸背板侧片上部，仅在头部下缘为黑色。前胸背板背面黄绿色；侧片具两
个被黑色线分开的黄斑，下缘黑色。前翅绿黄色。中胸前、后侧片和后胸前侧片镶黑边。后
足股节基部约 1/4 绿黄色，膝黑色，其余部分红色；胫节基部 1/10、端部 1/5 黑色，其余
蓝。跗节蓝绿色；中垫黑色。中、后胸腹板边缘、中胸腹板侧叶周缘黑色。腹部背面、侧
面绿黄色，腹面黄色。下生殖板中央具大型黑色纵斑。产卵瓣黑色。

　　量度(mm)：体长：♂ 17.7～17.9，♀20.7；前胸背板长：♂ 3.4～3.5，♀4.4；前翅
长：♂3.2～3.4，♀3.2；后足股节长：♂10.5～11.0，♀12.2。

　　正模：♂，金平（分水岭），北纬 22°55′，东经 103°13′，1300～1400 m，2006-Ⅶ-23，
毛本勇采。副模：4♂，1♀，2006-Ⅶ-23～24，其余采集资料同正模。

　　分布：云南(金平分水岭)。

　　词源学：种名意指其体表色彩丰富。

　　讨论：新种十分近似于红股卵翅蝗 *C. rufofemorata* Ma *et* Zheng，1992，共同特征是形态
特征和体色十分近似，其区别特征见表 2-3。

表 2-3　彩色卵翅蝗 *C. colourfula* sp. nov. 和红股卵翅蝗 *C. rufofemorata* 的区别

彩色卵翅蝗 *C. colourfula* sp. nov.	红股卵翅蝗 *C. rufofemorata*
雄性头顶较宽短，在复眼前缘的宽度为其长度的 2.38～2.50 倍	雄性头顶较长，在复眼前缘的宽度为其长度的 1.5 倍
前胸背板中隆线存在，不甚明显 雄性前翅向后刚达到第 1 腹节背板后缘	前胸背板中隆线明显 雄性前翅向后达到第 2 腹节背板的 3/5
雄性后足股节基部约 1/6 绿黄色，其余部分红色；胫节基部 1/10 黑色，近基部 2/5 黄绿色，近端部 2/5 蓝绿色，端部 1/10 黑色	雄性后足股节基部约 1/4 黄绿色，其余部分红色；胫节基部黑色，其余蓝
阳具基背片侧观前突后缘显著突出，外冠突后面观呈四边形	阳具基背片侧观前突后缘突出，外冠突后面观呈狭三角形

49. 澜沧卵翅蝗 *Caryanda lancangensis* Zheng，1982

　　Caryanda lancangensis Zheng，1982：77，figs. 1～8；Zheng，1985：151，figs. 736～744；
Zheng，1993：93，figs. 284～285；Yin，Shi & Yin，1996：133；Li，Xia *et al.*，2006：131，
132，figs. 69a～h.

　　未见标本。

　　分布：云南(澜沧、勐腊)。

50. 拟三齿卵翅蝗 *Caryanda triodontoides* Zheng *et* Xi，2008

　　Caryanda triodontoides Zheng *et* Xi，2008：4～6，figs. 1～3.

未见标本。

分布：云南(普洱)。

51. 绿卵翅蝗 *Caryanda viridis* Ma，Guo *et* Zheng，2000

Caryanda viridis Ma *et* Zheng，2000：331 ~ 340，figs. 1 ~ 8；Zheng，1993：89，96，figs. 296，297.

检视标本：1 ♂，勐海(南糯山)，北纬 21°56′，东经 100°36′，1550 m，2006-Ⅷ-1，毛本勇采；1 ♀，景洪(勐醒)，650 m，2006-Ⅷ-4，毛本勇采。

分布：云南(勐腊、景洪、勐海)。

52. 拟绿卵翅蝗，新种 *Caryanda viridoides* sp. nov.（图版Ⅲ：2；图 2-5）

雄性：体中小型。头略短于前胸背板长。头顶宽圆，背面平，前缘阔圆形，在复眼前缘的宽度为其长度的 2.78 倍。眼间距约为触角间颜面隆起宽度的 1.36 倍。颜面倾斜，表面具多数粗刻点；颜面隆起侧观与头顶约呈锐角，全长具浅纵沟，但近唇基处消失，侧缘近平行或仅在中单眼处略扩展；颜面侧隆线均匀而近直。复眼卵形，明显突出，两眼最大宽度为前胸背板宽度的 1.4 倍，纵径为横径的 1.43 倍，约为眼下沟长度的 2.50 倍。触角丝状，到达后足股节基部，中段任一节长度为宽度的 3.85 倍。前胸背板近圆柱形，前缘近直，中央略凹，后缘具宽浅的凹口；中隆线弱，断续存在，3 条横沟明显切断中隆线；侧隆线缺；沟前区长为沟后区长的 2.03 倍。前胸腹板突长锥形，直，顶尖。中胸腹板侧叶内缘呈角形突出，最大宽度为长度的 1.1 倍，侧叶间中隔长度为最小宽度的 2.50 倍。后胸腹板侧叶毗连。前翅侧置，宽鳞片状，最大宽度在近端部处，顶圆，向后到达或略超过第 1 腹节背板后缘，长度为其最大宽度的 2.44 倍。后足股节上侧中隆线光滑，末端锐角形突出；下膝侧片顶刺状。后足胫节端部之半近圆柱形，外侧具刺 8 个，内侧具刺 10 个，外端刺小。腹部背面具中隆线。鼓膜器发达，孔卵圆形。

雄性第 10 腹节背板在中部阔裂开，后缘具明显的尾片；肛上板近盾形，中域基部之半略隆起，基部之半中央具浅纵沟，侧域略凹陷，后缘三角形突出，顶锐角形。尾须长锥形，中部之后细狭，顶钝尖，超过肛上板后缘顶端。下生殖板长锥形，近末端渐狭，顶钝。阳具基背片具 2 对冠突；外冠突分 2 叶，外叶大，向背面突出与桥之间呈小于 90°角，后面观近平行四边形，端缘前卷，内叶小；内冠突圆形。锚状突扁平，曲向前下方，顶钝尖；前突侧观后倾，前突之后的侧板具 1 片状突起，侧板外缘略弧形突出。桥在中部裂开，近两侧狭，中部较阔。阳具复合体狭长，侧观色带连片和色带基支发达，掩盖阳茎端瓣和色带瓣，阳茎基瓣显著膨大；色带瓣顶端不外露，成对隐藏于阳茎端瓣之前；背观色带连片平，向两侧突出。

体色：头部绿色，但颜面、颜面隆起具细密淡褐斑，唇基、上唇和头背蓝绿色。触角基部 6 节蓝绿色，其余黑色。复眼棕色。眼后带黑色，向后延伸到前胸背板侧片上部和腹部第 5 背板两侧。前胸背板背面墨绿色，侧片中、下部黄色，下缘黑色。前胸腹板和前胸腹板突黑色。前翅黑色，但臀脉绿色。前、中足绿色。后足股节基部 1/5 绿黄色，膝黑色，其余蓝绿色；胫节基部 1/10 黑色，其余部分蓝色。跗节蓝色，爪顶端之半和中垫黑色。后胸背板墨绿色。中胸前、后侧片和后胸前侧片黄色，但边缘和骨缝部分黑色。中、后胸腹板黄色，

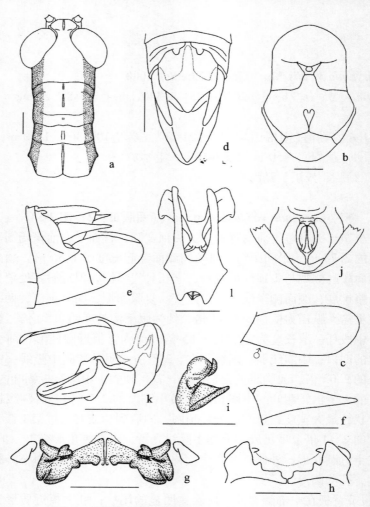

图 2-5　拟绿卵翅蝗，新种 *Caryanda viridoides* sp. nov.

a. 头、前胸背板背面（head and pronotum, dorsal view）；b. 中、后胸腹板（mesosternum and metasternum of male）；c. 雄性左前翅（male left tegmina）；d-e. 雄性腹端背面、侧面观（male terminalia, dorsal and lateral views）；f. 雄性尾须（male circus, external view）；g-i. 阳具基背片背面、后面和侧面观（epiphallus, dorsal, posterior and lateral views）；j-l. 阳具复合体顶面、侧面和背面观（phallic complex, apical, lateral and dorsal views）

但边缘镶以宽的黑边。腹部除第 1 节背板绿色外，其余褐绿色。尾须大部黑色。

　　雌性未知。

　　量度（mm）：体长：♂ 20.3；前胸背板长：♂ 4.3；前翅长：♂ 3.8；后足股节长：♂ 12.5。

　　正模：♂，绿春（坪河），北纬 22°50′，东经 102°31′，1450 m，2004-Ⅶ-28，毛本勇采。副模：1♀（蛹），同正模。

　　分布：云南（绿春：坪河）。

　　词源学：新种名意指该种和绿卵翅蝗 *C. virida* 相似。

　　讨论：新种近似于绿卵翅蝗 *C. virida*，理由是身体形态特征和色彩较相似，特别是前翅均宽短。二者的区别见表2-4。

表2-4　拟绿卵翅蝗 *C. viridoides* sp. nov. 和绿卵翅蝗 *C. virida* 的区别

绿卵翅蝗 *C. virida*	拟绿卵翅蝗 *C. viridoides* sp. nov.
前胸腹板和前胸腹板突非黑色	前胸腹板和前胸腹板突黑色
雄性前翅较宽短，长度为最大宽度的2.1倍，最大宽度在近中部处	雄性前翅较狭长，长度为最大宽度的2.44倍，最大宽度在近端部处
中胸腹版侧叶间中隔长为最狭处宽的1.2倍	中胸腹版侧叶间中隔长为最狭处宽的2.5倍
雄性第10腹节背板中部联合，后缘具小的突起；肛上板三角形	雄性第10腹节背板中部分离，后缘具明显的尾片；肛上板盾形
阳具基背片桥平直；阳茎基瓣不膨大	阳具基背片桥两侧狭，中部阔；阳茎基瓣显著膨大

53. 黑刺卵翅蝗，新种 *Caryanda nigrospina* sp. nov.（图版Ⅲ：5；图2-6）

体小型。头略短于前胸背板长。头顶略突出，背面平，前缘阔圆形，在复眼前缘的宽度为其长度的2.67~3.08（平均2.87，n＝5，♂）或2.25~2.78（平均2.55，n＝5，♀）倍。眼间距约为触角间颜面隆起宽度的1.43~1.53（平均1.49，n＝5，♂）或1.30~1.57（平均1.49，n＝5，♀）倍。颜面倾斜，表面具少数粗刻点；颜面隆起侧观与头顶约呈锐角（♂）或直角（♀），在中单眼上具浅纵沟并在颜面横沟下消失（♂）或全长宽平无纵沟（♀），侧缘在颜面横沟处收缩（♂）或近平行（♀）；颜面侧隆线上半段狭，下半段粗，略呈"S"形。复眼卵形，纵径为横径的1.43~1.52（平均1.49，n＝5，♂）或1.61~1.82（平均1.69，n＝5，♀）倍，约为眼下沟长度的2.27~2.56（平均2.36，n＝5，♂）或1.75~1.86（平均1.81，n＝5，♀）倍。触角丝状，到达后足股节基部（♂）或略超过前胸背板后缘（♀），中段任一节长度为宽度的2.73~3.23（平均2.97，n＝5，♂）或2.07~2.27（平均2.17，n＝5，♀）倍。前胸背板近圆柱形，前缘近直，后缘具宽浅的凹口；中隆线弱，断续存在，3条横沟明显切断中隆线；侧隆线缺；沟前区长为沟后区长的2.33~2.57（平均2.39，n＝5，♂）或2.23~2.33（平均2.26，n＝5，♀）倍。前胸腹板突长锥形，直，顶尖。中胸腹板侧叶五边形（♂）或四边形（♀），内缘呈角形（♂）或弧形（♀）突出，最大宽度为长度的1.06~1.26（平均1.16，n＝5，♂）或1.33~1.61（平均1.45，n＝5，♀）倍，侧叶间中隔长度为最小宽度的1.59~2.00（平均1.81，n＝5，♂）或1.15~1.50（平均1.26，n＝5，♀）倍。后胸腹板侧叶毗连（♂）或明显分开（♀）。前翅侧置，狭鳞片状，顶圆，向后到达或略超过第1腹节背板后缘，长度为其最大宽度的3.30~3.71（平均3.54，n＝5，♂）或3.30~4.44（平均3.73，n＝5，♀）倍。后足股节上侧中隆线光滑，末端锐角形突出；下膝侧片顶刺状。后足胫节端部之半近圆柱形，外侧具刺8~9个，内侧具刺9~10个，外端刺小。腹部背面具中隆线。鼓膜器发达，孔卵圆形。

雄性第10腹节背板在中部阔裂开，后缘具小尾片；肛上板近舌形，中域平或略纵向隆起，基部之半具或不具浅纵沟，侧域平或略凹陷，后缘圆角形突出。尾须长锥形，顶钝尖，较远超过肛上板顶端。下生殖板短锥形，近末端阔，顶钝，稍显平直。阳具基背片具2对冠突；外冠突向背面突出与桥之间呈90°角，端缘不加厚，后面观呈狭三角形，顶钝尖；内冠突圆锥状。锚状突扁平，曲向前下方，顶钝；前突侧观后缘明显向后圆形突出；桥在中部裂开，近两侧狭，中部较阔。阳具复合体侧观阳茎端瓣阔，阳茎基瓣显著膨大；色带瓣顶端外

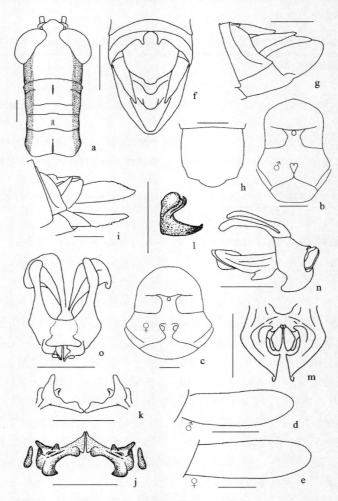

图 2-6　黑刺卵翅蝗，新种 *Caryanda nigrospina*, sp. nov.

a. 头、前胸背板背面（head and pronotum, dorsal view）；b-c. 中、后胸腹板（mesosternum and metasternum, male and female）；d-e. 左前翅（left tegmen, male and female）；f-g. 雄性腹端背面、侧面观（male terminalia, dorsal and lateral views）；h. 雌性下生殖板（female subgenital plate）；i. 产卵瓣侧面观（ovipositor, lateral view）；j-l. 阳具基背片背面、后面和侧面观（epiphallus, dorsal, posterior and lateral views）；m-o. 阳具复合体顶面、侧面和背面观（phallic complex, apical, lateral and dorsal views）

露，成对存在于阳茎端瓣之前；背观色带连片平，略向两侧突出。

　　雌性下生殖板近方形，后缘两侧近平直，中部圆弧形突出。上、下产卵瓣狭、直，顶端不钩曲，上产卵瓣的上外缘和下产卵瓣的下外缘具齿。

　　体色：头部蓝色（♂）或黄绿色（♀），但颜面、颜面隆起具细密淡黑斑；触角基部数节蓝色（♂）或绿色（♀），其余黑色。复眼棕色。眼后带黑色，向后延伸到前胸背板侧片上部和腹部第8（♂）或第9节（♀）背板两侧。前胸背板背面绿色（♂）或黄绿色（♀），侧片中、下部黄色，下缘黑色。前胸腹板和前胸腹板突黑色。前翅黑色。前、中足基节、转节黄色，股节基部之半黄色，端部之半黄绿色，胫节和跗节绿色。后足股节整体绿色，膝黑色；胫节基部黑色，其余部分蓝色。跗节蓝色，爪顶端之半黑色。中胸前、后侧片和后胸前侧片黄色，但边缘和骨缝部分黑色。中、后胸腹板黄色，但边缘及骨缝镶以宽的黑边。腹部背板背面绿色，侧面上部黑色，侧面下部黄色。腹部腹板黑褐色。雄性腹端部绿色或蓝绿色，但尾片和尾须黑色。雌性尾须顶端黑色。

量度(mm)：体长：♂15.0~16.5，♀20.7~23.2；前胸背板长：♂3.1~3.4，♀4.5~4.7；前翅长：♂2.6~3.3，♀3.3~4.0；后足股节长：♂9.9~10.5，♀11.6~13.0。

正模：♂，绿春，北纬23°0′，东经102°24′，1700 m，2006-Ⅶ-26，毛本勇采。副模：8♂，3♀，毛本勇、徐吉山采，其余资料同正模；6♂，3♀，2004-Ⅶ-27，杨自忠、杨国辉采，其余资料同正模。

分布：云南(绿春)。

词源学：新种名意指前胸腹板刺为黑色。

讨论：新种近似于蓝绿卵翅蝗 *C. glauca* Li，Ji *et* Lin，1985，理由是身体形态特征和色彩较相似，特别是雌性下生殖板形态相似，但新种前胸腹板和前胸腹板突黑色，后足股节全绿色明显区别于后者。该新种和拟绿卵翅蝗 *C. viridoides* sp. nov. 的前胸腹板和前胸腹板突均呈黑色，但前者前翅明显狭窄，阳具基背片外冠突外叶后面观呈狭三角形，阳具复合体侧观阳茎端瓣明显外露等特征而与之区别。

54. 马关卵翅蝗，新种 *Caryanda maguanensis*，sp. nov.（图版Ⅲ：3；图2-7）

体小型。头短于前胸背板长。头顶阔，在复眼前缘的宽度为其长度的2.94~3.87(平均3.45，n＝5，♂)或2.50~3.30(平均2.96，n＝5，♀)倍，背面平，顶端阔圆弧形。眼间距约为触角间颜面隆起宽度的1.25~1.50(平均1.36，n＝5，♂)或1.40~1.60(平均1.52，n＝5，♀)倍。颜面倾斜，表面较光滑；颜面隆起侧观在触角间略圆形突出，具不连续的宽浅纵沟，纵沟近唇基处消失，侧缘较粗，近平行，仅在中单眼处略扩张；颜面侧隆线上1/3细，下2/3粗，略呈"S"形。复眼卵形，纵径为横径的1.41~1.43(平均1.42，n＝5，♂)或1.59~1.61(平均1.61，n＝5，♀)倍，约为眼下沟长度的2.22~2.74(平均2.49，n＝5，♂)或1.89~2.00(平均1.97，n＝5，♀)倍。触角丝状，到达后足股节基部(♂)或前胸背板后缘(♀)，中段任一节长度为宽度的2.50~2.83(平均2.72，n＝5，♂)或2.16~2.60(平均2.40，n＝5，♀)倍。前胸背板近圆柱形，前缘近直，后缘具宽浅的三角形凹口；中隆线断续存在，3条横沟明显切断中隆线；侧隆线缺；沟前区长为沟后区长的2.12~2.33(平均2.25，n＝5，♂，♀)倍。前胸腹板突长锥形，直，顶略尖(♂)或钝(♀)。中胸腹板侧叶内缘呈圆角形，宽为长的1.00~1.13(平均1.05，n＝5，♂)或1.14~1.25(平均1.19，n＝5，♀)倍，侧叶间中隔长度为最小宽度的2.00~2.50(平均2.18，n＝5，♂)或1.30~1.54(平均1.41，n＝5，♀)倍。后胸腹板侧叶毗连(♂)或明显分开(♀)。前翅侧置，柳叶状，顶尖圆，向后超过第1腹节背板后缘(♂，♀)，长度为其最大宽度的3.33~4.38(平均3.75，n＝5，♂)或3.64~4.00(平均3.81，n＝5，♀)倍。后足股节上侧中隆线光滑，末端锐角形突出；下膝侧片顶刺状。后足胫节端部之半近圆柱形，外侧具刺8~9个，内侧具刺10~11个，外端刺小。腹部背面具中隆线。鼓膜器发达，孔卵圆形。

雄性第10腹节背板在中部部分裂开，后缘具小的尾片；肛上板近盾形，基部之半具阔的中纵沟，基部两侧域略凹陷，侧缘近平行，后缘锐角形突出，顶钝。尾须长锥形，顶钝，

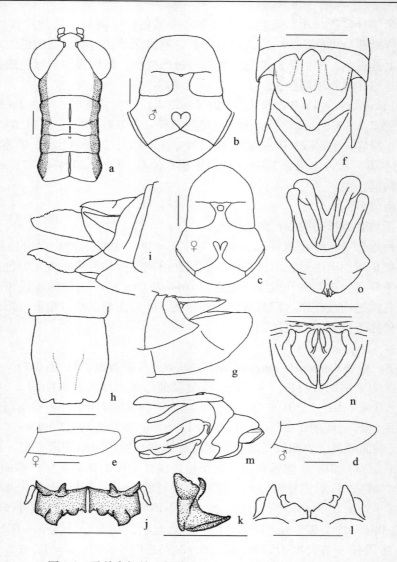

图 2-7　马关卵翅蝗，新种 *Caryanda maguanensis*, sp. nov.

a. 头、前胸背板背面（head and pronotum, dorsal view）；b-c. 中、后胸腹板（mesosternum and metasternum, male and female）；d-e. 左前翅（left tegmen, male and female）；f-g. 雄性腹端背面、侧面观（male terminalia, dorsal and lateral views）；h. 雌性下生殖板（female subgenital plate）；i. 产卵瓣侧面观（ovipositor, lateral view）；j-l. 阳具基背片背面、侧面和后面观（epiphallus, dorsal, lateral and posterior views）；m-o. 阳具复合体侧面、顶面和背面观（phallic complex, lateral, apical and dorsal views）

较远超过肛上板顶端。下生殖板短锥形，近末端阔，不显著缩狭，顶钝。阳具基背片具 2 对冠突；外冠突三角形，向背面突出与桥呈 90°角，后缘向前卷曲，后面观呈三角形，顶钝尖；内冠突圆锥状；锚状突扁平，曲向前下方，顶钝；前突侧观后缘直角形突出；桥平直，在中部裂开。阳具复合体侧观阳茎端瓣发达，明显外露，几掩盖色带瓣，阳茎基瓣膨大；色带瓣顶端小，分离，成对存在于阳茎端瓣中；背观色带连片向两侧突出。

　　雌性下生殖板近长方形，中域在近端部略凹陷，后缘中部直，近两侧具两个小凹。上、下产卵瓣顶端不明显钩曲，上产卵瓣的上外缘和下产卵瓣的下外缘具细齿。

体色：体绿色。颜面、颜面隆起、上唇基、大颚和颊绿黄色，颜面隆起具稀疏细碎黑斑；头顶和头背蓝绿色(♂)或绿色(♀)。触角基部6节背面绿色，腹面黑色，其余节黑色。复眼棕色，具细碎黑褐色斑。眼后带黑色，向后延伸到前胸背板侧片上部和腹部第9节背板两侧。前胸背板背面暗绿色，侧片中、下部黄色，下缘黑色。前翅黑色。前、中足基节、转节黄色，股节绿黄色，其余绿色。后足股节基部约1/10黄绿色，其余部分绿色(♂)或整体绿色(♀)，膝黑色；胫节基部1/10黑色，其余部分蓝色。跗节淡绿色，爪顶端之半黑色。中胸前、后侧片和后胸前侧片黄色并镶以黑边。中、后胸腹板边缘及部分骨缝黑色。腹部背板黄色(♂)或污黄色(♀)，侧面具1细的和1粗的黑纵纹。腹板和腹部末端黄色。尾须顶端黑褐色(♂)。

量度(mm)：体长：♂16.6～18.0；♀21.5～22.3；前胸背板长：♂3.2～3.6，♀4.4～4.8；前翅长：♂3.0～3.6，♀3.7～4.1；后足股节长：♂10.1～11.4，♀12.4～13.0。

正模，♂，马关(八寨)，北纬23°0′，东经104°4′，1750 m，2006-Ⅶ-19，毛本勇采。副模：38♂，16♀，1700～1750 m，毛本勇、徐吉山、王玉龙、杨自忠、刘浩宇、杨玉霞、吴琦琦采，其余采集资料同正模。

分布：云南(马关：八寨)。

词源学：新种名反映模式标本产地。

讨论：新种近似于蓝绿卵翅蝗 *C. glauca* Li，Ji *et* Lin，1985 和条纹卵翅蝗 *C. vittata* Li *et* Jin，1984，理由是它们的体色非常接近，前翅均呈狭鳞片状。但新种和后二者的区别也十分明显，详细见表2-5。

表2-5　马关卵翅蝗 *C. maguanensis* sp. nov.、蓝绿卵翅蝗 *C. glauca* 和条纹卵翅蝗 *C. vittata* 的区别

蓝绿卵翅蝗 *C. glauca*	马关卵翅蝗 *C. maguanensis* sp. nov.	条纹卵翅蝗 *C. vittata*
体较大，体长：♂18.6～21.5 mm，♀24.7～28.5 mm	体较小，体长：♂16.6～18.0 mm，♀21.5～22.3 mm	体较大，体长：♂19.3～19.6 mm，♀25.0～25.5 mm
眼间距较宽，约为触角间颜面隆起宽度的1.8～2.0倍(♂)	眼间距较狭，约为触角间颜面隆起宽度的1.25～1.50倍(♂)	眼间距较宽，约为触角间颜面隆起宽度的1.70～1.85倍(♂)
复眼较狭长，纵径为横径的1.5～1.7倍(♂)	复眼较圆，纵径为横径的1.41～1.43倍(♂)	复眼较圆，纵径为横径的1.3倍(♂)
雄性尾须顶端达肛上板后缘	雄性尾须顶端超过肛上板后缘甚远	雄性尾须顶端超过肛上板后缘
雌性下生殖板后缘圆形突出或后缘中央尖形突出	雌性下生殖板后缘中部直，近两侧具两个小凹	雌性下生殖后缘三角形突出
阳具基背片桥狭	阳具基背片桥较阔	阳具基背片桥较阔

55. 金平卵翅蝗，新种 *Caryanda jinpingensis* sp. nov.（图版Ⅲ：4；图2-8）

体小型。头短于前胸背板长。头顶阔，在复眼前缘的宽度为其长度的2.60～3.21(平均2.87，n=5，♂)或2.61～2.78(平均2.63，n=5，♀)倍，背面平，前缘阔圆弧形。眼间距约为触角间颜面隆起宽度的1.23～1.35(平均1.28，n=5，♂)或1.38～1.61(平均1.49，n=5，♀)倍。颜面倾斜，表面具少数小凹；颜面隆起侧观与头顶约呈锐角(♂)或直角(♀)，具宽浅纵沟，侧缘较粗，近平行；颜面侧隆线较直(♂)或略呈"S"形(♀)。复眼卵形，纵径为横径的 1.35～1.54（平均 1.44，n＝5，♂）或 1.52～1.59（平均 1.55，n＝5，♀）倍，约为眼下沟长度的 1.89～2.22（平均 2.12，n＝5，♂）或 1.67～1.85（平均 1.79，n＝5，♀）倍。触角丝状，到达后足基节（♂）或不达前胸背板后缘（♀），中段任一节长度为宽度的 2.78～3.98（平均 3.22，n＝5，♂）或 2.08～2.43（平均 2.20，n＝5，♀）倍。前胸背板近圆柱形，前缘近直或略圆弧形突出，后缘具宽浅的三角形凹口；中隆线断续存在（♂）或明显（♀），3 条横沟明显切断中隆线；侧隆线缺；沟前区长为沟后区长的 2.23～2.45（平均 2.36，n＝5，♂）或 2.23～2.33（平均 2.28，n＝5，♀）倍。前胸腹板突长锥形，近直，顶尖。中胸腹板侧叶内缘呈圆弧形，宽度为长度的 1.02～1.22（平均 1.14，n＝5，♂）或 1.11～1.35（平均 1.24，n＝5，♀）倍，侧叶间中隔长度为最小宽度的 2.50～3.33（平均

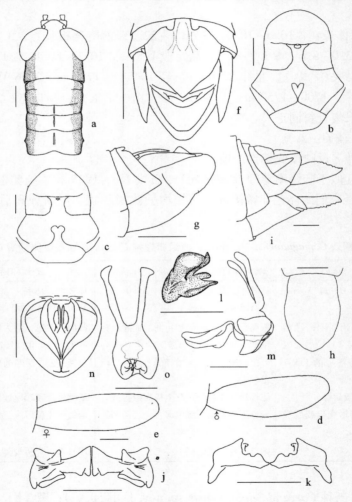

图 2-8　金平卵翅蝗，新种 *Caryanda jinpingensis* sp. nov.

a. 头、前胸背板背面（head and pronotum，dorsal view）；b-c. 中、后胸腹板（mesosternum and metasternum，male and female）；d-e. 左前翅（left tegmen，male and female）；f-g. 雄性腹端背面、侧面观（male terminalia，dorsal and lateral views）；h. 雌性下生殖板（female subgenital plate）；i. 产卵瓣侧面观（ovipositor，lateral view）；j-l. 阳具基背片背面、后面和侧面观（epiphallus，dorsal，posterior and lateral views）；m-o. 阳具复合体侧面、顶面和背面观（phallic complex，lateral，apical and dorsal views）

2.25，n＝5，♂)或1.32~1.82(平均1.62，n＝5，♀)倍。后胸腹板侧叶毗连(♂)或明显分开(♀)。前翅侧置，狭鳞片状，顶圆，向后到达或略超过第1腹节背板后缘，长度为其最大宽度的2.73~3.30(平均3.06，n＝5，♂)或2.10~3.17(平均2.86，n＝5，♀)倍。后足股节上侧中隆线光滑，末端锐角形突出；下膝侧片顶刺状。后足胫节端部之半近圆柱形，外侧具刺8个，内侧具刺10个，外端刺小。腹部背面具中隆线。鼓膜器发达，孔卵圆形。

雄性第10腹节背板在中部阔裂开，后缘具柱状小尾片；肛上板近三角形，中域纵向隆起，基部之半具浅纵沟，侧域略凹陷，侧缘向外略弧形突出，后缘三角形突出，顶近直角形。尾须长锥形，顶钝尖，较远超过肛上板顶端。下生殖板短锥形，近末端阔，不显著缩狭，顶平直。阳具基背片具2对冠突；外冠突向背面突出与桥之间夹角略小于90°，端缘加厚，后面观呈平行四边形，内后角突出；内冠突圆锥状；锚状突扁平，曲向前下方，顶钝；前突侧观后缘强烈向后突出呈圆锐角形；侧板阔，向后下方延伸；后突突出；桥在中部裂开，近两侧狭，中部较阔。阳具复合体侧观阳茎端瓣狭小，几掩盖色带瓣，阳茎基瓣膨大；色带瓣顶端小，分离，顶端略外露；背观色带连片两侧略向外弧形突出。

雌性下生殖板近长卵圆形，后缘或后缘中央圆弧形突出。上、下产卵瓣狭、直，顶端不钩曲，上产卵瓣的上外缘和下产卵瓣的下外缘具齿。

体色：颜面、颜面隆起、上唇、大颚和颊绿黄色，颜面和颜面隆起具细密黑斑；头顶和头部背面蓝绿色(♂)或绿色(♀)。触角基部1、2节绿色，其余黑色。复眼棕色，具细碎黑褐色斑。眼后带黑色，向后延伸到前胸背板侧片上部和腹部第8(♂)或第9节(♀)背板两侧。前胸背板背面蓝绿色(♂)或绿色(♀)，侧片中、下部黄色，下缘黑色。前翅黑色。前、中足基节、转节黄色，股节基部之半黄色，端部之半黄绿色，胫节和跗节绿色。后足股节整体绿色(♀)或基部约1/5黄色，其余部分绿色(♂)，膝黑色；胫节基部黑色，其余部分蓝色。跗节淡绿色，爪顶端之半黑色。中胸前、后侧片和后胸前侧片黄色并部分镶以黑边。中、后胸腹板边缘及骨缝黑色。腹部背板绿色，具1细而不连续的和1粗而连续的黑纵纹，侧面下缘黄色。腹板黄色。雄性下生殖板、尾片、肛上板和尾须绿色。

量度(mm)：体长：♂17.2~20.0，♀21.5~22.7；前胸背板长：♂3.1~3.6，♀4.5~5.1；前翅长：♂3.0~3.6，♀3.7~4.4；后足股节长：♂10.0~11.5，♀12.8~13.2。

正模，♂，金平(分水岭)，北纬22°55′，东经103°13′，1850 m，2006-Ⅶ-24，朗俊通采。副模：13♂，10♀，1400~1850 m，毛本勇采，其余采集资料同正模。

分布：云南(金平：分水岭)。

词源学：新种名反映模式标本产地。

讨论：新种近似于蓝绿卵翅蝗 C. glauca，Li，Ji et Lin，1985 和细卵翅蝗 C. gracilis Liu et Yin，1987，理由是身体形态特征和色彩较相似，特别是雌性下生殖板及前翅形态相似，但以下特征可区分三者，见表2-6。新种也近似于马关卵翅蝗 C. maguanensis，sp. nov.，但新种以其雌性下生殖板近长卵圆形，后缘圆弧形突出；阳具基背片外冠突后面观近平行四边形以及阳具复合体侧观阳茎端瓣狭小等特征明显区别于后者。

表 2-6　金平卵翅蝗 *C. jinpingensis* sp. nov.、蓝绿卵翅蝗 *C. glauca* 和细卵翅蝗 *C. gracilis* 的区别

蓝绿卵翅蝗 *C. glauca*	金平卵翅蝗 *C. jinpingensis* sp. nov.	细卵翅蝗 *C. gracilis*
眼间距与触角间颜面隆起宽度之比较大，约为 1.8 ~ 2.0 倍(♂)	眼间距与触角间颜面隆起宽度之比较小，约为 1.23 ~ 1.35 倍(♂)	眼间距较宽(♂)
雄性前翅较宽短，翅长为最宽处的 2.3 ~ 2.5 倍，顶圆形	雄性前翅较宽短，翅长为最宽处的 2.73 ~ 3.30 倍，顶圆形	雄性前翅较狭长，翅长为最宽处的 3.6 倍，顶颇尖
雄性肛上板宽三角形	雄性肛上板近三角形，侧缘略弧形弯曲，后缘三角形突出，顶圆直角形	雄性肛上板基半部方形，端半部等腰三角形
雌性下生殖板后缘圆形突出或后缘中央尖形突出	雌性下生殖板近长卵圆形，后缘圆弧形突出	雌性下生殖板后缘形状未知
阳具基背片桥狭	阳具基背片近两侧狭，中部阔	阳具基背片近方形，整体较阔
后足股节基 2/3 黄绿色，端 1/3 黄褐色	后足股节整体绿色(♀)或基约 1/5 黄色，其余部分绿色(♂)	后足股节黄绿色

56. 白斑卵翅蝗 *Caryanda albomaculata* Mao，Ren *et* Ou，2007(图版Ⅳ：4)

Caryanda albomaculata Mao，Ren *et* Ou，2007c：55 ~ 62，figs. 14 ~ 26.

检视标本：12 ♂，14 ♀，普洱(菜阳河自然保护区)，1700 m，北纬 22°34′，东经 101°11′，2007-Ⅶ-28，毛本勇、徐吉山采。

分布：云南(普洱菜阳河自然保护区)。

57. 印氏卵翅蝗 *Caryanda yini* Mao *et* Ren，2006(图版Ⅳ：3)

Caryandayini Mao *et* Ren，2006：826 ~ 831，figs. 7 ~ 20.

检视标本：7 ♂，3 ♀，瑞丽(勐秀)，北纬 24°4′，东经 97°49′，2005-Ⅷ-3，徐吉山采；4 ♂，腾冲(高黎贡山)北纬 25°10′，东经 98°42′，2005-Ⅷ-7，毛本勇采。

分布：云南(瑞丽勐秀、腾冲高黎贡山)。

58. 德宏卵翅蝗 *Caryanda dehongensis* Mao，Xu *et* Yang，2003

Caryanda dehongensis Mao，Xu *et* Yang，2003：174；Mao，Ren and Ou，2006：826，figs. 1 ~ 6.

检视标本：1 ♂(正模)，德宏(梁河芒东)，北纬 24°7′，东经 98°2′，2002-Ⅷ-20，李燕珍采；2 ♂，4 ♀(副模)，2002-Ⅹ-1，李燕珍、徐吉山、杨国辉采，其余资料同上。

分布：云南(德宏：芒东)。

59. 犁须卵翅蝗 *Caryanda cultricerca* Ou，Liu *et* Zheng，2007

Caryanda cultricerca Ou，Liu *et* Zheng，2007：759 ~ 762，figs. 5 ~ 8，13 ~ 16.

检视标本：1 ♂，1 ♀，永德(忙海水库)，2060 m，2006-Ⅷ-17，柳青采。

分布：云南(永德)。

60. 大尾须卵翅蝗，新组合 *Caryanda macrocercusa*（Mao *et* Ren，2007），comb. nov.

Sinocaryanda macrocercusa Mao *et* Ren，2007d：366 ~ 370，figs. 1 ~ 11.

Caryanda macrocercusa（Mao *et* Ren，2007）.

检视标本：2 ♂，南涧（无量山），北纬 24°12′，东经 100°48′，2000 m，2003-Ⅶ-17，毛本勇、杨自忠、徐吉山采。

分布：云南（南涧无量山）。

讨论：该种原作为属模建立了华卵翅蝗属 *Sinocaryanda* Mao *et* Ren，2007，其区别于卵翅蝗属 *Caryanda* Stål，1878 的主要特征是：1）雄性腹端背观较阔；2）雄性第 10 腹节中央较宽地裂开形成圆形的阔边；3）雄性尾须到达或超过下生殖板顶端；4）阳具复合体差异。同年犁须卵翅蝗 *Caryanda cultricerca* Ou，Liu *et* Zheng，2007 发表。经检视模式标本，此二种非常近似，且后者雄性腹部末端适度阔，第 10 腹节背板后缘具三角形尾片，尾须仅超过肛上板顶端，阳具基背片中部部分裂开。这些过渡性特征使得华卵翅蝗属和卵翅蝗属的属间差异变小，故本文将 *Sinocaryanda* Mao *et* Ren，2007 并入 *Caryanda* Stål，1878，故产生了新组合：大尾须卵翅蝗 *Caryanda macrocercusa*（Mao *et* Ren，2007），**comb. nov.** 。

61. 方板卵翅蝗 *Caryanda quadrata* **Bi** *et* **Xia，1984**

Caryandaquadrata Bi *et* Xia，1984：146，figs. 6 ~ 9；Zheng，1985：144，figs. 699 ~ 702；Zheng，1993：288，289；Li，Xia *et al.*，2006：137 ~ 139，fig. 74a ~ b.

检视标本：6 ♂，3 ♀，保山（太保），北纬 25°3′，东经 99°11′，1750 m，1999-Ⅶ-26，毛本勇采。

分布：云南（保山）。

62. 圆板卵翅蝗 *Caryanda cyclata* **Zheng，2008**

Caryanda cyclata Zheng，2008：136 ~ 137，figs. 1 ~ 3.

检视标本：25 ♂，2 ♀，普洱（菜阳河自然保护区），1700 m，北纬 22°34′，东经 101°11′，2007-Ⅶ-28，毛本勇、徐吉山采。

分布：云南（普洱）。

63. 尾齿卵翅蝗 *Caryanda dentata* **Mao** *et* **Ou，2006**（图版Ⅳ：5）

Caryanda dentata Mao *et* Ou，2006：826 ~ 831，figs. 21 ~ 31.

检视标本：2 ♂，1 ♀，绿春，北纬 23°0′，东经 102°24′，2004-Ⅶ-28，杨国辉采；1 ♂，2 ♀，勐腊，北纬 21°24′，东经 101°30′，2004-Ⅷ-3，毛本勇采；11 ♂，14 ♀，普洱（菜阳河自然保护区），1700 m，北纬 22°34′，东经 101°11′，2007-Ⅶ-28，毛本勇采。

分布：云南（绿春、勐腊、普洱）。

64. 抱须卵翅蝗 *Caryanda amplexicerca* **Ou，Liu** *et* **Zheng，2007**

Caryanda amplexicerca Ou，Liu *et* Zheng，2007：758 ~ 759，figs. 1 ~ 4，9 ~ 12.

检视标本：1 ♂，1 ♀，个旧（卡房），1700 m，2006-Ⅸ-3，柳青采；18 ♂，20 ♀，个旧（卡房），1709 m，北纬 23°15′，东经 103°9′，2009-Ⅸ-30，毛本勇采。

分布：云南（个旧）。

（十八）舟形蝗属 *Lemba* Huang，1983

Lemba Huang，1983a：149，figs. 1～3；Yin & Liu，1987：38，68；Zheng，1993：85；Ma，Guo & Li，1994：97；Yin，Shi & Yin，1996：363；Ingrisch，S.，F. Willemse & M. S. Shishodia. 2004：147，290；Li，Xia *et al.*，2006：103，157.

Type-species：*Lemba daguanensis* Huang，1983

体中型。头短。头顶宽，顶端呈钝角状。缺头侧窝。颜面侧观略后倾，颜面隆起具纵沟。颜面侧隆线明显。复眼长卵形。触角丝状。前胸背板圆筒状，前缘平直，后缘宽圆形；中隆线呈线状；3 条横沟明显可见，后横沟位于中部之后；侧片长大于高，缺侧隆线。前胸腹板突圆锥形，基部侧扁，顶端尖。中胸腹板侧叶宽大于长，侧叶间中隔前、后较宽，中部甚狭，中隔的长度约为其最狭处的 5 倍。后胸腹板侧叶彼此毗连。前翅短小，侧置，在背部不毗连。后足股节匀称，上侧中隆线缺细齿，下膝侧片的端部呈尖刺状。后足胫节具内、外端刺。后足跗节短，为胫节长的 1/3，爪间中垫大。腹部第 1 节背板两侧的鼓膜器发达；末节背板后缘无明显的尾片。肛上板长三角形。尾须圆锥形，顶端尖锐。下生殖板明显向后延伸，其上缘不卷曲，背面观呈舟形。

已知有 7 种，分布在中国西南和阿萨姆地区。云南已知 3 种，分布于滇东北地区。

舟形蝗属分种检索表

1（2） 雄性中胸腹板侧叶间中隔的长度为其宽度的 4 倍；后足胫节淡黄绿色；前翅伸达腹部第 2 节背板的后缘 ·················· **绿胫舟形蝗** *L. viriditibia*

2（1） 雄性中胸腹板侧叶间中隔很长，中隔的长度为其宽度的 5 倍以上；前翅不达腹部第 2 节背板的后缘；后足胫节淡蓝到污蓝色

3（4） 雄性肛上板长三角形，末端中央明显突出；腹部末节背板后缘的尾片较不明显；后足胫节污蓝色 ·················· **大关舟形蝗** *L. daguanensis*

4（3） 雄性肛上板长三角形，末端中央略突出；腹部末节背板后缘的尾片较明显；后足胫节淡蓝色到污蓝色 ·················· **云南舟形蝗** *L. yunnana*

65. 绿胫舟形蝗 *Lemba viriditibia* Niu *et* Zheng，1992（图 2-9）

Lemba viriditibia Niu *et* Zheng，1992：76～78，figs. 1～6；Zheng，1993：86，fig. 242；Li，Xia *et al.*，2006：157，162，163，figs. 52，91a～f.

原始记述未描绘雄性外生殖器结构，现补充描述如下：阳具基背片外冠突向背面突出与桥之间夹角略小于 90°，端缘显著加厚，后面观近四边形，内后角突出；内冠突圆锥状；锚状突扁平，曲向前下方，顶钝；前突侧观后缘强烈向后突出呈圆锐角形；桥在中部裂开，近两侧狭，中部较阔。阳具复合体侧观阳茎端瓣狭小，阳茎基瓣膨大；色带瓣顶端膨大，分离，顶端外露；背观色带连片两侧略向外弧形突出。

检视标本：7 ♂，13 ♀，会泽，北纬 26°25′，东经 103°17′，2004-Ⅶ-27，毛本勇采。

分布：云南（东川、会泽）。

66. 大关舟形蝗 *Lemba daguanensis* Huang，1983

Lemba daguanensis Huang，1983a：147，figs. 1～3；Zheng，1993：86，fig. 241；Yin，

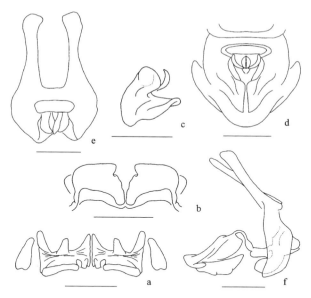

图 2-9　绿胫舟形蝗 *Lemba viriditibia* Niu *et* Zheng，1992

a-c. 阳具基背片背面、后面和侧面观（epiphallus，dorsal，posterior and lateral views）；d-f. 阳具复合
体顶面、背面和侧面观（phallic complex，apical，dorsal and lateral views）

Shi & Yin，1996：363；Li，Xia *et al.*，2006：157，163，164，figs. 52，92a~d.

未见标本。

分布：云南（大关）。

67. 云南舟形蝗 *Lemba yunnana* Ma *et* Zheng，1994（图 2-10）

Lemba yunnana Ma *et* Zheng，1994：187，188，figs. 1~4；Li，Xia *et al.*，2006：157，164，165，figs. 52，93a~d；Mao，Xu & Yang，2006：61~62.

　　原记述未描绘雄性外生殖器结构，现补充描述如下：阳具基背片外冠突向背面突出与桥形成近90°夹角，端缘显著加厚，后面观近梯形，内后角钝圆；内冠突圆锥状；锚状突扁平，曲向前下方，顶稍尖；前突侧观后缘略向后突出；桥在中部裂开，近两侧和中部较阔，近两侧狭。阳具复合体侧观阳茎端瓣狭小，阳茎基瓣膨大；色带瓣顶端分离；背观色带连片两侧略向外弧形突出。

　　检视标本：13 ♂，15 ♀，永善（城郊），北纬 28°10′，东经 103°36′，2004-Ⅶ-21，毛本勇采。

　　分布：云南（盐津、永善）。

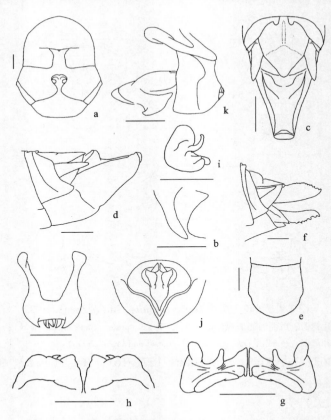

图 2-10　云南舟形蝗 *Lemba yunnana* Ma *et* Zheng，1994

a. 雌性中、后胸腹板（mesosternum and metasternum of female）；b. 雄性前胸腹板突侧面观（male prosternal spine，lateral view）；c-d. 雄性腹端背面、侧面观（male terminalia，dorsal and lateral views）；e. 雌性下生殖板（female subgenital plate）；f. 产卵瓣侧面观（ovipositor，lateral view）；g-i. 阳具基背片背面、后面和侧面观（epiphallus，dorsal，posterior and lateral views）；j-l. 阳具复合体顶面、侧面和背面观（phallic complex，apical，lateral and dorsal views）

蔗蝗亚科 Hieroglyphinae

体中型至大型，一般较粗壮。体表具细刻点，腹面常具较密的绒毛。头部近卵形，颜面侧观较直或略向后倾斜；头顶较宽圆，其宽大于长，背面具较弱的纵隆线或缺。颜面隆起具纵沟。复眼卵形。触角丝状，较长，到达或超过前胸背板后缘。前胸背板圆柱形，中隆线较弱，常不完整，缺侧隆线；横沟明显，沟前区较长于沟后区。前胸腹板突圆锥形，顶端稍尖或分岔。前、后翅均发达，如若短缩，则在背面相互毗连，前翅径脉域具有 1 列较密而平行的小横脉，仅在短翅类不明显。后足股节上侧中隆线平滑，膝部外侧的下膝侧片顶端角形，不呈刺状。后足胫节端部具有外端刺，爪间中垫较大。鼓膜器发达，雄性肛上板三角形。阳具基背片中部不分开或分开，雌性产卵瓣细长或稍粗短。

中国仅知 1 属，分布较广。

（十九）蔗蝗属 *Hieroglyphus* Krauss，1877

Hieroglyphus Krauss, H. A., 1877：41；Kirby, 1914：192, 201；Bolivar, I. 1918：11, 28；Willemse, C. 1921：9, 21；Uvarov, B. P. 1922a：225 ~ 241, fig. 3；Tinkham, 1935：492；Tinkham, 1940：290, 298；Bei-Bienko & Mishchenko, 1951：161；Mishchenko, L. L. 1952：132；Willemse, 1955［1956］：180；Dirsh, 1956b：223；Johnston, H. B. 1956：237；Johnston, H. B. 1968：156；Xia, 1958：31；Mason, A. C. 1973：512；Zheng, 1985：120, 121；Zheng, 1993：97；Liu *et al.*, 1995：56；Yin, Shi & Yin, 1996：331；Jiang & Zheng, 1998：107；Li, Xia *et al.*, 2006：166, 167.

Type-species：*Heroglyphus daganensis* Krauss, 1877

体型较大，匀称。头部较短，短于前胸背板。头顶短而宽平，前缘中央略向前突出，缺头侧窝或很不明显。后头隆起高于头顶。颜面侧观向后倾斜。复眼卵圆形。触角丝状，细长，超过前胸背板后缘。前胸背板具 3 条明显的黑色横沟，中隆线较低，缺侧隆线。前胸腹板突圆锥形，顶端尖锐。中胸腹板侧叶较宽，侧叶间中隔甚狭，中隔的长度几乎等于其最狭处的 4 ~ 8 倍。前翅较长，超过后足股节的顶端，自基部向端部明显地趋狭。后翅长三角形。后足股节匀称，下膝侧片的顶端锐角形；后足胫节具内、外端刺，沿其外缘具刺 7 ~ 10 个；跗节爪间中垫较大。鼓膜器明显。雌性上产卵瓣上外缘完整无凹口。

该属种类主要分布于非洲和印度、马来西亚、越南等地区，已知 10 种。中国已知 4 种，云南明确记述的仅 1 种，本文另增加 1 种。

蔗蝗属分种检索表

1(2) 雄性尾须顶端尖锐，略向内弯曲；雌性下生殖板有 2 条齿状纵隆起；上、下产卵瓣均光滑无齿 …
………………………………………………………………………………… 斑角蔗蝗 *H. annulicornis*

2(1) 雄性尾须顶端分近乎等长的 2 枝：上枝粗，顶尖，向前、向内曲，下枝狭，指向后，顶尖锐；雌性下生殖板表面光滑，无齿状纵隆起；上产卵瓣外缘具不规则粗齿，下产卵瓣近基部具 2 齿 … …………………………………………………………………………… 等歧蔗蝗 *H. banian*

68. 斑角蔗蝗 *Hieroglyphus annulicornis*（**Shiraki，1910**）

Oxya annulicornis Shiraki，1910：57.

Hieroglyphus annulicornis（Shiraki，1910）// Bolivar，I. 1918a：29；Uvarov，B. P. 1922a：231，234；Tinkham，1935：492，493；Tinkham，1940：298，299；Bei-Bienko & Mishchenko，1951：162；Mishchenko，1952：136；Willemse，1955［1956］：182；Mason，1973：517；Zheng，1993：98，figs. 304～306；Liu *et al.*，1995：57，figs. II：77～79；Yin，Shi & Yin，1996：331；Jiang & Zheng，1998：108，109，figs. 295～340；Li，Xia *et al.*，2006：167，170～172，figs. 94，96a～h.

Hieroglyphus formosanus I. Bolivar（＝ *Hieroglyphus tonkinensis* Carl）// Uvarov，1922a：231，234，fig. 1.

未见标本。

分布：云南(元江)、河北、山东、江苏、安徽、浙江、湖北、江西、湖南、福建、台湾、广东、广西、四川；日本、印度、越南、泰国。

69. 等歧蔗蝗 *Hieroglyphus banian*（**Fabricius，1798**）

Gryllus banian Fabricius，1798：194.

Hieroglyphus banian（Fabricius，1798）// Maxwell-Lefroy，1909：87，pl. 7；Willemse，1955［1956］：181，184，185；Zheng，1993：99；Yin，Shi *et* Yin，1996：331，332；Jiang & Zheng，1998：110，111，fig. 311；Li，Xia *et al.*，2006：167，174～176，figs. 94，98a～i.

该种为云南省首次记录。

检视标本：3 ♂，2 ♀，河口，北纬 22°30′，东经 103°58′，1600 m，2006-Ⅶ-22，毛本勇采。

分布：云南（河口）、福建、广东、广西、四川；阿富汗、巴基斯坦、印度、尼泊尔、不丹、缅甸、越南、泰国、斯里兰卡、孟加拉国。

板胸蝗亚科 Spathosterninae

体小型。头部较短，颜面侧观向后倾斜；头顶前缘较宽圆，缺头侧窝。触角丝状。前胸背板柱形，背面稍平，中隆线明显，具侧隆线或缺如。前胸腹板突横片状，中胸腹板侧叶较宽地分开，侧叶间中隔较宽。前、后翅均发达，前翅径脉域具有 1 列较密而平行的小横脉，或前、后翅均短缩，前翅鳞片状，侧置。后足股节上侧中隆线平滑，外下膝侧片顶端圆形或角状，但不呈刺状。后足胫节端部具外端刺。鼓膜器发达。阳具基背片桥状，桥部不分裂或裂开，具有锚状突和冠突。

中国已知有 2 属，分布较广。

板胸蝗亚科分属检索表

1(2)　前胸背板具有侧隆线；前翅径脉域具有 1 列较密而平行的小横脉；后足股节膝部外侧之下膝侧片顶端圆形 ·· **板胸蝗属 Spathosternum**

2(1)　前胸背板缺侧隆线；前翅径脉域缺 1 列较密而平行的横脉；后足股节膝部外侧之下膝侧片顶端角形 ··· **华蝗属 Sinacris**

（二十）板胸蝗属 *Spathosternum* **Krauss**，1877

Spathosternum Krauss，H. 1877：44；Stål，1878：50；Kirby，1914：191，207；Willemse，C. 1921（1922）：10；Tinkham，1940：286；Bei-Bienko & Mishchenko，1951：160；Mishchenko，1952：68，126；Willemse，1955〔1956〕：196；Johnston，1956：233；Xia，1958：21，30；Johnston，1968：148；Yin，1984b：41，42；Zheng，1985：56；Zheng，1993：99；Liu *et al.*，1995：58，59；Yin，Shi & Yin，1996：646，647；Jiang & Zheng，1998：111，112；Li，Xia *et al.*，2006：177，178.

Type-species：*Spathosternum nigrotaeniatum* (Stål，1876) (= *Tristria nigrotaeniatum* Stål，1876)

体小而匀称。头部较短于前胸背板，颜面侧观向后倾斜。头侧窝不明显。触角丝状。前胸背板具较明显的中隆线和侧隆线。前胸腹板突横片状，顶端中央略凹，微向后倾斜。前翅径脉域具 1 列横脉，横脉上具发音齿。中胸腹板侧叶分开，侧叶间中隔较宽。后胸腹板侧叶间中隔很狭，彼此部分毗连。后足股节上基片长于下基片，上侧中隆线光滑，外侧中区具羽状隆线，下膝侧片顶端圆形，端部不呈刺状。后足胫节顶端具内端刺和外端刺。鼓膜器发达。

中国已知仅 1 种，分 4 个亚种，云南有 2 亚种。

板胸蝗属分亚种检索表

1(2)　雌、雄两性前翅较短，不超过后足股节的顶端；后足股节膝部非黑色；雌性下生殖板后缘中央呈尖角形突出 ······················ **长翅板胸蝗 S. prasiniferum prasiniferum**

2(1)　雌、雄两性前翅较长，超过后足股节的顶端；后足股节膝部黑色；雌性下生殖板后缘具 3 齿 ··· **云南板胸蝗 S. prasiniferum yunnanense**

70. 长翅板胸蝗 *Spathosternum prasiniferum prasiniferum*（Walker，1871）

Heteracris prasinifera Walker，1871：65，69，82，83.

Spathosternum prasiniferum（Walker，1871）//Kirby，1914：208，fig. 121.

Spathosternum prasiniferum prasiniferum（Walker，1871）//Tinkham，1936a：51；Tinkham，1940：286；Bei-Bienko & Mishchenko，1951：160；Mishchenko，1952：127，128；Willemse，1955［1956］：197；Xia，1958：30；Yin，1984b：43；Zheng，1985：57，figs. 272 ~ 281；Zheng，1993：99，figs. 310 ~ 312；Yin，Shi & Yin，1996：647；Jiang & Zheng，1998：112，113，figs. 312~320；Li，Xia *et al.*，2006：179，180，fig. 99.

Oxya prasinifera Kirby，1910：394.

Spathosternum prasinifera（Walker，1871）//Uvarov，B. P. 1921a：495.

检视标本：1 ♂，大理（苍山），北纬 25°35′，东经 100°13′，1600 ~ 1750 m，1995-Ⅷ-24，史云楠采；4 ♂，云县，北纬 24°27′，东经 100°7′，2005-Ⅷ-15，1300 m，刘浩宇采；4 ♂，2 ♀，文山，北纬 23°22′，东经 104°29′，1500 m，2005-Ⅳ-28，毛本勇采；2 ♂，1 ♀，六库，北纬 25°52′，东经 98°52′，1000 m，1998-Ⅷ-22，毛本勇、采；1 ♂，4 ♀，绿春（坪河），北纬 22°50′，东经 102°31′，1500 m，2004-Ⅶ-28，毛本勇采；3 ♂，1 ♀，勐腊（曼庄），北纬 21°26′，东经 101°40′，800 m，2004-Ⅷ-2，毛本勇采；2 ♂，1 ♀，永平，北纬 25°27′，东经 99°25′，1998-Ⅹ-31，毛本勇；2 ♀，巍山（龙街），北纬 25°14′，东经 100°0′，1999-Ⅵ-23，范学连采；1 ♀，瑞丽，北纬 24°5′，东经 97°46′，2002-Ⅹ-1，李燕珍采；4 ♂，云县，北纬 24°27′，东经 100°7′，2005-Ⅷ-15，1300 m，刘浩宇采；3 ♂，3 ♀，腾冲，北纬 25°1′，东经 98°29′，1996-Ⅷ-1，李加和采；4 ♀，景谷，北纬 23°31′，东经 100°39′，1500 m，2006-Ⅷ-6，毛本勇采；2 ♂，5 ♀，马关（八寨），北纬 23°0′，东经 104°4′，1500 m，2006-Ⅶ-19，毛本勇、王玉龙采；1 ♂，4 ♀，勐海（南糯山），北纬 21°56′，东经 100°36′，1550 m，2006-Ⅷ-2，毛本勇采；2 ♂，景洪（勐仑），北纬 21°57′，东经 101°15′，850 m，2006-Ⅶ-27，王玉龙采；4 ♂，3 ♀，梁河（芒东），北纬 24°39′，东经 98°14′，1300 m，2005-Ⅶ-27，普海波、毛本勇采；1 ♀，龙陵（腊勐），北纬 24°44′，东经 98°56′，1500 m，2005-Ⅷ-5，毛本勇采；1 ♀，耿马（孟定），北纬 23°29′，东经 99°0′，700 m，2004-Ⅷ-6，毛本勇采；3 ♂，2 ♀，普洱（梅子湖），1350 m，北纬 22°46′，东经 100°52′，2007-Ⅶ-29，毛本勇采。

分布：云南（大理、永平、巍山、云县、六库、腾冲、龙陵、瑞丽、梁河、景洪、勐腊、勐仑、普洱、江城、澜沧、耿马、景东、景谷、宁洱、昆明、石林、开远、丘北、文山、马关、绿春）、四川、贵州、广西、广东、浙江、江苏；越南、泰国、巴基斯坦、孟加拉国、缅甸、尼泊尔、印度。

71. 云南板胸蝗 *Spathosternum prasiniferum yunnanense* Wei et Zheng，2005

Spathosternum prasiniferum yunnanense Wei et Zheng，2005：368，369，figs. 1 ~ 4.

未见标本。

分布：云南（勐腊）。

（二十一）华蝗属 *Sinacris* Tinkham，1940

Sinacris Tinkham，1940：287，288；Zheng，1985：56，59；Zheng，1993：100；Yin，Shi & Yin，1996：642；Jiang & Zheng，1998：114；Li，Xia *et al.*，2006：177，183.

Type-species：*Sinacris oreophilus* Tinkham，1940

体小型。头较短，短于前胸背板。头顶较宽，呈圆形或近乎三角形。缺头侧窝。颜面侧观向后倾斜，与头顶组成锐角；颜面隆起明显，具中央纵沟，侧缘隆线在触角以下趋平行，触角以上渐狭并直通头顶；颜面侧隆线全长明显。复眼长卵形，略向外突出，纵径明显长于横径。前胸背板前缘平直，或在中隆线处稍微内凹，后缘呈圆弧形；中隆线明显而较低，缺侧隆线；前横沟较弱，中、后横沟均割断中隆线，沟前区长于沟后区。前胸腹板突横片状，顶端中央低凹，两侧略圆。中胸腹板侧叶长略大于宽或相等，后胸腹板侧叶后缘明显分开。前、后翅均发达，到达、不到达或超过腹部末端。前翅在近端部之径脉与中脉之间缺较密之横脉。后足股节匀称，上侧的中隆线光滑，外下膝侧片的端部狭而较长，但不呈刺状。后足胫节上侧近端部之边缘呈狭锐片状，沿其内、外缘各具刺 7~9 个。鼓膜器发达。雄性肛上板长三角形，中央具纵沟，中间具有一横脊。尾须圆锥形，顶端较尖。上、下产卵瓣外缘具齿。

已知有 3 种，分布于中国南部地区。云南已知 2 种。

华蝗属分种检索表

1(2)　前翅略超过后足股节顶端；雄性第 10 腹节背板后缘具明显的尾片；复眼纵径为眼下沟长度的 2~3.4 倍；前胸背板沟前区长为沟后区长的 1.50~1.65 倍；自复眼后方沿前胸背板侧片至前翅前缘有 1 条黑色宽纵条纹·· **爱山华蝗 *S. oreophilus***

2(1)　前翅较长，超过后足股节顶端甚远；雄性第 10 腹节背板不具明显的尾片；复眼的纵径为眼下沟的 5.2~5.5 倍；前胸背板沟前区长为沟后区长的 1.3 倍；自复眼后方沿前胸背板侧片至前翅前缘有 1 条黑色狭纵条纹······························ **长翅华蝗 *S. longipennis***

72. 爱山华蝗 *Sinacris oreophilus* Tinkham，1940

Sinacris oreophilus Tinkham，1940：288，pl. 11，fig. 4，pl. 13，fig. 10a；Zheng，1985：60，figs. 283~291；Zheng，1993：100，101，figs. 313~314；Yin，Shi & Yin，1996：642；Jiang & Zheng，1998：114，115，figs. 323~331；Li，Xia *et al.*，2006：184，185，figs. 99，101a~c.

未见标本。

分布：云南（勐腊）、贵州、广西、广东、福建。

73. 长翅华蝗 *Sinacris longipennis* Liang，1989

Sinacris longipennis Liang，1989：153~155，figs. 1~14；Zheng，1993：101，figs. 315，316；Yin，Shi & Yin，1996：642；Li，Xia *et al.*，2006：184~186，figs. 99，102a~l.

Tauchira longipennis（Liang，1989）// Storozhenko，1992：31.

检视标本：1 ♂，瑞丽（勐秀），北纬 24°5′，东经 97°46′，1600 m，2005-Ⅷ-2，刘浩宇采；1 ♂，普洱（梅子湖），1350 m，北纬 22°46′，东经 100°52′，2007-Ⅶ-29，毛本勇采。

分布：云南（勐腊、瑞丽、普洱）。

拟凹背蝗亚科 Pseudoptygonotinae

体小型。头短，短于前胸背板，缺头侧窝。触角丝状，到达前胸背板后缘。前胸背板前缘平直，后缘呈宽角形凹入，中隆线和侧隆线均明显。前胸腹板突横片状，前面观三角形，顶端较尖。中胸腹板侧叶较宽地分开，中隔较宽，后胸腹板侧叶明显分开。前翅不发达，卵形，侧置，后翅退化。后足股节上侧中隆线平滑，膝部外侧的下膝侧片顶端近圆形。后足胫节端部具外端刺。鼓膜器发达。雄性第 10 腹节背板后缘具尾片。阳具基背片桥部分裂，具有锚状突和冠突。

中国已知有 1 属，分布于西南地区。

（二十二）拟凹背蝗属 *Pseudoptygonotus* Cheng，1977

Pseudoptygonotus Cheng，1977：306；Zheng，1985：65；Zheng，1993：101；Li，Xia *et al.*，2006：188，189. Zheng & Yao，2006b：359 ~ 363，figs. 1 ~ 8.

Conophymella Wang *et* Xiangyu，1995：451 ~ 454，figs. 1 ~ 8. **syn. nov**.

Type-species：*Pseudoptygonotus kunmingensis* Cheng，1977

体小型。头部较大，短于前胸背板。缺头侧窝。复眼长卵形，复眼纵径为横径的 1.4 ~ 1.7 倍，为眼下沟长度的 2 倍。触角丝状，到达前胸背板后缘。前胸背板前缘近乎平直，后缘中央呈宽角形凹入；中、侧隆线均明显；沟前区的长度为沟后区长度的 2.2 ~ 2.5 倍。前胸腹板突横片状，三角形，顶端较尖。前翅为长卵形，侧置。后翅退化。后足股节上侧之中隆线平滑；膝侧片顶端圆形。后足胫节具外端刺。鼓膜器发达，卵圆形。雄性第 10 腹节背板具小尾片。肛上板宽盾状。尾须长锥形，顶端较尖。下生殖板短锥形，顶端较钝。阳具基背片在桥部分裂为二，冠突细长，向内突出。雌性肛上板三角形。尾须锥形。上产卵瓣之上外缘及下产卵瓣之下外缘均具细齿。下生殖板后缘中央具 2 齿或突出。

已知 7 种，分布于中国西南地区。本文认为异裸蝗属 *Conophymella* Wang *et* Xiangyu，1995 应为 *Pseudoptygonotus* Cheng，1977 的同物异名，理由见种的讨论，故此产生 1 种新组合。本文另记述 1 新种。至此，该属已知 9 种，云南已知 6 种。

拟凹背蝗属分种检索表

1(4)　雌性下生殖板后缘突出

2(3)　雌性下生殖板后缘角形突出，顶圆形；后足股节内侧黄褐色，下侧内面橙红色，外面黄褐色；雌性前翅顶狭圆，雄性翅顶宽圆 ······························ **突缘拟凹背蝗** *P. prominemarginis*

3(2)　雌性下生殖板后缘中央圆形突出；后足股节内侧上半红褐色，下半黄褐色，下侧黄褐色；雌雄两性前翅顶宽圆 ·································· **无齿拟凹背蝗** *P. adentatus*

4(1)　雌性下生殖板后缘突出呈 2 齿状

5(8)　体较小，体长♀18.5 ~ 20.6 mm；体色黑褐色或深褐色

6(7)　触角较粗短，向后略超过前胸背板前缘（♀）或到达前胸背板中部（♂），中段一节长度为宽度的

0.69～0.75(♀)或0.71～0.91(♂)倍；体黑褐色……………… **高山拟凹背蝗 *P. alpinus* sp. nov.**

7(6)　触角较细长，向后不及前胸背板中部(♀)或不到达前胸背板后缘(♂)，中段一节长度为宽度的 1.06(♀)或1.20(♂)倍；体深褐色　…………………………… **蓝胫拟凹背蝗 *P. cyanipus* comb. nov.**

8(5)　体较大，♀24～26 mm；体红褐色或绿黄色

9(10)　前翅较狭长，长约为宽的2倍；雌性下生殖板较宽，后缘突出较短；体红褐色，前翅黑色，臀脉 域红褐色　……………………………………………………… **昆明拟凹背蝗 *P. kunmingensis***

10(9)　前翅较宽短，长约为宽的1.6倍；雌性下生殖板较狭长，后缘突出较长；体褐绿色，前翅褐绿色， 臀脉域黄褐色　……………………………………………… **贡山拟凹背蝗 *P. gongshanensis***

74. 突缘拟凹背蝗 *Pseudoptygonotus prominemarginis* Zheng et Mao, 1996 (图2-11)

Pseudoptygonotus prominemarginis Zheng et Mao, 1996：13～14，figs. 6～12；Li, Xia *et al.*, 2006：189～191，figs. 99，104a～g.

原记述未描绘雄性外生殖器结构，现补充记述如下：阳具基背片具2对冠突；外冠突向背 面突出与桥呈大于90°的角，端缘加厚，略向前卷曲，后面观近平行四边形，顶端内角呈圆的 锐角且弯向后下方；内冠突略突出，钝圆；锚状突呈扁平指状，顶钝；桥在中部裂开。阳具复 合体侧观色带连片狭；阳茎端瓣侧观顶端曲向背面，顶面观呈狭长形；色带瓣顶端分离。

检视标本：32 ♂，46 ♀，大理(苍山东坡)，北纬25°35′，东经100°13′，2000～ 2200 m，1997-Ⅳ-1，2005-Ⅵ-22，毛本勇采；5 ♂，4 ♀，巍山(龙街)，北纬25°14′，东经 100°0′，1999-Ⅵ-13，范学连采；1 ♂，1 ♀，洱源，北纬26°7′，东经99°56′，2300 m， 1999-Ⅳ-28，毛本勇采；1 ♂，9 ♀，南涧(无量山)，北纬24°42′，东经100°30′，2000 m， 2003-Ⅶ-17，毛本勇采；5 ♀，剑川，北纬26°16′，东经99°54′，2300 m，2000-Ⅷ-17，杨自 忠采。

分布：云南(大理、南涧、巍山、洱源、剑川)。

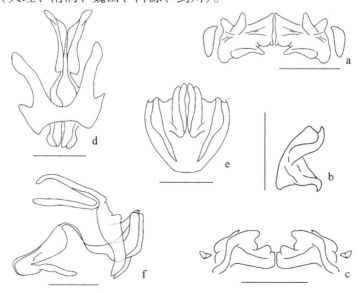

图2-11　突缘拟凹背蝗 *Pseudoptygonotus prominemarginis* Zheng et Mao, 1996

a-c. 阳具基背片背面、后面和侧面观(epiphallus, dorsal, posterior and lateral views)；d-f. 阳具复合体背面、顶面和侧面 观(phallic complex, dorsal, apical and lateral views)

75. 无齿拟凹背蝗 *Pseudoptygonotus adentatus* Zheng *et* Yao，2006

Pseudoptygonotus adentatus Zheng *et* Yao，2006：2006b，359～363，figs. 1～8.

未见标本。

分布：云南（安宁温泉、大理苍山）。

76. 高山拟凹背蝗，新种 *Pseudoptygonotus alpinus* sp. nov.（图版 V：1；图 2-12）

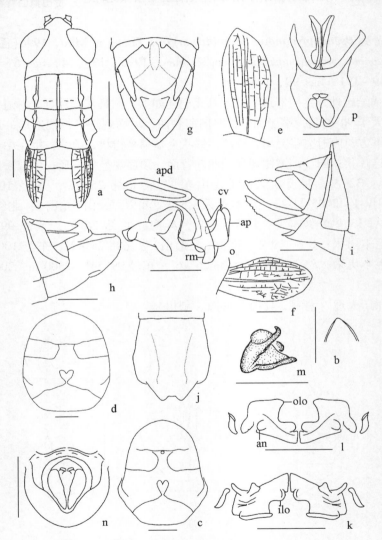

图 2-12　高山拟凹背蝗，新种 *Pseudoptygonotus alpinus* sp. nov.

a. 头、前胸背板背面（head and pronotum，dorsal view）；b. 前胸腹板突前面观（prosternal spine，anterior view）；c-d. 中、后胸腹板（mesosternum and metasternum，male and female）；e-f. 左前翅（left tegmen，male and female）；g-h. 雄性腹端背面、侧面观（male terminalia，dorsal and lateral views）；i. 产卵瓣侧面观（ovipositor，lateral view）；j. 雌性下生殖板（female subgenital plate）；k-m. 阳具基背片背面、前面和侧面观（epiphallus，dorsal，anterior and lateral views）；n-p. 阳具复合体顶面、侧面和背面观（phallic complex，apical，lateral and dorsal views）

体小型。头短于前胸背板长。头顶宽平，前缘圆钝角形突出，在复眼前缘的宽度为其长度的 2.38～2.73（平均 2.50，n=5，♀）或 2.27～2.62（平均 2.44，n=5，♂）倍；眼间距为触角间颜面隆起宽的 1.58～1.79（平均 1.68，n=5，♀）或 1.30～1.59（平均 1.40，n=5，♂）倍。颜面侧观倾斜，与头顶呈近直角（♀）或锐角形（♂），表面光滑；颜面隆起侧观近直，全长具宽浅纵沟，侧缘近平行；颜面侧隆线直。触角丝状，粗短，略超过前胸背板前缘（♀）或到达前胸背板中部（♂），中段任一节长度为宽度的 0.69～0.75（平均 0.73，n=5，♀）或 0.71～0.91（平均 0.83，n=5，♂）倍。复眼近三角形（♀）或卵形（♂），纵径为横径的 1.54～1.61（平均 1.58，n=5，♀）或 1.45～1.60（平均 1.52，n=5，♂）倍，约为眼下沟长度的 1.64～1.89（平均 1.78，n=5，♀）或 2.38～2.64（平均 2.49，n=5，♂）倍。前胸背板宽平，具细密刻点，沟后区显著（♀）或略（♂）扩展，前缘平直，后缘呈宽三角形凹陷；中隆线明显，仅被后横沟切断；前横沟不甚明显；侧隆线在雌性全长明显或渐模糊，向外扩展，在雄性全长明显，近平行；沟前区长为沟后区长的 2.03～2.45（平均 2.17，n=5，♀）或 2.03～2.33（平均 2.26，n=5，♂）倍；前胸背板侧片长大于高，下缘波曲，前下角钝角形，后下角钝圆形，前胸背板侧片背部在前横沟处和中、后横沟之间具 2 个光滑的胼胝状结构。前胸腹板突基部整体略膨起，端部呈前后扁平的三角形状，直（♀）或略向前倾（♂），顶钝尖。中胸腹板侧叶近长方形，宽为长的 1.56～1.83（平均 1.71，n=5，♀）或 1.33～1.47（平均 1.41，n=5，♂）倍，侧叶间中隔长度为最小宽度的 0.86～1.07（平均 0.97，n=5，♀）或 1.88～2.50（平均 2.09，n=5，♂）倍。后胸腹板侧叶近毗连（♀、♂）。前翅鳞片状，侧置，顶圆形（♀）或钝尖（♂），向后超过第 1 腹节背板后缘（♀、♂），长度为其最大宽度的 1.59～2.53（平均 2.09，n=5，♀）或 1.87～2.38（平均 2.11，n=5，♂）倍。后足股节粗短，长度为最大宽度的 3.52～3.68（平均 3.59，n=5，♀）或 3.51～3.74（平均 3.65，n=5，♂）倍，上侧中隆线光滑，下膝侧片顶圆角形。后足胫节圆柱形，外侧具刺 8～9 个，内侧具刺 10 个，具内、外端刺。后足跗节第 1 节略长于第 3 节，爪间中垫几达爪之顶端。腹部背面具中隆线。鼓膜器发达，孔卵圆形。

雌性下生殖板近端部阔，中部具阔的纵凹陷，后缘中央梯形或圆形突出，突出部分的顶端中央具凹陷。上、下产卵瓣近直，顶端钩曲不明显，上产卵瓣的上外缘和下产卵瓣的下外缘具细齿。

雄性第 10 腹节背板在中部阔裂开，后缘具钝圆形小尾片；肛上板宽圆形，基部之半具阔的中纵沟，后缘圆形突出。尾须锥形，顶钝尖，到达肛上板顶端。下生殖板短锥形，背观近末端不显著缩狭，顶钝。阳具基背片具 2 对冠突；外冠突向背面突出与桥呈大于 90°的角，端缘加厚，略向前卷曲，后面观近平行四边形，顶端内角呈圆的锐角；内冠突略突出，钝圆；锚状突扁平，小，顶钝；桥在中部裂开。阳具复合体侧观色带连片狭；背观或顶面观阳茎端瓣顶膨大，呈长卵圆形；色带瓣顶端小，分离。

体色：体呈黑褐色（少数雌性个体呈绿色），但胸部和腹部腹面黄褐色，雌性眼后带色较深。后足股节外侧、上侧和内侧上半部分黑褐色，下侧外面黄褐色，下侧内面及内侧下半部分红色；胫节基部 1/3 黄绿色，其余部分蓝绿色。雌性绿色个体的前翅臀脉域绿色，其余棕色；后足股节下膝侧片红色。

量度（mm）：体长：♂ 12.6～15.0，♀ 18.5～19.5；前胸背板长：♂ 2.8～3.1，♀ 3.9～4.3；前翅长：♂ 2.6～3.8，♀ 3.5～4.3；后足股节长：♂ 7.1～8.1，♀ 8.9～9.5。

正模：♂，大理（苍山花甸坝），北纬 25°35′，东经 100°13′，3200 m，1999-Ⅵ-7，毛本勇采。副模：20♂，12♀，同正模；17♂，39♀，2900～3200 m，1999-Ⅵ-6～7，季波、李艳燕采，其余同正模；2♂，1♀，兰坪（金顶），2800 m，北纬 26°25′，东经 99°24′，1997-Ⅷ-23，杨自忠采。

分布：云南（大理苍山、兰坪）。

词源学：种名反映该种目前仅知分布于横断山区 2800 m 以上的高山地带。

讨论：新种以体较小、触角任一节宽度大于长度以及体呈黑褐色区别于属内所有种。从前胸背板侧隆线和雌性下生殖板后缘中央具凹口的特征上看，新种较近似于昆明拟凹背蝗 *P. kunmingensis* 和贡山拟凹背蝗 *P. gongshanensis*，三者的区别见表 2-7。

表 2-7　高山拟凹背蝗 *P. alpinus* sp. nov. 、
昆明拟凹背蝗 *P. kunmingensis* 和贡山拟凹背蝗 *P. gongshanensis* 的区别

昆明拟凹背蝗 *P. kunmingensis*	高山拟凹背蝗 *P. alpinus* sp. nov.	贡山拟凹背蝗 *P. gongshanensis*
体较大，体长♀24～26 mm	体较小，体长♀18.5～19.5 mm	体较大，体长♀26 mm
触角到达前胸背板后缘（♂），中段一节长度为宽度的 1.8～2 倍	触角略超过前胸背板前缘（♀）或到达前胸背板中部（♂），中段一节长度为宽度的 0.69～0.75（♀）或 0.71～0.91（♂）倍	触角略不到达前胸背板后缘（♀），中段任一节长度为宽度的 1.63 倍
前胸背板侧片背部在前横沟处和中、后横沟之间无 2 个光滑的胼胝状结构	前胸背板侧片背部在前横沟处和中、后横沟之间具 2 个光滑的胼胝状结构	前胸背板侧片背部在前横沟处和中、后横沟之间无 2 个光滑的胼胝状结构
体色红褐色	体色黑褐色	体色绿褐色

77. 蓝胫拟凹背蝗，新组合 *Pseudoptygonotus cyanipus*（**Wang** *et* **Xiangyu**，**1995**），comb. nov.（图 2-13）

Conophymella cyanipes Wang *et* Xiangyu，1995a：451～454，figs. 1～8；Zheng，1993：102，103，figs. 328～331；Li，Xia *et al.*，2006：198～199，figs. 99，109a～h.

原始记述中雌性的描述较简略，现补充描述如下。

体小型。头短于前胸背板长。头顶宽平，前缘圆钝形突出，在复眼前缘的宽度为其长度的 2.08～2.42（平均 2.22，n=4）倍；眼间距为触角间颜面隆起宽的 1.76～1.92（平均 1.83，n=4）倍。颜面侧观倾斜，与头顶呈近直角形，表面具皱纹和刻点；颜面隆起侧观直，全长具宽浅纵沟，侧缘近平行；颜面侧隆线直。触角丝状，粗短，向后不及前胸背板中部，中段任一节长度为宽度的 1.06 倍。复眼长卵形，纵径为横径的 1.61～1.69（平均 1.76，n=4）倍，约为眼下沟长度的 1.79～1.89（平均 1.84，n=4）倍。前胸背板宽平，具皱纹和刻点，前缘平直，后缘呈宽三角形凹陷；中隆线明显，仅被后横沟切断，前横沟不甚明显；侧隆线在沟后区向外扩展，在沟前区较明显；沟前区长为沟后区长的 2.03～2.33（平均 2.23，n=4）倍；前胸背板侧片长大于高，下缘波曲，前下角钝角形，后下角钝圆形。前胸腹板突基部整体略膨起，端部呈横片状，腹部后面观略呈舌状，前面观两侧缘稍呈圆弧形突出的三角形，顶钝尖。中胸腹板侧叶近长方形，宽为长的 1.56～1.61（平均 1.57，n=4）倍，侧叶间中隔近方形，长度为最小宽度的 1.07～1.33（平均 1.17，n=4）倍。后胸腹板侧叶分离。

前翅鳞片状，侧置，顶圆形，向后超过第 1 腹节背板后缘，长度为其最大宽度的 1.91 ~ 2.19（平均 2.02，n = 4）倍。后足股节粗短，长度为最大宽度的 3.88 ~ 4.04（平均 3.94，n = 4）倍，上侧中隆线光滑，下膝侧片顶圆角形。后足胫节圆柱形，外侧具刺 9 个，内侧具刺 10 个，具内、外端刺。腹部背面具中隆线。鼓膜器发达，孔卵圆形。下生殖板近近长方形，后缘中部圆弧形突出，中央凹入。上、下产卵瓣粗短，顶端不钩曲，上产卵瓣的上外缘和下产卵瓣的下外缘具细齿。

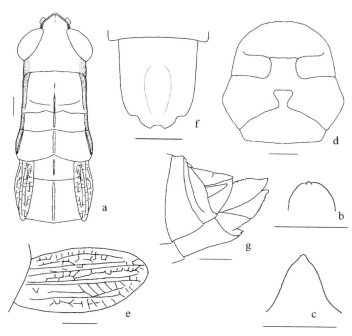

图 2-13　蓝胫拟凹背蝗，新组合 *Pseudoptygonotus cyanipus*（Wang *et* Xiangyu，1995），comb. nov.
a. 雌性头、前胸背板背面（fmale head and pronotum，dorsal view）；b-c. 前胸腹板突后面和前面观（prosternal spine，posterior and anterior views）；d. 雌性中、后胸腹板（female mesosternum and metasternum）；e. 左前翅（left tegmen of female）；f. 雌性下生殖板（female subgenital plate）；g. 产卵瓣侧面观（ovipositor，lateral view）

体色：体呈深褐色。前翅深褐色，臀脉域褐色。后足股节外侧和上侧褐色，下侧基半部分黄褐色，端半部分橙红色，下膝侧片橙红色；胫节基部 1/5 黄褐色，其余部分蓝绿色。

量度（mm）：体长♀ 17.9 ~ 20.4；前胸背板长♀ 4.0 ~ 4.5；前翅长♀ 3.5 ~ 4.4；后足股节长♀ 10.1 ~ 10.6。

检视标本：2 ♂（正模、副模 1），4 ♀（副模），文山（老君山），北纬 23°35′，东经 104°29′，1999-Ⅷ-18 ~ 19，向余劲攻采。

分布：云南（文山老君山）。

讨论：2005 年 10 月，本文作者之一到山东大学模式标本保存地检视了该种所有模式标本，并对雌性作了重新记述。该种原被作为属模式种成立了异裸蝗属 *Conophymella* Wang *et* Xiangyu，1995，该属与拟凹背蝗属 *Pseudoptygonotus* Cheng，1977 接近，其不同点主要为前胸腹板突后面观横片状，舌形，顶尖圆（后者为横片状，三角形，顶端较尖）。检视过程中，我们对该种的前胸腹板突从不同方位进行了观察，如从腹部后面观，因逐渐调焦成像的原因，前胸腹板突可呈现为舌形（图 2-13b）；如从正前面观，则近似三角形，只是两侧缘略为向外弧形突出（图 2-13c）。该属的另外 3 个示差鉴别特征（雄性第 10 腹节背板后缘具 1 对狭长的尾片、雄性后胸腹板侧叶在后端毗连、雄性阳具基背片形状不同）同样为后者的属征，仅在次级特征上有差异。故认为异裸蝗属 Conophymella 应为拟凹背蝗属 Pseudoptygonotus 的次级同物异名，蓝胫异裸蝗 Conophymella cyanipes Wang et Xiangyu，1995 应隶于拟凹背蝗属成为新组合：蓝胫拟凹背蝗 Pseudoptygonotus cyanipus（Wang et Xiangyu，1995）。

78. 昆明拟凹背蝗 *Pseudoptygonotus kunmingensis* Cheng，1977

Pseudoptygonotus kunmingensis Cheng，1977：306～307，figs. 12～17；Zheng，1985：65～66，figs. 323～328；Zheng，Shi & Chen，1994：54～58，figs. 1～19；Zheng，1993：101，figs. 317～320；Zheng & Mao，1996：13，14；Li，Xia *et al.*，2006：189，191，192，figs. 99，105a～j.

检视标本：1♀，昆明（玉案山），北纬 25°3′，东经 102°38′，1997-Ⅳ-1，1985-Ⅷ-3，黄原采；4♂，2♀，昆明（西山），北纬 25°2′，东经 102°38′，2000 m，2004-Ⅳ-28，杨自忠采。

分布：云南（昆明）。

79. 贡山拟凹背蝗 *Pseudoptygonotus gongshanensis* Zheng et Liang，1986

Pseudoptygonotus gunshanensis Zheng et Liang，1986：291，figs. 1，3；Zheng，1993：101，102，fig. 321；Yin，Shi & Yin，1996：587；Li，Xia *et al.*，2006：180，192，193，figs. 99，105k～l.

检视标本：1♀，泸水，北纬 25°59′，东经 98°49′，1996-Ⅷ-1，王绍龙采。

分布：云南（泸水）。

黑蝗亚科 Melanoplinae

体中型。头短，背观近卵形，颜面侧观较直或略向后倾斜，颜面隆起较平或具纵沟，颜面侧隆线明显或缺。头顶前缘宽圆形，较短。缺头侧窝。复眼圆卵形或长卵形。触角丝状。前胸背板圆柱形，背面略平；中隆线较弱，缺侧隆线或少数种具较弱的侧隆线。前胸腹板突锥形。中胸腹板侧叶较宽地分开，中隔较宽。前、后翅均发达，有时较短缩，但仍在背面彼此相毗连，径脉域缺 1 列较密而平行的小横脉。后足股膝部外侧之下膝侧片的端部圆形。后足胫节较直，缺外端刺。鼓膜器发达。雄性第 10 腹节背板的后缘常具小尾片，有时缺如。雄性下生殖板锥形。产卵瓣较短，常呈弯钩状。阳具基背片桥状，桥部较狭，具锚状突；冠突片状。

中国已知 9 属，云南仅有 2 属。

黑蝗亚科分属检索表

1(2)　前、后翅明显较长，其顶端略不到达、到达或超过后足股节顶端；后足股节外侧常具暗色横纹 …
………………………………………………………………………………… **版纳蝗属 *Bannacris***
2(1)　前、后翅明显较短，其顶端常不到达或刚到达后足股节中部；后足股节外侧常缺暗色横纹 ……
………………………………………………………………………………… **越北蝗属 *Tonkinacris***

（二十三）版纳蝗属 *Bannacris* Zheng，1980

Bannacris Zheng，1980c：339；Zheng，1985：180；Zheng，1993：105；Yin，Shi & Yin，1996：90；Li，Xia *et al.*，2006：200，211，212.

Type-species：*Bannacris punctonotus* Zheng，1980

体中小型。头大，短于前胸背板。头顶较狭，头部背面两复眼之间的距离较狭，颜面侧观近垂直，颜面隆起宽平，缺纵沟。在复眼下缘具 1 长粒状突起。复眼长椭圆形，正面观复眼下缘明显在中央单眼水平之下；复眼纵径大于横径的 1.5～1.7 倍，为眼下沟长的 1.7～2.5 倍。触角丝状，超过前胸前板后缘。前胸背板前缘弧形，后缘圆角形突出，两侧几平行，中部不收缩，背面及侧片密布粗大刻点和皱纹；中隆线明显，缺侧隆线，3 条横沟明显。前胸腹板突圆锥形，顶端较尖。中胸腹板侧叶较宽地分开。后胸腹板侧叶分开。前翅狭长，到达后足股节的顶端。后翅与前翅等长。后足股节匀称，上侧的中隆线平滑，在端部形成刺状；下膝侧片顶端尖角形。后足胫节缺外端刺。鼓膜器发达，鼓膜孔卵圆形。雄性尾须长锥形，基部略宽。阳具基背片桥形，桥部较狭，桥拱较深。雌性下生殖板后缘呈三角形突出，上产卵瓣之上外缘具钝齿。

已知 1 种，分布于云南南部。

80. 点背版纳蝗 *Bannacris punctonotus* Zheng，1980（图版 V：2）

Bannacris punctonotus Zheng，1980c：340～341，figs. 21～28；Zheng，1985：180～181， figs. 884～893；Zheng，1993：105，figs. 340～342；Yin，Shi & Yin，1996：90；Li，Xia *et al.*，2006：212～214.

检视标本：1 ♂，西双版纳（野象谷），北纬 22°20′，东经 100°53′，650 m，2006-Ⅷ-4，毛本勇采；1 ♂，勐腊（勐仑），北纬 21°57′，东经 101°15′，700 m，2006-Ⅶ-26，杨自忠采；1 ♀，勐腊（望天树），北纬 21°26′，东经 101°40′，700 m，2006-Ⅶ-26，毛本勇采。

分布：云南（勐腊、景洪）。

（二十四）越北蝗属 *Tonkinacris* Carl，1916

Tonkinacris Carl，1916：485；Chang，K. 1940：38，65；Bei-Bienko & Mishchenko，1951：237，252；Mishchenko，1952：78，493；Willemse，C. 1957：476；Xia，1958：52；Zheng，1985：172；Zheng，1993：111；Yin，Shi & Yin，1996：708；Jiang & Zheng，1998：122；Li，Xia *et al.*，2006：200，247.

Type-species：*Tonkinacris decoratus* Carl，1916

体匀称，略具稀疏的绒毛。头大，较短于前胸背板。头侧窝消失。复眼卵圆形，纵径约为横径的 1.5 倍，约为眼下沟长度的 1.5～2.0 倍。触角细长，丝状，超过前胸背板的后缘甚长。前胸背板前缘较平直，后缘宽圆形；中隆线较低，缺侧隆线；沟前区较长，沟前区的长度约等于沟后区长度的 1.25～1.5 倍；3 条横沟均明显，均割断中隆线。前胸腹板突圆锥形，顶端较尖，略向后倾斜。中胸腹板侧叶明显地分开，侧叶间中隔较宽。前、后翅均较长，通常超过后足股节中部，约到达股节的 4/5 处。前翅的后缘及中部均缺暗色纵条纹。后足股节上侧的中隆线无细齿。后足胫节缺外端刺，沿其外缘具刺 9～10 个。鼓膜器发达。雄性第 10 腹节背板的后缘具明显的尾片。肛上板三角形，较长，中央具有明显的纵沟。尾须较长，顶端略向内弯曲。下生殖板粗短，端部形成狭片状，顶端平切。雌性尾须圆锥形，不弯曲；下生殖板后缘的中央呈三角形，在两侧各有 1 个小圆形突出；上产卵瓣较长，下产卵瓣下外缘的基部具小且钝的齿。

中国已知有 4 种，文献记载云南有 1 种。

81. 中华越北蝗 *Tonkinacris sinensis* Chang，1937

Tonkinacris sinensis Chang，K. 1937b：191，pl. 3，figs. 1，2；Chang，K. 1940：67；Bei-Bienko & Mishchenko，1951：238；Mishchenko，1952：437；Xia，1958：52，fig. 105；Zheng，1985：173，figs. 852～859；Zheng，1993：111，112，figs. 373～377；Yin，Shi & Yin，1996：708；Jiang & Zheng，1998：123，figs. 350～357；Li，Xia *et al.*，2006：247～249，figs. 124，131e～g.

检视标本：未见云南产标本。1 ♂，1 ♀，重庆（金佛山），2003-Ⅲ-21～30，苑彩霞，刘玉双采；1 ♂，1 ♀，四川峨嵋（万年寺），1979-Ⅷ-25，郑哲民采。

分布：云南、广西、贵州、四川；越南。

秃蝗亚科 Podisminae

体中型。头短，侧观近锥形。颜面侧观略向后倾斜，颜面隆起较平或具纵沟；头顶较短，前缘宽圆形或钝角形；缺头侧窝。触角丝状，到达或超过前胸背板后缘。前胸背板柱状，背面略较平，中隆线较弱，缺侧隆线，少数具侧隆线。前胸腹板突锥形，中胸腹板侧叶较宽地分开，中隔较宽。前、后翅均不发达，鳞片状，侧置，一般在背面不相互毗连，仅少数在背面有部分相毗连。后足股节膝部外侧的下膝片顶端圆形。后足胫节缺外端刺。鼓膜器发达。雄性肛上板及尾须有较多变异，雄性下生殖板短锥形。雌性产卵瓣较短，端部近钩状。阳具基背片桥状，具锚状突和冠突，侧板较发达。

中国已知 19 属，分布广泛。云南已知 9 属。

秃蝗亚科分属检索表

1(2)　前翅较长，雄性到达第 2 腹节背板中部，雌性超过第 2 腹节背板后缘，在背面有部分相毗连；雄性第 10 腹节背板的后缘具有小尾片 ·· **小翅蝗属 Alulacris**

2(1)　前翅较短，其顶端常不到达第 2 腹节，在背面较宽地分开，不毗连

3(14)　前胸背板缺侧隆线，有时仅在沟后区具有较不明显的侧隆线

4(7)　前胸背板的后缘具有较宽的凹口，其沟前区一般较长，其长约为沟后区长度的 2.5 倍以上

5(6)　复眼纵径大于横径 1.6 倍，为眼下沟的 2.8 倍；前胸背板后缘具宽三角形凹陷；中隆线弱，略可见；雄性下生殖板顶端钝圆形 ·· **清水蝗属 Qinshuiacris**

6(5)　复眼纵径为横径的 1.5 倍，为眼下沟长度的 5 倍；前胸背板中隆线全长明显，后缘近乎平直，中部略凹；雄性下生殖板顶尖 ·· **异色蝗属 Dimeracris**

7(4)　前胸背板的后缘完整，有时后缘沿中隆线处具有很小的凹口；前胸背板的沟前区通常较短，其长一般为沟后区长的 2.5 倍以下

8(9)　复眼较小，为短卵形，其长径约等于或 1.2 倍于横径；后足股节上侧之中隆线的顶端形成刺状 ··· ·· **刺秃蝗属 Parapodisma**

9(8)　复眼较大，为长卵形，其长径大于横径 1.3～1.5 倍

10(11)　前翅的前缘明显地向后弯曲，呈弯弓形；前胸背板后缘较平直，沿其中隆线处缺凹口；雌性下生殖板后缘中央锐角形突出 ·· **曲翅蝗属 Curvipennis**

11(10)　前翅的前缘较平直，不明显曲向后方，前胸背板的后缘一般为宽弧形，沿其中隆线处常具小凹口或缺

12(13)　复眼较大，头顶在两复眼间距离较狭，略狭于颜面隆起在触角之间的宽度；前胸背板侧片之后下角常近角状；雄性下生殖板的上缘近端部常具有钝圆形突起；前翅到达或盖住鼓膜器；雄性尾须基部较宽，顶端略内曲；下生殖板短锥形或锥形 ·· **蹦蝗属 Sinopodisma**

13(12)　复眼较小，头顶在两复眼间距离较宽，略宽于颜面隆起在触角之间的宽度；前胸背板侧片之后下角宽圆形，不呈角状；雄性下生殖板的上缘近端部缺钝圆形突起 ·· **云秃蝗属 Yunnanacris**

14(3)　前胸背板具有明显的侧隆线，一般全长均明显

15(18)　前翅较大，超过第 1 腹节背板后缘

16(17)　前胸背板后缘沿中隆线处微凹入；雄性第 10 腹节背板的后缘缺尾片，肛上板宽盾形，尾须较扁，

基部和端部较宽；雌性下生殖板后缘常具有 3 个突起 ·················· 拟裸蝗属 Conophymacris

17（16） 前胸背板后缘波曲；雄性第 10 腹节背板的后缘具小三角形尾片，肛上板阔心形，尾须略扁，均匀地向后端趋狭；雌性下生殖板后缘不如上述················· 梅荔蝗属 Melliacris

18（15） 前翅极小，仅超过（雄性）或不到达（雌性）中胸背板后缘··············· 香格里拉蝗属 Xiangelilacris

（二十五）小翅蝗属 Alulacris Zheng，1981

Alulacris Zheng，1981a：60；Zheng，1993：113；Yin，Shi & Yin，1996：48；Li，Xia et al.，2006：257～260.

Type-species：Alulacris shilinensis（Cheng，1977）（= Pseudogerunda shilinensis Zheng，1977）

体中小型。头短于前胸背板。颜面侧面观略向后倾斜，颜面隆起较直，纵沟明显。复眼卵形，复眼的纵径为横径的 1.3～1.5 倍，而为眼下沟长度的 1.5～2.2 倍。触角丝状，细长，超过前胸背板后缘。前胸背板圆柱形，具皱纹、刻点和长毛；前缘较平直，后缘圆角形突出；中隆线在沟后区明显，缺侧隆线。前胸腹板突圆锥形，顶端较圆。中胸腹板侧叶宽略大于长；后胸腹板侧叶在雄性几相接，雌性明显分开。前翅鳞片状，上具长毛，大多数在背部互相毗连，少数不相连；前翅长仅到达腹部第 2 节背板中部（雄）或不到达第 3 节背板中部（雌）。后翅极退化，很小。后足股节上侧之中隆线光滑，顶端形成锐刺；膝侧片顶端圆形。后足胫节缺外端刺。跗节爪间中垫较大，超过爪之顶端。鼓膜器大，圆形。腹部背面具明显的中脊。雄性第 10 腹节背板具圆形小尾片。肛上板三角形。尾须宽扁，片状，顶端略圆。下生殖板短圆锥形，顶端较尖。雌性尾须短锥状，上产卵瓣之上外缘具小钝齿。

已知 1 种，分布于云南；本文另记述 1 新种。

小翅蝗属分种检索表

1（2） 雌性前胸背板后横沟位于近中部，沟前区的长度为沟后区长度的 1.22 倍；眼间距较宽，为 0.9 mm；颜面隆起直，纵沟明显，侧缘平行；后足股节下膝侧片黑色 ········ 石林小翅蝗 A. shilinensis

2（1） 雌性前胸背板后横沟位于近后端，沟前区的长度为沟后区长度的 1.50 倍；眼间距较狭，为 0.7 mm；颜面隆起直，纵沟仅在触角附近明显，侧缘在触角间略扩张，近唇基处消失；后足股节下膝侧片暗绿色 ·· 砚山小翅蝗 A. yanshanensis sp. nov.

82. 石林小翅蝗 Alulacris shilinensis（Cheng，1977）

Pseudoerunda shilinensis Cheng，1977：305，figs. 9～11.

Alulacris shilinensis（Cheng，1977）// Zheng，1981a：60，figs. 1～3；Zheng，1985：157～158，figs. 768～773；Zheng，1993：114，figs. 382～384；Yin，Shi & Yin，1996：48；Li，Xia et al.，2006：260，261，figs. 134，135a～f.

补充记述：头短于前胸背板长，约为前胸背板长度的 0.62（♂）或 0.53（♀）倍。雄性和雌性眼间距（♂：0.5 mm；♀：0.9 mm）分别为触角间颜面隆起宽度的 0.93（♂）和 1.11（♀）倍，或分别为触角基节宽度的 1.05（♂）和 1.62（♀）倍。触角中段任一节长度为宽度的 2.54（♂）倍。雌性复眼长径为横径的 1.37 倍或为眼下沟长度的 1.43 倍。前胸背板沟前区长度为沟后区长度的 1.50（♂）或 1.22（♀）倍。

检视标本：1 ♂，1 ♀，石林，1985-Ⅷ-1，黄原采。

分布：云南（石林）。

83. 砚山小翅蝗，新种 *Alulacris yanshanensis* sp. nov.（图版 V：6；图 2-14）

雌性：体中小型。头长稍大于前胸背板长的1/3。头顶短，向前下方倾斜，顶缘与颜面隆起形成圆形；眼间距（0.7 mm）约为触角间颜面隆起宽度的 1.07 倍或触角基节宽度的 1.52 倍或复眼纵径的 0.30 倍。颜面侧面观略向后倾斜，颜面隆起直，纵沟仅在触角附近明显，侧缘在触角间略扩张，近唇基处消失。复眼卵圆形，复眼的纵径为横径的 1.27 倍，而为眼下沟长度的 1.47 倍。触角较长，达后足基节。前胸背板近圆柱形，自中横沟后渐向外扩展，具皱纹、刻点和长毛；前缘较平直，中央微凹，后缘宽圆形突出；中隆线在沟后区明显，缺侧隆线；沟前区长度为沟后区长度的 1.50 倍；侧片长大于高，前角圆形，后角钝圆角形。前胸腹板突圆锥形，顶较钝圆。中胸腹板侧叶最大宽度约为长度的 1.19 倍，内缘圆形；中隔长度约为最狭处宽度的 0.80 倍。后胸腹板侧叶在后端阔分开。前翅短缩呈小翅状，上具稀疏长毛，顶圆，到达第 2 腹节背板的后缘，在背部分开。后翅极退化，很小。后足股节上侧之中隆线平滑，顶端形成刺状；膝侧片顶端圆形。后足胫节外缘具刺 10 个，内缘具刺 11 个，缺外端刺。跗节爪垫大，超过爪之顶端。鼓膜器较大，圆形。腹部背面具中脊。肛上板舌状，基部中央具纵沟，中部稍前方具 1 横隆脊。尾须短锥形，不到达肛上板之顶端。下生殖板中部阔，后缘角形突出。产卵瓣狭，顶端钩曲，上产卵瓣之上外缘和下产卵瓣之下外缘光滑。

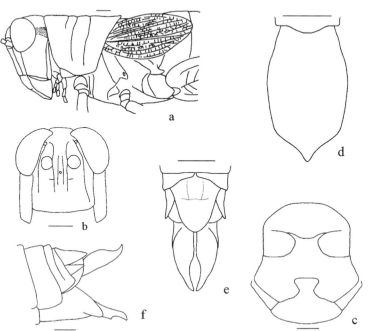

图 2-14 砚山小翅蝗，新种 *Alulacris yanshanensis* sp. nov.

a. 雌性体前部侧面观（apical part of female body，lateral view）；b. 雌性头部顶面观（female head，apical view）；c. 中、后胸腹板（mesosternum and metasternum of female）；d. 雌性下生殖板（female subgenital plate）；e. 雌性腹端背面观（female terminalia，dorsal view）；f. 雌性腹端侧面观（female terminalia，lateral view）

体色：体橄榄绿色。唇基、大颚和颊交界处黑色；眼后带狭，黑色；触角和复眼棕色。胸部腹面绿褐色。前翅橄榄绿色。后足股节外侧绿色，上侧除中隆线橄榄绿色外其余红色，内侧及下侧橙黄到橙红色；膝部黑色，但下膝侧片暗绿色。后足胫节青蓝色。后足跗节淡褐色。

雄性未知。

量度（mm）：体长♀23.0；前胸背板长♀5.1；前翅长♀6.2；后足股节长♀11.9。

正模：♀，砚山，北纬23°36′，东经104°19′，2003-XI-19，徐吉山采。

分布：云南（砚山）。

词源学：种名表明模式标本产地为云南砚山县。

讨论：新种近似石林小翅蝗 *Alulacris shilinensis*（Cheng，1977），区别见表2-8。

表2-8 砚山小翅蝗 *A. yanshanensis* sp. nov. 和石林小翅蝗 *A. shilinensis* 的区别

砚山小翅蝗 *A. yanshanensis* sp. nov.	石林小翅蝗 *A. shilinensis*
颜面隆起纵沟仅在触角附近明显，侧缘在触角间略扩张，近唇基处消失	颜面隆起纵沟明显，侧缘平行
雌性眼间距较狭（0.7 mm），为复眼纵径的0.30倍	雌性眼间距较宽（0.9 mm），为复眼纵径的0.40倍
雌性前胸背板后横沟位于近后端，沟前区的长度为沟后区长度的1.50倍	雌性前胸背板后横沟位于近中部，沟前区的长度为沟后区长度的1.22倍
雌性前翅较宽圆，其长度为最宽处的1.94倍	雌性前翅较狭，其长度为最宽处的2.23倍
后足股节下膝侧片暗绿色	后足股节下膝侧片黑色

（二十六）清水蝗属 *Qinshuiacris* Zheng *et* Mao，1996

Qinshuiacris Zheng *et* Mao，1996a：11；Li，Xia *et al.*，2006：257，265.

Type-species：*Qinshuiacris viridis* Zheng *et* Mao，1996

体小型。头顶宽短，顶端圆形，眼间距狭。颜面倾斜，颜面隆起在中眼以上较宽，中眼以下狭，全长具纵沟。复眼卵圆形，复眼纵径为横径的1.6倍，为眼下沟长度的2.8倍。触角细长，超过前胸背板后缘。前胸背板圆柱形，具密而粗大刻点；中隆线弱，被3条横沟深切，缺侧隆线；前胸背板后缘中央呈宽三角形凹陷；后横沟位于背板近后端处，沟前区长度为沟后区长的2.6倍。前胸腹板突锥形，中胸腹板侧叶间中隔狭，侧缘近乎平行，长为宽的2倍。前翅狭，鳞片状，其顶端仅到达鼓膜器之一半。后足股节上侧中隆线平滑，下膝侧片顶端锐角形。后足胫节具内、外端刺。鼓膜孔近圆形。腹部第10节背板后缘具三角形小尾片。肛上板盾形。尾须基部极宽，端部细而侧扁，近端部1/3处向下弯曲，顶圆形。下生殖板短锥形，顶钝。

已知1种，分布于云南省西部地区。

84. 绿清水蝗 *Qinshuiacris viridis* Zheng *et* Mao，1996

Qinshuiacris viridis Zheng *et* Mao，1996a：11 ~ 13，figs. 1 ~ 5；Li，Xia *et al.*，2006：266 ~ 267，figs. 134，138a ~ e.

检视标本：1♂，云龙（槽涧），北纬25°38′，东经99°0′，1995-Ⅶ-26，何晓芳采。

分布：云南（云龙）。

（二十七）异色蝗属 *Dimeracris* Niu *et* Zheng，1993

Dimeracris Niu *et* Zheng，1993：1 ~ 2；Zheng，1993：115；Li，Xia *et al.*，2006：257，267.

Type-species：*Dimeracris prasina* Niu *et* Zheng，1993

体中型。头短于前胸背板。头顶突出，顶端钝圆形，头部背面缺中隆线，眼间距宽于触角间颜面隆起的宽度。头侧窝缺。颜面倾斜，颜面隆起全长具纵沟，侧缘呈波状；颜面侧隆线明显。复眼大，椭圆形。中、侧单眼均不发达，很小。触角丝状，超过前胸背板后缘。前胸背板后缘平直，仅中央略凹陷；中隆线不明显，3 条横沟粗，均深切中隆线，后横沟位于前胸背板后部；缺侧隆线。前胸腹板突锥形。中胸腹板侧叶之宽稍大于长，侧叶间中隔呈梯形。后胸腹板侧叶相互毗连。前翅鳞片状，侧置，翅顶部狭圆形。后翅狭，条形。后足股节上侧隆线平滑；下膝侧片顶端圆形。后足胫节无外端刺。鼓膜器发达。雄性第 10 腹节背板具尾片；肛上板三角形，中部中央略偏后处具 1 对刺状瘤突，瘤突前部处具中纵沟；肛侧板中部具 1 斜向上翘起的叶状突。尾须锥状，顶端尖。下生殖板短锥形。雌性肛上板三角形；尾须长锥形，其顶端到达肛上板末端；产卵瓣狭长，直，其顶端不呈钩状，上、下缘光滑；下生殖板末端呈三角形突出，顶端尖形，两侧各有一钝三角形突起。

已知 1 种，分布于云南省南部地区。

85. 草绿异色蝗 *Dimeracris prasina* Niu *et* Zheng，1993

Dimeracris prasina Niu *et* Zheng，1993：1 ~ 2，figs. 1 ~ 10；Zheng，1993：115，figs. 388 ~ 392；Li，Xia *et al.*，2006：257，267 ~ 269，figs. 134，139a ~ j.

未见标本。

分布：云南（勐腊）。

（二十八）刺秃蝗属 *Parapodisma* Mistshenko，1947

Parapodisma Mistshenko，1947：10；Mistshenko，1952：77，384 ~ 386；Inoue，1979：58 ~ 64，pl. 1；Yamaski，1980：50；Yin，Shi & Yin，1996：512；Li，Xia *et al.*，2006：257，285 ~ 287.

Podisma Jacobson，1905：173，309（partim）.

Odontopodisma Ramme，1939：140，141，147（partim）.

Type-species：*Parapodisma mikado*（I. Bolivar，1890）（ = *Podisma mikado* I. Bolivar，1890）

体中型，匀称或粗壮。头短，较大。头顶较短狭，略向前倾。缺头侧窝。颜面侧观微后倾，颜面隆起全长或仅中部具纵沟，两侧缘近平行。颜面侧隆线明显。复眼小，卵形。触角丝状，较长，超过或到达前胸背板的后缘。前胸背板较长，近圆柱状或向后逐渐增宽；前缘几平直或微凹入，后缘为宽圆形或略凹入；中隆线低细，被 3 条横沟割断；后横沟位于中部之后，沟前区的长度约为沟后区长的 1.25~2.00 倍。前胸腹板突圆锥形，直或微倾。中胸腹板侧叶横宽，侧叶间中隔在中部较狭，基部和顶端较宽。后胸腹板侧叶不毗连。前翅短，侧置。后足股节上侧中隆线平滑，端部具有或略具刺；下膝侧片端部圆形。后足胫节缺外端刺，略短于股节。跗节爪间中垫大。雄性第 10 腹节背板后缘无尾片。鼓膜器发达。肛上板三角形。尾须圆锥形，略向内或明显向内弯曲，到达肛上板的端部；尾须侧观基部较宽，顶端尖或基部宽，中间狭，顶端又略宽。下生殖板短锥状。雌性产卵瓣短、直，上产卵瓣的上外缘具小齿。

已知 11 种，分布在东亚。中国仅知 1 种。

86. 无纹刺秃蝗 *Parapodisma astris* Huang，2006

Parapodisma astris Huang，2006：In：Li，Xia *et al.*，2006：287，288，figs. 149，150a~h.

检视标本：24 ♂，25 ♀，香格里拉（白水台），北纬 27°36′，东经 100°1′，1900~2600 m，2002-Ⅷ-7~8，毛本勇、杨自忠、徐吉山采。

分布：云南（香格里拉）。

讨论：检视标本采自香格里拉，其特征既符合无纹刺秃蝗又符合郑氏蹦蝗 *Sinopodisma zhengi* Liang et Lin，1995 的原始描记。因作者未见郑氏蹦蝗模式标本，故从产地上暂定为无纹刺秃蝗。或许无纹刺秃蝗应作为郑氏蹦蝗的同物异名，这需要进一步核对模式标本才能最终确定。

（二十九）曲翅蝗属 *Curvipennis* Huang，1984

Curvipennis Huang，1984：206~207；Zheng，1993：120；Yin，Shi & Yin，1996：290；Li，Xia *et al.*，2006：257，298，fig. 149.

Type-species：*Curuipennis wixiensis* Huang，1984

体小。头短。头顶略宽，缺头侧窝。颜面侧观微斜，颜面隆起明显，颜面侧隆线直，明显。复眼卵形。触角丝状，到达或超过前胸背板的后缘。前胸背板圆筒状或往后逐渐增宽，沟后区明显较沟前区宽，后缘为圆弧形或近平直，无凹口；中隆线低细，被 3 条横沟略割断或仅被后横沟割断，缺侧隆线；后横沟位于中部之后；侧片长大于宽。前胸腹板突圆锥形，顶端钝。中胸腹板侧叶宽大于长，侧叶间中隔狭。后胸腹板侧叶彼此分开。前翅鳞片状，前缘平直（雄）或甚弯曲（雌），后翅不发达。后足股节上侧中隆线平滑，下膝侧片端部圆形。后足胫节无外端刺。后足跗节第 2 节短于第 1 节，第 3 节近等于第 1、2 节之和。跗节爪间中垫大。鼓膜器发达。雄性第 10 腹节背板后缘无尾片。雄性肛上板三角形。尾须圆锥形，略向内弯曲。下生殖板短锥状。阳具基背片桥状，具锚状突。雌性产卵瓣长，上产卵瓣的上外缘具细齿。下生殖板的后缘中央锐角状突出。

已知仅 1 种，分布在云南西北地区。

87. 维西曲翅蝗 *Curvipennis wixiensis* Huang，1984

Curvipennis wixiensis Huang，1984：207~209，figs. 6~10；Zheng，1993：120，figs. 406~407；Yin，Shi & Yin，1996：290；Mao & Zheng，1997：99~101；Li，Xia *et al.*，

2006：298 ~ 300，figs. 149，155a ~ f.

　　Curvipennis furculis Mao et Zheng，1997：99 ~ 101，figs. 1 ~ 5. **syn. nov.** .

　　检视标本：2 ♂，1 ♀，维西（攀天阁），2500 m，2009-Ⅶ-14，葛洪杰采；35 ♂，32 ♀，兰坪（金顶），北纬 26°25′，东经 99°24′，2300 ~ 2600 m，1997-Ⅷ-23，杨自忠采；5 ♂，15 ♀，云龙（团结），1950 m，北纬 25°44′，东经 99°35′，2007-Ⅶ-22，徐吉山采；32 ♂，40 ♀，剑川（老君山），北纬 26°33′，东经 99°35′，2600 ~ 2900 m，2003-Ⅷ-17，毛本勇采。

　　分布：云南（维西、兰坪、云龙、剑川）。

　　讨论：检视维西曲翅蝗的地模标本，其雄性复眼纵径为横径的 1.25 ~ 1.29 倍，前胸背板沟前区长为沟后区长的 1.50 ~ 1.56，雄性第 10 腹节背板后缘有稍突出的小尾片，尾须刚好到达肛上板顶端。这样，具尾曲翅蝗 *Curvipennis furculis* Mao et Zheng，1997 与维西曲翅蝗的差别就很模糊，尽管雄性外生殖器在次级特征上仍有一些细微差别。另外，各地标本在体色、体型大小等一些特征细节上确实存在一些差异并表现出过渡，不足以作为划分不同物种的标准，故将具尾曲翅蝗作为维西曲翅蝗的同物异名对待。

（三十）蹦蝗属 *Sinopodisma* Chang，1940

Sinopodisma Chang，1940：40，68；Bei-Bienko & Mishchenko，1951：144，239；Mishchenko，1952：446-447；Zheng，1985：164；Zheng，1993：121；Yin，Shi & Yin，1996：643；Jiang & Zheng，1998：127；Wang，Li & Yin，2004：99 ~ 106；Li，Xia *et al.*，2006：258，300 ~ 303，fig. 156.

　　Type-species：*Sinopodisma pieli*（Chang，1940）（ = *Indopadisma pieli* Chang，1940）

　　体中小型，较粗壮。头顶较狭，复眼之间最狭处等于或略小于颜面隆起在触角之间的宽度。颜面侧观略向后倾斜，颜面隆起侧缘几乎平行，具中央纵沟。复眼卵形，复眼的纵径为横径的 1.2 ~ 1.5 倍。触角丝状，细长，超过前胸背板的后缘。前胸背板圆柱形，具皱纹和细刻点；前缘较平直，后缘中央具三角形凹口或缺凹口；中隆线低，缺侧隆线；沟前区的长度为沟后区长度的 1.5 ~ 2.0 倍。前胸腹板突圆锥形，顶较尖。前翅小，鳞片状，侧置，不到达或超过第 1 腹节背板的后缘。后足股节上侧之中隆线平滑；下膝侧片顶端圆形。后足胫节端部缺外端刺。鼓膜器发达。雄性第 10 腹节背板后缘具或不具小尾片。肛上板为等边三角形，中央具纵沟，近基部两侧各具有较短的斜隆线。尾须基部较宽，顶端略内曲。下生殖板为短锥形，端部较尖。阳具基背片桥形，冠突大。雌性产卵瓣狭长，上产卵瓣之上外缘具细齿。下生殖板后缘中央三角形突出。

　　已知 34 种，主要分布于中国秦岭以南的华中及台湾地区，2 种分布于日本琉球群岛。云南已知 1 种，本文另记述 2 新种。

蹦蝗属分种检索表

1(2)　　后足股节上侧褐绿色；外侧、内侧和下侧黄绿色，无任何颜色的斑 …… 橄榄蹦蝗 *Sinopodisma oliva* **sp. nov**.

2(1)　　后足股节上侧、内侧红色；外侧及内侧具 2 个大黑斑

3(4)　　复眼纵径为眼下沟长度的 2.3(♂)或 2.0(♀)倍；沟前区长度为沟后区长度的 1.75(♂)倍；雄性

第10腹节背板后缘具半圆形小尾片，肛上板呈等边三角形；尾须细长，略向上弯曲，中部几与端部等宽，端部侧扁，末端稍尖；后足股节膝部黑色 ……………………………………… 郑氏蹦蝗 *S. zhengi*

4(3) 复眼纵径为眼下沟长度的1.67～1.82(♂)或1.43～1.47(♀)倍，沟前区长度为沟后区长度的2.03～2.13(♂)或1.78～1.94(♀)倍，雄性第10腹节背板后缘具钝角形尾片；肛上板呈宽三角形；尾须短锥形，端部略侧扁，近端部缩狭，背观端部内曲，顶钝；后足股节下膝侧片顶端绿黄色 ……………………………………………………………… 滇西蹦蝗 *S. dianxia* sp. nov.

88. 橄榄蹦蝗，新种 *Sinopodisma oliva* sp. nov. (图版 V：3；图 2-15)

体小型。头长约为前胸背板长的2/3。头顶略突出，颅向前下方倾斜，与颜面隆起形成圆的钝角，侧缘隆起，向后延伸至两复眼之间，背面低凹并形成纵沟；眼间距(♂：0.4 mm，♀：0.9 mm)约为触角间颜面隆起宽度的0.73～1.00(平均0.87，n=5，♂)或1.09～1.22(平均1.17，n=5，♀)倍。颜面隆起侧观直，前面观全长具纵沟(♂)或仅中单眼附近具纵沟(♀)，侧缘在颜面横沟处略收缩(♂)或近平行(♀)。复眼卵圆形，复眼纵径为横径的1.25～1.28(平均1.26，n=5，♂)或1.35～1.52(平均1.45，n=5，♀)倍，而为眼下沟长度的1.65～1.86(平均1.75，n=5，♂)或1.25～1.52(平均1.40，n=5，♀)倍。触角超过(♂)或到达(♀)前胸背板后缘，中段任一节长度为宽度的1.60～2.03(平均1.85，n=5，♂)或1.55～2.04(平均1.79，n=5，♀)倍。前胸背板近圆柱形(♂)或自前横沟后渐向外扩展(♀)，沟前区表面较光滑，沟后区具皱纹和刻点；前缘近直，后缘宽圆形突出，中央具浅的小凹口；中隆线全长明显(♂)或仅在沟后区明显(♀)，缺侧隆线；沟前区长度为沟后区长度的1.63～1.70(平均1.65，n=5，♂)或1.22～1.44(平均1.33，n=5，♀)倍；侧片长大于高，前角圆形，后角钝角形。前胸腹板突圆锥形，顶钝圆。中胸腹板侧叶最大宽度约为长度的1.00～1.28(平均1.14，n=5，♂)或1.20～1.29(平均1.25，n=5，♀)倍；中隔长度约为最狭处宽度的1.11～1.63(平均1.39，n=5，♂)或0.83～1.19(平均0.99，n=5，♀)倍。后胸腹板侧叶在后端阔分开。前翅狭鳞片状，侧缘近平行，顶圆，刚到达或略超过第1腹节背板后缘，长度为最宽处的3.20～3.89(平均3.44，n=5，♂)或2.73～3.33(平均3.07，n=5，♀)倍。后足股节上侧中隆线平滑，顶端呈小刺状；下膝侧片顶端圆锐角形。后足胫节外缘具刺9个，内缘具刺10个，缺外端刺。跗节爪间中垫大，超过爪之顶端。鼓膜孔长卵圆形。腹部背面具中脊。

雄性第10腹节背板部分裂开，后缘尾片不明显。肛上板近等边三角形，中域纵向隆起，隆起基部之半具深纵沟；侧域低凹，侧缘在基部具短的斜隆脊，后缘舌状突出，突出部分的侧缘形成短的纵隆脊。尾须指状，内曲，基部阔，中部和端部等宽，端部侧扁，顶近斜截，上角圆钝，下角呈圆锐角形，到达肛上板顶端。下生殖板短锥形，顶钝尖。阳具基背片前窄后宽，呈梯形；桥凹陷；冠突整体加厚，向背面突出与桥呈90°的角；前突侧观向后突出，锚状突较短，钩向前下方；侧板粗壮，阔，中部向后突出；后突略弯向下方。阳具复合体色带连片背观向两侧角状突出，色带表皮内突顶端内曲，阳茎端瓣顶尖锐，几与色带瓣等长，阳茎基瓣膨大。

雌性肛上板三角形。产卵瓣狭，顶端钩曲，上产卵瓣之上外缘粗糙。下生殖板后缘中央三角形突出。

体色：橄榄绿色。触角黄褐色。复眼棕黄色，复眼后的黑色眼后带延伸至前胸背板侧片上部和前翅。前翅臀脉域褐绿色，其余黑色。后足股节上侧褐绿色，外侧、内侧和下侧黄绿色，膝部黑色，下膝侧片顶端褐绿色。后足胫节基部暗色，其余绿蓝色(♂)或淡蓝色(♀)。后足跗节黄褐色。腹部腹面绿褐色(♂)或黄褐色(♀)。雄性腹端部大部黑色。

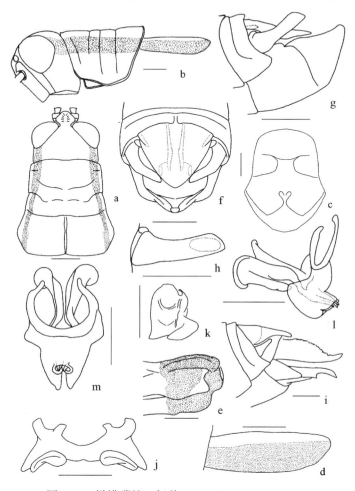

图 2-15　橄榄蹦蝗，新种 *Sinopodisma oliva* sp. nov.

a. 雌性体前部背面(female, apical part of body, dorsal view)；b. 雄性体前部侧面(male, apical part of body, lateral view)；c. 雄性中、后胸腹板(mesosternum and metasternum of male)；d. 雄性左前翅(left tegmen of male)；e. 左后足股节膝部侧面观(left knees of hind femora, lateral view)；f-g. 雄性腹端背面、侧面观(male terminalia, dorsal and lateral views)；h. 雄性尾须外侧观(male circus, external view)；i. 产卵瓣侧面观(ovipositor, lateral view)；j-k. 阳具基背片背面和侧面观(epiphallus, dorsal and lateral views)；l-m. 阳具复合体侧面和背面观(phallic complex, lateral and dorsal views)

量度(mm)：体长：♂15.2~16.5，♀23.4~25.0；前胸背板长：♂3.7~4.0，♀4.2~5.5；前翅长：♂3.0~3.5，♀4.0~5.0；后足股节长：♂9.0~9.4，♀11.2~12.7。

正模：♂，会泽，北纬26°25′，东经103°17′，2004-Ⅶ-25，毛本勇采。副模：23♂，10♀，毛本勇、杨自忠采，其余资料同正模。

分布：云南(会泽)。

词源学：新种名意指体色为橄榄绿色。

讨论：新种在身体形态特征和色彩上近似于贵州蹦蝗 *Sinopodisma guizhouensis* Zheng，1981，但以下特征可区分二者，见表2-9。

表2-9　橄榄蹦蝗 *S. oliva* sp. nov. 和贵州蹦蝗 *S. guizhouensis* Zheng，1981 的区别

橄榄蹦蝗 *S. oliva* sp. nov.	贵州蹦蝗 *S. guizhouensis*
腹部第1节背板光滑	腹部第1节背板具稀疏刻点
雄性前翅刚到达或略超过第1腹节背板后缘	雄性前翅到达第2腹节背板中部
阳具基背片桥向后凹陷	阳具基背片桥平直
后足股节外侧黄绿色，上侧褐绿色，下膝侧片顶端褐绿色	后足股节外侧上部淡红褐色，下部黄绿色，上侧淡红褐色，内侧及下侧黄绿色，下膝侧片顶端黑色

89. 郑氏蹦蝗 *Sinopodisma zhengi* Liang *et* Lin，1995

Sinopodisma zhengi Liang *et* Lin，1995：40～41，figs. 1～7；Wang，Li & Yin，2004：101；Li，Xia *et al.*，2006：303，326，327，figs. 156，174a～g.

检视标本：1♀，永胜，北纬26°34′，东经100°38′，1996-Ⅷ-26，谭智雄采。

分布：云南（宁蒗、永胜）。

90. 滇西蹦蝗，新种 *Sinopodisma dianxia* sp. nov.（图版Ⅶ：5；图2-16）

体小型。头长约为前胸背板长的7/10。头顶略突出，颜向前下方倾斜，与颜面隆起形成圆的钝角，侧缘略隆起，向后延伸至两复眼之间；眼间距（♂：0.5 mm，♀：0.9 mm）约为触角间颜面隆起宽度的0.91～1.10（平均0.98，n＝5，♂）或1.00～1.03（平均1.01，n＝5，♀）倍。颜面隆起侧观直，前面观侧缘平行，全长具纵沟，至唇基处渐消失。复眼卵圆形，复眼纵径为横径的1.27～1.33（平均1.31，n＝5，♂）或1.39～1.54（平均1.47，n＝5，♀）倍，为眼下沟长度的1.67～1.82（平均1.71，n＝5，♂）或1.43～1.47（平均1.44，n＝5，♀）倍。触角较长，达后足基节（♂）或超过前胸背板后缘（♀），中段任一节长度为宽度的1.55～1.67（平均1.61，n＝5，♂）或1.73～1.90（平均1.83，n＝5，♀）倍。前胸背板近圆柱形（♂）或自前横沟后渐向外扩展（♀），表面较光滑，皱纹和刻点在沟后区较明显；前缘略向前突出，中央微凹，后缘宽圆形突出，中央具宽浅凹口；中隆线在沟后区明显，缺侧隆线；沟前区长度为沟后区长度的2.03～2.13（平均2.08，n＝5，♂）或1.78～1.94（平均1.86，n＝5，♀）倍；侧片长大于高，前角圆形，后角钝角形。前胸腹板突圆锥形，顶较钝圆。中胸腹板侧叶最大宽度约为长度的1.00～1.29（平均1.09，n＝5，♂）或1.43～1.67（平均1.52，n＝5，♀）倍，内缘弧形；中隔长度约为最狭处宽度的0.83～0.86（平均0.85，n＝5，♂）或0.60～0.63（平均0.61，n＝5，♀）倍。后胸腹板侧叶在后端阔分开。前翅鳞片状，侧缘近平行，顶圆，略不到达或刚超过第1腹节背板后缘，长度为最宽处的2.95～3.56（平均3.29，n＝5，♂）或2.88～3.00（平均2.95，n＝5，♀）倍。后足股节上侧中隆线平滑，顶端呈小刺状；下膝侧片顶端圆形。后足胫节外缘具刺8个，内缘具刺9个，缺外端刺。跗节爪垫大，超过爪之顶端。鼓膜孔长卵圆形。腹部背面具中脊。

雄性第10腹节背板部分裂开，后缘具钝角形尾片。肛上板宽三角形，宽度明显大于长

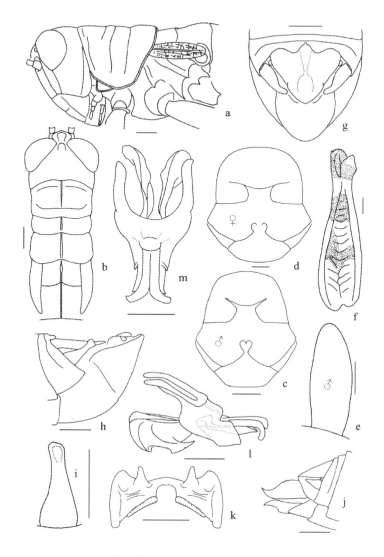

图 2-16　滇西蹦蝗，新种 *Sinopodisma dianxia* sp. nov.

a-b. 雄性体前部侧面和背面观（male，apical part of body，lateral and dorsal views）；c-d. 中、后胸腹板（mesosternum and metasternum，male and female）；e. 雄性左前翅（left tegmen of male）；f. 后足股节（postfemur）；g-h. 雄性腹端背面、侧面观（male terminalia，dorsal and lateral views）；i. 雄性尾须外侧观（male circus，external view）；j. 产卵瓣侧面观（ovipositor，lateral view）；k. 阳具基背片背面观（epiphallus，dorsal view）；l-m. 阳具复合体侧面和背面观（phallic complex，lateral and dorsal views）

度，中域纵向隆起，隆起全长具纵沟，纵沟在基部之半深；侧域低凹，侧缘在基部具短的斜隆脊，后缘舌状突出，突出部分加厚。尾须短锥形，不到达肛上板之顶端，端部略侧扁，近端部缩狭，背观端部内曲。下生殖板短锥形，顶尖。阳具基背片前窄后宽，呈梯形；桥拱形，狭；冠突向背面突出与桥呈90°的角，端缘加厚，略向前卷；前突侧观向后突出，锚状突钩向前下方，较远离前突；侧板粗壮，后突向后超过冠突后缘。阳具复合体色带连片狭长，背观不显著向两侧突出，色带瓣狭长，端部向外下方钩曲，阳茎端瓣顶尖锐，短于色带瓣，阳茎基瓣膨大。

雌性肛上板菱形，中部具横隆脊。产卵瓣狭，顶端钩曲，上产卵瓣之上外缘粗糙。下生殖板后缘中央三角形突出。

体色：体背绿褐色，腹面绿黄色（♂）或绿褐色（♀）。触角绿黄色。后足股节具黄色膝前环；外侧黄色，具2个黑色大斑；上侧红色；内侧红色，自中部向后具2个模糊的黑斑，黑斑之间黄色；下侧红色；膝部黑色，下膝侧片顶端绿黄色。后足胫节基部黑色，近基部具黄色环，其余部分背面绿褐色，腹面黑色。后足跗节黄褐色。

量度（mm）：体长：♂16.0~17.6，♀22.0~23.5；前胸背板长：♂3.7~4.0，♀5.0~5.3；前翅长：♂3.0~3.3，♀3.9~4.6；后足股节长：♂9.5~10.4，♀12.8~13.6。

正模：♂，剑川（满贤林），北纬26°16′，东经99°54′，2300 m，1999-X-27，毛本勇采。副模：1♂，同正模；9♂，10♀，2300~2500 m，2000-Ⅷ-17，毛本勇采，其余资料同正模；5♂，3♀，鹤庆（松桂），北纬26°21′，东经100°9′，1800 m，2003-X-6，徐吉山采；36♂，27♀，鹤庆（松桂），北纬26°21′，东经100°9′，1800 m，2007-Ⅷ-21，毛本勇采。

分布：云南（剑川、鹤庆）。

词源学：新种名表明新种模式产地在滇西地区。

讨论：新种在身体形态特征和色彩上近似于郑氏蹦蝗 Sinopodisma zhengi Liang et Lin，1995，但以下特征可区分二者，见表2-10。

表2-10　滇西蹦蝗 S. dianxia sp. nov. 和郑氏蹦蝗 S. zhengi Liang et Lin，1995 的区别

滇西蹦蝗 S. dianxia sp. nov.	郑氏蹦蝗 S. zhengi
眼间距约与触角间颜面隆起宽度等宽，约为触角间颜面隆起宽度的0.91~1.10（♂）或1.00~1.03（♀）倍	眼间距明显狭于触角间颜面隆起宽度
颜面隆起侧观直，至唇基处渐消失，全长具纵沟，侧缘平行	颜面隆起上半部具浅纵沟，两侧在中单眼下方稍向内凹入
复眼纵径为眼下沟长度的1.67~1.82（♂）或1.43~1.47（♀）倍	复眼纵径为眼下沟长度的2.3（♂）或2.0（♀）倍
沟前区长度为沟后区长度的2.03~2.13（♂）或1.78~1.94（♀）倍	沟前区长度为沟后区长度的1.75（♂）倍
中胸腹板侧叶间中隔长度约为最狭处宽度的0.83~0.86（♂）或0.60~0.63（♀）倍	中胸腹板侧叶间中隔长度与宽度几相等
雄性第10腹节背板后缘具钝角形尾片；肛上板呈宽三角形；尾须短锥形，端部略侧扁，近端部缩狭，背观端部内曲，顶钝	雄性第10腹节背板后缘具半圆形小尾片，肛上板呈等边三角形；尾须细长，略向上弯曲，中部几与端部等宽，端部侧扁，末端稍尖
后足股节下膝侧片顶端绿黄色	后足股节膝部黑色
阳具基背片前窄后宽，呈梯形；锚状突远离前突	阳具基背片前宽后窄，呈倒梯形；锚状突较靠近前突

（三十一）云秃蝗属 *Yunnanacris* Chang，1940

Yunnanacris Chang，1940：85～86；Zheng，1985：171；Zheng，1993：130；Yin，Shi & Yin，1996：754；Li，Xia *et al.*，2006：258，345.

Type-species：*Yunnanacris yunnaneus*（Ramme，1939）（= *Indopodisma yunnaneus* Ramme，1939）

体小。头短小。头顶较宽，复眼之间最狭处大于颜面隆起在触角之间的宽度。颜面微后倾，颜面隆起具刻点，纵沟不深，颜面侧隆线明显。复眼卵形，突出。触角丝状，超过或明显超过前胸背板的后缘。缺头侧窝。前胸背板后缘沿中隆线处微凹入，圆柱状，具刻点；中隆线甚低细，被3条横沟割断，缺侧隆线，侧片后下角宽圆形。前胸腹板突圆锥状，略后倾。中胸腹板侧叶宽大于长或长宽相等，侧叶间之中隔近方形。后胸腹板侧叶彼此分开。前翅短，侧置，略超过腹部第1节。后足股节上侧中隆线平滑；下膝侧片顶端近直角状。后足胫节缺外端刺，略短于股节。后足跗节第2节短于第1节，第1节约与第2、3节之和等长；爪间中垫宽大。腹部第1节背板两侧的鼓膜器发达。雄性第10腹节背板后缘缺尾片，肛上板三角形，基部具纵沟。尾须短，不到达肛上板的顶端，呈指状。下生殖板呈直锥状，顶端较尖。雌性产卵瓣短、弯曲。下生殖板长大于宽。

本属已知仅2种，仅分布于云南省。

云秃蝗属分种检索表

1(2) 前胸背板中隆线仅在沟后区可见；雄性中胸腹板侧叶间中隔之长与宽度近于等长；雄性尾须顶端不凹入；后足胫节蓝绿色 ·· **云南云秃蝗 *Y. yunnaneus***

2(1) 前胸背板中隆线全长明显；雄性中胸腹板侧叶间中隔之长为最狭处宽的1.3～1.5倍；雄性尾须顶端处略凹入；后足胫节下侧黑褐色 ································ **文山云秃蝗 *Y. wenshanensis***

91. 云南云秃蝗 *Yunnanacris yunnaneus*（Ramme，1939）

Indopodisma yunnaneus Ramme，1939：143.

Yunnanacris yunnaneus（Ramme，1939）//Chang，1940：87～90，pl. 1，figs. 4，5，pl. 2，figs. 1，4，15；Zheng，1985：171，figs. 844～851；Zheng，1993：130，131，figs. 455～458；Yin，Shi & Yin，1996：754；Li，Xia *et al.*，2006：345～347，figs. 186a～d，192.

Sinopodisma yunnana Zheng 1977：304～305，figs. 6～8.

检视标本：3♂，2♀，大理（苍山），北纬25°35′，东经100°13′，2100～2400 m，1995-Ⅷ-15，1995-Ⅶ-23，史云楠采；4♂，2♀，宾川，北纬25°48′，东经100°33′，1800 m，1996-Ⅷ-15，张合采；1♀，鹤庆，北纬26°16′，东经100°15′，1995-Ⅷ-26，田华采；4♀，丽江，北纬26°48′，东经100°15′，2400 m，1996-Ⅷ-27，毛本勇采；5♂，剑川，北纬26°16′，东经99°54′，2300 m，2000-Ⅷ-17，杨自忠采；1♀，洱源，北纬26°7′，东经99°56′，2100 m，2000-Ⅷ-16，杨自忠采；1♂，1♀，富民（马樱山），北纬25°14′，东经102°30′，2003-Ⅺ-9，徐吉山采；2♂，2♀，腾冲，北纬25°1′，东经98°29′，1995-Ⅷ-15，1996-Ⅷ-15，李加和采；1♂，1♀，祥云，北纬25°29′，东经100°33′，2000 m，1998-Ⅷ-

15, 毛本勇采；2 ♂, 楚雄, 北纬 25°5′, 东经 101°30′, 1995-Ⅷ-15, 1992-Ⅸ-1, 向余劲攻采；1 ♀, 开远, 2001-Ⅷ-22, 杨艳采。

分布：云南（昆明、石林、富民、宣威、个旧、蒙自、腾冲、大理、祥云、洱源、宾川、鹤庆、剑川、丽江、楚雄、景东）。

92. 文山云秃蝗 *Yunnanacris wenshanensis* Wang *et* Xiangyu, 1995

Yunnanacris wenshanensis Wang *et* Xiangyu, 1995：1995b, 91~93, figs. 1~10；Li, Xia *et al.*, 2006：347, 348, figs. 187a~j, 192.

检视标本：4 ♀, 文山, 1992-Ⅷ-29, 向余劲攻采。

分布：云南（文山）。

（三十二）拟裸蝗属 *Conophymacris* Willemse, 1933

Conophymacris Willemse, C. 1933：16；Bei-Bienko & Mishchenko, 1951：1：180；Mishchenko, 1952：71, 201~203；Xia, 1958：45~46；Zheng, 1985：152；Zheng, 1993：131；Yin, Shi & Yin, 1996：192；Li, Xia *et al.*, 2006：258, 352, 353；Zheng, Niu & Shi, 2009b：679~683.

Type-species：*Conophymacris chinensis* Willemse, 1933

体中型, 通常具细刻点。头短。颜面侧观略向后倾斜, 颜面隆起纵沟明显。复眼卵圆形, 较突出。触角丝状, 细长, 超过前胸背板后缘。前胸背板前缘平直, 后缘圆弧形, 中央微凹；中隆线较高, 侧隆线明显, 直或在沟前区处略凹；沟前区长度大于沟后区。前胸腹板突圆锥形, 顶端略尖。后胸腹板侧叶明显分开。前翅较小, 鳞片状, 侧置；翅顶圆形, 长度超过第 1 腹节背板后缘。后翅极小, 不发达。后足股节匀称, 上侧中隆线平滑；下膝侧片顶端圆形或圆角形突出。后足胫节具外端刺。鼓膜器发达, 鼓膜孔卵圆形。雄性腹部末节后缘无尾片。肛上板宽盾形, 端部圆角形突出。尾须较扁, 基部和端部较宽, 中部细或成锥状。下生殖板短锥形。阳具基背片桥状, 桥部平直或拱形, 具锚状突；冠突 1 对, 其下缘中部翘起。雌性肛上板长三角形, 尾须短锥形。下生殖板后缘常具有 3 个突起。上产卵瓣之上外缘不具细齿或具钝齿。

分布于中国西南部, 已知 9 种。云南省分布有 6 种。

拟裸蝗属分种检索表

1(2)　雄性尾须锥状；雌性上产卵瓣之上外缘光滑；阳具基背片桥拱形, 2 冠突内侧距离较远 ……………………………………………………………………………………… 锥尾拟裸蝗 *C. conicerca*

2(1)　雄性尾须两端宽, 中部细, 不成锥状；雌性上产卵瓣之上外缘具钝细齿；阳具基背片桥部平直, 不呈拱形, 若呈拱形, 则二冠突内侧距离很近

3(4)　后足胫节褐色；颜面隆起全长具纵沟；阳具基背片桥拱形, 二冠突内侧距离较近 ………………………………………………………………………………………… 云南拟裸蝗 *C. yunnanensis*

4(3)　后足胫节红色或暗红色；颜面隆起部分具纵沟

5(6)　雄性尾须后下角内折 ……………………………………………… 香格里拉拟裸蝗 *C. xianggelilaensis*

6(5)　雄性尾须后端扁平, 后下角不内折

7（10） 雄性尾须端部斜截，上角锐角形，下角钝圆角形

8（9） 后足股节内侧中部及端部各具 1 个淡色斑；雄性尾须后下角近于钝角形，顶缘圆弧形；阳具基背片 2 前突较小，锚状突较不发达 ································· **中华拟裸蝗** *C. chinensis*

9（8） 后足股节内侧仅中部具 1 小黄斑，下缘近基部具暗红色纵纹；雄性尾须顶端下缘稍突出，顶缘平截或略凹陷，阳具基背片二前突较大，突出，锚状突发达 ·············· **黑股拟裸蝗** *C. nigrofemora*

10（7） 后足胫节暗红色；雄性尾须端部斜截，后上角圆形，后下角尖 ····· **苍山拟裸蝗** *C. cangshanensis*

93. 锥尾拟裸蝗 *Conophymacris conicerca* **Bi & Xia, 1984**

Conophymacris conicerca Bi *et* Xia, 1984：150；Zheng, 1985：156, figs. 764 ~ 767；Zheng, 1993：132, figs. 465, 466；Yin, Shi & Yin, 1996：192；Li, Xia *et al.*, 2006：353, 355 ~ 357, figs. 192, 193a ~ c；Zheng, Niu & Shi, 2009b：680.

检视标本：2♀，保山（蒲缥），北纬 25°0′，东经 99°0′，1996-Ⅶ-22，侯立新采；1♂，云龙（槽涧），2010-X-3，施学良采。

分布：云南（保山、云龙）。

94. 云南拟裸蝗 *Conophymacris yunnanensis* **Zheng, 1977**

Conophymacris yunnanensis Zheng, 1977：303, 304, figs. 2 ~ 5；Zheng, 1985：154, figs. 154, 155；Zheng, 1993：132, figs. 463；Yin, Shi & Yin, 1996：192；Li, Xia *et al.*, 2006：354, 357, 358, figs. 192, 194a ~ d；Zheng, Niu & Shi, 2009b：680.

检视标本：2♂，2♀，个旧，北纬 23°22′，东经 103°9′，1980-X-8，廉振民采；4♂，师宗（菌子山），北纬 24°48′，东经 104°22′，1900 ~ 2000 m，2006-Ⅶ-16，刘浩宇、毛本勇采；2♂，1♀，马关（八寨），北纬 23°0′，东经 104°4′，1700 ~ 1750 m，2006-Ⅶ-19，杨自忠采；1♂，文山，北纬 23°22′，东经 104°29′，1992-Ⅷ-18，向余劲攻采。

分布：云南（个旧、师宗、马关、文山）。

95. 香格里拉拟裸蝗 *Conophymacris xianggelilaensis* **Zheng, Niu et Shi, 2009**

Conophymacrisxianggelilaensis Zheng, Niu *et* Shi, 2009b：680 ~ 681, figs. 1 ~ 4.

未见标本。

分布：云南（香格里拉）。

96. 中华拟裸蝗 *Conophymacris chinensis* **Willemse, 1933**

Conophymacris chinensis Willemse, C. 1933：17, fig. 2；Bei-Bienko & Mishchenko, 1951：180；Mishchenko, 1952：203, 204；Zheng, 1977：311；Zheng, 1980：1980c, 347；Xia, 1958：45, fig. 100；Zheng, 1985：153, 154, figs. 753, 754；Zheng, 1993：131, 132, fig. 462；Yin, Shi & Yin, 1996：192；Li, Xia *et al.*, 2006：354, 360, 361, figs. 190d, 190i, 191d, 192, 195g；Zheng, Niu & Shi, 2009b：680.

检视标本：1♂，1♀，昆明（西山），北纬 25°2′，东经 102°36′，1980-Ⅸ-11，蒋国芳采；1♂，1♀，昆明（玉案山），北纬 25°3′，东经 102°38′，1980-Ⅸ-11，廉振民采；2♂，2♀，会泽（卡朗），北纬 26°27′，东经 103°23′，2004-Ⅶ-24，毛本勇采；2♂，富民（马樱

山)，北纬 25°14′，东经 102°30′，2003-Ⅺ-9，徐吉山采。

分布：云南(昆明、会泽、富民)、重庆。

97. 黑股拟裸蝗 *Conophymacris nigrofemora* Liang, 1993

Conophymacris nigrofemora Liang, 1993：362，363，figs. 1～5；Li，Xia *et al.*，2006：354，362，363，figs. 192，196a～e；Zheng，Niu & Shi，2009b：680.

检视标本：5♂，6♀，丽江(云杉坪)，北纬 27°2′，东经 100°13′，2003-Ⅺ-11，任国栋，石福明采。

分布：云南(丽江)，四川。

98. 苍山拟裸蝗 *Conophymacris cangshanensis* Zheng *et* Mao, 1996

Conophymacris cangshanensis Zheng *et* Mao，1996b：48～50，figs. 4～10；Zheng，Niu & Shi，2009b：680.

检视标本：4♂，1♀，大理(苍山)，北纬 25°35′，东经 100°13′，2300 m，1995-Ⅵ-15，史云楠、达建国采；3♂，1♀，宾川(鸡足山)，北纬 26°0′，东经 100°21′，2300 m，1996-Ⅸ-7，杨自忠采；32♂，40♀，剑川(老君山)，北纬 26°33′，东经 99°35′，2600～2900 m，2003-Ⅷ-17，毛本勇采；1♂，1♀，洱源，北纬 26°7′，东经 99°56′，2002-Ⅸ-22，徐吉山采；1♂，云龙，1997-Ⅷ-11；4♂，1♀，大姚，北纬 25°44′，东经 101°19′，1998-Ⅷ-20，张艳萍采；1♂，1♀，永胜(澄海)，北纬 26°34′，东经 100°38′，1996-Ⅷ-10，谭志雄采；5♂，3♀，香格里拉，1998-Ⅶ-8，和仕英采；4♂，4♀，丽江(云杉坪)，北纬 27°2′，东经 100°13′，2003-Ⅺ-11，任国栋，石福明采。

分布：云南(大理苍山、宾川、剑川、洱源、鹤庆、大姚、永胜、丽江、香格里拉)。

(三十三)梅荔蝗属 *Melliacris* Ramme, 1941

Melliacris Ramme，1941：139，140；Yin，Shi & Yin，1996：413；Li，Xia *et al.*，2006：258，384，385.

Type-species：*Melliacris sinensis* Ramme, 1941

复眼间距较狭，其间距在雄性为 2 倍，在雌性约为 4 倍于触角基节。触角在雌性较短于头和前胸背板。头顶宽短，近直角形(♂)或较宽圆(♀)。颜面侧观略突出，颜面隆起在单眼之上较宽，其下较狭，两侧缘近平行，具纵沟。前胸腹板突锥形，直立，前、后缘较平，顶端近平切。前胸背板背面呈屋脊形，具有较明显而向后方展开的侧隆线，前缘较平，后缘近波状；前胸背板侧片的上部具有 2 个不规则的斑纹，有时在雌性较不明显，其后下角钝角形。前翅鳞片状，侧置。雄性肛上板为较宽的心脏形，在其基部具纵沟。尾须侧观略扁，均匀地向端部趋狭，其顶端超过肛上板。下生殖板锥形(据 Ramme)。

已知仅 1 种，分布于云南大理。

99. 中华梅荔蝗 *Melliacris sinensis* Ramme, 1941

Melliacris sinensis Ramme，1941：140～141，fig. 41；Yin，Shi & Yin，1996：413；Li，

Xia et al.，2006：385，figs. 198，211a～b.

　　未见标本。

　　分布：云南（大理）。

（三十四）香格里拉蝗属 *Xiangelilacris* Zheng，Huang *et* Zhou，2008

Xiangelilacris Zheng，Huang *et* Zhou，2008：363～367.

Type-species：*Xiangelilacris zhongdianensis* Zheng，Huang *et* Zhou，2008

　　体小型。头顶向前倾斜，颜面近垂直，颜面隆起侧缘在中央单眼之下明显收缩，全长具纵沟。触角粗短，不到达前胸背板后缘。复眼卵形。前胸背板屋脊形，前缘平直，后缘宽弧形；中、侧隆线明显；后横沟位于背板中后部，沟前区长于沟后区。前胸腹板突粗短锥形，顶钝。中胸腹板横沟在中部明显向后突；后胸腹板侧叶分开。前翅极小，鳞片状，侧置，不到达或超过中胸背板后缘。后足股节上侧中隆线光滑，下膝侧片顶角形。爪间中垫大，超过爪之顶端。肛上板长三角形。雄性尾须宽扁，端部平截呈方形。

　　已知仅1种，分布于滇西北地区。

100. 中旬香格里拉蝗 *Xiangelilacris zhongdianensis* Zheng，Huang *et* Zhou，2008

Xiangelilacris zhongdianensis Zheng，Huang *et* Zhou，2008：364～366，figs. 9～18.

　　未见标本。

　　分布：云南（香格里拉）。

裸蝗亚科 Conophyminae

体中型或小型，体表具粗刻点。头短，背观近锥形。颜面侧观较直或向后倾斜，颜面隆起较平或具纵沟。头顶较短，前缘宽圆或中央具凹口。缺头侧窝。触角丝状，不到达、到达或超过前胸背板后缘。复眼卵形，较突出。前胸背板柱状，中隆线较弱，侧隆线明显，有时较弱且不完整，或完全缺如。前胸腹板突锥形或呈围领状。中胸腹板侧叶较宽地分开，后胸腹板侧叶明显地分开，有时后端部分相互毗连。前、后翅缺如（有时存在，但微小，此时鼓膜器较退化）。后足股节上侧中隆线平滑，缺齿，膝部外侧下膝片顶端圆形；后足胫节较直或略弯，端部上侧缺外端刺或缺如。鼓膜器明显，有时极小或缺如。雄性第10腹节背板后缘一般具有尾片。肛上板三角形或长方形，后缘中央三角形突出。尾须锥形，有时较侧扁。雄性下生殖板近锥形。雌性产卵瓣较短、弯曲，顶端有时具2齿。阳具基背片桥状，桥部略狭，具锚状突和冠突。

中国已知10属，云南省已知3属。

裸蝗亚科分属检索表

1（2） 鼓膜器较大而明显 ··· 庚蝗属 *Genimen*

2（1） 鼓膜器缺，或小且退化

3（4） 前翅鳞片状；头顶背观圆形突出；鼓膜器小且退化 ············· 拟庚蝗属 *Genimenoides*

4（3） 完全无翅；头顶背观具有明显的凹口；鼓膜器缺 ·············· 珂蝗属 *Anepipodisma*

（三十五）庚蝗属 *Genimen* Bolivar，I.，1918

Genimen Bolivar，I. 1918b：401；Henry，1934：193；Willemse，C. 1957：17，342；Zheng，1985：187；Zheng，1993：140；Yin，Shi & Yin，1996：303；Zheng & Shi，1998：163；Li，Xia *et al.*，2006：386，400，401；Mao，Ren & Ou，2010：28.

Type-species：*Genimen presinum* Bolivar，1918

体小型。头顶向前突，头部背面在两复眼之间的最狭处不宽于触角基节的宽度。颜面倾斜，颜面隆起在中单眼以下收缩，在触角之间较扩大。复眼球形，复眼的纵径略大于横径。触角丝状，细长，到达前胸背板的后缘。前胸背板圆柱状，具皱纹和刻点；前缘稍圆形，后缘略凹；中隆线明显，缺侧隆线；后横沟位近后端；前胸背板侧片长度大于高度，下缘之前端部分凹陷。前胸腹板突短锥形，基部较宽，顶端较尖。中胸腹板侧叶宽大于长。后胸腹板侧叶在后端毗连。前、后翅缺。后足股节较短，上侧之中隆线光滑，膝侧片顶端较钝。后足胫节缺外端刺。鼓膜器存在。雄性第10腹节背板后缘具或不具尾片。肛上板三角形。尾须长锥形，到达或超过肛上板之顶端，顶端尖形。下生殖板短锥形，顶端平截。雌性产卵瓣较直，边缘光滑，顶端钩状。下生殖板后缘呈三角形突出。

全世界已知9种，分布于斯里兰卡、印度、缅甸、越南和中国。云南有分布4种。

庚蝗属分种检索表

1(4) 前胸背板和头部背面具 3 条黄色纵带；后足股节外侧具 Y 型黑斑

2(3) 雄性触角中段一节长度为宽度的 3.5 倍；眼间距约与触角基节等宽；第 10 腹节背板后缘无尾片；肛上板三角形，顶钝 ·· **缅甸庚蝗 *G. burmanum***

3(2) 雄性触角中段一节长度为宽度的 2.8 倍；眼间距约为触角基节宽的 0.6 倍；第 10 腹节背板后缘具小的三角形尾片；肛上板长三角形，顶圆锐角形 ·············· **版纳庚蝗 *G. bannanum***

4(1) 前胸背板和头部背面具 3 条白色纵带；后足股节外侧无 Y 型黑斑，具橙色膝前环

5(6) 头短于前胸背板长；雄性肛上板顶端 1/3 不加厚，侧缘近直，后缘中央三角形突出；阳具基背片桥背观直，锚状突小，内曲，侧板外缘直 ·················· **云南庚蝗 *G. yunnanensis***

6(5) 头和前胸背板等长；雄性肛上板顶端 1/3 加厚，侧缘中部略收缩，后缘中央圆角形突出；阳具基背片桥背观弧形，锚状突大，指向前方，侧板外缘略收缩 ··············· **郑氏庚蝗 *G. zhengi***

101. 缅甸庚蝗 *Genimen burmanum* Ramme，1940

Genimen burmanum Ramme，1940：123 ~ 124；Willemse, C. 1957：343 ~ 344，pl. 10, fig. 2；Zheng，1985：187，188，figs. 923，925；Zheng，1993：140，141，figs. 503，504；Yin, Shi & Yin，1996：303；Li, Xia *et al.*，2006：400 ~ 402，figs. 212，218a ~ c；Mao, Ren & Ou，2010：28.

未见标本。

分布：云南(勐腊)；缅甸。

102. 版纳庚蝗 *Genimen bannanum* Mao，Ren *et* Ou，2010(图版 V：5)

Genimen bannanum Mao, Ren *et* Ou，2010：29-31，figs. 7 ~ 13，26 ~ 27.

检视标本：1 ♂，西双版纳(野象谷)，北纬 22°16′，东经 100°54′，650 m，2006-Ⅷ-4，刘浩宇，毛本勇采。

分布：云南(景洪)。

103. 云南庚蝗 *Genimen yunnanensis* Zheng，Huang *et* Liu，1988

Genimen yunnanensis Zheng, Huang *et* Liu，1988：83，84，figs. 1a ~ h；Zheng，1993：141，figs. 505，506；Li, Xia *et al.*，2006：400，402，403，figs. 212，219a ~ g；Mao, Ren & Ou，2010：30.

未见标本。

分布：云南(瑞丽)。

104. 郑氏庚蝗 *Genimen zhengi* Mao，Ren *et* Ou，2010(图版 V：4)

Genimen zhengi Mao, Ren *et* Ou，2010：29，31 ~ 34，figs. 14 ~ 23，28 ~ 29.

检视标本：2 ♂，1 ♀，盈江(姐帽)，北纬 24°32′，东经 97°49′，1200 m，2005-Ⅶ-30，毛本勇采；2 ♀，盈江(那邦)，北纬 24°42′，东经 97°35′，294 m，2009-Ⅶ-31，毛本勇采。

分布：云南(盈江)。

（三十六）拟庚蝗属 *Genimenoides* Henry，1934

Genimenoides Henry，1934：194，195，plate XIV；Yin，Shi & Yin，1996：303；Mao，Ren et Ou，2010：27.

Type-species：*Genimenoides subapterum* （Uvarov，1927） = *Genimen subapterum* Uvarov，1927

体小型。头顶突出。颜面倾斜。触角丝状。复眼大，突出，近圆形，背观狭分开。颜面隆起突出，在触角间较宽，之下渐凹陷，近颜面横沟处收缩。前胸背板圆柱形，具刻点和皱纹；前缘略呈圆形，后缘稍凹陷，中隆线存在，仅被后横沟切断，侧隆线缺。前胸腹板突短，顶端呈锥形。前翅鳞片状，侧置。前、中足较粗壮。后足股节粗壮，上侧隆线光滑，下膝侧片顶钝角形；后足胫节圆柱形，外端刺缺。鼓膜器小，退化。雄性第10腹节背板后缘具小尾片；肛上板三角形或盾形。尾须锥形，近顶端具或不具小齿。产卵瓣粗壮，下产卵瓣具或不具粗齿。

该属仅知3种，分布于斯里兰卡和中国。云南分布1种。

105. 条纹拟庚蝗 *Genimenoides vittatum* Mao，Ren *et* Ou，2010（图版Ⅵ：1）

Genimenoides vittatum Mao，Ren et Ou，2010：27～28，figs. 1～6，24～25.

检视标本：1♀，耿马（孟定），北纬23°29′，东经99°0′，700 m，2004-Ⅷ-7，毛本勇采。

分布：云南（耿马）。

（三十七）珂蝗属 *Anepipodisma* Huang，1984

Anepipodisma Huang，1984：205；Zheng，1993：144；Yin，Shi & Yin，1996：57；Li，Xia *et al.*，2006：387，418，419.

Type-species：*Anepipodisma punctata* Huang，1984

体中型，体具粗刻点。头短于前胸背板。头顶较宽，表面低凹，侧缘隆线明显。缺头侧窝。颜面侧观略向后倾斜，颜面隆起几乎全长明显，中央全长具纵沟，此纵沟向上延伸至头顶的端部，形成凹口。复眼长卵形。触角细长，到达或超过前胸背板的后缘。前胸背板后缘具明显的凹口，中隆线低、细，缺侧隆线，后横沟位于中部之后，微微割断中隆线；前胸背板侧片长大于高。前胸腹板突宽舌状或锥状，顶端较钝。中胸腹板侧叶的长度约等于其宽度，侧叶间之中隔近梯形或方形。后胸腹板侧叶彼此分开。后足股节细长，上侧的中隆线平滑；下膝侧片顶端圆形。后足胫节短于股节，缺外端刺。后足跗节第2节短于第1节，第3节略短于第1节；爪间中垫小，刚到达爪的中部。腹部第1节背板两侧无鼓膜器。完全无翅。雄性肛上板三角形，尾须圆锥状，顶端较钝。阳具基背片桥状，具锚状突。雌性产卵瓣短粗，上产卵瓣的顶端不具小齿。下生殖板的后缘中央呈三角形突出。

已知仅1种，分布在中国西南地区，云南有分布。

106. 点坷蝗 *Anepipodisma punctata* Huang，1984

Anepipodisma punctata Huang，1984：205，206，figs. 1 ~ 5；Zheng，1993：144，145，figs. 521，522；Yin，Shi *et* Yin，1996：57；Li，Xia *et al.*，2006：387，419，420，figs. 224，228a ~ f.

检视标本：1♀，西藏（察隅），2000 ~ 2400 m，2005-Ⅶ-3，石爱民采；3 ♂，5♀，德钦，3600m，2010-Ⅷ-13，普海波采。

分布：云南（德钦）、西藏。

刺胸蝗亚科 Cyrtacanthacridinae

体中型至大型，体表平滑或具细刻点。头近卵形，颜面侧观较直或略向后倾斜；头顶较短，前缘宽圆。缺头侧窝。触角丝状。前胸背板近鞍形，中隆线较隆起，有时明显隆起，呈屋脊状；缺侧隆线。前胸腹板突锥形，有时较强地向后倾斜。中胸腹板侧叶较狭长，明显分开，其内缘近直角形，或其内缘的下角锐角形。后胸腹板侧叶分开，或其后端部相互毗连。前、后翅均很发达，一般超过后足股节顶端。后足股节细长，其基部外侧的上基片较长于下基片，膝部外侧的下膝侧片顶端圆形或角状；上侧之中隆线具细齿。后足胫节端部缺外端刺，胫节刺一般较少。鼓膜器发达。肛上板近三角形。雄性尾须侧观近锥形，常较侧扁，顶端较尖。下生殖板锥形，有时延伸较长。雌性产卵瓣较短，端部常呈钩状。阳具基背片桥状，桥部较狭，锚状突缺或很小，冠突较大。

中国已知6属，主要分布在南方地区。云南已知5属。

刺胸蝗亚科分属检索表

1(4) 前胸腹板突较强地向后弯曲，其端部到达或几乎到达中胸腹板

2(3) 前胸背板中隆线较平直，不呈屋脊形隆起，背板表面具有暗色细绒毛和分散的小颗粒；前翅具有暗色斑点或斑纹，后翅本色 ·· 刺胸蝗属 *Cyrtacanthacris*

3(2) 前胸背板中隆线显著隆起，呈屋脊状；背板表面具颗粒状突起和短隆线；体色为单一绿色，前翅绿色，后翅基部红色·· 棉蝗属 *Chondracris*

4(1) 前胸腹板突较直或略向后倾，其顶端较远地不到达中胸腹板

5(6) 雌、雄两性的颜面隆起在中央单眼之上明显地扩宽，其宽明显地较宽于单眼之下的宽度；雄性下生殖板的顶端具有三角形凹口；前胸背板的中隆线较低，在沟前区几乎消失；后翅中部缺暗色斑纹 ·· 沙漠蝗属 *Schistocerca*

6(5) 雌、雄两性的颜面隆起在中央单眼之上不扩宽，其两侧缘近乎平行；雄性下生殖板的端部尖锐，其顶端缺凹口

7(8) 前翅端部具有倾斜的横脉，倾斜于纵脉；前胸腹板突较短而直，锥形；体红褐色 ·············· ·· 厚蝗属 *Pachyacris*

8(7) 前翅端部具有垂直的横脉，几乎垂直于纵脉；前胸腹板突较长，略向后倾斜；体黄褐色；背面中央具淡黄色纵条纹；雄性尾须基部较宽，向端部趋狭，略侧扁 ················ 黄脊蝗属 *Patanga*

（三十八）刺胸蝗属 *Cyrtacanthacris* Walker，1870

Cyrtacanthacris Walker，1870a：550；Kirby 1914：193，230；Uvarov，B. P. 1924：96；Tinkham 1940：33，337，338；Johnston，H. B. 1956：376；Willemse，C. 1957：257；Dirsh，1961：351；Johnston，H. B. 1968：277；Roffey 1979：18：101；Zheng，1985：69，76；Zheng，1993：153；Liu *et al.*，1995：60，61；Yin，Shi & Yin，1996：213；Jiang & Zheng，1998：130，131；Li，Xia *et al.*，2006：452~455，fig. 239.

Cryllus（*Locusta*）Linnaeus，1758：431（partim）.

Acridium Serville，1831：282.

Zambia Johnsen，1983：252.

Type-species：*Cyrtacanthacris ranacea*（Stoll，1813）（＝*Cryllus*（*Locusta*）*ranacea* Stoll，1813）

体大型，粗壮。颜面垂直。触角丝状。复眼卵圆形，位于头之中部。头侧窝不显。前胸背板前缘平直，后缘呈钝角突出；中隆线较细，被 3 条横沟切断，沿中隆线略呈屋脊状隆起；后横沟位于中部；侧隆线缺。前胸腹板突中部膨大，略侧扁，自中部起明显向后弯曲，到达中胸腹板的前缘。前、后翅非常发达，前翅端部圆弧形，其顶端到达后足胫节的中部，具倾斜的暗色斑纹。中胸腹板侧叶长大于宽，中隔长大于宽。后胸腹板侧叶在后端分开。后足股节粗壮，其长约为最大宽度的 4.5～4.7 倍，上侧中隆线和外侧上隆线均具细齿。后足胫节上侧内缘具刺 8 个，具内端刺，外缘具刺 6 个，缺外端刺。鼓膜器发达。雄性肛上板近乎长三角形；尾须锥形，基部较宽，端部较细，略不到达肛上板的端部；下生殖板锥形，基部较粗，端部较尖。雌性产卵瓣短粗，边缘光滑，端部略呈钩状。

已知 4 种，中国已知仅 1 种，云南有分布。

107. 塔达刺胸蝗 *Cyrtacanthacris tatarica*（**Linnaeus，1758**）

Gryllus（*Locusta*）*tataricus* Linnaeus，1758：432；Johnston，H. B. 1956：380.

Cyrtacanthacris tatarica（Linnaeus，1758）// Tinkham 1940：338；Willemse，C. 1957：258；Dirsh. 1965：386；Roffey 1979：101～105，fig. 59；Zheng，1985：76～78，figs. 380～386；Zheng，1993：153，154，figs. 548，549；Liu *et al.*，1995：60，61，figs. 2：85～87；Yin，Shi & Yin，1996：213；Jiang & Zheng，1998：131，132，figs. 374～380；Li，Xia *et al.*，2006：455，456，figs. 238a～d，239.

Acridium aeruginosum（nec. Stoll）Brunner-Wattenwyl，1893a：339.

检视标本：4 ♂，3 ♀，云县，北纬 24°27′，东经 100°7′，2003-Ⅶ-21，毛本勇，1995-Ⅷ-8，费晓珊采；1 ♂，宾川，北纬 25°48′，东经 100°33′，1996-Ⅷ-21，曹智采；1 ♂，1 ♀，保山，850 m，北纬 25°3′，东经 99°11′，1999-Ⅶ-27，徐吉山，杨自忠采。

分布：云南（元江、元谋、新平、云县、保山、宾川）、广东、海南；泰国，印度，孟加拉，巴基斯坦，斯里兰卡。

（三十九）棉蝗属 *Chondracris* Uvarov，1923

Chondracris Uvarov，B. P. 1923a：144；Uvarov，B. P. 1924：105；Willemse，C. 1930：104，142；Tinkham，1940：338，339；Bei-Bienko & Mishchenko，1951：145，248；Mishchenko，1952：81，496；Johnston，H. B. 1956：385；Willemse，C. 1957：246；Xia，1958：25，55；Yin，1984b：45，47；Zheng，1985：69，74；Zheng，1993：154；Yin，Shi & Yin，1996：154；Jiang & Zheng，1998：132，133；Li，Xia *et al.*，2006：452，459，fig. 241.

Acridium Burmeister，1838：602，626（partim）.

Cyrtacanthacris Kirby，1914：193，230（partim）.

Type-species：*Chondracris rosea*（De Geer，1773）（= *Acrydium roseum* De Geer，1773）

体大型。头大而短，几乎与前胸背板沟后区等长（沿其中隆线）。头侧窝不明显。颜面隆起在中单眼之下具纵沟。复眼卵形，其纵径约等于横径的 1.5～1.7 倍。触角丝状，细长，超过前胸背板的后缘。前胸背板表面具颗粒和短隆线；前缘沿中隆线处略向前突出，后缘几乎成直角形突出；中隆线显著隆起，呈屋脊状，侧观上缘呈弧形，缺侧隆线；3 条横沟均明显，均割断中隆线。前胸腹板突长圆锥形，顶端尖锐，颇向后弯曲，倾向中胸腹板。中胸腹板侧叶间中隔较狭，中隔长度甚长于宽度。侧叶内缘后下角几成直角，但不毗连。前、后翅均很发达，超过后足股节顶端。后足股节上侧中隆线具明显的细齿。后足胫节顶端缺外端刺；胫节刺较长，外缘具齿刺个，内缘具刺 10 个。雄性下生殖板细长，呈尖锐的圆锥形。尾须圆锥形，顶端尖锐。雌性上产卵瓣的上外缘具有不明显的小齿。

中国已知有 1 种，分为 2 亚种，云南有 1 亚种。

108. 棉蝗 *Chondracris rosea rosea*（De Geer，1773）（图版Ⅷ：4）

Acrydium roseum De Geer，1773

Chondracris rosea（De Geer，1773）// Uvarov，B. P. 1923d：39；Uvarov，B. P. 1924：106，108；Tsai，P. -H.，1929：221.

Chondracris rosea rosea（De Geer，1773）// Willemse，C. 1930：144；Tinkham. 1935：495；Bei-Bienko & Mishchenko，1951：248；Mishchenko，1952：498，fig. 148；Willemse，C. 1957：248；Xia，1958：56，figs. 186，187；Zheng，1985：75，figs. 372～379；Zheng，1993：154，155，figs. 552～555；Liu *et al.*，1995：62～63，figs. 2：88～90；Yin，Shi & Yin，1996：154；Jiang & Zheng，1998：133～134，figs. 381～388；Li，Xia *et al.*，2006：460～463，figs. 241，242a～g.

Gryllus flavicornis Fabricius，1787：237.

Cyrtacanthacris lutescens Walker，1870：1870a，564，566～567.

Cyrtacanthacris fortis Walker，1870：1870a，567（partim）.

Cyrtacanthacris rosea Kirby，1914：230～231（partim）.

检视标本：1 ♂，巍山，北纬25°14′，东经100°0′，1995-Ⅷ-22，查春荣采；4 ♂，1 ♀，勐腊，北纬21°26′，东经101°40′，1998-Ⅷ-11，杨自忠采；2 ♂，勐仑（野象谷），850 m，北纬22°20′，东经101°53′，2006-Ⅷ-24，毛本勇采；1 ♀，景洪（磨憨），北纬21°48′，东经101°10′，2004-Ⅺ-1，宋志顺采；2 ♂，开远，北纬23°42′，东经103°15′，2001-Ⅷ-10，杨艳采；1 ♀，金平（分水岭），北纬22°55′，东经103°13′，1300 m，2006-Ⅶ-24，毛本勇采；1 ♂，耿马（孟定），北纬23°29′，东经99°0′，2004-Ⅷ-6，毛本勇采；1 ♂，瑞丽（勐秀），北纬24°5′，东经97°46′，2005-Ⅷ-3，徐吉山采；1 ♂，六库，900 m，北纬25°52′，东经98°52′，1998-Ⅷ-21，毛本勇采；1 ♂，宾川，1700 m，北纬25°48′，东经100°33′，1998-Ⅷ-15，毛本勇采；1 ♂，漾濞（顺濞），1500 m，北纬25°29′，东经99°56′，1995-Ⅷ-4，史云楠采；1 ♀，弥渡，北纬25°20′，东经100°30′，1997-Ⅹ-20，杨自忠采；1 ♂，镇沅，2007-Ⅷ-3，毛本勇。

分布：云南（丘北、开远、元江、普洱、新平、贡山、六库、景洪、勐腊、澜沧、金平、耿马、瑞丽、景东、大理、南涧、巍山、宾川、弥渡、漾濞、云县）、贵州、四川、广西、广东、湖南、湖北、福建、江苏、浙江、陕西、河北、山东、内蒙古。国外分布欧亚。

（四十）沙漠蝗属 *Schistocerca* Stål，1873

Schistocerca Stål，1873b：64；Brunner-Wattenwyl，1893a：142；Kirby，1914：193，232；Bei-Bienko & Mistshenko，1951：144，243；Mistshenko，1952：80，472～474；Dirsh，1965：375，382，fig. 306；Harz，1975：387，397；Huang，1981：69；Yin，1984b：45；Zheng，1993：155，156；Yin，Shi & Yin，1996：626；Li，Xia *et al.*，2006：452，465，fig. 239.

Acrydium Olivier，1791：209（partim）.

Acridium Burmeister，1838：602，608（partim）.

Type-species：*Schistocerca gregaria*（Forskål，1779）（ = *Gryllus gregarius* Forskål，1775）

体大型。头大而短。头顶短，宽，无隆线。颜面侧观微后倾，颜面隆起两侧缘在中单眼之上明显较中单眼之下宽，全长或仅中单眼处具明显的纵沟；颜面侧隆线明显。复眼大。触角丝状，细长，到达或超过前胸背板的后缘。前胸背板沟后区常有大的刻点或皱纹；中隆线低，细，3条横沟明显，缺侧隆线。前胸背板突圆锥状，直或略弯曲。中胸腹板侧叶明显长大于宽，侧叶间中隔呈梯形或心形。前、后翅发达，较远地超过后足股节顶端。后足股节上侧中隆线具小齿。后足胫节略短于股节，无外端刺。鼓膜器发达。第10腹节背板后缘的尾片较小。肛上板三角形或长三角形。尾须侧扁，直或略弯曲，侧面观基部宽，顶端略缩狭，端部圆或呈两叶片状。下生殖板短锥状，顶端具明显的三角形或直角形的凹口，端部明显呈两叶片状。阳具基背片桥状，锚状突不明显。雌性产卵瓣短、直而尖，顶端无齿。下生殖板椭圆形，后缘中央具明显的三角形凹口。

我国仅知1种，分布于西南地区。

109. 沙漠蝗 *Schistocerca gregaria*（Forskål，1775）

Gryllus gregarius Forskål，1775：81.

Schistocerca gregaria（Forskål，1755）// Uvarov，1923b：484；Chopard，1951：397，figs. 604，606，607；Bei-Bienko & Mistshenko，1951：243，fig. 204；Mistshenko，1952：474～479，figs. 10，17（1-5），18（3），139，475，476；Dirsh，1965：382；Harz，1975：398，figs. 1416，1417，1444～1455；Huang，1981：69，fig. 5，pl. 3；Yin，1984b：46，83～84；Zheng，1993：156，figs. 556，557；Yin，Shi & Yin，1996：629；Li，Xia *et al.*，2006：466，467，figs. 239，243a～c.

Acridium peregrinum Olivier，1791：209（partim）.

Acridium flaviventre Burmeister，1838：602，608（partim）.

未见标本。

分布：云南、西藏；印度，巴基斯坦，阿富汗，斯里兰卡，前苏联南部和非洲大部分地区。

（四十一）厚蝗属 *Pachyacris* Uvarov，1923

Pachyacris Uvarov，B. P. 1923a：140，477，478；Tinkham，1940：338，340；Bei-Bienko & Mistshenko，1951：145，245；Mishchenko，1952：80，485；Willemse，C. 1957：243；Xia，1958：25，56；Roffey，1979：18，76；Zheng，1985：69，73；Zheng，1993：156；Liu *et al.*，1995：63，64，figs. II：91～93；Yin，Shi & Yin，1996：492；Jiang & Zheng，1998：134；Li，Xia *et al.*，2006：452，467，468，fig. 239.

Orthacanthacris Kirby，1914：193，224（partim）.

Type-species：*Pachyacris violascens*（Walker，1870）（＝ *Acridium violascens* Walker，1870）

体匀称，略具粗大刻点和稀疏绒毛。头大而颇短于前胸背板。颜面隆起具中央纵沟，和粗大刻点。复眼大，明显，卵形，纵径为横径的 1.5～1.75 倍。触角细长，到达或超过前胸背板后缘。前胸背板近屋脊形，中隆线较高，缺侧隆线；3 条横沟均明显割断中隆线；后缘几成直角形突出。前胸腹板突圆锥形，短，直，不向中胸倾斜。中胸腹板侧叶明显长于最宽处，侧叶的内后角呈锐角形，彼此相趋近；侧叶间中隔较狭，基部宽度约等于其最狭处的 2 倍。前、后翅均发达，超过后足股节顶端；前翅近顶端区具有倾斜排列的横脉；后翅在中部无暗色带纹。后足股节上侧中隆线具明显的细齿。后足胫节顶端缺外端刺，沿其外缘具刺 7～8 个。雄性下生殖板短圆锥形，顶端尖锐。雌性上产卵瓣的上外缘具不明显的小齿。

该属主要分布印度—马来西亚群岛、斯里兰卡等亚洲南部地区。已知有 3 种，中国仅知有 1 种，云南有分布。

110. 厚蝗 *Pachyacris vinosa*（Walker，1870）

Acridium vinosa Walker，1870a：588.

Pachyacris vinosa（Walker，1870）// Uvarov，B. P. 1923b：473；Tsai，1929：149；Tinkham，1940：341；Bei-Bienko & Mishchenko，1951：207，208；Mishchenko，1952：487，figs. 142～143；Willemse，C. 1957：245，246；Xia，1958：57，187，fig. 12，pl. IV；Roffey，1979：76，fig. 55；Zheng，1985：74，figs. 362～371；Zheng，1993：156，figs. 558～561；Liu *et al.*，1995：63，64，figs. II：91～93；Yin，Shi & Yin，1996：492；Jiang & Zheng，1998：135，136，figs. 389～398；Li，Xia *et al.*，2006：468～470，figs. 239，244a～d.

Cyrtacanthacris wingatei Kirby，1910：381.

Orthacanthacris vinosa Kirby，1914：225～226.

检视标本：2 ♂，漾濞（顺濞），1400 m，北纬 25°29′，东经 99°55′，1997-V-28，张学艳、李穆仙采；1 ♀，大理（苍山），北纬 25°35′，东经 100°13′，2200 m，1997-V-22，杨士春采；1 ♂，3 ♀，巍山（龙街），北纬 25°14′，东经 100°0′，1999-VI-13，范学连采。

分布：云南（大理、漾濞、巍山、元江、澜沧、景东、普洱、德钦）、广东、广西；印度，尼泊尔，孟加拉国，缅甸，越南，泰国。

（四十二）黄脊蝗属 *Patanga* Uvarov，1923

Patanga Uvarov，B. P. 1923a：143；Willemse 1930：105，148；Tinkham，1940：338，341；Bei-Bienko & Mistshenko，1951：145，247；Mistshenko，1952：81，490；Johnston，H. B. 1956：365；Tsai，1956：212；Willemse，1957：15，296；Xia，1958：25，56；Roffey，1979：18，81；Huang，1982：35～37；Yin，1984b：45，46；Zheng，1985：69，78；Zheng，1993：156；Liu *et al.*，1995：64；Yin，Shi & Yin，1996：592；Jiang & Zheng，1998：136，137；Li，Xia *et al.*，2006：453，470～472，fig. 245.

Gryllus（*Locusta*）Johansson 1763：398（partim）.

Acridium Burmeister，1838：602，626（partim）.

Cyrtacanthacris Walker，1870a：550（partim）.

Orthacanthacris Kirby，1914：193，224（partim）.

Type-species：*Patanga succincta*（Johansson，1763）（= *Gryllus*（*Locusta*）*succinctus* Johansson，1763）

体型粗大，狭长或粗短。黄褐色，背面中央具黄色纵条纹。头大而短。头顶短宽。颜面侧观近垂直或略后倾，颜面隆起明显，两侧缘近平行。复眼大，卵形。触角丝状，到达或超过前胸背板的后缘。前胸背板较长，前、后缘宽圆形，背面常具粗刻点；中隆线低，细，常被3条横沟割断，后横近位于中部，沟前区明显缩狭；缺侧隆线。前胸腹板突长圆锥状，直立或后倾。中胸腹板侧叶长大于宽，侧叶的内后角略向内部延伸，呈锐角状；侧叶间中隔较狭。后胸腹板侧叶毗连。前翅、后翅发达，明显超过后足股节端部；前翅顶端的横脉较直，几乎与纵脉组成直角。后足股节上侧中隆线具细齿，下膝侧片端部圆形；后足胫节缺外端刺。鼓膜器发达。雄性第10节背板后缘具尾片。肛上板长三角形。尾须侧观侧扁，基部宽，向端部趋狭。阳具基背片狭桥状；锚状突小，有时不明显，前突不明显，后突小，冠突叶片状或齿状。下生殖板长锥状，顶端尖。雌性产卵瓣较直，顶端尖。

已知7种，主要分布在东南亚、印度—马来西亚、菲律宾，个别种类分布到日本和非洲。中国已知4种，分布于中部及南部。云南已知2种。

黄脊蝗属分种检索表

1(2) 体型大而狭长；前翅较狭长，常超过后足胫节的中部，长度为其宽度的6.5～7.4倍；前胸腹板突略向后或明显向后倾斜，顶端较尖锐 ·················· **印度黄脊蝗 *P. succincta***

2(1) 体型小而粗短；前翅较宽短，近到达后足胫节的中部，长度为其宽度的5.6～6.0倍；前胸腹板突圆柱状，近直立，顶端钝圆形 ·················· **日本黄脊蝗 *P. japonica***

111. 印度黄脊蝗 *Patanga succincta*（**Johannson，1763**）

Gryllus（*Locusta*）*succinctus* Johannson，1763：398；Linnaeus，1767：699.

Patanga succincta（Johannson，1763）// Uvarov，B. P. 1923c：365；Willemse，C. 1930：150；Tinkham，1940：342，pl. 8，fig. 19；Bei-Bienko & Mishchenko，1951：247；Mishchenko，1952：493，494；Dirsh 1956：275，pl. 33，fig. 15；Willemse，C. 1957：298～302；Xia，

1958：56；Huang，1982：35，figs. 1，5，9；Zheng，1985：78，figs. 387～389；Zheng，1993：157，figs. 562，565；Liu *et al.*，1995：64，65，figs. Ⅱ：94～96；Yin，Shi & Yin，1996：592；Jiang & Zheng，1998：137，138，figs. 399～401；Li，Xia *et al.*，2006：473～475，figs. 245，246a～c.

Acridium ass-ectator Fischer-Waldheim，1846：235，pl. Ⅶ，fig. 2.

Cyrtacanthacris fusilinea，*Cyrtacanthacris inficita*，*Acridium rubescens*，*Acridium succinctum*，*Acridium elongatum* Walker，1870：564，565，586，588，Ⅳ：636.

Orthacanthacris succincta Kirby，1914：225，227，fig. 126.

Cyrtacanthacris succinctus var. *stenocardius* Bolivar，I. 1914：88.

检视标本：3♂，2♀，双柏（嶍嘉），北纬24°27′，东经101°15′，1450 m，2007-Ⅴ-1，毛本勇采。

分布：云南（元江、勐腊、昆明、富宁、双柏）、贵州、广西、广东、台湾、福建；国外分布于印度—马来西亚群岛、爪哇、巴基斯坦、印度。

112. 日本黄脊蝗 *Patanga japonica*（Bolivar，I.，1898）

Acridium japonicum Bolivar，I. 1898：98；Finot，1907：286，340，350；Shiraki，1910：64，67.

Patanga japonica（Bolivar，I.，1898）// Uvarov，B. P. 1923c：364，fig. 3c；Tinkham，1940：342，343，pl. A；Bei-Bienko & Mishchenko，1951：200～210，212；Mishchenko，1952：493～494，figs. 140～145，147；Xia，1958：58，188～189，pl. Ⅴ，13，figs. 44，46，49；Huang，1982：35，figs. 3，4，7；Yin，1984b：3，44，46，246，figs. 6，82，pl. Ⅴ：28～29；Zheng，1985：78，79，figs. 390～399；Zheng，1993：158，figs. 564，567；Yin，Shi & Yin，1996：592；Jiang & Zheng，1998：139，140，figs. 405～414；Li，Xia *et al.*，2006：473，477～479，figs. 245，248a～d.

Orthacanthacris japonica Kirby，1914：225，229.

Patanga japonica var. *immaculata* Sjostedt，1933：32.

检视标本：1♂，昆明（安宁），北纬24°56′，东经102°32′，1985-Ⅺ-11，廉振民采；2♂，5♀，大理（苍山），北纬25°35′，东经100°13′，1500～2300 m，1995-Ⅵ-15，2004-Ⅵ-1，毛本勇、达建国、史云楠采；3♂，2♀，云龙（天池），北纬25°53′，东经99°21′，1998-Ⅴ-3，毛本勇采；2♀，文山，1500 m，北纬23°22′，东经104°29′，2005-Ⅳ-28，毛本勇采；1♀，泸水（片马），北纬25°59′，东经98°49′，2005-Ⅶ-24，普海波采；1♀，宁蒗（泸沽湖），北纬27°41′，东经100°46′，2004-Ⅶ-16，毛本勇采；1♂，宾川，北纬25°48′，东经100°33′，1998-Ⅷ-3，毛本勇采；1♂，丽江，北纬27°2′，东经100°15′，1998-Ⅳ-10，毛本勇采。

分布：云南（大理、下关、云龙、泸水、宁蒗、宾川、丽江、寻甸、丘北、开远、石林、个旧、玉溪、新平、景东、金平、昆明、宣威、普洱、德钦）、四川、贵州、山东、江苏、安徽、浙江、江西、河南、陕西、甘肃、辽宁、福建、台湾、广东、广西。国外分布于欧亚大陆和日本。

切翅蝗亚科 Coptacridinae

体小型至中型，近圆柱形或略侧扁，体表平滑或具颗粒状突起，腹面略具绒毛。头短，颜面侧观常向后倾斜，颜面隆起较平，有时在触角之间明显向前突出。头顶较短，有时在复眼之间具有横隆起。头侧窝缺如或不明显。触角丝状，一般较长。前胸背板柱形，中隆线较高地隆起或较平，侧隆线缺如。前胸腹板突锥形。中胸腹板侧叶较宽地分开。后胸腹板侧叶的后端明显地分开。前、后翅均发达；有时较短缩，但在背面仍毗连；如若侧置，则颜面隆起在触角之间明显地向前突出。膝部外侧的下膝侧片顶端圆形或角形；上侧中隆线具细齿。后足胫节上侧端部缺外端刺。鼓膜器发达。雄性第 10 腹节背板后缘多数种类具有小尾片。雄性肛上板后缘常呈波状，尾须较多变异。雄性下生殖板常具横隆起。雌性产卵瓣较短。阳具基背片桥状，具锚状突和冠突。

中国已知 11 属，主要分布于南方地区。云南有 10 属。

切翅蝗亚科分属检索表

1(6)　雌、雄两性的颜面隆起侧观在触角之间明显地向前突出，在触角之下略为凹入；前翅顶端常呈圆形

2(3)　颜面隆起全长明显，有时略较低；头顶侧缘具头侧窝；触角节较粗短；前胸背板背面较平，后端较扩宽或中部略宽，沟前区和沟后区通常各具丝绒状的黑色斑纹 ·················· 凸额蝗属 *Traulia*

3(2)　颜面隆起仅在触角之间明显向前突出；头顶侧缘无头侧窝；触角节较细长；前胸背板中部不扩宽，圆柱形或略向后扩宽，沟前区和沟后区无丝绒状的黑色斑纹

4(5)　后足股节上侧之中隆线的端部形成短刺状；雄性尾须端部分叉；雌性产卵瓣较细长，下产卵瓣尤显；前胸腹板突锥状 ······························· 阿萨姆蝗属 *Assamacris*

5(4)　后足股节上侧之中隆线的端部钝圆形，不形成短刺；雄性尾须锥状，端部不分叉；雌性产卵瓣较粗短，端部呈钩状；前胸腹板突基部粗大，端部形成小突起 ·················· 黑纹蝗属 *Meltripata*

6(1)　颜面隆起在触角之间不明显向前突出，颜面侧观较平直或近乎平直；前翅顶端常呈斜切状

7(10)　前胸背板中隆线较高地隆起，背面呈屋脊形，侧面观中隆线具有明显的为横沟所切的凹口

8(9)　前胸背板较平滑，缺颗粒状或瘤状突起，中隆线被横沟浅切；前翅中部常具有 1~3 个黑色斑点
·· 点翅蝗属 *Gerenia*

9(8)　前胸背板较粗糙，具有颗粒状或瘤状突起，中隆线为横沟深切，切口较深；前翅单色，缺大形黑色斑点 ··· 罕蝗属 *Ecphanthacris*

10(7)　前胸背板中隆线较低，背面不呈屋脊形，侧观仅略为横沟所切或不明显；雄性触角较细长，常较远地超过前胸背板的后缘

11(18)　前胸背板之中隆线较低或近消失，明显地被 3 条横沟所切割

12(13)　前胸背板侧片之后下角常具有淡色斑纹；雄性第 10 腹节背板后缘缺尾片；雄性尾须近锥形，较直，顶端较尖；后足股节外侧常具有暗色斑纹；前翅端部之横脉垂直于纵脉 ··················
·· 胸斑蝗属 *Apalacris*

13(12)　前胸背板侧片之后下角同色，缺淡色斑纹；雄性第 10 腹节背板后缘具有明显的尾片；雄性尾须较长，端部较向下弯曲，顶端尖或钝圆；后足股节外侧常缺暗色斑纹

14(15) 颜面隆起在触角之间明显扩宽，甚宽于头顶在复眼之间的宽度；雄性尾须较侧扁，端部向下弯曲，顶端圆形；雄性第10腹节背板后缘具有较大的三角形尾片；前翅端部的横脉倾斜于纵脉；前胸腹板突圆柱形或近圆柱形，端部钝圆 ·················· **斜翅蝗属 *Eucoptacra***

15(14) 颜面隆起在触角之间不明显扩宽，其宽约等于或略大于头顶在复眼之间的宽度；雄性第10腹节背板后缘具有较小的尾片；雄性尾须圆锥形，端部略下弯，顶端略尖

16(17) 前翅端部的横脉垂直于纵脉；前胸背板表面较平滑，缺明显的粗大颗粒；触角较细长，较远地超过前胸背板之后缘；前胸腹板突基部较粗，端部较尖；体型较大 ················· **切翅蝗属 *Coptacra***

17(16) 前翅端部之横脉倾斜于纵脉；前胸背板表面较粗糙，具有明显的粗大颗粒；触角较短，到达或略超过前胸背板的后缘；前胸腹板突圆锥形，顶端钝圆形；体型较小 ········· **疣蝗属 *Ecphymacris***

18(11) 前胸背板之中隆线较隆起，仅被后横沟所切割；雄性第10腹节背板之后缘具有较尖的尾片 ······· ················· **十字蝗属 *Epistaurus***

（四十三）凸额蝗属 *Traulia* Stål，1873

Traulia Stål，1873a：37，58；Brunner-Wattenwyl，1893b：144；Shiraki，1910：52，68；Kirby，1914：193，244，245；Willemse，C. 1930：173；Willemse，C. 1931：263；Tinkham，1940：316；Ramme，1941：140；Bei-Bienko & Mishchenko，1951：146，249；Mishchenko，1952：81，506；Willemse，C. 1957：373，374；Xia，1958：59，60；Roffey，1979：59；Bi，1985（1986）：199；Zheng，1985：89；Zheng，1993：158；Liu *et al.*，1995：65；Yin，Shi & Yin，1996：710；Jiang & Zheng，1998：141；Li，Xia *et al.*，2006：480 ～ 483，fig. 249.

Type-species：*Traulia flavo-annulata*（Stål，1860）（ = *Acridium flavo-annulatum* Stål，1860）

体小到大型，身体粗壮或细长，具粗刻点。头大而短于前胸背板长。头较倾斜，颜面隆起侧观在触角之间颇向前突出，在触角之下略为凹入。触角丝状，稍扁平，其长到达或超过前胸背板的后缘。复眼卵圆形。头顶在复眼之间的宽度约为颜面隆起在触角之间宽度的两倍以上。头侧窝三角形。前胸背板圆筒形，沟后区略扩大或紧缩；中隆线可见，缺侧隆线；3条横沟明显割断中隆线，沟前区长于沟后区。在沟前区和沟后区通常各有四角形乌绒斑纹。前胸腹板突圆锥形。中胸腹板侧叶间中隔较宽；后胸腹板侧叶后端分开。前、后翅发达或缩短，或呈鳞片状翅。后足股节较粗短，上隆线具细齿，在其顶端形成小刺；下膝侧片圆弧形。后足胫节外缘具刺7～8个，缺外端刺，近顶端色彩鲜红或其他颜色。雄性第10腹节背板后缘一般缺尾片。肛上板三角形。尾须基部较扁和顶端较扩大，中部较狭。下生殖板短、顶钝。雌性产卵瓣直，上缘较平滑。下生殖板后缘三角形突出。

分布于中国、印度尼西亚、菲律宾、越南、泰国、尼泊尔、印度等；全世界已知46种，中国已知14种，云南省有6种。

凸额蝗属分种检索表

1(6) 雌、雄两性的前翅一般较短，较远地不到达后足股节的膝部

2(3) 前翅较短，不到达或到达第3腹节后缘，约达后足股节基部的1/3处，长为宽的2.8倍（♂）或2.75（♀）；后足胫节基部淡色环之外的黑色部分仅为红色部分的1/3 ······················· ················· **高黎贡山突额蝗 *T. gaoligongshanensis***

3(2) 前翅较长，至少到达第4腹节中部，或至少接近后足股节基部的1/2处；后足胫节基部淡色环之外的黑色部较长或略短于红色部分

4(5) 头侧窝长三角形；前胸腹板突圆锥形，顶端较锐；前翅较短，常到达腹部第4节背板的中部，到达或略不到后足股节的中部，顶端较圆 ·· 东方凸额蝗 *T. orientalis*

5(4) 头侧窝多数短三角形；前胸腹板突的端部钝圆锥形；前翅较长，常到达腹部第6~7节背板，通常超过后足股节的中部，顶端较尖 ·································· 四川凸额蝗 *T. szetschuanensis*

6(1) 雌、雄两性前翅较长，接近、到达或超过后足股节膝部

7(8) 雌、雄两性前翅较短，不到达或接近后足股节膝部；后足股节膝前的淡色环仅在内侧较明显或不完整；体型较大 ·· 越北凸额蝗 *T. tonkinensis*

8(7) 雌、雄两性前翅较长，到达或超过后足股节膝部；后足股节膝前淡色环在内、外侧均明显；体型较小

9(10) 前胸背板沟前区较短，其长度为沟后区长的1.6倍；后翅基部淡绿色；后足胫节基部2/5呈黑色，端部3/5红色 ·· 小凸额蝗 *T. minuta*

10(9) 前胸背板沟前区较长，其长度为沟后区长的2倍；后翅基部淡蓝色；后足胫节端部红色部分超过胫节之半，但不到3/5 ·· 长翅凸额蝗 *T. aurora*

113. 高黎贡山突额蝗 *Traulia gaoligongshanensis* Zheng et Mao，1996（图2-17）

Traulia gaoligongshanensis Zheng et Mao，1996：1996b：47，48，50，figs. 1~3.

本种发表时雄性外生殖器未记述，现描述如下：阳具基背片桥中央分裂，呈十字形，外冠突向背方突出与桥呈90°的角，内冠突呈较短的突起；侧板外缘近直；后突略向后突出；锚状突狭长，呈S形扭曲。阳茎端瓣狭长，色带瓣顶端融合；阳茎鞘顶端骨化明显。

检视标本：1 ♂，泸水（鲁掌），北纬25°59′，东经98°49′，1800 m，2005-Ⅶ-22，毛本勇采；1 ♀，泸水，北纬25°59′，东经98°49′，1997-Ⅺ-10，韩碧英采。

分布：云南（六库、泸水）。

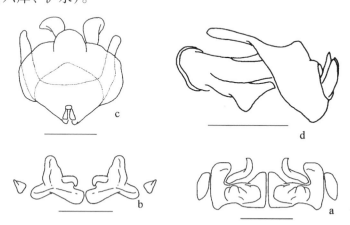

图2-17 高黎贡山突额蝗 *Traulia gaoligongshanensis* Zheng et Mao，1996

a-b. 阳具基背片背面和后面观（epiphallus，dorsal and posterior views）；c-d. 阳具复合体背面和侧面观（phallic complex，dorsal and lateral views）

114. 东方凸额蝗 *Traulia orientalis* Ramme，1941

Traulia orientalis Ramme，1941：188，fig. 48，pl. 19：4；Mishchenko，1952：510；

Zheng，1985：89，91，figs. 453，454；Bi，1986：199；Zheng，1993：160；Yin，Shi ＆ Yin，1996：712；Jiang ＆ Zheng，1998：142，143；Li，Xia *et al.*，2006：484，492～494，figs. 249，253d～e.

Traulia ornata Shiraki，1910 // Tinkham，1940：316.

检视标本：2 ♂，1 ♀，师宗（菌子山），北纬 24°48′，东经 104°22′，2000 m，2006-Ⅶ-16，毛本勇采。

分布：云南（石林、师宗）、广西、贵州、湖南、福建。

115. 四川凸额蝗 *Traulia szetschuanensis* **Ramme，1941**

Traulia szetschuanensis Ramme，1941：189，pl. 19. fig. 3；Bei-Bienko ＆ Mishchenko，1951：250；Mishchenko，1952：510；Xia，1958：61；Zheng，1985：89，figs. 441～452；Bi，1986：199；Zheng，1993：160，162，figs. 571～574；Yin，Shi ＆ Yin，1996：712；Jiang ＆ Zheng，1998：144，145，figs. 423～434；Li，Xia *et al.*，2006：484，494，495，figs. 249，253f～g.

检视标本：1 ♀，南涧（无量山），北纬 24°42′，东经 100°30′，1995-Ⅷ-23，吴家武采；4 ♂，2 ♀，大理（苍山），北纬 25°35′，东经 100°13′，2000～2200 m，1996-Ⅷ-13，1996-Ⅵ-10，毛本勇采；1 ♀，文山，北纬 23°22′，东经 104°29′，2002-Ⅷ-20，黄小喻采；5 ♂，3 ♀，马关（八寨），1700～1750 m，北纬 23°0′，东经 104°4′，2006-Ⅶ-19，毛本勇采；1 ♂，石林，1990-Ⅷ-4，袁增和采；1 ♂，1 ♀，广南，2002-Ⅷ-20，1998-Ⅷ-10，黄小喻采；1 ♀，麻栗坡，1998-Ⅷ-1，向余劲攻采；9 ♂，7 ♀，绿春，1700～1750 m，北纬 23°0′，东经 102°24′，2006-Ⅶ-26，毛本勇采；13 ♂，12 ♀，永善，北纬 28°10′，东经 103°36′，2004-Ⅶ-21，毛本勇采。

分布：云南（南涧、大理、文山、马关、石林、广南、麻栗坡、绿春、永善）、广西、贵州、四川、湖北、陕西、甘肃。

116. 越北凸额蝗 *Traulia tonkinensis* **Bolivar C.，1917**

Traulia tonkinensis Bolivar C.，1917：622，fig. 3；Ramme，W. 1941：186，pl. 19，fig. 1；Willemse，1957：375，384；Zheng，1985：89，92，fig. 461；Bi，1986：200；Zheng，1993：161；Yin，Shi ＆ Yin，1996：712，713；Li，Xia *et al.*，2006：484，494，498，499，fig. 249.

检视标本：3 ♂，3 ♀，金平（分水岭），北纬 22°55′，东经 103°13′，1300～1500 m，2006-Ⅶ-23～24，毛本勇采；5 ♂，3 ♀，马关（古林箐），北纬 22°49′，东经 103°58′，1400～1700 m，2006-Ⅶ-20～21，毛本勇采。

分布：云南（金平、马关、景洪）、广西；越南。

117. 小凸额蝗 *Traulia minuta* **Huang *et* Xia，1985**

Traulia minuta Huang *et* Xia，1985a：95，figs. 1～5；Zheng，1993：161；Yin，Shi ＆ Yin，1996：712；Li，Xia *et al.*，2006：484，495，496，figs. 249，255a～e.

Traulia aurora Shiraki，1910 // Zheng *et al.*，1981：146，figs. 1～5；Zheng，1985：89，

92，figs. 455~460.

检视标本：12 ♂，6♀，普洱（梅子湖），1350 m，北纬22°46′，东经100°52′，2007-Ⅶ-29，毛本勇采；11 ♂，4♀，普洱（菜阳河），1700 m，北纬22°34′，东经101°11′，2007-Ⅶ-28，徐吉山采；8 ♂，10♀，绿春（坪河），北纬22°50′，东经102°31′，1450 m，2006-Ⅶ-26，毛本勇采；12 ♂，8♀，勐海（南糯山），北纬21°56′，东经100°36′，1550 m，2006-Ⅷ-2，吴琦琦采；3 ♂，7♀，勐腊（勐仑），北纬21°57′，东经101°15′，650 m，2006-Ⅶ-29，徐吉山采；8 ♂，6♀，景洪（野象谷），650 m，北纬22°20′，东经101°53′，2006-Ⅷ-4，毛本勇采；4 ♂，6♀，金平（分水岭），1300 m，北纬22°55′，东经103°13′，2006-Ⅶ-22，毛本勇采；7 ♂，4♀，景谷，1500 m，北纬22°46′，东经100°52′，2006-Ⅷ-6，刘浩宇采。

分布：云南（勐海、勐腊、景洪、金平、景谷、普洱）。

118. 长翅凸额蝗 *Traulia aurora* Willemse，C.，1921

Traulia aurora Willemse，C. 1921：29，33，43；Ramme. 1941：185；Willemse，C. 1957：388；Zheng，Lian & Xi，1981：146，figs. 1~6；Zheng，1985：92，figs. 455~460；Zheng，1993：159，161；Yin，Shi & Yin，1996：711；Li，Xia *et al.*，2006：484，497，498，figs. 249，256a~e.

未见标本。

分布：云南（勐腊、普洱）。

（四十四）阿萨姆蝗属 *Assamacris* Uvarov，1942

Assamacris Uvarov，1942：592，fig. 3；Willemse，C. 1957：20，423，fig. 3（a-c）；Yin，1984b：45，58，59；Zheng，1993：163；Yin，Shi & Yin，1996：76；Li，Xia *et al.*，2006：507~508.

Tenuifemurus Huang，1981：69，70，figs. 21~24.

Type-species：*Assamacris striata* Uvarov，1942

体中型，体表具刻点。颜面倾斜，颜面隆起仅在触角间突出，中单眼下不明显；颜面侧隆线弱，或者至少被粗大的刻点所中断。前胸背板圆柱形，前缘中央略凹陷，后缘圆形突出；中隆线弱，侧隆线缺；3 条横沟明显。前胸腹板突锥形。前翅较短，不到达腹部末端。后足股节狭，上侧隆线具细齿，顶端呈短刺状。雄性尾须顶端明显分成 2 支。产卵瓣外缘光滑，下产卵瓣狭。

已知 6 种，分布于西藏，阿萨姆地区、缅甸和云南。云南分布 2 种。

阿萨姆蝗属分种检索表

1(2) 前翅较短，雄性到达第 5 腹节背板或后足股节的 1/2，雌性到达第 5~7 腹节背板或略超过后足股节的 1/2；雄性尾须较粗壮，顶端分背腹 2 支，腹支明显狭于背支；雌性下生殖板后缘波曲 ……
…………………………………………………………………… 三斑阿萨姆蝗 *A. trimaculata*

2(1) 前翅较长，雄性到达第 8~10 腹节背板或后足股节的 3/5，雌性到达第 6~10 腹节背板或后足股节的 7/10；雄性尾须较狭，顶端分背腹 2 支，腹支稍狭于背支；雌性下生殖板后缘具 2 钝齿 ……
…………………………………………………………………… 二齿阿萨姆蝗 *A. bidentata*

119. 三斑阿萨姆蝗 *Assamacris trimaculata* Mao，Ren *et* Ou，2007（图版Ⅵ：5）

Assamacris trimaculata Mao，Ren *et* Ou，2007b：61～68，figs. 1～14.

检视标本：3 ♂，2 ♀，泸水（片马），北纬 26°0′，东经 98°39′，1900 m，2005-Ⅶ-23，徐吉山采。

分布：云南（泸水）。

120. 二齿阿萨姆蝗 *Assamacris bidentata* Mao，Ren *et* Ou，2007（图版Ⅵ：3）

Assamacris bidentata Mao，Ren *et* Ou，2007b：61～68，figs. 15～26.

检视标本：6 ♂，6 ♀，马关（古林箐），北纬 22°49′，东经 103°58′，1400 m，2006-Ⅶ-21，毛本勇采。

分布：云南（马关）。

（四十五）黑纹蝗属 *Meltripata* C. Bolivar，1923

Meltripata Bolivar，C. 1923：201；Bolivar，C. 1932：393；Willemse，C. 1957：424～426；Zheng，1985：92～94；Zheng，1993：164；Yin，Shi & Yin，1996：414；Li，Xia *et al.*，2006：480，511，512.

Traulidia Willemse，1930：105，162；Miller，1935：699.

Type-species：*Melteripata picta* Bolivar C.，1923（= *Traulidea gracilis* Willemes，1930）

体中小型。头顶向前极倾斜，与颜面隆起形成一圆角，复眼之间最狭处与触角基节等宽。颜面侧观向后倾斜，颜面隆起在中央单眼以上明显，在中央单眼以下消失，在触角之间明显向前突出；颜面侧隆线近直。复眼半球形，突出。触角细长，丝状，雄性几达后足股节的顶端，雌性稍短。前胸背板圆柱形，前缘圆形或圆弧形，后缘圆弧形；中隆线较低，缺侧隆线；后横沟位近后部。前胸腹板突圆锥形。中胸腹板侧叶宽大于长，中隔与侧叶等宽。后胸腹板侧叶在后端相毗连（雄）或几相连（雌）。前翅短缩，到达后足股节中部，翅顶端宽圆或较尖圆。后翅短于前翅。后足股节较粗，上侧中隆线具细齿；膝侧片顶端较钝。后足胫节柱状，缺外端刺。雄性第 10 腹节背板后缘具小尾片；肛上板三角形，具中纵沟，顶端较钝；尾须圆锥形，稍弯曲，超过肛上板顶端；下生殖板较短，顶端钝圆。雌性腹部末节背板中央纵裂；肛上板三角形，中部具横沟；尾须短锥状，顶端较钝；产卵瓣较直，顶端钩状，上产卵瓣之上外缘光滑；下生殖板后缘具三角形突出。

已知 13 种，分布于马来西亚，印度尼西亚，加里曼丹，马达加斯加及中国。中国已知 1 种，分布于云南。

121. 黄条黑纹蝗 *Meltripata chloronema* Zheng，1982

Meltripata chloronema Zheng，1982：see：Zheng，Lian & Xi，1982：78～80，figs. 9～17；Zheng & Ma，1994：49～52，figs. 1～8；Zheng，1985：94～95，figs. 462～471；Zheng，1993：164，figs. 585～587；Yin，Shi & Yin，1996：414；Li，Xia *et al.*，2006：512，513，figs. 260，265a～k.

检视标本：1♀，勐腊（南贡山），北纬 21°36′，东经 101°25′，1300 m，2007-XI-19，杨自忠采；1♀，景洪（勐仑），2007-VIII-8，石福明、毛少利采。

分布：云南（景洪、勐腊）。

（四十六）点翅蝗属 *Gerenia* Stål，1878

Gerenia Stål，1878：28，73；Brunner-Wattenwyl，C. 1893b：144；Kirby，W. F. 1914：243；Ramme，W. 1941：173；Willemse，C. 1957：20，435；Zheng，1980b：116；Zheng，1985：70，95；Zheng，1993：164；Li，Xia *et al.*，2006：480，513，514，fig. 260.

Etesius Bolivar，I. 1918a：402.

Type-species：*Gerenia dorsalis*（Walker，1870）（ = *Acridium dorsalis* Walker，1870）（ = *Gerenia obliquinervis* Stål，1878）（ = *Etesius waterhousei* Bolivar，I. 1918）

体中型。头短于前胸背板。头顶低而宽。头侧窝略可见。颜面侧观微后倾，颜面隆起在中单眼之上明显，略具纵沟，中单眼之下低平；颜面侧隆线明显，较直。复眼长卵形。触角丝状，到达前胸背板的后缘。前胸背板圆筒状，前缘呈弧形，后缘近角形；中隆线较凸起，被 3 条横沟割断，后横沟近位于中部，缺侧隆线。前胸腹板突圆锥状，顶端尖。中胸腹板侧叶长宽近相等；侧叶间之中隔长方形。后胸腹板侧叶不毗连。前、后翅发达，超过后足股节的端部。翅的顶端微斜切。后足股节匀称，上侧中隆线具细齿；下膝侧片的端部圆形。后足胫节短于股节，缺外端刺。后足跗节第 3 节近等于第 1、2 节之和；爪间中垫小，到达爪的中部。雄性第 10 腹节背板后缘无明显的尾片。肛上板长三角形。尾须圆锥状。下生殖板短锥状，顶端钝。雌性产卵瓣短粗、直，无细齿。下生殖板的后缘呈小三角状突出。

已知 5 种，分布在东南亚一带。中国已知 1 种，分布于云南。

122.　间点翅蝗 *Gerenia intermedia* Brunner-Wattenwyl，1893

Gerenia intermedia Brunner-Wattenwyl，1893b：161，pl. 5，fig. 56；Willemse，C. 1957：436；Kirby，W. F. 1914：243，244；Willemse，C. 1957：436；Zheng. 1980b：116，figs. 1 ~ 2；Zheng，1985：95，figs. 472，473；Zheng，1993：164，165，figs. 588，589；Li，Xia *et al.*，2006：480，514，515，figs. 260，266a ~ c.

检视标本：1♀，景洪（野象谷），北纬 22°20′，东经 102°53′，650 m，2006-VIII-4，徐吉山采。

分布：云南（勐腊、景洪）；缅甸。

（四十七）罕蝗属 *Ecphanthacris* Tinkham，1940

Ecphanthacris Tinkham，1940：328；Yin，1984b：45，52；Zheng，1985：70，96；Zheng，1993：165；Jiang & Zheng，1998：149；Li，Xia *et al.*，2006：480，515，516.

Type-species：*Ecphanthacris mirabilis* Tinkham，1940

体中等。头略短于前胸背板沟前区之长、颜面侧观垂直，颜面隆起在触角之间略宽，中眼之下平行，侧缘隆起明显，全长具纵沟。触角丝状，细长，约为头和前胸背板长度之和的

2.0 倍。复眼卵形，其纵径为横径的 1.5～1.6 倍。头顶端部侧缘隆起明显，中央略呈沟状，在复眼间的宽度略宽于颜面隆起在触角间的宽度。前胸背板中隆线呈屋脊状隆起，3 条横沟明显，均切断中隆线，前、后横沟切口较深，侧观上缘呈齿状；缺侧隆线。前胸腹板突圆锥形，顶端尖锐。前、后翅均发达，超出后足股节的顶端，前翅顶端斜截形。中胸腹板侧叶宽大于长，中隔梯形。后胸腹板侧叶分开。体表粗糙，具皱纹和颗粒。后足股节上侧中隆线具细齿，下膝侧片顶端圆形。后足胫节缺外端刺。第 10 腹节背板后缘缺尾片。肛上板三角形。尾须圆锥形，不弯曲。下生殖板圆锥形。雌性产卵瓣细长，端部呈钩状，顶端尖细，边缘光滑。

已知仅 1 种，分布于中国南部地区，云南有分布。

123. 罕蝗 *Ecphanthacris mirabilis* Tinkham，1940

Ecphanthacris mirabilis Tinkham，1940：329，pl. 12，figs. 6，7；Yin，1984b：53，fig. 93，pl. 6，figs. 39，40；Zheng，1985：96，figs. 474～481；Zheng，1993：165，figs. 590～593；Jiang & Zheng，1998：149，150，figs. 447～454；Li，Xia *et al.*，2006：516，517，figs. 260，267a～d.

检视标本：1 ♂，盈江(姐帽)，北纬 24°32′，东经 97°49′，1200 m，2005-Ⅷ-1，徐吉山采；1 ♂，西双版纳(勐醒)，650 m，2006-Ⅶ-25，徐吉山采；1 ♂，1♀，绿春(坪河)，北纬 22°50′，东经 102°31′，2004-Ⅶ-29，毛本勇采；2♀，耿马(孟定)，北纬 23°29′，东经 99°0′，2004-Ⅷ-6，毛本勇采；1♀，普洱(菜阳河)，1700 m，北纬 22°34′，东经 101°11′，2007-Ⅶ-28，徐吉山采。

分布：云南(勐腊、勐醒、盈江、绿春、金平、耿马、普洱)、广东、广西、贵州、西藏；缅甸。

(四十八)胸斑蝗属 *Apalacris* Walker，1870

Apalacris Walker，1870b：641；Kirby，1914：194，237；Uvarov，B. P. 1935：269；Tinkham，1940：322，334；Bei-Bienko & Mishchenko，1951：146，250；Mishchenko，1952：81，511；Willemse，C. 1957：449；Xia，1958：27，61；Roffey，1979：17，58；Bi，1984b：181；Zheng，1985：70，99；Zheng，1993：165；Liu *et al.*，1995：67，68；Yin，Shi & Yin，1996：62；Jiang & Zheng，1998：150，151；Li，Xia *et al.*，2006：480，517～519，fig. 268.

Catantops // Johnston，H. B. 1956：309.

Type-species：*Apalacris varicornis* Walker，1870

体中型，略具细刻点和皱纹。头较短，几乎等于前胸背板沟前区的长度。雌、雄两性颜面隆起在触角之间几乎平坦，向前稍突出。头顶较窄，其在复眼之间的宽度等于颜面隆起在触角间的宽度。复眼椭圆形。雄性触角细长，到达或超过后足股节的基部。前胸背板前缘较平，后缘直角形突出；中隆线明显，缺侧隆线；3 条横沟明显，并割断中隆线；后横沟位于中部。前、后翅较发达，几乎达到或超过后足股节的顶端；前翅端部的横脉垂直于纵脉。后足股节上侧中隆线具细齿。后足胫节上侧顶端缺外端刺，其外缘具刺 8～10 个。前胸腹板突圆锥形，顶端较尖锐。中胸腹板侧叶最宽处大于或等于其长度。后胸腹板侧叶后部明显分开。雄性第 10 腹节背板后缘缺尾片。尾须锥形，较直，顶端较尖。下生殖板短锥形，顶端略尖。雌性上产卵瓣的上外缘缺齿，顶端尖锐。前胸背板的后下角通常具有黄色斑纹。后足股节常具有 3 条暗色横斑纹。

已知约 18 种，分布于东南亚。中国已知 9 种。明确记述分布于云南的有 3 种。

胸斑蝗属分种检索表

1(2)　前翅较长，较远地超过后足股节顶端；后翅基部淡蓝色，外缘淡烟色；后足股节内侧红色 ………
……………………………………………………………… 异角胸斑蝗 *A. varicornis*

2(1)　前翅较短，不到达后足股节顶端

3(4)　后足股节外侧无黑色斑纹；后足胫节淡蓝色 ………………………… 绿胸斑蝗 *A. viridis*

4(3)　后足股节外侧黄色，具 3 个黑色斑纹；后足胫节红色 ……………… 长角胸斑蝗 *A. antennata*

124. 异角胸斑蝗 *Apalacris varicornis* Walker，1870

Apalacris varicornis Walker，1870b：642；Kirby，1914：238，fig. 130；Uvarov，B. P. 1935：269；Tinkham，1935：494；Tinkham，1940：334；Bei-Bienko & Mishchenko，1951：250；Mishchenko，1952：465；Willemse，C. 1957：451，453；Xia，1958：62；Roffey，1979：58-59；Bi，1984b：182；Yin，1984b：50；Zheng，1985：99，figs. 491～493；Zheng，1993：166，fig. 594；Liu *et al.*，1995：101，102；Yin，Shi & Yin，1996：63；Jiang & Zheng，1998：152，figs. 455～457；Li，Xia *et al.*，2006：519，521～523，figs. 268，269a～d.

检视标本：5 ♂，6 ♀，六库，北纬 25°52′，东经 98°52′，1000 m，1998-Ⅷ-21，毛本勇采；2 ♂，2 ♀，永平，北纬 25°27′，东经 99°25′，1998-Ⅹ-31，毛本勇采；2 ♀，耿马（孟定），北纬 23°29′，东经 99°0′，2004-Ⅷ-6，毛本勇采；2 ♂，梁河（芒东），北纬 24°39′，东经 98°14′，2005-Ⅶ-27，普海波采；4 ♂，2 ♀，盈江（姐帽），北纬 24°32′，东经 97°49′，2005-Ⅷ-1，徐吉山采；2 ♂，龙陵（腊勐），北纬 24°44′，东经 98°56′，2005-Ⅷ-5，徐吉山采；2 ♂，1 ♀，云县，北纬 24°27′，东经 100°7′，2005-Ⅷ-15，刘浩宇采；9 ♂，17 ♀，绿春（坪河），北纬 22°50′，东经 102°31′，1300 m，2004-Ⅶ-29，2006-Ⅶ-26，毛本勇采；2 ♂，3 ♀，版纳（野象谷），北纬 22°20′，东经 101°53′，850 m，2006-Ⅶ-4，毛本勇采；1 ♂，2 ♀，勐腊，北纬 22°50′，东经 102°31′，1998-Ⅶ-12，杨自忠采；1 ♀，镇沅，北纬 23°48′，东经 100°54′，1100 m，2007-Ⅷ-3，毛本勇采。

分布：云南（六库、永平、耿马、梁河、盈江、龙陵、云县、宁洱、普洱、新平、绿春、金平、景洪、勐腊、澜沧、镇沅）、贵州、四川、广西、广东、福建、陕西；日本、越南、马来西亚、印度、爪哇、苏门答腊、泰国。

125. 绿胸斑蝗 *Apalacris viridis* Huang *et* Xia，1984

Apalacris viridis Huang *et* Xia，1984：243；Zheng，1993：167；Yin，Shi & Yin，1996：63；Li，Xia *et al.*，2006：519，527，528，fig. 268.

未见标本。

分布：云南（河口）。

126. 长角胸斑蝗 *Apalacris antennata* Liang，1988

Apalacris antennata Liang，1988：293～295，figs. 4～5；Zheng，1993：167；Yin，Shi & Yin，1996：62；Li，Xia *et al.*，2006：519，526，527，figs. 268，272a～b.

检视标本：2 ♂，3 ♀，绿春（坪河），北纬22°50′，东经102°31′，1400 m，2006-Ⅶ-26，毛本勇采；1 ♂，绿春，北纬23°0′，东经102°24′，1400 m，2004-Ⅶ-24，杨自忠采；11 ♂，7 ♀，金平（分水岭），北纬22°55′，东经102°13′，1300～1850 m，2006-Ⅶ-24，毛本勇采；1 ♂，勐腊（曼庄），北纬21°26′，东经101°40′，2004-Ⅷ-1，毛本勇采；1 ♂，1 ♀，普洱（菜阳河），1700 m，北纬22°34′，东经101°11′，2007-Ⅶ-28，毛本勇采。

分布：云南（元阳、绿春、金平、勐腊、普洱）。

（四十九）斜翅蝗属 *Eucoptacra* Bolivar，I.，1902

Eucoptacra Bolivar，I. 1902：623，625；Kirby，1914：194，240；Willemse，C. 1930：171；Uvarov，1935：269；Tinkham，1940：322，330；Mishchenko，1952：463；Uvarov，1953：47；Willemse，C. 1957：442；Dirsh，1965：239，241；Xia，1958：62；Roffey，1979：56；Bi，1984b：181；Yin，1984b：45，51；Zheng，1985：70，100；Zheng，1993：167；Liu *et al.*，1995：70；Yin，Shi & Yin，1996：273；Jiang & Zheng，1998：154；Li，Xia *et al.*，2006：481，529～531，fig. 274.

Type-species：*Eucoptacra praemorsa*（Stål，1869）（= *Acridium*（*Catantops*）*praemorsum* Stål，1869）（= *Coptacroides sheffieldi* Bolivar I.，1911）

体中型，略具细密刻点和皱纹。头顶较狭，略向前倾斜。颜面近乎垂直；颜面隆起中间通常无纵沟，在触角之间向外扩展，颜面在触角之间的宽度几乎为其头顶在复眼之间宽度的2～3倍；颜面侧隆线较直。复眼长卵形，较突出。触角丝状，其长超过前胸背板后缘。前胸背板沟前区背面呈钝角屋脊状，沟后区略向外扩展或平行；前缘近平直，后缘直角形突出；中隆线明显，缺侧隆线；3条横沟明显切割中隆线，后横沟近乎位于中部。前胸腹板突近圆柱形。中胸腹板侧叶宽大于长，内缘在后方略扩展；中隔之长约等于宽。后胸侧叶明显分开。前、后翅较发达，其长超过后足股节的顶端；前翅前、后缘近平行，前缘具基突，顶端斜切。后足股节上侧中隆线具细齿，外侧上、下隆线具细齿或平滑，膝侧片圆形。后足胫节缺外端刺。雄性尾片较大。肛上板长三角形。尾须略扁，其顶端弯曲后斜切为尖形或向内略弯不斜切。下生殖板较短，顶端横形，具簇毛。产卵瓣近直，顶端具钝钩，边缘近平滑。下生殖板长形，后缘三角形突出。

本属已知约25种，分布在东南亚、非洲及中国等地。中国已知5种，云南已知4种。

斜翅蝗属分种检索表

1(4)　　前胸腹板突圆锥形，顶端较锐；后足股节上侧外部中央具1个黑绒斑；雄性尾片内缘强烈分开，角度大

2(3)　　颜面隆起在触角间的宽度约为头顶眼间距宽的3倍；雄性肛上板长大于宽，顶端突出较短，呈圆

顶三角形 ·· 秉汉斜翅蝗 *Eu. binghami*

3(2)　颜面隆起在触角间的宽度约为头顶眼间距宽的2.3倍；雄性肛上板宽短，顶端突出较长，呈舌状
·· 大眼斜翅蝗 *Eu. megaocula*

4(1)　前胸腹板突近圆柱形，顶端钝圆；后足股节上侧外部中央缺黑绒斑；雄性尾片内缘分开不大，近平行

5(6)　后足股节上侧在基部、近中部和顶端具3个不明显的黑斑；尾须端部内下弯；肛上板较长，其上具2条直而长的隆线 ·· 斜翅蝗 *Eu. praemorsa*

6(5)　后足股节上侧在基部、近中部和顶端具3个不明显的由数点集成的黑斑痕迹；尾须端部略向内弯；肛上板较短，其上具2条短而呈八字形的隆线 ·························· 墨脱斜翅蝗 *Eu. motuoensis*

127. 斜翅蝗 *Eucoptacra praemorsa* (Stål, 1861)

Acridium praemorsum Stål, 1861：330.

Eucoptacra praemorsa (Stål, 1861) // Bolivar, I. 1902：623；Kirby, 1914：240 (partim)；Tsai, 1929：149；Uvarov, 1935：269；Tinkham, 1940：331；Willemse, C. 1957：444, fig. female subgenital plate and male supraanal plate；Xia, 1958：63；Roffey, 1979：56, fig. 37；Bi, 1984b：182；Zheng, 1985：101, figs. 494～497；Ingrisch, 1990：173；Zheng, 1993：168, figs. 599, 600；Liu *et al.*, 1995：70, figs. II：103, 104；Yin, Shi & Yin, 1996：274；Jiang & Zheng, 1998：154, 155, figs. 463～466；Li, Xia *et al.*, 2006：531, 535～537, figs. 274, 275a～b.

Acridium saturatum Walker, 1870b：628.

Calopternus sinensis Walker, 1870b：704.

Calopternus obliteratus Walker, 1870b：712.

Coptacra praemorsa Stål, 1873b：58.

Acridium (*Catantops*) *praemorsum* Sjöstedt, 1933：39, pl. 18, fig. 3.

检视标本：1 ♂，7 ♀，大理(苍山西坡)，北纬25°35′，东经100°13′，1500～2000 m，1997-Ⅴ-23～28，毛本勇采；1 ♀，龙陵(腊勐)，北纬24°44′，东经98°56′，1500 m，2005-Ⅷ-5，普海波采。

分布：云南(大理、龙陵、普洱、景洪、勐腊、澜沧)、广东、广西、福建、江西、浙江、台湾；缅甸，尼泊尔，印度。

128. 秉汉斜翅蝗 *Eucoptacra binghami* Uvarov, 1921

Eucoptacra binghami Uvarov, B. P. 1921a：503；Uvarov, B. P. 1927a：337；Willemse, C. 1957：444；Roffey, 1979：57；Bi, 1984b：182；Zheng, 1985：102, figs. 498～500；Zheng, 1993：168, figs. 601, 602；Liu *et al.*, 1995：70, 71, figs. II：105, 106；Yin, Shi & Yin, 1996：273；Jiang & Zheng, 1998：156, figs. 467～468；Li, Xia *et al.*, 2006：531～533, figs. 274, 275c～e.

检视标本：1 ♀，勐腊(曼庄)，北纬21°26′，东经101°40′，2004-Ⅷ-2，毛本勇采；5 ♂，景洪(勐仑)，北纬21°57′，东经101°15′，650 m，2006-Ⅶ-29，徐吉山采；1 ♂，4 ♀，版纳(野象谷)，北纬22°20′，东经101°53′，850 m，2006-Ⅷ-4，毛本勇采；2 ♂，1 ♀，勐海(南糯山)，北纬21°56′，东经100°36′，1550 m，2006-Ⅷ-2，毛本勇采；1 ♀，龙

陵(腊勐)，北纬 24°44′，东经 98°56′，1500 m，2005-Ⅷ-5，普海波采；6 ♂，10 ♀，河口 (南溪)，北纬 22°30′，东经 98°52′，300 m，2005-Ⅳ-27，杨自忠采；1 ♂，1 ♀，腾冲(荷花)，2004-Ⅴ-13，杨自忠采；1 ♂，瑞丽，北纬 24°5′，东经 97°46′，2004-Ⅴ-18，杨自忠采；2 ♂，云县，北纬 24°27′，东经 100°7′，1300 m，2003-Ⅶ-21，毛本勇采；1 ♂，7 ♀，六库，北纬 25°52′，东经 98°52′，900 m，2004-Ⅴ-1，毛本勇采；1 ♂，梁河(芒东)，北纬 24°39′，东经 98°14′，1300 m，2005-Ⅶ-27，徐吉山采；4 ♂，9 ♀，绿春(坪河)，北纬 22°50′，东经 102°31′，1450 m，2006-Ⅶ-26，徐吉山采；4 ♂，4 ♀，金平(分水岭)，北纬 22°55′，东经 103°13′，1300 ~ 1400 m，2006-Ⅶ-23，毛本勇采；1 ♂，2 ♀，新平(水塘)，北纬 24°9′，东经 101°31′，820 m，2007-Ⅳ-29，杨自忠采；1 ♀，普洱(菜阳河)，1700 m，北纬 22°34′，东经 101°11′，2007-Ⅶ-28，毛本勇；1 ♀，普洱(梅子湖)，1350 m，北纬 22°46′，东经 100°52′，2007-Ⅶ-29，毛本勇采；1 ♀，景谷，1550 m，北纬 23°31′，东经 100°39′，2002-Ⅷ-15，董士峰采。

分布：云南(普洱、景洪、勐腊、勐海、澜沧、龙陵、腾冲、瑞丽、云县、新平、六库、梁河、绿春、金平、景谷)；印度，缅甸，泰国，越南。

129. 大眼斜翅蝗 *Eucoptacra megaocula* Wang *et al.*，1994

Eucoptacramegaocula Wang *et al.*，1994：477 ~ 280，figs. 1 ~ 8.

检视标本：6 ♂，10 ♀，河口(南溪)，北纬 22°30′，东经 98°52′，300 m，2005-Ⅳ-27，杨自忠采。

分布：云南(麻栗坡、河口)。

130. 墨脱斜翅蝗 *Eucoptacra motuoensis* Yin，1984

Eucoptacra motuoensis Yin，1984：51，52，figs. 91，92，106，107，pl. 4：38；Zheng，1993：169；Yin，Shi & Yin，1996：274；Mao & Zheng，1999：71 ~ 73；Li，Xia *et al.*，2006：531，536，537，figs. 274，275f ~ i.

检视标本：4 ♂，2 ♀，大理(苍山)，北纬 25°35′，东经 100°13′，1600 ~ 2300 m，1995-Ⅵ-15 ~ 27，2004-Ⅵ-1，史云楠采。

分布：云南(大理)、西藏(墨脱)。

(五十) 切翅蝗属 *Coptacra* Stål，1873

Coptacra Stål，1873a：37，58；Kirby，1914：194，236，238；Tinkham，1940：322，323；Willemse，C. 1957：21，445；Xia，1958：27，63；Dirsh，1965：238；Bi，1984b：182；Zheng，1985：102；Zheng，1993：169；Liu *et al.*，1995：71，72；Yin，Shi & Yin，1996：196，197；Jiang & Zheng，1998：157；Zhang & Yin，2002：261；Wei & Zheng，2005：369，370；Li，Xia *et al.*，2006：481，537，539，fig. 276.

Syletria Rehn 1905：483.

Bibmctoides Kirby，1914：236.

Type-species：*Coptacra foedata*（Audinet-Serville，1839）（= *Acridium foedatum* Audinet-

Serville，1839）（= *Syletria angulata* Rehn，1905）（= *Bibractoides punctoria*（Walker，1870）（= *Acridium punctorium* Walker，1870）

　　体中型。体较细，头和胸部具有细刻点和皱纹。头短于前胸背板。头顶较狭，侧缘明显。颜面侧观略倾斜，颜面隆起的侧缘平行，在触角之间不扩大，不突出，颜面隆起在触角之间的宽度不小于头顶在复眼之间的宽度，其上具细密刻点。复眼长卵形。触角丝状，超过前胸背板后缘。前胸背板圆筒形，沟后区略宽，其前缘圆弧形，中央具小凹口，后缘呈直角或钝角突出；中隆线明显，被3条横沟切断，侧隆线缺。前胸腹板突圆锥形，基部较粗大，顶端较尖。前、后翅发达，到达或略超过后足股节顶端。前翅端部横脉垂直于纵脉。后足股节上侧中隆线具细齿。后足胫节缺外端刺。雄性第10腹节背板后缘尾片小。雄性尾须圆锥形，顶端较尖，略下弯。雌性产卵瓣直，顶端呈弯钩状，其上缘具钝齿，下产卵瓣近顶端具1个小齿。

　　分布于亚洲南部。中国已知7种，云南已知2种。

切翅蝗属分种检索表

1（2）　雌性前胸背板前横沟微切中隆线，沟前区长与沟后区约等长；径分脉最后分支的长度为分叉处翅宽度的0.6倍；上产卵瓣端部明显弯曲 ……………………… 越北切翅蝗 *C. tonkinensis*
2（1）　雌性前胸背板前横沟深切中隆线，沟前区长为沟后区长的0.75倍；径分脉最后分支的长度为分叉处翅宽度的0.8倍；上产卵瓣端部弯曲 ……………………… 云南切翅蝗 *C. yunnanensis*

131. 越北切翅蝗 *Coptacra tonkinensis* Willemse，1939

　　Coptacra tonkinensis Willemse，C. 1939b：165；Tinkham，1940：326，pl. 12，fig. 2；Willemse，C. 1957：447，448，fig. female head and pronotum in lateral view；Bi，1984b：183；Zheng，1985：103，figs. 506~508；Zheng，1993：169，170，figs. 604，605；Liu *et al.*，1995：72，73，fig. II：109；Yin，Shi & Yin，1996：197；Jiang & Zheng，1998：158，figs. 469~471；Zhang & Yin，2002：261，262；Li，Xia *et al.*，2006：539，541~543，figs. 276，278a~b.

　　检视标本：2♂，3♀，绿春（坪河），北纬22°50′，东经102°31′，1450 m，2006-Ⅶ-28，毛本勇采；2♂，1♀，勐腊（曼庄），北纬21°26′，东经101°40′，2004-Ⅷ-2，毛本勇采；3♂，5♀，景洪（野象谷），北纬22°20′，东经101°53′，650 m，2006-Ⅷ-4，徐吉山采；2♂，1♀，勐海（南糯山），北纬21°56′，东经100°36′，1550 m，2006-Ⅷ-2，毛本勇采；1♀，盈江（姐帽），北纬24°32′，东经97°49′，1200 m，2005-Ⅷ-1，徐吉山采；1♀，新平（水塘），北纬24°9′，东经101°31′，820 m，2007-Ⅳ-29，毛本勇采；2♂，1♀，普洱（梅子湖），1350 m，北纬22°46′，东经100°52′，2007-Ⅶ-29，毛本勇采。

　　分布：云南（河口、金平、勐海、勐遮、景洪、勐腊、绿春、盈江、新平、普洱）；越南。

132. 云南切翅蝗 *Coptacra yunnanensis* Zhang *et* Yin，2002

　　Coptacra yunnanensis Zhang *et* Yin，2002：260~264，figs. 7~10.
　　未见标本。

分布：云南（景洪）。

（五十一）疹蝗属 *Ecphymacris* Bi，1984

Ecphymacris Bi，1984：188；Liu 1990：35，80；Zheng，1993：170；Yin，Shi & Yin，1996：251；Jiang & Zheng，1998：159；Li，Xia *et al.*，2006：481，544，fig. 276.

Type-species：*Ecphymacris lofaoshana*（Tinkham，1940）（= *Coptacra lofaoshana* Tinkham，1940）

体小型，具有细密刻点和皱纹。头短于前胸背板。颜面隆起侧缘略弯曲，在触角之间略扩大，其宽度略宽于头顶在复眼之间的宽度。复眼长卵形。触角丝状，较粗短，到达或略超过前胸背板后缘。前胸背板具粗颗粒；中隆线略隆起，缺侧隆线；3 条横沟明显切割中隆线，后缘几乎呈直角形突出。前胸腹板突圆锥形，顶端较钝。前、后翅均发达，顶端斜切，近顶端区的横脉与纵脉组成菱形。后足股节上隆线具细齿。上、下膝侧片顶端宽圆。后足胫节端部边缘不扩大，缺外端刺。雄性第 10 腹节背板后缘具有较小的三角形尾片。肛上板长三角形，顶端略钝。尾须圆锥形，略弯，顶端较锐，短于肛上板。雌性产卵瓣顶端呈钩状，上产卵瓣边缘略具小齿。下生殖板后缘具 1 个三角形突起。

本属是我国的特有属，已知仅 1 种，云南有分布。

133. 罗浮山疹蝗 *Ecphymacris lofaoshana*（Tinkham，1940）

Coptacra lofaoshana Tinkham，1940：323，324，pl. 12，fig. 5；Zheng，1985：103，figs. 501 ~ 505.

Ecphymacris lofaoshana（Tinkham，1940）// Bi，1984：183，187，figs. 15 ~ 18；Liu，1990：80；Zheng，1993：170，figs. 606，607；Yin，Shi & Yin，1996：251；Jiang & Zheng，1998：159，160，figs. 472 ~ 475；Li，Xia *et al.*，2006：544 ~ 546，figs. 276，279a ~ d.

Coptacra tuberculata Ramme，1941：176；Willemse，1957：447.

检视标本：2 ♂，巍山（龙街），北纬 25°14′，东经 100°0′，1994-Ⅵ-13，范学连采；1 ♂，1 ♀，大理（苍山西坡），北纬 25°35′，东经 100°13′，2200 m，1997-Ⅴ-22，毛本勇采；1 ♂，1 ♀，文山，北纬 23°22′，东经 104°29′，1500 m，2005-Ⅳ-28，杨自忠采。

分布：云南（文山、勐腊、巍山、大理）、贵州、广东、广西。

（五十二）十字蝗属 *Epistaurus* Bolivar，I.，1889

Epistaurus Bolivar，I. 1889：164；Kirby，1914：194，242；Uvarov，1953：48；Willemse，C. 1957：440；Xia，1958：27，61；Bi，1984b：181；Zheng，1985：70，97；Zheng，1993：170；Liu *et al.*，1995：73；Yin，Shi & Yin，1996：261；Jiang & Zheng，1998：160，161；Li，Xia *et al.*，2006：481，546，fig. 280.

Type-species：*Epistaurus crucigerus* Bolivar I.，1889

体小型，略具细密刻点和稀疏绒毛。头大而短于前胸背板长。头顶较狭，狭于颜面隆起在触角间宽度。复眼长卵形。触角丝状，超过前胸背板的后缘。前胸背板中隆线略低，缺侧隆线，3 条横沟明显，仅后横沟割断中隆线，后缘近直角。前胸腹板突圆锥形，顶端较钝。前、后翅均发达，到达或超过后足股节顶端；前翅顶端呈斜切状或圆弧形。后足股节上侧上隆线具细齿。后足胫节缺外端刺。雄性第 10 腹节背板后缘具尾片。雄性尾须圆锥形，向内弯，顶端较尖锐。肛上板长方形，向顶端趋狭，下生殖板短锥形。雌性上产卵瓣上外缘无细齿或具钝齿。

已知 7 种，分布东南亚和非洲。中国已知 2 种，云南仅有 1 种。

134. 长翅十字蝗 *Epistaurus aberrans* Brunner-Wattenwyl, 1893

Epistaurus aberrans Brunner-Wattenwyl, 1893b：160，pl. 5，fig. 55a-b；Kirby，1914：242；Tinkham，1940：334；Willemse，C. 1957：441；Bi，1984b：181；Zheng，1985：98，figs. 482~490；Zheng，1993：171，figs. 608~610；Liu *et al.*，1995：74，75，fig. 2：110；Yin，Shi & Yin，1996：261；Jiang & Zheng，1998：161，162，figs. 476~485；Li，Xia *et al.*，2006：548，549，figs. 280，281d.

检视标本：1 ♂，4 ♀，勐腊（曼庄），北纬 21°26′，东经 101°40′，2004-Ⅷ-1，1998-Ⅷ-11，杨自忠采；3 ♂，1 ♀，版纳（野象谷），北纬 22°20′，东经 101°53′，850 m，2006-Ⅷ-3，吴琦琦采；1 ♂，云县，北纬 24°27′，东经 100°7′，1300 m，2003-Ⅶ-21，毛本勇采；2 ♂，瑞丽（勐秀），北纬 24°5′，东经 97°46′，2004-Ⅴ-18，2005-Ⅷ-2，杨自忠采；3 ♂，腾冲，北纬 25°1′，东经 98°29′，1700 m，1999-Ⅶ-26，毛本勇采；2 ♀，耿马（孟定），北纬 23°29′，东经 99°0′，2004-Ⅷ-6，毛本勇采；1 ♂，2 ♀，景谷，北纬 23°31′，东经 100°39′，1500 m，2006-Ⅷ-6，徐吉山采；1 ♂，1 ♀，河口，北纬 22°30′，东经 103°58′，1600 m，2005-Ⅳ-26，毛本勇采；3 ♂，1 ♀，梁河（芒东），北纬 24°39′，东经 98°14′，1300 m，2005-Ⅶ-27，普海波采；1 ♀，新平（水塘），北纬 24°9′，东经 101°31′，820 m，2007-Ⅳ-29，杨自忠采。

分布：云南（河口、金平、普洱、景洪、勐腊、新平、澜沧、耿马、景谷、云县、瑞丽、腾冲、梁河）、贵州、广西、广东、台湾；越南，泰国、缅甸。

斑腿蝗亚科 Catantopinae

体中型，体表较平滑，具细刻点。头短，颜面侧观较直或略向后倾斜；头顶宽圆，表面微凹；头顶侧缘缺头侧窝。复眼卵形。触角丝状，不到达、到达或略超过前胸背板后缘。前胸背板圆柱形，背面略平，中隆线较弱，缺侧隆线。前胸腹板突圆柱状。中胸腹板侧叶较宽地分开，侧叶间之中隔略宽，有时中部较缩狭。后胸腹板侧叶的后端相互毗连。前、后翅均发达，到达或超过后足股节端部。后足股节上侧之中隆线具齿；膝部外侧的下膝侧片端部圆形或近角状。后足胫节缺外端刺。鼓膜器发达。雄性第 10 腹节背板的后缘多数种类缺尾片。雄性肛上板三角形，雄性尾须锥形，有时略向上弯曲，下生殖板锥形。雌性产卵瓣较粗短，端部呈钩状。阳具基背片桥状，具锚状突和冠突，冠突常较大。

中国已知 3 属，云南有分布。

斑腿蝗亚科分属检索表

1(4) 前胸背板的两侧缘近乎平行，在其中部不明显缩狭
2(3) 前胸腹板突较粗，柱形或略侧扁，有时端部略膨大，顶端圆形，侧观较狭，体形较粗短 ············
··· 斑腿蝗属 *Catantops*
3(2) 前胸腹板突较侧扁，侧观较宽，向后弯曲；体形较细长 ·················· 直斑腿蝗属 *Stenocatantops*
4(1) 前胸背板中部明显缩狭；颜面侧观较直；雄性尾须较直，有时略向上弯曲，顶端圆形；后足股节外侧常具完整的黑色横斑 ·················· 外斑腿蝗属 *Xenocatantops*

（五十三）斑腿蝗属 *Catantops* Schaum，1853

Catantops Schaum，1853：779；Brunner-Wattenwyl，1893b：144，162；Kirby，1914：194，246（partim）；Willemse，C. 1930：191；Tinkham，1940：344；Bei-Bienko & Mishchenko，1951：265；Mistshenko，1952：82，514（partim）；Dirsh，V. M. & Uvarov B. P. 1953：233~237；Dirsh，1956b：15，46；Willemse，C. 1957：21，463；Dirsh，1961：351；Johnston，H. B. 1968：256；Zheng，1985：69，81；Zheng，1993：172；Liu *et al.*，1995：75，76；Yin，Shi & Yin，1996：140；Jiang & Zheng，1998：163，164；Li，Xia *et al.*，2006：551~553，fig. 282.

Apalacris，*Eupropacris* Kirby，1910：476.

Catantops（*Vitticatantops*）// Sjöstedt，1931：43.

Type-species：*Catantops melanostictus* Schaum，1853

体中型，体表具细刻点。头短于前胸背板。头顶的端部近梯形，微凹陷。颜面侧观较直或略后倾。复眼卵形。触角丝状，基部 4 节略侧扁，短于或等于头和前胸背板的长度。前胸背板略呈圆柱状，前端微缩狭，后缘呈钝角状；中隆线微弱，被 3 条横沟割断；缺侧隆线。前胸腹板突呈圆柱状，较直或微后倾，顶端钝圆。中胸腹板侧叶宽大于长，侧叶间之中隔在

中部缩狭，中隔的长度约为其最狭处的 3~4 倍。后胸腹板侧叶毗连。前翅到达或超过后足股节的端部，顶圆。后足股节短粗，上侧中隆线具细齿。后足胫节缺外端刺。雄性第 10 腹节背板后缘的尾片较钝。肛上板三角形。尾须向上弯曲，基部宽，中部略细，端部略膨大，钝圆。下生殖板锥状。阳具基背片桥状，前突大，指状，后突齿状，侧板大。雌性产卵瓣较短，适当弯曲。

本属已知约有 40 余种，分布于非洲及亚洲南部地区。中国已知有 3 种，云南已知 1 种。

135. 红褐斑腿蝗 *Catantops pinguis pinguis*（Stål，1861）

Acridium pingue Stål，1861：330.

Catantops pinguis（Stål，1861）// Stål，1873b：70；Kirby，1914：252；Tinkham，1940：344，346；Mistshenko，1952：518，520~521，fig. 481；Xia，1958：59，fig. 112；Huang，1981：69；Yin，1984b：50；Zheng，1985：81，figs. 400~408；Zheng，1993：172，figs. 613~614；Liu *et al.*，1995：75，76，fig. 2：113；Jiang & Zheng，1998：164~166，figs. 489~497.

Catantops pinguis pinguis（Stål，1861）// Dirsh，1956a：103~105，figs. 342~349，358；Willemse，1957：464，466；Roffey，1979：70~72；Li，Xia *et al.*，2006：555~558，figs. 282，285a~e.

Acridiurn delineclatum Walker，1870b：631.

Acridium signatipes Walker，1870b：706.

检视标本：3 ♂，3 ♀，大理（苍山），北纬 25°35′，东经 100°13′，1850~2600 m，1995-Ⅷ-2~22，1999-Ⅵ-6，史云楠采；1 ♂，1 ♀，洱源，北纬 26°7′，东经 99°56′，2200 m，1999-Ⅴ-5，杨自忠采；1 ♂，香格里拉，北纬 27°48′，东经 99°42′，3200 m，1996-Ⅶ-28，毛本勇采；1 ♂，腾冲，北纬 25°1′，东经 98°29′，1700 m，1999-Ⅷ-26，毛本勇采；1 ♀，耿马（孟定），北纬 23°29′，东经 99°0′，700 m，2004-Ⅷ-6，毛本勇采；3 ♂，2 ♀，文山，北纬 23°22′，东经 104°29′，1500 m，2005-Ⅳ-28，杨自忠采；1 ♀，新平（水塘），北纬 24°9′，东经 101°31′，820 m，2007-Ⅳ-29，毛本勇采。

分布：云南（文山、石林、昆明、元谋、新平、金平、大理、洱源、香格里拉、腾冲、耿马）、四川、贵州、西藏、广东、广西、台湾、福建、江西、湖北、江苏、陕西、河北；印度，斯里兰卡，缅甸，日本。

（五十四）直斑腿蝗属 *Stenocatantops* Dirsh，1953

Stenocatantops Dirsh，1953：237；Dirsh，1956b：15，120~122；Willemse，C. 1957：465；Willemse，F. 1968：8，9；Zheng，1985：70，83；Zheng，1993：173；Liu *et al.*，1995：76；Yin，Shi & Yin，1996：670，671；Jiang & Zheng，1998：167；Yin & Yin，2005：41~48；Li，Xia *et al.*，2006：551，558，559，fig. 282.

Catantops Schaum，1853：779（partim）；Tinkham，1940：344（partim）；Mistshenko，1952：82，514（partim）；Xia，1958：26，58（partim）.

Type-species：*Stenocatantops splendens*（Thunberg，1815）（= *Gryllus splendens* Thunberg，

1815）

体型较大，细长，体长与体宽的比例约为 5.3 ~ 6.5。头短于前胸背板。头顶的背观呈扇状，侧缘隆线不明显。颜面侧观略后倾，颜面隆起具纵沟，颜面侧隆线明显。触角丝状，不到达或到达前胸背板的后缘，中段一节的长度等于或略大于其宽度。前胸背板呈圆柱状，背面略拱起，中部不紧缩；中隆线低细，被 3 条横沟割断，缺侧隆线。前胸腹板突在顶端 1/2 处侧扁，向后曲。中胸腹板侧叶宽大于长，侧叶中部几乎毗连；侧叶间之中隔在中部甚缩狭；后胸腹板侧叶全长毗连。前翅很发达，到达或超过后足股节的端部。后足股节较细、狭，上侧中隆线具细齿。后足胫节略短于股节，缺外端刺。跗节爪间中垫较大。雄性第 10 腹节背板后缘的尾片较钝。肛上板三角形，基部 1/2 具纵沟，侧缘呈 S 形弯曲，顶端钝圆。尾须圆锥状，略向内和向上弯曲，顶端较尖或较钝，下生殖板长锥状。阳具基背片桥状、锚状突较大，侧板大，前突不明显或明显，后突较小，内突叶状或齿状，有时内突很大。雌性产卵瓣较短，适当弯曲。

本属已知有 13 种，分布在亚洲东南部，新几内亚，澳大利亚北部。中国已知有 4 种，云南仅分布 1 种。

136. 长角直斑腿蝗 *Stenocatantops splendens*（Thunberg，1815）

Gryllus splendens Thunberg，1815：236.

Stenocatantops splendens（Thunberg，1815）// Dirsh *et* Uvarov，1953：237；Dirsh，1956b：122；Willemse，F. 1968：11 ~ 25，figs. 1 ~ 11，38 ~ 39，57 ~ 59，76 ~ 77，86，99，pl. 1，figs. 1 ~ 3，pl. 2. fig. 20，pl. 3，fig. 26，pl. 4，fig. 49，map. 1；Zheng，1985：83，85，figs. 418 ~ 420；Zheng，1993：173，174，figs. 620 ~ 623；Liu *et al.*，1995：76，77；Yin，Shi & Yin，1996：671；Jiang & Zheng，1998：167，168，figs. 505 ~ 508；Yin & Yin，2005：46；Li，Xia *et al.*，2006：559 ~ 562，figs. 282，287a ~ e.

Catantops（*Stenocatantops*）*splendens*（Thunberg，1815）// Willemse，C. 1957：464，465，469 ~ 472.

Catantops splendens（Thunberg，1815）// Stål，1873b：71；Tinkham，1940：344 ~ 346；Mistshenko，1952：517，518，figs. 153，154，479；Yin，1984b：48，49，50，figs. 88，102，103，pl. V，figs. 35，3.

检视标本：3 ♂，1 ♀，新平（水塘），北纬 24°9′，东经 101°31′，820 m，2007-Ⅳ-29，毛本勇采；8 ♂，11 ♀，新平（嶍嘉），北纬 24°27′，东经 101°15′，1450 m，2007-Ⅴ-1，毛本勇采；1 ♂，1 ♀，漾濞（平破），北纬 25°35′，东经 100°12′，1500 m，1997-Ⅴ-28，毛本勇采；2 ♂，1 ♀，云县，北纬 24°27′，东经 100°7′，1300 m，2004-Ⅶ-21，毛本勇采；1 ♂，永胜，北纬 26°34′，东经 100°38′，1999-Ⅶ-28，余开礼采；9 ♂，1 ♀，大理，北纬 25°35′，东经 100°16′，1450 m，1997-Ⅴ-28，毛本勇采；3 ♂，2 ♀，六库，北纬 25°52′，东经 98°52′，900 m，2004-Ⅴ-1，毛本勇采；1 ♀，潞西，1997-Ⅷ-1；2 ♂，1 ♀，贡山（后山），北纬 27°44′，东经 98°38′，1500 m，2004-Ⅴ-3，杨自忠采；1 ♂，1 ♀，漾濞（顺濞），北纬 25°29′，东经 99°56′，1450 m，2004-Ⅴ-21，毛本勇采；3 ♂，3 ♀，文山，北纬 23°22′，东经 104°29′，1450 m，2005-Ⅳ-28，毛本勇采；1 ♀，耿马（孟定），北纬 23°29′，东经 99°0′，2004-Ⅷ-6，毛本勇采；2 ♀，金平（分水岭），北纬 22°55′，东经 103°13′，1400 m，2006-Ⅶ-

23, 毛本勇采; 1 ♂, 鹤庆(黄坪), 2004-X-16, 杨国辉采; 1 ♂, 元谋(老城), 2006-V-2, 陈祯、杨国辉采。

分布: 云南(景洪、勐腊、澜沧、新平、漾濞、云县、景东、永胜、大理、六库、潞西、贡山、文山、耿马、金平、鹤庆、元谋)、海南、广东、福建、台湾; 印度, 越南, 尼泊尔, 斯里兰卡, 缅甸, 泰国, 马来西亚, 菲律宾, 印度尼西亚等。

(五十五)外斑腿蝗属 *Xenocatantops* Dirsh *et* Uvarov, 1953

Xenocatantops Dirsh & Uvarov, 1953: 237; Dirsh, 1956b: 16, 133, 134; Willemse, F. 1968.8, 54; Roffey, 1979: 74; Zheng, 1985: 70, 86; Zheng, 1993: 174; Liu *et al.*, 1995: 77; Yin, Shi & Yin, 1996: 748, 749; Jiang & Zheng, 1998: 169; Li, Xia *et al.*, 2006: 551, 563, fig. 282.

Catantops (*Xenocatantops*) Willemse C., 1957: 465.

Acridium Audinet-Serville, 1839: 568, 640 (partim).

Catantops Schaum, 1853: 779 (partim); Tinkham, 1940: 344 (partim).

Type-species: *Xenocatantops humilis* (Audinet-Serville, 1839) (= *Acridium humilis* Audinet-Serville, 1839)

体中型, 较粗壮。头短于前胸背板。头顶向前突出, 复眼间具隆线。颜面侧面观垂直或略向后倾斜, 颜面隆起具明显的纵沟。复眼卵形。触角丝状, 不到达或超过前胸背板的后缘。前胸背板在沟前区处略缩狭, 中隆线较细, 横沟明显, 缺侧隆线。前胸腹板突圆锥状, 顶端略尖或近圆柱状, 略后倾或近于垂直, 不侧扁。中胸腹板侧叶宽大于长; 侧叶间中隔在中部略缩狭, 其长约为最狭处的 2~3 倍。后胸腹板侧叶全长毗连。前翅刚到达或超过后足股节的端部。后足股节较直斑腿蝗粗短, 长约为宽的 3.6~3.7 倍; 上侧中隆线具细齿; 下膝侧片的端部圆形; 外侧具 2 个完整的黑色或黑褐色斑纹。雄性第 10 腹节背板的后缘无尾片。肛上板三角形。尾须锥状, 端部圆。下生殖板锥形。雌性产卵瓣较直斑腿蝗粗短, 略弯曲。

已知 5 种, 主要分布在东南亚。中国已知 4 种, 云南分布有 2 种。

外斑腿蝗属分种检索表

1(2)　体较大而细长; 前胸腹板突锥状, 顶端较尖; 触角较细长, 中段一节的长度约 1.8~2 倍于其宽度; 前翅较长, 明显超出后足股节的端部, 其超出的部分明显大于前胸背板长之半 ……………………………………………………………………………………………………… 大斑外斑腿蝗 *X. humilis*

2(1)　体较小而粗短; 前胸腹板突锥状或近圆柱状; 触角较粗短, 中段一节的长度约 1.5 倍于其宽度; 前翅较短, 其超出后足股节端部的部分短于前胸背板长之半 ……… 短角外斑腿蝗 *X. brachycerus*

137. 大斑外斑腿蝗 *Xenocatantops humilis* (Audinet-Serville, 1839)

Acridium humile Audinet-Serville, 1839: 662, 769.

Xenocatantops humilis (Audinet-Serville, 1839) // Zheng, 1993: 174, 175, figs. 624 ~ 627; Yin, Shi & Yin, 1996: 749; Jiang & Zheng, 1998: 169, 170, figs. 509 ~ 518; Li, Xia *et al.* , 2006：564~566，figs. 282，288a~d.

Catantops humilis (Audinet-Serville, 1839) // Stål, 1873b：71；Kirby, 1914：247, 250, figs. 133；Tinkham, 1940：342；Yin, 1984b：48, figs. 78~81, 100, 101, pl. V, figs. 32, 33.

Xenocatantops humilis humilis (Audinet-Serville, 1839) // Dirsh & Uvarov, 1953：37；Dish, 1956：134, 135, figs. 458, 486~492；Willemse, F. 1968：55, 58；Roffey, 1979：74~75；Zheng, 1985：86, 87, 89, figs. 431~440.

检视标本：2♂, 3♀, 勐腊, 北纬21°13′, 东经101°35′, 820 m, 1998-Ⅷ-12, 杨自忠采；2♂, 1♀, 景洪（野象谷）, 北纬22°20′, 东经101°53′, 850 m, 2006-Ⅷ-4, 毛本勇采；5♂, 4♀, 六库, 北纬25°52′, 东经98°52′, 900 m, 1998-Ⅷ-21, 毛本勇采；7♂, 5♀, 河口, 北纬22°30′, 东经103°58′, 300 m, 2005-Ⅳ-26~27, 杨自忠毛本勇采；1♂, 1♀, 龙陵（腊勐）, 北纬24°44′, 东经98°56′, 1500 m, 2005-Ⅷ-5, 徐吉山采；1♂, 云县, 北纬24°27′, 东经100°7′, 1300 m, 2003-Ⅶ-21, 毛本勇采；2♂, 4♀, 耿马（孟定）, 北纬23°29′, 东经99°0′, 2004-Ⅷ-6, 杨自忠采。

分布：云南（昆明、元江、勐腊、富宁、泸水、澜沧、普洱、景洪、元阳、六库、龙陵、云县、耿马、河口、盈江）、广西、西藏；印度, 尼泊尔, 孟加拉国, 斯里兰卡, 缅甸, 越南, 泰国, 马来西亚, 菲律宾, 印度尼西亚, 新几内亚。

138. 短角外斑腿蝗 *Xenocatantops brachycerus* (Willemse C. , 1932)

Catantops brachycerus Willemse, C. 1932：106；Tinkham, 1940：344, 346；Bei-Bienko & Mishchenko, 1951：251, fig. 525；Mishchenko, 1952：470；Huang, 1981：69, pl. 1：3~4.

Xenocatantops brachycerus (Willemse, C. , 1932) // Zheng, 1993：175, figs. 628~630；Liu *et al.* , 1995：77, 78, figs. 2：115；Yin, Shi & Yin, 1996：749；Jiang & Zheng, 1998：171, 172, figs. 519~527；Li, Xia *et al.* , 2006：554, 566~568, figs. 282, 289a~e.

Xenocatantops humilis brachycerus Dirsh & Uvarov, 1953：237；Dirsh, 1956b：136；Willemse, F. 1968：58, 64~68, fig. 54, pl. 4, fig. 37, pl. 5. fig. 44；Zheng, 1985：86, figs. 422~430.

Catantops (*Xenocatantops*) *humilis brachyrerus* Willemse C. , 1957：465.

Cyrtacanthacris punctipennis Walker, 1871a：60, 94.

检视标本：5♂, 7♀, 大理（苍山）, 北纬25°35′, 东经100°13′, 1500~2500 m, 1995-Ⅶ-11, 杨自忠、何新德、毛本勇采；1♀, 香格里拉, 北纬27°48′, 东经99°42′, 2075 m, 2002-Ⅷ-7, 徐吉山采；1♀, 维西, 北纬27°11′, 东经99°17′, 2150 m, 2002-Ⅷ-11, 毛本勇采；2♂, 1♀, 腾冲, 北纬25°1′, 东经98°29′, 2075 m, 1999-Ⅶ-26, 徐吉山采；1♂, 云县, 北纬24°27′, 东经100°7′, 1300 m, 2003-Ⅶ-21, 毛本勇采；2♀, 南涧（无量山）, 北纬24°42′, 东经100°30′, 2000 m, 2003-Ⅶ-17, 杨自忠采；7♂, 8♀, 贡山（后山）, 北纬27°44′, 东经98°38′, 2004-Ⅶ-28, 杨自忠采；3♂, 4♀, 巍山（龙街）, 北纬25°14′, 东经100°0′, 1999-Ⅵ-4, 范学连采；5♂, 3♀, 文山, 北纬23°22′, 东经104°29′, 1450 m, 2005-Ⅳ-28, 毛本勇采；1♂, 2♀, 屏边（大围山）, 北纬22°55′, 东经103°14′, 2000 m, 2005-Ⅳ-26, 杨自忠采；5♂, 5♀, 新平（者竜）, 北纬24°19′, 东经101°22′, 1500 m,

2007-Ⅳ-30，毛本勇采；5 ♂，2 ♀，双柏（嶍嘉），北纬 24°27′，东经 101°15′，1450 m，2007-Ⅴ-1，毛本勇采；1 ♂，宁蒗，北纬 27°41′，东经 100°46′，2004-Ⅶ-16，毛本勇采；1 ♂，鲁甸（文屏），北纬 27°12′，东经 103°33′，2006-Ⅷ-19，周连冰采；2 ♂，会泽，北纬 26°27′，东经 103°23′，2004-Ⅶ-24，毛本勇采；3 ♂，4 ♀，师宗（菌子山），北纬 24°48′，东经 104°22′，2000 m，2006-Ⅶ-16，刘浩宇采；1 ♂，3 ♀，马关（古林箐），北纬 22°49′，东经 103°58′，1400 m，2006-Ⅶ-21，王玉龙、吴琦琦、刘浩宇采；1 ♂，1 ♀，马关（八寨），北纬 23°0′，东经 104°4′，1750 m，2006-Ⅶ-19，王玉龙、杨自忠采；2 ♀，金平（分水岭），北纬 22°55′，东经 103°13′，1300 m，2006-Ⅶ-23，毛本勇采；1 ♀，云龙，北纬 25°38′，东经 99°0′，1998-Ⅴ-4；1 ♀，弥渡，北纬 25°20′，东经 100°30′，1998-Ⅷ-22；1 ♀，保山，1850 m，1999-Ⅶ-22，杨自忠采；1 ♀，漾濞，1500 m，1997-Ⅴ-22，毛本勇采；1 ♂，永平，北纬 25°27′，东经 99°25′，1998-Ⅹ-31，毛本勇采；1 ♀，泸水（鲁掌），北纬 25°59′，东经 98°49′，1800 m，2005-Ⅶ-22，徐吉山采；1 ♂，1 ♀，普洱（梅子湖），1350 m，北纬 22°46′，东经 100°52′，2007-Ⅶ-29，毛本勇采；1 ♂，开远，2001-Ⅸ-22，杨艳采。

分布：云南（昆明、富宁、元江、勐腊、金平、泸水、澜沧、景洪、元阳、大理、香格里拉、维西、腾冲、云县、南涧、贡山、巍山、文山、屏边、新平、双柏、宁蒗、鲁甸、会泽、师宗、马关、云龙、保山、弥渡、漾濞、永平、开远、普洱、盈江）、广西、西藏；印度、尼泊尔、孟加拉国、斯里兰卡、缅甸、越南、泰国、马来西亚、菲律宾、印度尼西亚、新几内亚。

黑背蝗亚科 Eyprepocnemidinae

体小型至大型。头卵形，颜面侧观较直或略向后倾斜；头顶宽圆，其在复眼之间距较宽；缺头侧窝。触角丝状，到达或超过前胸背板后缘。前胸背板背面较平，中隆线和侧隆线均明显，有时侧隆线较弱。前胸腹板突圆柱状或横片状。中胸腹板侧叶较宽地分开，侧叶间之中隔较宽。后胸腹板侧叶的后端明显地分开。前、后翅均很发达，略不到达、到达或超过后足股节的顶端，有时较缩短，但在背面仍相互毗连。后足股节侧观较宽，外下膝侧片顶端圆形或角形；上侧中隆线具齿。后足胫节缺外端刺。鼓膜器发达。雄性第 10 腹节背板的后缘骨化较强，有时具有尾片。雄性肛上板近三角形，基部常具纵沟。雄性尾须较侧扁，端部宽大或略尖，常向下弯曲。雄性下生殖板短锥形。雌性产卵瓣较短，端部近钩状。阳具基背片桥状，桥部骨化较弱，具锚状突和冠突。

中国已知 5 属，云南已知 4 属。

黑背蝗亚科分属检索表

1(6)　前胸腹板突圆锥形或圆柱形，非横片状；后足股节匀称，端部之半不明显缩狭；后足胫节刺较稀疏

2(5)　体形较小；前胸腹板突圆柱形，端部较膨大，顶端圆形；前胸背板背面两侧缘具有较狭的淡色边缘；雄性尾须较短

3(4)　头顶背面中央具有明显的中隆线，有时较弱，不明显或缺如；雄性尾须侧观较细狭，锥形，端部较狭锐 ·············· **黑背蝗属 Eyprepocnemis**

4(3)　头顶背面中央缺中隆线；雄性尾须较侧扁，侧观基部和端部均较宽，中部缩狭，顶端宽圆 ·········
·· **素木蝗属 Shirakiacris**

5(2)　体形较大；前胸腹板突圆锥形，端部较狭，顶端略尖；前胸背板背面两侧缘具有较宽的淡色边缘；雄性尾须侧扁，超过腹端，侧观较宽，端部较宽大，略向内弯 ············· **长夹蝗属 Choroedocus**

6(1)　雌、雄两性的前胸腹板突横片状，其顶端圆形，有时顶端中央明显凹陷；后足股节细长，侧观基部之半较宽，顶端之半明显缩狭；后足胫节上侧边缘刺明显较密；雄性尾须侧观较细狭，端部略向下弯曲，顶端略尖 ·············· **棒腿蝗属 Tylotropidius**

（五十六）黑背蝗属 *Eyprepocnemis* Fieber，1853

Eyprepocnemis Fieber，1853：98；Johnston，H. B. 1956：386；Willemse，C. 1957：236；Dirsh，1961：351；Harz，1975：367；Yin，1984b：45，55；Zheng，1985：70，111，112；Zheng，1993：173；Yin，Shi & Yin，1996：288；Jiang & Zheng，1998：174，175；Li，Xia *et al.*，2006：586～588，fig. 297.

Euprepocnemis Stål，1873b：75；Tinkham，1940：350；Bei-Bienko & Mistshenko，1951：149，267；Xia，1958：66.

Acridium Audinet-Serville，1839：568，640（partim）.

Caloptenus Fischer, 1853：298，375（partim）.

Type-species：*Eyprepocnemis plorans*（Charpentier, 1825）（= *Gryllus plorans* Charpentier, 1825）

体中型，匀称。头大而短，较短于前胸背板，头顶背面具有明显的中隆线。颜面侧观略向后倾斜，颜面隆起宽平，缺纵沟，刻点稀疏。复眼卵圆形。触角丝状，到达或超过前胸背板的后缘。头侧窝消失或不明显。前胸背板中隆线较低，侧隆线明显，几平行；3 条横沟明显，均切断中隆线，后横沟位于中部之后；前缘较直，后缘呈圆弧形。前胸腹板突近圆柱形，顶端呈圆形膨大。前、后翅发达，常到达或超过后足股节的顶端，有时较缩短，不到达后足股节的中部；前翅透明，常具不规则的暗斑。中胸腹板侧叶宽大于长。后足股节上侧中隆线呈齿状。后足胫节缺外端刺。雄性肛上板基部纵沟明显，尾须细长，端部较尖，顶端略向内弯曲。雄性下生殖板短锥形。雌性上产卵瓣上外缘缺齿或具不明显的小齿。

已知 22 种 4 亚种，分布于非洲、地中海沿岸的欧洲及亚洲南部。中国已知 4 种，分布于中国南部广大地区。云南已知 3 种。

黑背蝗属分种检索表

1（4） 前翅较长，明显地超过后足股节的中部
2（3） 体较小，体长♂20.5～22.0 mm，♀29.2～32.0 mm；前翅到达或略超过后足股节的顶端；后足胫节近基部 2 黑环狭 ·· 云南黑背蝗 *E. yunnanensis*
3（2） 体较大型，体长♂31.4～33.0 mm，♀45.5～53.2 mm；前翅超过后足股节的顶端 ·············
·· 斑腿黑背蝗 *E. maculata*
4（1） 前翅较短，其顶端不到达后足股节的中部 ·················· 筱翅黑背蝗 *E. perbrevipennis*

139. 云南黑背蝗 *Eyprepocnemis yunnanensis* Zheng，1982

Eyprepocnemis yunnanensis Zheng, 1982：80～81，figs. 18～28；Zheng, 1985：12，figs. 531～538；Zheng, 1993：173～179，figs. 640～643；Yin, Shi & Yin, 1996：290；Li, Xia *et al*., 2006：588～590，figs. 297，298a～f.

检视标本：2♂，4♀，六库，北纬25°52′，东经98°52′，900 m，1998-Ⅷ-21，1995-Ⅶ-26，毛本勇采；1♀，普洱（梅子湖），1350 m，北纬22°46′，东经100°52′，2007-Ⅶ-29，毛本勇采；1♂，2♀，龙陵（腊勐），北纬24°44′，东经98°56′，1500 m，2005-Ⅷ-5，普海波采。

分布：云南（景洪、澜沧、普洱、六库、龙陵）。

140. 斑腿黑背蝗 *Eyprepocnemis maculata* Huang，1983

Eyprepocnemis maculata Huang, 1983：148，figs. 4～8；Li, Xia *et al*., 2006：588，591，592，figs. 297，300a～e.

检视标本：3♂，6♀，景洪（勐仑），650 m，北纬21°57′，东经101°15′，2006-Ⅶ-29，毛本勇、吴琦琦采；1♀，勐腊（曼庄），北纬21°26′，东经101°40′，2004-Ⅷ-1，毛本勇采；1♀，普洱（梅子湖），1700 m，北纬22°46′，东经100°52′，2007-Ⅶ-27，毛本勇采。

分布：云南（勐腊、景洪、普洱）。

141. 筱翅黑背蝗 *Eyprepocnemis perbrevipennis* **Bi** *et* **Xia，1984**

Eyprepocnemis perbrevipennis Bi *et* Xia，1984：145，figs. 1～5；Zheng，1985：112，114，figs. 544～548；Zheng，1993：179；Yin，Shi & Yin，1996：289；Ou，2000：310，figs. 5～6；Li，Xia *et al.*，2006：589，592～594，figs. 297，301a～e.

检视标本：2 ♂，2 ♀，祥云，北纬 25°29′，东经 100°33′，1999-Ⅷ-15，杨曙红采；1 ♀，丽江，北纬 26°48′，东经 100°15′，1999-Ⅶ-22，和丽兰采；1 ♀，盈江，北纬 24°32′，东经 97°49′，1996-Ⅶ-29，邹倩采；1 ♂，4 ♀，大理，北纬 25°35′，东经 100°13′，1995-Ⅶ-31，毛本勇采；1 ♂，2 ♀，宾川，北纬 25°48′，东经 100°33′，1999-Ⅷ-15，赵应凰、刘丽英采；1 ♀，姚安，北纬 25°30′，东经 101°12′，1996-Ⅷ-4，周忠全采。

分布：云南（祥云、宾川、大理、丽江、盈江、姚安）。

（五十七）素木蝗属 *Shirakiacris* Dirsh，1957

Shirakiacris Dirsh，1957：861，862；Balderson & Yin，1987：280；Zheng，1985：70，115；Zheng，1993：179；Liu *et al.*，1995：78～79；Yin，Shi & Yin，1996：640；Ren，2001：176～177；Li，Xia *et al.*，2006：586，594，595，figs. 302.

Type-species：*Shirakiacris shirakii*（I. Bolivar，1914）（= *Euprepacnernis shirakii* I. Bolivar，1914）

体中型，匀称。头大而短，较短于前胸背板。头顶低凹，侧缘明显隆起，头顶背面缺中隆线。颜面侧观略向后倾斜，颜面隆起宽平，无纵沟，刻点稀疏。头侧窝消失。复眼卵圆形，其纵径为横径的 1.4～1.7 倍。触角丝状，到达或超过前胸背板的后缘。前胸背板中隆线较低，侧隆线较弱，几乎平行；3 条横沟明显切断中隆线；前缘较直，后缘呈圆弧形。前胸腹板突近圆柱形，顶端呈圆形膨大。前、后翅发达，常到达或超过后足股节的顶端；前翅常具不规则的暗斑。中胸腹板侧叶宽大于长。后足股节匀称，上侧中隆线具细齿。后足胫节缺外端刺。雄性肛上板基部纵沟明显，尾须侧扁，基部和端部较宽，中部缩狭，顶端圆形。雄性下生殖板短锥形。雌性产卵瓣边缘光滑或具小齿。

已知 3 种，分布于中国、日本、前苏联东部、朝鲜及亚洲南部地区。云南已知 2 种。

素木蝗属分种检索表

1(2) 前胸腹板突顶端明显膨大；前翅较长，超过后足股节的顶端 ………… **云贵素木蝗** *S. yunkweiensis*

2(1) 前胸腹板突顶端不膨大或略膨大；前翅较短，不超过后足股节的顶端 …………………………………
……………………………………………………………………………… **短翅素木蝗** *S. brachyptera*

142. 云贵素木蝗 *Shirakiacris yunkweiensis*（Chang，1937）

Euprepocnemis yunkweiensis Chang，1937b：193，fig. 9.

Shirakiacris yunkweiensis（Chang，1937）// Dirsh，1957：862；Zheng，1985：115，117，figs. 558～560；Zheng，1993：180，fig. 249；Liu *et al.*，1995：79～80，fig. II，121；Jiang & Zheng，1998：178～179，figs. 549～551；Li，Xia *et al.*，2006：564～566，figs. 282，

288a～d.

Eyprepocnemis yunkweiensis （Chang, 1937） // Yin, 1984：55, fig. 95, pl. VII, figs. 47～48.

检视标本：3♂, 1♀, 师宗（菌子山）, 北纬24°48′, 东经104°22′, 2006-VII-16, 毛本勇采；1♀, 文山, 北纬23°22′, 东经104°29′, 1500 m, 12005-IV-28, 杨自忠采；2♂, 马关（八寨）, 北纬23°0′, 东经104°4′, 1750 m, 2006-VII-19, 杨自忠采；1♀, 景谷, 北纬23°31′, 东经100°39′, 1999-VIII-27, 陶奎儒采；1♀, 宾川, 北纬25°48′, 东经100°33′, 2002-VIII-15, 刘丽英采；1♀, 鹤庆, 1995-VIII-11, 李玲采；1♀, 云龙, 北纬25°38′, 东经99°0′, 1995-VII-26, 何晓芳采；1♂, 剑川, 北纬26°16′, 东经99°54′, 1998-VIII-16, 毛本勇采；1♀, 永平, 北纬25°27′, 东经99°25′, 1996-VIII-24, 毛本勇采；3♂, 3♀, 大理（苍山）, 北纬25°35′, 东经100°13′, 1995-VII-24, 史云楠采；7♂, 8♀, 永善, 北纬28°10′, 东经103°36′, 1500 m, 2004-VII-20, 毛本勇采；1♂, 开远, 2001-IX-22, 杨艳采。

分布：云南（师宗、文山、马关、景谷、宾川、鹤庆、云龙、剑川、永平、大理、永善、邱北、开远、石林、景洪、澜沧）、贵州、四川。

143. 短翅素木蝗 *Shirakiacris brachyptera* Zheng, 1983

Shirakiacris brachyptera Zheng, 1983：67～68, figs. 1, 3～5, 8, 11; Zheng, 1985：115, 118, figs. 561～568; Zheng, 1993：180, fig. 250; Yin, Shi *et* Yin, 1996：640; Li, Xia *et al.*, 2006：595, 599, 600, figs. 302, 305a～c.

检视标本：1♀, 大理（苍山）, 北纬25°35′, 东经100°13′, 1700 m, 1995-VIII-18, 毛本勇采；1♀, 永胜, 北纬26°34′, 东经100°38′, 1999-VII-28, 余开礼采；3♂, 2♀, 永平, 北纬25°27′, 东经99°25′, 1998-X-31, 毛本勇采；1♂, 剑川, 北纬26°16′, 东经99°54′, 1998-VII-20, 毛本勇采；5♂, 5♀, 维西, 北纬27°11′, 东经99°17′, 2150 m, 2002-VIII-11, 徐吉山采。

分布：云南（昆明、大理、永平、剑川、永胜、维西）。

讨论：短翅素木蝗 *Shirakiacris brachyptera* 主要根据"前胸腹板突顶端不明显膨大"以及"前翅不超过后足股节顶端"这两个特征与云贵素木蝗 *Shirakiacris yunkweiensis* 区别。然而, 前一特征因膨大程度难于把握而不好操作（本文即根据此特征进行大致分类）；后一特征在不同种群中有过渡, 甚至在"前胸腹板突顶端不明显膨大"的同一种群中, 前翅存在"不到达"、"到达"和"略超过"后足股节顶端三种情况。二者是否是同一种有必要深入研究。

（五十八）长夹蝗属 *Choroedocus* Bolivar, I., 1914

Choroedocus Bolivar, I. 1914：5, 8; Willemse, C. 1921（1922）：20, 23; Uvarov, B. P. 1921b：106, 110; Tinkham, 1940：348; Willemse, C. 1957：227; Xia, 1958：28, 65, 66; Zheng, 1985：70, 109; Zheng, 1993：180; Liu *et al.*, 1995：80; Yin, Shi & Yin, 1996：155; Jiang & Zheng, 1998：178, 179; Li, Xia *et al.*, 2006：586, 600, 602, fig. 306.

Heteracris Walker, 1870b：655（partim）; Kirby, 1914：262.

Demodocus Stål，1878：75.

Type-species：*Choroedocus capensis*（Thunberg，1815）〔 = *Gryllus capensis* Thunberg，1815）〔 = *Demodocus capensis*（Thunberg，1815）〕

体型较粗大，略具粗密的刻点和稀疏绒毛。头大，较短于前胸背板。头顶较宽，中央低凹，侧缘和前缘明显隆起。颜面微倾斜，颜面隆起宽平，侧缘几乎平行，不到达唇基，无纵沟，刻点较稀疏。复眼长卵形。触角丝状，超过前胸背板的后缘。前胸背板前缘略平，后缘呈钝角突出；中隆线较低，侧隆线明显，几乎平行；3 条横沟均明显切断中隆线和侧隆线；后横沟较近后端。前胸背板侧片具有粗密的刻点和短隆线。前胸腹板突圆锥形，略向后弯曲，顶端较尖。中胸腹板侧叶间的中隔较狭。前、后翅都发达，略不到达或超过后足股节的顶端，前翅透明。后足股节匀称，上侧的中隆线呈锯齿状。后足胫节顶端缺外端刺，沿其外缘具齿 12 ~ 13 个，内缘具齿 11 个。雄性尾须颇发达，侧扁，宽长，明显地超出腹端；顶端扩大，略向内弯曲，呈钳状。雄性下生殖板短锥形，顶端较尖。雌性上产卵瓣顶端尖锐，其上外缘无齿。

已知约 8 种，分布于亚洲南部及东南部。中国已知 3 种，分布于西南和东南部。云南已知 2 种。

长夹蝗属分种检索表

1(2)　　前翅无暗色斑点，后足胫节淡紫红色 ·· 紫胫长夹蝗 *C. violaceipes*
2(1)　　前翅具明显的暗色斑点，后足胫节黄色或黄褐色 ······························· 长夹蝗 *C. capensis*

144. 紫胫长夹蝗 *Choroedocus violaceipes* Miller，1934

Choroedocus violaceipes Miller，1934：544；Willemse，C. 1957：229，fig. 5；Zheng，1979：69；Roffey，1979：65，fig. 44；Zheng，1985：109，figs. 522 ~ 528；Zheng，1993：180 ~ 181，figs. 651 ~ 653；Yin，Shi & Yin，1996：155；Jiang & Zheng，1998：179，180，figs. 552 ~ 558；Li，Xia *et al.*，2006：603 ~ 605，figs. 306，308a ~ e.

检视标本：1 ♂，2 ♀，漾濞(顺濞)，北纬 25°29′，东经 99°56′，1400 ~ 1450 m，1998-Ⅷ-4，史云楠采；1 ♂，陇川，北纬 24°8′，东经 97°47，1998-Ⅷ-4；采集人不详；2 ♂，2 ♀，勐腊(曼庄)，北纬 21°26′，东经 101°40′，2004-Ⅷ-1，毛本勇采；2 ♂，6 ♀，景洪(野象谷)，北纬 22°20′，东经 101°53′，650 m，2006-Ⅷ-4，毛本勇采；1 ♂，1 ♀，云县，北纬 24°27′，东经 100°7′，1300 m，2003-Ⅶ-21，毛本勇采；1 ♀，临沧，北纬 23°53′，东经 100°5′，1998-Ⅷ-1，采集人不详；1 ♀，耿马(孟定)，北纬 23°29′，东经 99°0′，2004-Ⅷ-6，毛本勇采；1 ♀，龙陵(腊勐)，北纬 24°44′，东经 98°56′，1500 m，2005-Ⅷ-5，徐吉山采；1 ♀，保山(怒江坝)，850 m，1999-Ⅶ-27，毛本勇采；1 ♂，1 ♀，六库，北纬 25°52′，东经 98°52′，1000 m，1995-Ⅶ-26，毛本勇采；4 ♂，5 ♀，普洱(梅子湖)，1350 m，北纬 22°46′，东经 100°52′，2007-Ⅶ-29，毛本勇采。

分布：云南(勐腊、景洪、澜沧、普洱、漾濞、陇川、云县、临沧、景东、耿马、龙陵、保山、六库)；马来西亚、泰国。

145. 长夹蝗 *Choroedocus capensis*（**Thunberg，1815**）

Gryllus capensis Thunberg，1815：270.

Choroedocus capensis（Thunberg，1815）// Bolivar，I. 1914：9，20；Tinkham，1940：349，376；Willemse，C. 1957：228，fig. c；Xia，1958：66；Roffey，1979：63，fig. 8；Zheng，1985：109，111，figs. 529～530；Zheng，1993：181，figs. 654，655；Liu *et al.*，1995：81，figs. II：122，123；Yin，Shi & Yin，1996：155；Jiang & Zheng，1998：180，181，figs. 559～560；Li，Xia *et al.*，2006：602，605～607，figs. 306，309a～e.

Pezotettix（*Euprepocnemis*）*capensis*（Thunberg，1815）// Stål，1873b：76.

Heteracris insignis walker，1870b：663，664.

未见标本。

分布：云南（元江、河口）、福建、广东、广西、贵州；缅甸、柬埔寨、泰国、印度、越南、斯里兰卡、非洲。

（五十九）棒腿蝗属 *Tylotropidius* Stål，1873

Tylotropidius（*Pezotettix*）Stål，1873b：74；Johnston，H. B. 1956：417；Kirby，1914：195，265；Tinkham，1940：347，348；Dirsh，1965：285，300；Johnston，H. B. 1968：221；Roffey，1979：66；Zheng，1993：181，182；Yin，Shi & Yin，1996：732，733；Jiang & Zheng，1998：181，182；Li，Xia *et al.*，2006：586，609，610，fig. 323.

Metaxymecus Karsch，1893：87，104；Dirsh，1961：379.

Type-species：*Tylotropidius didymus*（Thunberg，1815）（= *Gryllus didymus* Thunberg，1815）

体中型。头较短于前胸背板，头顶前端具2个近乎圆形凹陷，在其后紧连2个长圆形凹陷。颜面侧观向后倾斜。复眼卵形，位于头之中部。触角丝状，略长于头和前胸背板长度之和。前胸背板中隆线和侧隆线明显，侧隆线在靠近后缘处较不明显，沟前区长于沟后区，后缘呈钝角形。前胸腹板突横片状，顶端中央凹陷，略呈二齿。中胸腹板两侧叶宽大于长，两侧叶内缘分开。前、后翅均发达，不到达或到达后足股节的端部。后足股节基部甚为粗厚，端部明显细狭，上侧中隆线具细齿，后足胫节上侧外缘具刺12～14个，缺外端刺。雄性尾须圆锥形，细长，顶端完整，不分裂为2齿。雄性下生殖板短圆锥形。雌性产卵瓣短粗，边缘光滑，顶端略呈钩状。

本属已知10种，主要分布于非洲，2种分布于印度、尼泊尔、缅甸、泰国、斯里兰卡及中国。云南已知1种。

146. 云南棒腿蝗 *Tylotropidius yunnanensis* Zheng et Liang，1990

Tylotropidius yunnanensis Zheng et Liang，1990：100，figs. 1～7；Zheng，1993：182；Yin，Shi & Yin，1996：734；Ou，2000：309；Li，Xia *et al.*，2006：610，612～614，figs. 323，312a～g.

检视标本：20 ♂，7 ♀，洱源，北纬26°7′，东经99°56′，2200～2350 m，1999-V-25，

毛本勇采；2 ♂，2 ♀，大理（凤仪），北纬 25°35′，东经 100°15′，2100 m，2000-Ⅺ-9，毛本勇采；1 ♀，文山，北纬 23°22′，东经 104°29′，1500 m，2005-Ⅳ-28，毛本勇采；1 ♀，永胜，北纬 26°34′，东经 100°38′，1999-Ⅶ-28，余开礼采；1 ♂，元谋（老城），2006-Ⅴ-2，陈祯、杨国辉采。

分布：云南（双柏、元谋、邱北、文山、东川、永胜、洱源、大理、香格里拉、腾冲）。

丽足蝗亚科 Habrocneminae

体中型，较粗短，体表具粗大刻点和皱纹。头短，近卵形；颜面侧观垂直或略向后倾斜，颜面隆起略平，中央纵沟不明显；头顶较短，向前倾斜，前缘角形或较宽圆，背面中央低凹，基部在复眼间距较宽；头侧窝明显、不明显或缺如。触角丝状，不到达、到达或超过前胸背板后缘。前胸背板背面弧形或略平，中隆线明显或较弱，侧隆线较弱或仅在沟前区明显，沟后区消失，或完全缺如。前胸腹板突圆柱形或圆锥形。中胸腹板侧叶较宽地分开，侧叶间之中隔较宽；后胸腹板侧叶的后端明显地分开或毗连。前、后翅均不发达，呈鳞片状，侧置。后足股节上侧中隆线具细齿，呈锯齿状；膝部外侧下膝侧片的顶端圆形。后足胫节端部缺外端刺。鼓膜器发达。雄性腹部末节背板后缘骨化较强，具或不具尾片。雄性肛上板三角形或近长方形，基部中央常具纵沟。雄性尾须锥形，顶端略尖。雄性下生殖板短锥形，顶端钝圆。雌性产卵瓣较短，外缘具齿或平滑，端部呈钩状。阳具基背片桥状，具锚状突和冠突。

中国已知 4 属，分布于南部地区。云南已知 2 属。

丽足蝗亚科分属检索表

1(2) 颜面隆起在中单眼之下消失或极不明显；前胸背板中隆线缺如；雄性肛上板呈倒梯形，顶端中央呈三角形凸出；雌性下生殖板后缘中央呈三角形凸出，两侧各具 1 齿 …… **龙州蝗属 Longzhouacris**

2(1) 颜面隆起全长明显；前胸背板具明显的中隆线；雄性肛上板三角形，顶端较尖；雌性下生殖板后缘中央三角形凸出，顶尖，两侧不具齿 ………………………………………… **勐腊蝗属 Menglacris**

（六十）龙州蝗属 Longzhouacris You et Bi，1983

Longzhouacris You et Bi，1983：see：You, Li & Bi，1983：167；Zheng，1993：182；Yin，Shi & Yin，1996：379；Jiang & Zheng，1998：183；Li，Xia *et al.*，2006：615，616，fig. 323.

Type-species：*Longzhouacris rufipennis* You et Bi，1983

体中小型。头大而短于前胸背板。头顶略呈梯形，两侧缘向内凹入，背面具有较宽的纵沟。缺头侧窝。颜面侧观向后倾斜，具稀疏细刻点；颜面隆起在中单眼之下消失。复眼短卵圆形，较向外突出，其纵径较大于横径。触角到达或超过后足股节基部。前胸背板前缘中部略突出，后缘宽圆；中隆线缺如，或有时仅在沟后区隐约可见；侧隆线缺如。3 条横沟均明显，沟前区较长于沟后区。前胸腹板突短锥形，端部较尖。中胸腹板侧叶长与宽大致相等，其宽度较宽于中隔的宽度。后胸腹板侧叶在凹窝后彼此相接。前翅颇缩短，椭圆形，到达或略超过第 2 腹节的后缘；侧置，通常在背后彼此分开，有时前翅中部毗连。后翅不甚发达，刚可看见。后足股节上侧的中隆线略具细齿；上、下膝侧片顶端较圆。后足胫节缺外端刺。后足跗节爪间中垫颇发达，其长度超出爪端甚长。雄性腹部末节后缘具有小而明显的尾片。

肛上板呈倒梯形。雄性尾须呈扁锥状。下生殖板粗短，端部宽圆。雌性肛上板近于菱形。上产卵瓣剑状，端部略向上弯曲；下产卵瓣略狭而短。下生殖板较狭长，其后缘中央呈三角形突出，在突出之两侧各具 1 齿。

分布于中国南部，已知有 7 种。云南已知 1 种。

147. 长翅龙州蝗 *Longzhouacris longipennis* Huang *et* Xia, 1984（图版Ⅶ: 1）

Longzhouacris longipennis Huang *et* Xia, 1984：243～244, figs. 3～5；Zheng, 1993：183, fig. 663；Yin, Shi & Yin, 1996：379；Li, Xia *et al.*, 2006：616～617, figs. 313a～c, 323.

雌性：体小型。头宽短，短于前胸背板长，眼后头宽大于前胸背板宽，表面满布细密凹点。头顶略突出，略呈梯形，两侧缘向内凹入，背面具有较宽的纵沟。眼间距约为触角间颜面隆起宽度的 1.15 倍。颜面侧观向后倾斜，正面观阔；颜面隆起在触角间稍明显，并向前突出，中单眼之下消失，具粗颗粒状突起。颜面侧隆线不直。复眼卵形，突出，纵径为横径的 1.61 倍，为眼下沟长度的 2.22 倍。触角长达后足股节基部，中段任一节长度为宽度的 3.08 倍。前胸背板圆柱状，具多数颗粒状突起和皱纹；前缘近平直，后缘宽圆形突出；中隆线仅在沟后区明显，侧隆线缺；具 4 条明显的横沟，沟前区长为沟后区长的 1.50 倍。前胸腹板突圆锥状，顶端尖。中胸腹板侧叶四边形，宽度为长度的 1.25 倍，中隔梯形，其最宽处为其长度的 1.50 倍。后胸腹板侧叶在后端毗连。前翅较长，到达第 4 腹节后缘。后足股节匀称，长为宽的 4.77 倍，上侧中隆线具细齿，下膝侧片近乎直角。后足胫节上侧内缘具刺 8 个，外缘具刺 7 个，缺外端刺。后足跗节较长，到达胫节的中部，跗节第 2 节短于第 1 节，第 3 节与第 1 和 2 节等长；爪间中垫发达，超过爪之顶端。鼓膜器发达。肛上板近菱形，基部阔，中部之后渐狭，顶端呈锐角形突出，基部之半具纵沟，中部具横折。尾须圆锥状，顶端尖，不达肛上板的后缘。下生殖板后缘三角形突出。上产卵瓣近直，仅顶端略钩曲，上缘具稀疏的齿；下产卵瓣圆柱形，直。

体色：体黄绿色。头绿黄色，头顶、后头中央、眼后带棕色；触角、复眼棕褐色。前胸背板背面中央棕色，背面两侧黄绿色；侧片大部棕色，仅腹缘黄绿色。前翅肘脉域和肘脉域绿黄色，其余棕色。前、中足黄绿色；后足股节黄绿色，膝部浅棕色；后足胫节及刺蓝黑色；跗节黄褐色。

体长♀23.0；前胸背板长♀5.1；前翅♀8.1；后足股节♀12.8。

检视标本：1♀，马关（古林箐），北纬 22°49′，东经 103°58′，1400 m，2006-Ⅶ-21，王玉龙采。

分布：云南（河口、马关）。

讨论：首次记述该种雌性。该雌性标本的产地在马关县（古林箐），距离模式标本产地河口仅约 40 km，可视为地模标本。

（六十一）勐腊蝗属 *Menglacris* Jiang *et* Zheng，1994

Menglacris Jiang *et* Zheng，1994：463；Li，Xia *et al.*，2006：615，626，627.

Tectiacris Wei *et* Zheng，2005：369～370. **syn. nov.** .

Type-species：*Menglacris maculata* Jiang *et* Zheng，1994

体中型。颜面近垂直，颜面隆起在触角间不突出，全长明显；颜面侧隆线明显，平直。复眼长卵形，纵径为眼下沟长的 3.0～3.5 倍。触角丝状，到达或超过前胸背板后缘。前胸背板前缘弧形突出，沿边缘具稀疏瘤状突起；后缘中央呈三角形凹陷；中隆线明显，被 3 条横沟明显切断，缺侧隆线。前胸腹板突锥形，顶尖。中胸腹板侧叶长与宽近于等长，中隔其宽大于长。后胸腹板侧叶分开。前翅鳞片状，侧置，顶圆。后足股节上隆线具稀疏钝齿；下膝片顶钝圆。后足胫节无外端刺。后足跗节第 3 节之长度等于第 1、2 节长度之和。雄性肛上板三角形。尾须圆锥形，到达或不到达肛上板的顶端。雌性产卵瓣较长，上产卵瓣上外缘具不规则钝齿，尾端尖锐。阳具基背片桥状，具较发达的锚状突和冠突。阳具复合体的色带骨化较强，具色带瓣。

已知 1 种，分布于云南。

148. 斑腿勐腊蝗 *Menglacris maculata* Jiang *et* Zheng，1994

Menglacris maculate Jiang *et* Zheng，1994：463～467，figs. 1～12；Li，Xia *et al.*，2006：627～628，320a～1，323.

Tectiacris maculifemura Wei *et* Zheng，2005：370～371，figs. 8～13. **syn. nov.** .

检视标本：7 ♂，2 ♀，勐腊（曼庄），北纬 21°26′，东经 101°46′，2004-Ⅷ-4，毛本勇采；1 ♀，景洪，北纬 21°57′，东经 101°15′，650 m，2004-Ⅸ-9，宋志顺采；3 ♂，6 ♀，勐海（南糯山），北纬 21°56′，东经 100°36′，2006-Ⅷ-2，刘浩宇采；1 ♂，3 ♀，绿春（坪河），北纬 22°50′，东经 101°31′，2004-Ⅶ-28，毛本勇采；3 ♂，4 ♀，普洱（梅子湖），1350 m，北纬 22°46′，东经 100°52′，2007-Ⅶ-29，毛本勇采。

分布：云南（勐腊、景洪、勐海、绿春、普洱）。

讨论：斑腿勐腊蝗 *Menglacris maculata* 分布于滇南一带，同一种群内和不同种群间的个体在颜面隆起具或不具纵沟、前胸腹板突直或向后略曲、翅较细长或较宽短、鼓膜器较阔或较狭以及色型等特征方面变化较大，宜作为同一种看待。

蛙蝗亚科 Ranacridinae

体中型。头短，头顶向前倾斜，背面中央具隆线。颜面侧观向后倾斜，颜面隆起中央具纵沟，头顶侧缘具头侧窝。触角丝状，到达或超过前胸背板后缘。前胸背板近屋脊状，前缘圆弧形，后缘中央凹入；中隆线发达，侧隆线不明显。前胸腹板突锥形，直立。中胸腹板侧叶较宽地分开，侧叶间中隔较宽。后胸腹板侧叶的后端明显地分开。前、后翅缺如。后足股节上侧中隆线具齿，外侧下膝侧片顶端圆形。后足胫节端部缺外端刺。鼓膜器发达。雄性第10腹节背板的后缘具尾片。雄性下生殖板锥形，雌性产卵瓣的外缘具齿。

中国仅知1属，分布于南部地区，云南有分布。

（六十二）蛙蝗属 *Ranacris* You *et* Lin，1983

Ranacris You *et* Lin，1983：255～256；Zheng，1993：186；Yin，Shi & Yin，1996：608；Jiang & Zheng，1998：188；Li，Xia *et al.*，2006：615，637，638.

Type-species：*Ranacris albicornis* You *et* Lin，1983

体中型，具细密刻点。头短于前胸背板；头顶向前倾斜，端部圆形，头顶隆线之后有1条明显的短横隆线。头侧窝略呈三角形。颜面侧观明显地向后倾斜；颜面隆起在触角之间明显呈圆形向前突出，中间具纵沟。复眼椭圆形，稍突出。触角丝状，到达或超过前胸背板后缘。前胸背板呈屋脊状，具粗刻点，前缘呈圆弧形，后缘中央凹入，在中隆线处具小三角形凹口；中隆线发达，侧隆线粗，但不甚明显；前横沟略平，中横沟呈波浪状，后横沟较平，位于背板中部之后，3条横沟深切，均明显割断中隆线。前胸背板侧片长大于高，下缘从其中部向前升起，前下角钝角，后下角钝圆。前胸腹板突圆锥形，直立，顶端尖锐。中胸腹板和后胸腹板的侧叶全长明显地分开，中胸腹板侧叶间的中隔较宽。前、后翅均缺。前、中足较粗。后足股节较短，上侧中隆线具稀疏锯齿，末端形成1个小齿；膝侧片端部圆形。后足胫节上侧外缘具刺7～8个，缺外端刺，内缘具刺9个（包括内端刺）。后足跗节正常，爪间中垫发达。鼓膜器较大，孔近圆形。雄性第10腹节背板后缘中部深凹，两边各有1个半圆形小尾片。肛上板三角形，端部较尖，背面具纵沟。尾须较长，几与肛上板等长，扁锥形，顶端较尖锐。下生殖板较短，圆锥形，端部往上翘，顶端尖锐。雌性上产卵瓣直，上外缘具1列细齿。

已知1种，分布于广西。本文另记述分布于云南的1新种。

149. 云南蛙蝗，新种 *Ranacris yunnanensis* sp. nov.（图版Ⅵ：4，Ⅷ：5；图2-18）

体中型，雄性体匀称，雌性体粗胖。体表具刻点、颗粒状突起和皱纹。头短，其长略大于前胸背板长度之半。头顶向前倾斜，侧缘明显隆起，前缘中央凹陷，与颜面隆起纵沟相接，背面略平，在复眼前具横隆线；头背中央具明显的中隆线；头侧窝不明显；眼间距约为触角间颜面隆起宽度的1.50～1.88（平均1.63，n=5，♂）或1.60～1.76（平均1.71，n=5，

♀)倍。颜面隆起在触角间不明显突出，全长具纵沟，纵沟在中单眼之下渐宽，渐浅，不到达唇基。颜面侧隆线略弯曲。复眼椭圆形，其纵径约为横径的 1.49~1.61（平均 1.53，n = 5，♂）或 1.64~1.72（平均 1.67，n = 5，♀）倍，约为眼下沟长度的 1.54~1.67（平均 1.63，n = 5，♂）或 1.18~1.30（平均 1.23，n = 5，♀）倍。触角丝状，到达后足股节基节（♂）或略超过超过前胸背板后缘（♀），中段任一节长度为宽度的 2.36~2.91（平均 2.63，n = 5，♂）或 2.22~2.94（平均 2.60，n = 5，♀）倍。前胸背板呈屋脊状，背面刻点和皱纹较头部粗大，前缘圆弧形，后缘中央深凹入，在中隆线处具三角形凹口；中隆线发达；侧隆线粗（♂，♀），在沟前区中部稍向内弯曲，在沟后区向外扩展（♂）或近直，自前向后扩展，最宽处为最狭处的 1.71~1.72 倍（♀）；3 条横沟均明显割断中隆线，背观 3 条横沟近直；沟前区的长度约为沟后区的 3.17~3.20（平均 3.18，n = 5，♂）或 2.85~3.17（平均 2.97，n = 5，♀）倍。前胸背板侧片长大于高，前下角和后下角均为钝圆角形。中、后胸及腹部背板沿中央均具有明显的中央隆线。中胸腹板侧叶间中隔呈梯形，其最大宽度约为其最小宽度的 1.50~1.75（平均 1.57，n = 5，♂）或 1.29~1.54（平均 1.38，n = 5，♀）倍，约为其长度的 1.50~1.94（平均 1.65，n = 5，♂）或 1.50~1.90（平均 1.70，n = 5，♀）倍。后胸腹板侧叶阔分开。前、后翅均缺。后足股节匀称，其长度约为最大宽度的 4.42~4.72（平均 4.63，n = 5，♂）或 4.44~4.83（平均 4.59，n = 5，♀）倍，端部明显超过腹部末端；上侧中隆线具稀疏锯齿，末端形成 1 个小齿；膝侧片端部圆形。后足胫节上侧外缘具刺 7~8 个，缺外端刺，内缘具刺 9 个（包括内端刺）。爪间中垫不达爪之顶端。

雄性第 10 腹节背板中央阔内凹，但不裂开，后缘不具尾片；肛上板长盾形，全长具中纵沟，纵沟在基部和端部阔；侧缘近端部略内凹；后缘明显缢缩，中央舌状突出。尾须较长，扁锥形，基部宽，端部狭，顶端尖，上被细长毛。下生殖板短锥形，顶钝。

雌性肛上板菱形，中部具横折。上产卵瓣狭长，近直，端部略向上弯，顶钝尖，上外缘近光滑；下产卵瓣稍短于上产卵瓣，端部略向下弯曲，顶端尖锐。下生殖板阔，侧缘向外弧形突出，后缘近平直，中央稍内凹并具三角形褶膜。

体色：全体呈栗褐色（雌性标本中少数个体淡绿色）。头顶浅黄褐色，中央和两侧具暗褐色条纹；颜面黄褐色；眼后颊黑色；触角基部数节背面黄褐色，腹面黑色，近端部具白黄色环。眼后区和眼下区亮浅黑褐色。触角暗褐色，近端部有一白色环。前胸背板在沟前区和前横沟后各具 1 个倒三角形黑斑（雌性不明显）；侧片上半部亮黑色，下半部黑褐色。中、后胸背板和腹部背板的中央和两侧具黑褐色纵条纹，中央 1 条较狭且止于腹部第 3 节。胸部和腹部腹面黄褐色，具不规则的黑斑。前、中足黄褐色，具不规则的黑斑。后足股节浅褐色，具有 3 条斜的黑褐色斑，分别位于基部、中部及近端部；内侧基部 1/3 淡红色，其余黄褐色，具 2 个黑色斑；内侧下缘和下侧浅红色；下膝侧片具暗褐色斑。后足胫节基部之半浅黑褐色，近基部具浅色环，端部之半亮红色，刺端暗色。

量度（mm）：体长：♂21.6~22.9，♀25.0~28.5；前胸背板长：♂4.0~4.6，♀6.0~6.3；后足股节长：♂11.5~12.0，♀14.2~15.3。

正模：♂，金平（分水岭），北纬 22°55′，东经 103°13′，1650 m，2006-Ⅶ-24，毛本勇采。副模：59 ♂，115 ♀，1650~1850 m，2006-Ⅶ-24，毛本勇、杨自忠、徐吉山、刘浩宇、吴琦琦、朗俊通采，其余资料同正模（副模之 2 雄 2 雌标本保存于中国科学院上海昆虫所）。

分布：云南（金平）。

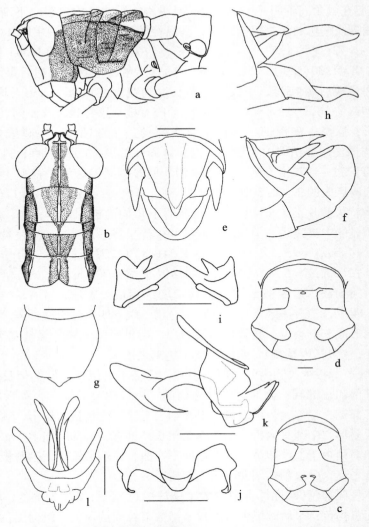

图 2-18　云南蛙蝗，新种 *Ranacris yunnanensis* sp. nov.

a. 体前端侧面观(apical apex of body，lateral view)；b. 头、前胸背板背面(head and pronotum，dorsal view)；c-d. 中、后胸腹板(mesosternum and metasternum，male and female)；e-f. 雄性腹端背面、侧面观(male terminalia，dorsal and lateral views)；g. 雌性下生殖板(female subgenital plate)；h. 产卵瓣侧面观(ovipositor，lateral view)；i-j. 阳具基背片背面和后面观(epiphallus，dorsal and posterior views)；k-l. 阳具复合体侧面和背面观(phallic complex，lateral and dorsal views)

　　词源学：种名表达该种模式产地在云南省。

　　讨论：新种在身体形态结构和颜色上和属模白斑蛙蝗 *R. albicornis* You *et* Lin，1983 近似，经与后者模式标本对照，前者区别于后者的主要特征是：体表的刻点和皱纹更为显著；头顶具有较清晰的侧缘隆线；前胸背板前、中横沟近直，沟前区的长度约为沟后区的3.17～3.20(♂)倍；雄性肛上板近端部明显缢缩，后缘中央舌状突出。

四、斑翅蝗科 OEDIPODIDAE

体中小至大型，一般较粗壮，体表具细刻点，有些种类的体腹面常被密绒毛。头近卵形，头顶较短宽，背面略凹或平坦，向前倾斜或平直；颜面侧观较直，有时明显向后倾斜；头侧窝常缺如，少数种类具三角形头侧窝；触角丝状。前胸背板背面常较隆起，呈屋脊形或鞍形，有时较平。前胸腹板在两前足基部之间平坦或略隆起。前、后翅均发达，少数种类较缩短，均具有斑纹，网脉较密，中脉域具有中闰脉，少数不明显或消失，至少在雄虫的中闰脉具细齿或粗糙，形成发音器的一部分。后足股节较粗短，上基片长于下基片，上侧中隆线平滑或具细齿，膝侧片顶端圆形或角形，内侧缺音齿列，但具狭锐隆线，形成发音齿的另一部分。发音为前翅—后足股节型或后翅—前翅型。鼓膜器发达。阳具基背片桥状，桥常较狭，锚状突较短，冠突单叶或双叶。

中国已知 37 个属，分别隶属于 4 个亚科，广泛分布于全国各地。云南已知 2 亚科。

斑翅蝗科分亚科检索表

1(2) 后足股节上侧中隆线具有明显的细齿；前胸背板中隆线明显地隆起，侧观其上缘近弧形，有时中隆线较弱，不明显隆起 ·· **飞蝗亚科 Locustinae**

2(1) 后足股节上侧中隆线全长平滑，缺细齿；前胸背板宽平，中隆线较平直，少数隆起呈屋脊形 ···
·· **斑翅蝗亚科 Oedipodinae**

飞蝗亚科 Locustinae

体中等或大型，体表常具刻点或具细绒毛。颜面侧观较直或略向后倾斜，颜面隆起宽平，仅在中央单眼处微凹；头顶宽短，略向前倾斜，背面微凹；头侧窝缺如或明显，触角丝状。前胸背板中隆线明显隆起，呈屋脊形或较平，前胸腹板在两前足基部之间较平坦，不明显隆起。前、后翅均很发达，翅脉较密，前翅中脉域具有明显的中闰脉，且中闰脉具有细齿。后足股节粗壮，上侧中隆线具细齿，基部外侧上基片明显较下基片长。鼓膜器发达。阳具基背片桥状，具锚状突和冠突。发音为前翅—后足型或后足—后翅型。

中国已知有 4 属，分布广泛。云南已知 3 属。

飞蝗亚科分属检索表

1(2)　前胸背板中隆线较低，侧观较平直，被后横沟较深地切断，切口明显；后足胫节污蓝色或红色；体之腹面及足均具有较密的长绒毛 ························· **踵蝗属 Pternoscirta**

2(1)　前胸背板中隆线较高地隆起，侧观呈屋脊状，中隆线仅被中横沟微微切断，但不形成凹形切口

3(4)　前翅中脉域内之中闰脉较接近中脉，略远离肘脉，鼓膜器的鼓膜片较小，仅覆盖鼓膜孔的 1/3 弱；体之腹面具有较稀少的绒毛；体形较小，后翅具暗色横纹 ···················· **车蝗属 Gastrimargus**

4(3)　前翅中脉域内之中闰脉全长较接近肘脉，而远离中脉；鼓膜器之鼓膜片较大，约覆盖鼓膜孔的 1/2；体之腹面具有较密的绒毛；体形较大，后翅本色，缺暗色横纹 ·············· **飞蝗属 Locusta**

（六十三）踵蝗属 *Pternoscirta* Saussure，1884

Pternoscirta Saussure，1884：52，127；Kirby，1914：134；Willemse，C. 1930：60；Uvarov，B. P. 1940b：117；Bei-Bienko & Mishchenko，1951：2：588；Xia，1958：159；Johnston，H. B. 1968：326；Yin，1984b：140；Zheng，1985：252；Zheng，1993：191；Liu *et al*.，1995：88；Yin，Shi & Yin，1996：593；Jiang & Zheng，1998：111，192；Zheng，Xia *et al*.，1998：2，3.

Prionidia Stål，1873b：116，127.

Pternoscirtus Johnston，H. B. 1956：467.

Type-species：*Pternoscirta caliginosa*（De Haan，1842）（ = *Acridium*（*Oedipoda*）*caliginosum* De Haan，1842）

体中型，具较密的细绒毛。头大而短，较短于前胸背板。头顶宽短，顶端钝圆，背面略凹，侧缘与前缘均具隆线，与颜面隆起隔开。颜面侧观近乎垂直，颜面隆起明显，在中单眼处低凹略具纵沟。头侧窝小，三角形。复眼卵形。触角丝状。前胸背板较粗糙，具颗粒和短隆线；中隆线较低，侧观较平直，被后横沟较深地切断，切口明显。侧隆线仅在沟后区略可见；后横沟位于中部之前；后缘角形突出。前胸腹板突微隆起。中胸腹板侧叶较宽地分开。前、后翅均发达，翅脉较密，中脉域之中闰脉发达，中闰脉顶端部分较近于中脉，其上具音

齿，端部纵脉倾斜，同横脉组成斜的方格。后翅基部常染彩色，顶端暗色。鼓膜器发达，鼓膜片小。后足股节较粗短，上侧中隆线具细齿，膝侧片顶端圆形。后足胫节缺外端刺。跗节爪间中垫到达或超过爪之中部。后足胫节污蓝色或红色。雄性下生殖板短锥形。雌性产卵瓣粗短，端部略呈钩状，边缘无细齿。

中国已知 4 种，分布于南部地区，云南均有分布。

踵蝗属分种检索表

1(2) 后足胫节橘红色 ··· 红胫踵蝗 *P. pulchripes*
2(1) 后足胫节青蓝色
3(6) 后翅基部玫瑰色或淡红色
4(5) 前翅较长，超出后足股节顶端部分的长度约为翅长的 1/3；触角较长，中段一节的长为宽的 2 倍
·· 长翅踵蝗 *P. longipennis*
5(4) 前翅较短，超出后足股节顶端部分的长度约为翅长的 1/4 ~ 1/5；触角较粗，中段一节的长为宽的 1.5 倍 ·· 红翅踵蝗 *P. sauteri*
6(3) 后翅基部黄色或淡黄色 ·· 黄翅踵蝗 *P. caliginosa*

150. 红胫踵蝗 *Pternoscirta pulchripes* Uvarov，1925

Pternoscirta pulchripes Uvarov，B. P. 1925a：326；Huang，1992：72；Zheng，1993：192，193；Yin，Shi & Yin，1996：593；Jiang & Zheng，1998：195；Zheng，Xia *et al.*，1998：4.
未见标本。

分布：云南（大理、维西、盈江）、四川、广西。

151. 长翅踵蝗 *Pternoscirta longipennis* Xia，1981（图版Ⅷ：6）

Pternoscirta longipennis Xia，1981：see：Huang，1981：76，figs. 37，38，pl. 3 2；Yin，1984b：141，figs. 287，288；Zheng，1985：253，figs. 1220，1221；Zheng，1993：192；Yin，Shi & Yin，1996：593；Zheng，Xia *et al.*，1998：4，5，figs. 3i ~ j.

检视标本：1♀，景谷，1500 m，北纬 22°46′，东经 100°52′，2006-Ⅷ-6，吴琦琦采。

分布：云南（墨江、小勐寨、景谷）、西藏。

152. 红翅踵蝗 *Pternoscirta sauteri*（Karny，1915）

Dittopternis sauteri Karny，1915：60，84.

Pternoscirta sauteri（Karny，1915）// Chang，1935：86；Xia，1958：159；Zheng，1985：253，254，figs. 1222 ~ 1226；Zheng，1993：192；Yin，Shi & Yin，1996：593；Jiang & Zheng，1998：193，194，figs. 589 ~ 593；Zheng，Xia *et al.*，1998：5，6，fig. 1.

检视标本：2♀，大理（苍山），北纬 25°35′，东经 100°13′，1800 m，1998-Ⅳ-10，毛本勇采；1♂，漾濞（顺濞），北纬 25°29′，东经 99°56′，1400 ~ 1450 m，1998-Ⅷ-4，李寿斌采；1♀，祥云，1995-Ⅶ-26，史云楠采；2♂，1♀，巍山（龙街），北纬 25°14′，东经 100°0′，1999-Ⅵ-13，范学连采；1♀，绿春（坪河），北纬 22°50′，东经102°31′，1450 m，2004-Ⅶ-28，毛本勇采；1♀，新平（水塘），北纬 24°9′，东经 101°31′，820 m，2007-Ⅳ-29，张军采。

分布：云南（元阳、大理、祥云、漾濞、巍山、新平、景东）、贵州、四川、广东、广西、福建、台湾、江苏、浙江、安徽、河南、陕西。

153. 黄翅踵蝗 *Pternoscirta caliginosa*（Haan，1842）

Acridium caliginosa Haan，1842：In：Temminck，161.

Pternoscirta caliginosa（Haan，1842）// Saussure，1884：128；Kirby，1910：217；Kirby，1914：135；Willemse，C. 1930：61；Bei-Bienko & Mishchenko，1951：233；Xia，1958：159；Zheng，1985：253，254，figs. 1227～1229；Ingrisch，1990：177；Zheng，1993：192；Yin，Shi & Yin，1996：593；Zheng，Xia et al.，1998：4，7，8，figs. 2，4.

Acridium cinctifemur Walker，1859：223.

Oedipoda saturata Walker，1870b：740.

检视标本：2 ♂，2 ♀，六库，北纬 25°52′，东经 98°52′，1000 m，1995-Ⅶ-26，1998-Ⅷ-21，毛本勇采；1 ♀，大理（苍山），北纬 25°35′，东经 100°13′，2100 m，1997-Ⅴ-23，杨仕春采；1 ♀，永德，2002-Ⅶ-28，罗桂祥采；1 ♂，3 ♀，耿马（孟定），北纬 23°29′，东经 99°0′，700 m，2004-Ⅷ-6，毛本勇采；1 ♂，2 ♀，绿春（坪河），北纬 22°50′，东经 102°31′，1450 m，2006-Ⅶ-26，毛本勇采；1 ♀，勐腊（曼庄），北纬 21°26′，东经 101°40′，2004-Ⅷ-1，毛本勇采；2 ♀，勐腊（望天树），北纬 21°26′，东经 101°40′，700 m，2006-Ⅶ-26，毛本勇采；3 ♂，1 ♀，景洪（勐仑），北纬 21°57′，东经 101°15′，850 m，2006-Ⅶ-29，毛本勇采；1 ♂，景洪（南糯山），北纬 21°56′，东经 100°36′，1550 m，2006-Ⅷ-1，毛本勇采；1 ♀，普洱（梅子湖），1350 m，北纬 22°46′，东经 100°52′，2007-Ⅶ-29，毛本勇采。

分布：云南（新平、六库、大理、永德、耿马、绿春、勐腊、景洪、勐海、普洱）、四川、贵州、广东、广西、福建、江苏、浙江、安徽、陕西。国外分布于印度—马来西亚、爪哇、印度尼西亚等。

（六十四）车蝗属 *Gastrimargus* Saussure，1884

Gastrimargus Saussure，1884：110；Kirby，1910：226；Bei-Bienko & Mishchenko，1951：2：556，579；Johnston，H. B. 1956：562；Xia，1958：399，481；Johnston，H. B. 1968：339；Dirsh，1965：399，481；Yin，1984b：136；Zheng，1985：246，249；Zheng，1993：188，193；Liu et al.，1995：86；Yin，Shi & Yin，1996：297；Jiang & Zheng，1998：111，195，196；Zheng，Xia et al.，1998：2，10，11.

Type-species：*Gastrimargus marmoratus*（Thunberg，1815）（= *Gryllus virescens* Thunberg，1815，by subsequent designation，Kirby，W. F.，1910）

体中大型。颜面垂直或近乎垂直，颜面隆起宽平。头顶宽度，顶圆。头侧窝消失或不明显，长三角形。复眼卵形。触角细长，丝状，超过前胸背板后缘。前胸背板中隆线呈片状隆起，侧观其上缘弧形，侧隆线仅在沟后区可见。背板背面无 X 形淡色纹，前、后缘均呈直角形或锐角形突出。中胸腹板侧叶间中隔近方形。前、后翅均发达，到达或超过后足股节顶端；前翅常具有暗色斑纹，顶端之半透明，并有四角状网孔；中闰脉较近中脉而远离肘脉，中闰脉上具发音齿，向后斜伸达翅的中部之后。后翅基部黄色，其外缘具有完整的暗色带纹。后足股节粗大，上隆线的细齿明显，膝侧片顶圆形。鼓膜器发达，孔近圆形。雄性肛上板短锥形，阳茎基背片桥形，冠突分 2 叶，内叶大，外叶小。雌性产卵瓣粗短。

该属在云南省已知 4 种。

车蝗属分种检索表

1(2)　后翅端部暗色，中部的暗色横带纹在后翅的前缘向端部延伸，与端部的暗色块相连接；后足股节的底面黑色 ·· 黑股车蝗 *G. nubilus*

2(1)　后翅端部本色，有时在顶端具暗色斑点

3(4)　后足股节的内侧，至少在基部之半呈黑色或蓝黑色，底面蓝黑色·············· 非洲车蝗 *G. africanus*

4(3)　后足股节的内侧和底面均污黄色，有时仅内侧基部略暗

5(6)　后翅的暗色横带纹具有沿 **3A** 脉及之后的脉向翅边缘延伸的暗色条纹，尤其在雌性更明显；后翅基部主要纵脉呈淡蓝色；后足股节外侧的上缘及外侧中部常呈淡褐色或绿色，内侧污黄色，在基部中央常具小褐色斑点 ·· 云斑车蝗 *G. marmoratus*

6(5)　后翅的暗色横带纹具缺少向翅边缘延伸的暗色条纹；后足股节外侧和上侧常具暗色斜横纹，内侧基部之半黑色 ·· 黄股车蝗 *G. parvulus*

154. 黑股车蝗 *Gastrimargus nubilus* Uvarov，1925

Gastrimargus nubilus Uvarov，B. P. 1925a：325；Willemse，C. 1933：15，fig. 1；Bei-Bienko & Mishchenko，1951：581；Ritchie，J. M. 1982：245；Yin，1984b：138，139，figs. 279～282；Zheng，1985：249，251，figs. 1214～1216；Zheng，1993：193，194；Yin，Shi & Yin，1996：299；Zheng，Xia *et al.*，1998：10，11，figs. 8a～d.

Gastrimargus chinensis Willemse，C. 1933：15.

检视标本：1 ♂，4 ♀，大理(苍山)，北纬25°35′，东经100°13′，2000～2300 m，1995-Ⅶ-23，史云楠采；2 ♀，香格里拉，北纬27°48′，东经99°42′，2400 m，2002-Ⅷ-8，徐吉山采；2 ♂，1 ♀，丽江，北纬26°48′，东经100°15′，1996-Ⅷ-27，毛本勇采；7 ♂，5 ♀，兰坪，北纬26°25′，东经99°24′，2500～2700 m，1997-Ⅷ-23，毛本勇采；1 ♂，安宁，1996-Ⅷ-25；1 ♀，巍山，北纬25°14′，东经100°0′，1996-Ⅷ-26，毛本勇采；1 ♂，洱源，北纬26°7′，东经99°56′，2600 m，1999-Ⅷ-25，毛本勇采；5 ♂，1 ♀，宁蒗，北纬27°41′，东经100°46′，2004-Ⅶ-26，毛本勇采；1 ♀，会泽，北纬26°25′，东经103°17′，2004-Ⅶ-24，毛本勇采；2 ♂，1 ♀，昭通(鲁甸)，北纬27°12′，东经103°33′，2004-Ⅶ-23，毛本勇采；1 ♂，维西，北纬27°11′，东经99°17′，2100 m，2002-Ⅷ-11，毛本勇采；1 ♀，大姚，1998-Ⅷ-20采；14 ♂，6 ♀，昭通(大山包)，2006-Ⅷ-2，周连冰采；2 ♂，1 ♀，师宗(菌子山)，北纬24°48′，东经104°22′，2200 m，2006-Ⅶ-16，刘浩宇采；5 ♂，4 ♀，剑川(上兰)，2005-Ⅷ-5，杨国辉采；1 ♂，1 ♀，云龙，1950 m，北纬25°44′，东经99°35′，2007-Ⅶ-22，徐吉山采。

分布：云南(大理、剑川、云龙、香格里拉、德钦、丽江、宁蒗、维西、兰坪、巍山、南涧、洱源、会泽、昭通、大姚、师宗、安宁)、四川、西藏。

155. 非洲车蝗 *Gastrimargus africanus*（Saussure，1888）

Oedaleus（*Gastrimargus*）*marmoratus* var. *africana* Saussure，1888：39.

Gastrimargus africanus (Saussure, 1888) // Kirby, 1910：227；Ingrisch, 1990：176；Ingrisch, 1999：357；Zheng, Xia *et al.*, 1998：10, 13 ~ 15, figs. 8e ~ g, 9.

Gastrimargus africanus africanus (Saussure, 1888) // Johnston, H. B. 1956：563；Dirsh, 1965：482；Johnston, H. B. 1968：339；Ritchie, J. M. 1982：246；Zheng, 1985：249, 251, figs. 1217 ~ 1219.

检视标本：2 ♂，3 ♀，大理 (洱海边)，2000 m，1995-Ⅶ-31，毛本勇采；2 ♂，六库，北纬 25°52′，东经 98°52′，1000 m，1998-Ⅷ-21，毛本勇采；1 ♂，维西，北纬 27°11′，东经 99°17′，2200 m，1998-Ⅷ-18，郭采萍采；1 ♂，云龙，北纬 25°38′，东经 99°0′，1998-Ⅷ-20；1 ♀，永胜，1998-Ⅷ-20；1 ♂，1 ♀，香格里拉，北纬 27°48′，东经 99°42′，2075 m，2002-Ⅷ-7，徐吉山采；1 ♀，永平，北纬 25°27′，东经 99°25′，1998-Ⅹ-31，毛本勇采；1 ♂，1 ♀，巍山，北纬 25°14′，东经 100°0′，1998-Ⅵ-13，范学连采；1 ♂，保山，北纬 25°3′，东经 99°11′，850 m，1999-Ⅶ-27，徐吉山采；3 ♂，3 ♀，剑川 (老君山)，2500 m，北纬 26°33′，东经 99°35′，2003-Ⅷ-17，毛本勇采。

分布：云南 (昆明、昭通、大理、六库、维西、云龙、剑川、永胜、香格里拉、永平、巍山、保山)；南部非洲。

156. 云斑车蝗 *Gastrimargus marmoratus* (Thunberg，1815)

Gryllus marmoratus Thunberg, 1815：232；Willemse, C. 1930：63.

Gastrimargus marmoratus (Thunberg, 1815) // Kirby, 1910：226；Bei-Bienko & Mishchenko, 1951：580, figs. 1213, 1220, 1221；Johnston, H. B. 1956：568；Johnston, H. B. 1968：339；Ritchie, 1982：246, 262, figs. 26 ~ 32, 119, 127；Dirsh. 1965：482；Zheng, 1985：249 ~ 251, figs. 1205 ~ 1213；Zheng, 1993：193, 194, figs. 683 ~ 685；Yin, Shi & Yin, 1996：298；Jiang & Zheng, 1998：196 ~ 198, figs. 597 ~ 604；Zheng, Xia *et al.*, 1998：10, 15 ~ 17, · figs. 10a ~ l.

Gryllus transversus Thunberg, 1815：232.

Gryllus virescens Thunberg, 1815：245.

Gryllus assimilis Thunberg, 1815：246.

Pachytylus (*Oedaleus*) *marmoratus* (Thunber, 1815) // Stål, 1873b：123.

Oedaleus (*Gastrimargus*) *marmoratus* (Thunberg, 1815) // Saussure, 1884：112.

检视标本：1 ♀，勐腊，1998-Ⅷ-7，杨自忠采。

分布：云南 (昆明、下关、大理、丘北、开远、元江、元谋、澜沧、新平、景洪、勐腊、金平、六库、宣威、元阳)、四川、福建、浙江、江苏、重庆、广东、广西、山东、海南、香港、吉林、辽宁；朝鲜，日本，印度，缅甸，越南，泰国，菲律宾，马来西亚，印度尼西亚。

157. 黄股车蝗 *Gastrimargus parvulus* Sjöstedt，1928

Gastrimargus parvulus Sjöstedt, 1928：11, 38；Zheng, 1993：194, figs. 686, 687；Jiang & Zheng, 1998：196, 199, figs. 608, 609；Zheng, Xia *et al.*, 1998：11, 17 ~ 19, figs. 11a ~ c.

Gastrimargus africanus pusillus Sjöstedt, 1928 // Ritchie, J. M. 1982：251.

　　检视标本：1 ♂，曲靖，1990-Ⅷ-10，黄飞采；1 ♂，龙陵（腊勐），北纬 24°44′，东经 98°56′，2200 m，2005-Ⅷ-5，毛本勇采；1 ♂，耿马（孟定），北纬 23°29′，东经 99°0′，700 m，2004-Ⅷ-6，毛本勇采；1 ♀，邱北，2002-Ⅷ-19，杨文斌采；1 ♀，景谷，北纬 23°31′，东经 100°39′，1500 m，2006-Ⅷ-8，刘浩宇采；3 ♂，1 ♀，永善，北纬 28°10′，东经 103°36′，2004-Ⅶ-20，毛本勇采；1 ♂，2 ♀，云县，北纬 24°27′，东经 100°7′，1300 m，2003-Ⅶ-21，毛本勇采；1 ♂，新平（水塘），北纬 24°9′，东经 101°31′，820 m，2007-Ⅳ-29，毛本勇采；1 ♀，普洱（梅子湖），1350 m，北纬 22°46′，东经 100°52′，2007-Ⅶ-29，毛本勇采；2 ♂，3 ♀，鹤庆，北纬 26°30′，东经 100°6′，2000 m，2007-Ⅷ-20，毛本勇采；4 ♂，7 ♀，德钦（月亮湾），北纬 28°12′，东经 99°18′，3600 m，2007-Ⅷ-19，毛本勇采。

　　分布：云南（大理、鹤庆、德钦、龙陵、耿马、景谷、普洱、云县、新平、曲靖、邱北、永善、丽江、腾冲）、福建、广东、广西、海南、香港；印度尼西亚，爪哇，泰国、越南、缅甸。

（六十五）飞蝗属 *Locusta* Linnaeus，1758

Locusta Linnaeus，1758：43；Bei-Bienko & Mishchenko，1951：573；Johnston，H. B. 1956：572；Xia，1958：145；Johnston，H. B. 1968：342；Harz，K. 1975：461；Yin，1984b：133；Zheng，1985：246，247；Zheng，1993：195；Yin, Shi & Yin，1996：375；Jiang & Zheng，1998：199，200；Zheng, Xia *et al.*，1998：2，19，20.

Pachytylus Fieber，1853：121.

Type-species：*Locusta migratoria* Linnaeus，1758〔 =（*Gryllus*）*Locusta migratoria* Linnaeus，1758〕

　　体大型。颜面垂直，颜面隆起宽平。头顶宽短，与颜面形成圆角。头侧窝消失。触角丝状，细长。前胸背板前端缩狭，后端较宽，中隆线发达，侧观呈弧形隆起（散居型）或较平直（群居型）；前横沟和中横沟较不明显，仅在侧片处略可见；后横沟较明显，并微微割断中隆线，几乎位于中部；前缘中部明显向前突出，后缘呈钝角或弧形。中胸腹板侧叶间中隔较狭，中隔长略大于宽。前、后翅均发达，超过后足胫节中部；中脉域的中闰脉较接近前肘脉，中闰脉上具发音齿。后翅略短于前翅，本色透明，无暗色带纹。后足股节匀称，上侧中隆线具细齿。鼓膜片较宽大，几乎覆盖鼓膜孔的一半。雄性下生殖板短锥形。阳具基背片具大而分 2 叶的冠突。雌性产卵瓣粗短，上产卵瓣上外缘无齿。

　　该属仅知 1 种，我国有 3 亚种，云南仅知 1 亚种。

158. 东亚飞蝗 *Locusta migratoria manilensis*（Meyen，1835）

Acrydium manilensis Meyen，1835：197.

Locusta migratoria manilensis（Meyen，1835）// Uvarov, B. P. 1936：91～104；Bei-Bienko & Mishchenko，1951：576；Xia，1958：147，214，215，figs. 197，198，227～229，pl. 1. pl. 11：33，pl. 12：34；Zheng，1985：247，figs. 1193～1199；Zheng，1993：195；Yin, Shi & Yin，1996：377；Jiang & Zheng，1998：200～201，610～616；Zheng, Xia *et* al. , 1998：31，32.

Pachytylus obtusus Brunner-Wattenwyl，1862：94.

检视标本：2♀，洱源，北纬 26°7′，东经 99°56′，2200 m，1999-Ⅴ-25，毛本勇采；3♂，2♀，大理(苍山)，北纬 25°35′，东经 100°13′，2200~2300 m，1995-Ⅶ-18，毛本勇采；1♀，宾川，北纬 25°48′，东经 100°33′，1998-Ⅷ-15；1♀，泸水，北纬 25°59′，东经 98°49′，1997-Ⅺ-10；1♂，保山，北纬 25°3′，东经 99°11′，850 m，1999-Ⅶ-7，徐吉山采；1♂，安宁，1996-Ⅷ-25；1♂，香格里拉，北纬 27°48′，东经 99°42′，2400 m，2002-Ⅷ-8，杨自忠采；1♂，维西，北纬 27°11′，东经 99°17′，2200 m，2002-Ⅷ-12，杨自忠采；1♀，祥云，北纬 25°29′，东经 100°33′，1999-Ⅷ-18，毛本勇采；1♂，1♀，双柏(嶍嘉)，北纬 24°27′，东经 101°15′，2450 m，2007-Ⅴ-1，毛本勇采；1♂，2♀，新平(水塘)，北纬 24°9′，东经 101°31′，820 m，2007-Ⅳ-29，毛本勇采；1♂，金平(分水岭)，北纬 22°55′，东经 103°13′，1850 m，2006-Ⅶ-24，徐吉山采；1♀，云县，北纬 24°27′，东经 100°7′，1300 m，2003-Ⅶ-21，毛本勇采；1♂，3♀，文山，北纬 23°22′，东经 104°29′，1500 m，2005-Ⅳ-28，毛本勇采；3♀，宁蒗(泸沽湖)，北纬 27°41′，东经 100°46′，2004-Ⅷ-25，毛本勇采；1♀，绿春，北纬 23°0′，东经 102°24′，1700 m，2006-Ⅶ-26，毛本勇采；1♂，1♀，景谷，北纬 23°31′，东经 100°39′，1500 m，2006-Ⅷ-6，毛本勇采；1♂，云龙(团结)，1950 m，北纬 25°44′，东经 99°35′，2007-Ⅶ-22，徐吉山采。

分布：云南(元江、元谋、新平、开远、昆明、宣威、洱源、大理、宾川、保山、安宁、香格里拉、德钦、维西、祥云、双柏、金平、普洱、云县、文山、宁蒗、绿春)。国内主要分布于北纬 42 度以南的地区，包括河北、山西以南的各省。国外分布于日本、菲律宾、印度尼西亚、泰国、越南、缅甸、柬埔寨等。

斑翅蝗亚科 Oedipodinae

体中等至大型。颜面侧观多垂直，少数明显向后倾斜；头顶较宽短，向前倾斜，或较平直；头侧窝大多消失，少数较明显。触角丝状，一般到达或超过前胸背板后缘。前胸背板宽平，中隆线多数较平直，少数明显隆起呈屋脊形。前胸腹板平坦或略隆起。前、后翅均很发达，中闰脉明显。后足股节较粗短，上侧中隆线全长平滑；后足胫节基部膨大处平滑。鼓膜器发达。阳具基背片桥状，具有锚状突和冠突。

中国已知 29 属，云南已知 7 属。

斑翅蝗亚科分属检索表

1(2) 头顶背观较平；颜面侧观明显向后倾斜，与头顶组成锐角；前胸背板缺侧隆线；头侧窝明显呈梯形；前翅中脉域之中闰脉的端部趋近中脉，其顶端常连接中脉；中胸腹板侧叶间之中隔较宽短，其长与宽近乎相等；雄性下生殖板近乎短锥形 ·················· 绿纹蝗属 *Aiolopus*

2(1) 头顶侧观明显向前下方倾斜；颜面较直，侧观与头顶组成钝角或近圆形

3(4) 前翅中脉域之中闰脉之前具有较密的平行横脉，中闰脉及横脉均具细齿；后足胫节内侧上、下端距明显不等长，其下距明显地较长于上距，距的顶端明显弯曲成钩状 ····· 异距蝗属 *Heteropternis*

4(3) 前翅中脉域之中闰脉的前方具较稀的网状横脉，横脉上缺细齿，仅中闰脉具细齿

5(10) 前胸背板中隆线明显，全长完整或仅被后横沟切割

6(7) 头顶宽平，其前缘平截形；头部及前胸背板常具较密的短隆脊和小瘤突 ····· 平顶蝗属 *Flatovertex*

7(6) 头顶平或前倾，其前缘角形；头部及前胸背板较光滑

8(9) 前胸背板中部略收缩，中隆线较高隆起，仅被后横沟微微切割，其上缘无明显的切口，背面常具 X 形淡色斑纹 ·· 小车蝗属 *Oedaleus*

9(8) 前胸背板中部不收缩，中隆线较低，被后横沟明显地深切，其上缘具明显的切口，背面常缺 X 形淡色斑纹 ·· 金沙蝗属 *Kinshaties*

10(5) 前胸背板中隆线被 2~3 条横沟切割，其上缘形成 2~3 个切口，有时横沟较细，其切口也较不明显

11(12) 前胸背板沟前区之中隆线具有 2~3 个较深的切口，其上缘侧观形成 2 个明显的齿状突起；后头在两复眼之间具有 1 对圆粒状的隆起；后翅缺暗色横带纹；体躯腹面及足常具有较密的绒毛 ········
·· 疣蝗属 *Trilophidia*

12(11) 前胸背板沟前区之中隆线缺较深的切口，侧观也缺齿状突起；后头在两复眼之间平滑，缺圆粒状突起；后翅常具暗色横带纹；体躯腹面及足缺较密的绒毛 ················· 束颈蝗属 *Sphingonotus*

（六十六）绿纹蝗属 *Aiolopus* Fieber，1853

Aiolopus Fieber, 1853：100；Uvarov, B. P. 1942：336；Bei-Bienko & Mishchenko, 1951：567；Uvarov, B. P. 1953：108；Johnston, H. B. 1956：501；Xia, 1958：143；Johnston, H. B. 1968：320；Hollis D. 1968：309～352；Dirsh. 1970：194；Yin, 1984b：100；Zheng, 1985：196；Zheng, 1993：189, 210；Yin, Shi & Yin, 1996：42；Jiang & Zheng, 1998：191, 203；Zheng, Xia *et al.*, 1998：79, 90。

Epacromia Fischer，1853：360.

Type-species：*Aiolopus thalassinus*（Fabricius，1781）（ ＝ *Gryllus thalassinus* Fabricius，1781）

体中型，匀称，略具细密刻点和稀疏绒毛。头短，略高于前胸背板。头顶狭长，顶端较狭，呈三角形或五边形。颜面隆起较平，上端较狭，向下宽大，仅在中眼处略凹。头侧窝明显，梯形或长方形，到达头顶的顶端。复眼卵形，大而突出。触角丝状，略超过前胸背板后缘。前胸背板中部较狭，后端较宽，呈鞍状，中隆线较低，侧隆线缺或沟前区较弱的存在；后横沟明显切断中隆线，沟后区明显地长于沟前区；前缘较直，后缘呈钝角形突出。中胸腹板侧叶间中隔宽等于或略宽于长，后端较扩开。前翅超过后足股节的顶端，中闰脉明显，其顶端部分接近中脉，其上具发音齿；后翅透明，无暗色横带纹。鼓膜器发达，鼓膜片较小。后足股节上侧中隆线光滑，后足胫节缺外端刺。雄性肛上板三角形，下生殖板短锥形，顶端较钝。雌性产卵瓣基部较粗，顶端尖锐。

该属已知有 12 种，我国已知有 4 种，云南有 2 种。

绿纹蝗属分种检索表

1(2)　头顶较狭，顶端呈较狭的锐角形，侧缘隆线较直，不向内弯曲，到达复眼的前缘；颜面隆起自中眼向上渐渐缩狭，顶端甚狭；头侧窝狭长；前翅亚前缘脉域的绿色条纹常无暗色斑点；后足胫节基部 1/3 淡黄色，顶端 1/3 鲜红色，中部蓝黑色 ························· 花胫绿纹蝗 *A. tamulus*

2(1)　头顶较宽，顶端近乎圆形，侧缘隆线在后端向内弯曲，不到达复眼的前缘；颜面隆起宽平，侧缘几乎平行；头侧窝宽短；前翅亚前缘脉域的绿色条纹常具暗色斑点；后足胫节的基部之半黄色，顶端之半红色，中部具青蓝色狭环 ························· 绿纹蝗 *A. thalassinus*

159. 花胫绿纹蝗 *Aiolopus tamulus*（Fabricius，1798）

Gryllus tamulus Fabricius，1798：195.

Aiolopus tamulus（Fabricius，1798）// Bei-Bienko & Mishchenko，1951：568；Xia，1958：143；Zheng，1993：210，figs. 735，736；Yin，Shi & Yin，1996：43；Jiang & Zheng，1998：204，205，figs. 621～627；Zheng，Xia *et al.*，1998：91，93，figs. 45a～e.

Gomphocerus tricoloripes，1838：649.

Epacromia rufostriata Kirby，1888：550.

Epacromia tamulus（Fabricius，1798）// Shiraki，T. 1910：21.

Aeolopus tamulus Kirby，1914：122，fig. 92.

Aiolopus thalassinus tamulus（Fabricius，1798）// Hollis，1968：319，347，figs. 22，23，84，92～96；Zheng，1985：196，figs. 958～964.

检视标本：1 ♂，2 ♀，版纳（野象谷），北纬22°20′，东经101°53′，850 m，2006-Ⅷ-4，毛本勇采；2 ♀，耿马（孟定），北纬23°29′，东经99°0′，700 m，2004-Ⅷ-6，毛本勇采；2 ♀，永德，2002-Ⅶ-28，罗桂祥采。

分布：云南（昆明、开远、石林、大理、元谋、新平、景洪、勐养、耿马、永德、普洱、六库），北至辽宁，南到台湾。澳大利亚、印度、爪哇、韩国、伊朗。

160. 绿纹蝗 *Aiolopus thalassinus*（Fabricius，1781）

Gryllus thalassinus Fabricius，1781：367.

Aiolopus thalassinus（Fabricius，1781）// Bei-Bienko 1951：568，figs. 1202，1204，1210，1212. 1259，1260；Hollis，1968：319，340，figs. 1~5，11，12，21，75~84，90，91.

Acridium laetum Brullé，1840：77，pl. 5. fig. 4d.

Epacromia lurida Brancsik，1895：250.

Aiolopus acutus Uvarov，1953：21：111，figs. 129~131.

检视标本：4♂，4♀，大理（苍山），北纬25°35′，东经100°13′，1900~2200 m，1995-Ⅶ-20，毛本勇、周连冰、李文艳采1♂，2♀，文山，北纬23°22′，东经104°29′，2005-Ⅳ-28，杨自忠采；1♀，永善，北纬28°10′，东经103°36′，2004-Ⅶ-20，毛本勇采；1♀，临沧，北纬23°53′，东经100°5′，1998-Ⅷ-5，杨骏采；2♂，2♀，云县，北纬24°27′，东经100°7′，1300 m，2003-Ⅶ-21，毛本勇采；1♂，2♀，景谷，北纬23°31′，东经100°39′，1500 m，2006-Ⅷ-6，徐吉山、杨玉霞、吴琦琦采；1♂，2♀，宾川，北纬25°48′，东经100°33′，1996-Ⅷ-24，曹智采；1♂，1♀，耿马（孟定），北纬23°29′，东经99°0′，700 m，2004-Ⅷ-6，毛本勇采；2♂，1♀，六库，北纬25°52′，东经98°52′，1000 m，2002-Ⅰ-30，毛本勇采；5♀，洱源，北纬26°7′，东经99°56′，2300 m，1999-Ⅴ-25，毛本勇采；1♂，1♀，永平，北纬25°27′，东经99°25′，1998-Ⅹ-31，毛本勇采；2♀，云龙，北纬25°38′，东经99°0′，1996-Ⅷ-10，毛本勇采；1♂，2♀，巍山，北纬25°14′，东经100°0′，1999-Ⅵ-13，范学连采；1♂，保山，北纬25°3′，东经99°11′，1750 m，1999-Ⅶ-26，毛本勇采；1♀，永胜，北纬26°34′，东经100°38′，1999-Ⅶ-28，余开礼采；1♂，玉溪，北纬24°18′，东经102°30′，2007-Ⅷ-8，李晓东采。

分布：云南（大理、宾川、洱源、永平、云龙、巍山、文山、永善、临沧、云县、景谷、耿马、六库、保山、永胜、德钦、玉溪）、新疆；欧洲、非洲。

（六十七）异距蝗属 *Heteropternis* Stål，1873

Heteropternis Stål，1873b：177，128；Kirby，1914：141；Bei-Bienko & Mishchenko，1951：571；Johnston，H. B. 1956：580；Xia，1958：144；Johnston，H. B. 1968：333；Yin，1984b：93；Zheng，1985：198；Zheng，1993：189，213；Liu *et al.*，1995：89；Yin，Shi & Yin，1996：328；Jiang & Zheng，1998：191，205，206；Zheng，Xia *et al.*，1998：79，105.

Type-species：*Heteropternis respondens*（Walker，1859）（ = *Acridium respondens* Walker，1859）

体中小型，匀称。头短于前胸背板。头顶侧观明显向前倾斜，颜面侧观较直，与头顶组成钝角或近圆形。颜面隆起上端狭，下端宽。头侧窝狭三角形。触角丝状，超出前胸背板的后缘。前胸背板中隆线较低，但明显；侧隆线不明显或仅在沟后区略可见；3 条横沟明显，仅后横沟切断中隆线，沟前区短于沟后区；前缘较直，后缘呈直角形突出。前胸腹板略隆起。前、后翅均发达，前翅狭长，中脉域较宽，中闰脉较近于前肘脉，不加粗，中闰脉之前具有较密的平行横脉，中闰脉及横脉均具音齿。后翅基部红色或黄色，中部无暗色带纹。前、后翅端部翅脉上具弱的音齿。鼓膜器发达。后足股节上侧中隆线光滑。后足胫节缺外端刺，内侧端距之下距明显地长于上距，距顶端明显弯曲呈钩状。雄性下生殖板短锥形，顶端略尖。雌性产卵瓣粗短。

全世界共 19 种，我国已知 5 种，云南省均有分布。

异距蝗属分种检索表

1(4)　触角较细，中段一节长为宽的 2~3 倍；前胸背板侧片的下缘后端之半呈直线倾斜，与略弯的后缘组成直角或近乎直角

2(3)　颜面隆起在下端宽大；头侧窝明显，呈狭长三角形；触角中段一节长为宽的 2~3 倍 ……………
…………………………………………………………………………… 方异距蝗 *H. respondens*

3(2)　颜面隆起在下端稍宽大；头侧窝不甚明显，呈狭长三角形；触角中段一节长为宽的 3 倍 …………
…………………………………………………………………………… 墨脱异距蝗 *H. motuoensis*

4(1)　触角较粗，中段一节长为宽的 1.5~2 倍；前胸背板侧片下缘后端呈弧形，与后缘形成钝角或圆形

5(6)　中胸腹板侧叶间中隔较狭，其宽度略大于或相等于其长度；后翅基部淡黄色；后足胫节红色 ……
…………………………………………………………………………… 赤胫异距蝗 *H. rufipes*

6(5)　中胸腹板侧叶间中隔较宽，其宽度为长度的 1.5(♂)或 2.0(♀)倍

7(8)　后翅基部红色；后足胫节淡橙红色；体型较大；雌性前翅较短，到达腹部顶端；颜面隆起在中单眼处较宽，为其上端最狭处的 2.0 倍 ………………………………… 大异距蝗 *H. robusta*

8(7)　后翅基部淡黄色；后足胫节淡橙黄色；体型较小；雌性前翅较长，超过腹部顶端；颜面隆起在中单眼处较狭，为其上端最狭处的 1.5 倍 ………………………………… 小异距蝗 *H. micronus*

161. 方异距蝗 *Heteropternis respondens*（Walker，1859）

Acridium respondens Walker，1859：223.

Heteropternis respondens（Walker，1859）// Kirby，1914：141；Willemse，C. 1930：68；Bei-Bienko & Mishchenko，1951：573；Xia，1958：144；Johnston，H. B. 1968：333；Zheng，1985：199，200，Ingrisch，1990：177；Zheng，1993：213，214，figs. 742~744；Yin，Shi & Yin，1996：330；Jiang & Zheng，1998：206~208，figs. 628~633；Zheng，Xia *et al.*，1998：105，107，108，figs. 52a~f.

Epacromis varis Walker，1870b：774.

Heteropternis pyrrhoscelis Stål，1873b：128.

Heteropternis var. *sinensis* Saussure，1888：46.

检视标本：1♀，绿春(坪河)，北纬 22°50′，东经 102°31′，1300 m，2006-Ⅶ-26，徐吉山采；1♀，金平(分水岭)，北纬 22°55′，东经 103°13′，1360 m，2006-Ⅶ-23，毛本勇采；1♂，5♀，梁河(芒东)，北纬 24°39′，东经 98°14′，1300 m，2005-Ⅶ-29，毛本勇采；4♂，2♀，景谷，北纬 23°31′，东经 100°39′，1500 m，2006-Ⅷ-6，刘浩宇采；2♂，1♀，耿马(孟定)，北纬 23°29′，东经 99°0′，700 m，2004-Ⅷ-6，毛本勇采；1♂，1♀，瑞丽(勐秀)，北纬 24°5′，东经 97°46′，1600 m，2005-Ⅷ-3，徐吉山采；1♀，勐腊(曼庄)，北纬 21°26′，东经 101°40′，2004-Ⅷ-2，毛本勇采；2♂，勐海(南糯山)，北纬 21°56′，东经 100°36′，1550 m，2006-Ⅷ-2，毛本勇采；1♂，景洪(勐仑)，北纬 21°57′，东经 101°15′，

850 m，2006-Ⅶ-29，徐吉山采；1♀，凤庆，1998-Ⅷ-15；1♂，1♀，普洱（梅子湖），1350 m，北纬22°46′，东经100°52′，2007-Ⅶ-29，毛本勇采。

分布：云南（绿春、金平、梁河、景谷、普洱、耿马、瑞丽、景洪、勐腊、勐海、凤庆、昆明、石林、寻甸、大理、玉溪、墨江、泸水、德钦）、江苏、浙江、湖北、江西、广东、广西、福建、香港、陕西、甘肃、贵州、四川、台湾；印度、尼泊尔、孟加拉国、斯里兰卡、日本、印度尼西亚、泰国、菲律宾、马来群岛、苏门答腊、爪哇、缅甸。

162. 墨脱异距蝗 *Heteropternis motuoensis* Yin，1984

Heteropternis motuoensis Yin，1984：273；Zheng，1993：213，214；Yin，Shi & Yin，1996：329；Zheng，Xia *et al.*，1998：107～110，figs. 53a～d.

检视标本：2♂，3♀，六库，北纬25°52′，东经98°52′，1000 m，1998-Ⅷ-21，毛本勇采；1♂，泸水，1998-Ⅶ-24。

分布：云南（六库、泸水）、西藏。

163. 赤胫异距蝗 *Heteropternis rufipes*（Shiraki，1910）

Oedipoda rufipes Shiraki，1910：37，tab. 2，fig. 1.

Heteropternis rufipes（Shiraki，1910）// Bei-Bienko & Mishchenko，1951：573，fig. 1266；Xia，1958：145；Zheng，1985：199，202，figs. 992～994；Zheng，1993：215，216；Yin，Shi & Yin，1996：330；Jiang & Zheng，1998：206～208；Zheng，Xia *et al.*，1998：107，112～113，figs. 56a～d.

Heteropternis varia Hebard，M. 1924：216.

检视标本：2♂，2♀，永平，北纬25°27′，东经99°25′，1998-Ⅹ-31，毛本勇采。

分布：云南（开远、永平、普洱、澜沧）、广西、台湾、河北、江苏、贵州、福建；日本。

164. 大异距蝗 *Heteropternis robusta* Bei-Bienko，1951

Heteropternis robusta Bei-Bienko，1951：In：Bei-Bienko & Mishchenko，1951：573；Huang，1981：74；Yin，1984b：95；Zheng，1985：199，201，figs. 989～991；Zheng，1993：214，215，fig. 747；Yin，Shi & Yin，1996：330；Zheng，Xia *et al.*，1998：107，110，figs. 54a～f.

检视标本：6♂，20♀，大理（苍山），北纬25°35′，东经100°13′，1800～2100 m，1995-Ⅶ-11，1997-Ⅴ-23，2005-Ⅴ-30，史云楠、普海波、方保川采；1♀，泸水，1997-Ⅷ-10；1♂，1♀，云龙，北纬25°38′，东经99°0′，1998-Ⅴ-3；2♂，2♀，洱源，北纬26°7′，东经99°56′，2200 m，1999-Ⅴ-25，毛本勇采；1♂，1♀，兰坪，北纬26°25′，东经99°24′，2000 m，1997-Ⅷ-23，毛本勇采；2♂，2♀，巍山，北纬25°14′，东经100°0′，1997-Ⅵ-13，毛本勇、范学连采；1♂，2♀，剑川，2300 m，2000-Ⅷ-7，毛本勇采；1♀，保山，北纬25°3′，东经99°11′，1700 m，1999-Ⅶ-26，徐吉山采；1♀，安宁，1996-Ⅶ-8；3♂，1♀，香格里拉，北纬27°48′，东经99°42′，2070 m，2002-Ⅷ-7，徐吉山采；2♂，文山，北纬23°22′，东经104°29′，2005-Ⅳ-28，杨自忠采；1♂，2♀，昭通（鲁甸），北纬27°12′，东

经103°33′，2004-Ⅶ-23，毛本勇采；5 ♂，2 ♀，昭通（永丰），2004-Ⅶ-23，毛本勇采；1 ♀，绿春（坪河），北纬22°50′，东经102°31′，1300 m，2004-Ⅶ-28，毛本勇采；2 ♂，腾冲（高黎贡山），北纬25°1′，东经98°29′，2200 m，2005-Ⅷ-9，毛本勇采；3 ♀，永善，北纬28°10′，东经103°36′，2004-Ⅶ-20，毛本勇采；1 ♀，龙陵（腊勐），北纬24°44′，东经98°56′，2200 m，2005-Ⅷ-5，毛本勇采；1 ♂，2 ♀，宁蒗（泸沽湖），北纬27°41′，东经100°46′，2004-Ⅶ-15，毛本勇采；1 ♂，1 ♀，会泽，北纬26°25′，东经103°17′，2004-Ⅶ-24，毛本勇；1 ♂，3 ♀，云龙（团结），1950 m，北纬25°44′，东经99°35′，2007-Ⅶ-22，徐吉山采；1 ♀，盈江，1997-Ⅶ-28，邹倩采；1 ♂，4 ♀，鹤庆，北纬26°30′，东经100°6′，2000 m，2007-Ⅷ-20，毛本勇采；2 ♂，2 ♀，德钦，北纬28°12′，东经99°18′，3600 m，2007-Ⅷ-19，毛本勇采。

分布：云南（安宁、石林、大理、巍山、剑川、鹤庆、云龙、洱源、保山、腾冲、龙陵、盈江、景东、泸水、兰坪、香格里拉、德钦、宁蒗、文山、绿春、昭通、会泽、永善）、四川、贵州、西藏。

165. 小异距蝗 *Heteropternis micronus* Huang，1981

Heteropternis micronus Huang，1981：74 ~ 75，figs. 31 ~ 34；Yin，1984b：93，95，96，figs. 207，208，210 ~ 212，pl. 1. pl. 11：80；Zheng，1985：199，figs. 983 ~ 988；Zheng，1993：214，215，figs. 748 ~ 750；Yin，Shi & Yin，1996：329；Zheng，Xia *et al.*，1998：107，111，112，figs. 55a ~ f.

检视标本：2 ♂，1 ♀，大理（苍山），北纬25°35′，东经100°13′，1800 m，2001-Ⅵ-2，毛本勇、杨学鹏采；1 ♂，巍山，北纬25°14′，东经100°0′，2002-Ⅵ-28，毛本勇采；1 ♂，香格里拉，北纬27°48′，东经99°42′，2075 m，2002-Ⅷ-7，徐吉山采；1 ♀，德宏，2002-Ⅷ-23，谷学文采；1 ♂，绿春（坪河），北纬22°50′，东经102°31′，1300 m，2004-Ⅶ-28，毛本勇采；1 ♂，1 ♀，腾冲（高黎贡山），北纬25°1′，东经98°29′，1950 ~ 2200 m，2005-Ⅷ-9，毛本勇采；2 ♀，文山，北纬23°22′，东经104°29′，2005-Ⅳ-28，毛本勇采；1 ♂，师宗（菌子山），北纬24°48′，东经104°22′，2200 m，2006-Ⅶ-16，毛本勇采。

分布：云南（大理、巍山、香格里拉、德宏、腾冲、绿春、文山、师宗、昆明）、西藏。

（六十八）平顶蝗属 *Flatovertex* Zheng，1981

Flatovertex Zheng，1981a：64；Zheng，1993：216；Yin，Shi & Yin，1996：294；Zheng，Xia *et al.*，1998：79，114.

Type-species：*Flatovertex rufotibialis* Zheng，1981

体中小型。头及前胸背板密具短隆脊和瘤突。头顶宽平，顶缘平截，侧缘隆线明显。头侧窝三角形。颊部前下角具1粗斜隆脊。颜面隆起宽平。复眼近乎圆形。触角丝状，较长，向后超过前胸背板后缘。前胸背板前缘呈角形，后缘钝角形突出。中隆线全长明显，无侧隆线。沟前区略小于沟后区。前翅狭长，超过后足股节顶端。后足胫节不具外端刺。跗节爪间中垫大，几达爪之一半。

该属目前已知2种，云南分布有1种。

166. 红胫平顶蝗 *Flatovertex rufotibialis* Zheng，1981

Flatovertex rufotibialis Zheng，1981a：64，figs. 20～31；Zheng，1993：216，figs. 754～755；Yin，Shi & Yin，1996：294；Zheng，Xia *et al.*，1998：114，115，figs. 57a～k；Wang & Yang，2005：64～65，fig. 1.

检视标本：5 ♂，11 ♀，大理（苍山），北纬 25°35′，东经 100°13′，2200～2300 m，1997-Ⅴ-23，1999-Ⅴ-29，毛本勇、张珊珊、汪建军采。

分布：云南（昆明、大理）。

（六十九）小车蝗属 *Oedaleus* Fieber，1853

Oedipoda subgen. *Oedaleus* Fieber，1853：126.

Oedaleus Fieber，1853 // Saussure，1884：50；Bei-Bienko & Mishchenko，1951：576；Xia，1958：150；Harz，1975：469；Ritchie，1981：86；Yin，1984b：102，103；Zheng，1985：203，204；Zheng，1993：189，217，218；Yin，Shi & Yin，1996：452；Jiang & Zheng，1998：191，208，209；Zheng，Xia *et al.*，1998：80，119，120；Zheng & Gong，2001：62～70.

Pachytylus subgen. *Oedaleus* Fieber，1853 // Stål，1873b：123.

Typespecies：*Oedaleus decorus*（Germar，1817）（= *Acrydium decorus* Germar，1817）

体中大型。头大而短，较短于前胸背板。头顶之颜顶角宽短，顶钝圆或角形。具或不具中隆线。头侧窝消失或不明显，很小，三角形。颜面侧观垂直或略倾斜，颜面隆起宽平，仅中央单眼处稍凹或全长具纵沟。复眼卵形或近圆形。触角丝状，到达或超过前胸背板后缘。前胸背板较短，中部明显缩狭，中隆线较高，无侧隆线，在背面常有 X 形淡色纹；后缘呈钝角形或弧形；前胸背板侧片高明显大于长。中胸腹板侧叶间中隔宽大于长。前翅发达，超过后足股节的顶端，其顶端半透明，中脉域较狭于肘脉域，中闰脉位于中脉和前肘脉之间；后翅宽大，略短于前翅，在中部具暗色横带纹。后足股节上侧中隆线平滑，下膝侧片顶圆形。后足胫节缺外端刺。雄性下生殖板短锥形，阳具基背片桥形，具发达的锚状突，冠突大，分二叶。雌性产卵瓣粗短，顶尖。

该属已知 26 种，中国已知 10 种，有 3 种分布于云南。

小车蝗属分种检索表

1(4) 体型较小；后翅暗色横带纹明显间断
2(3) 前胸背板 **X** 形淡色纹明显隆起；后翅基部淡黄色，顶端无暗斑，中部暗色带纹不到达外缘；后足胫节枯草色，基部具暗色环，其外具淡色环 ··· 隆叉小车蝗 *O. abruptus*
3(2) 前胸背板 **X** 形淡色纹不隆起；后翅基部透明无色，顶端具 2 个暗斑，中部暗色带纹到达外缘；后足胫节褐色而略淡红，基部不具暗色环或淡色环 ··· 透翅小车蝗 *O. hyalinus*
4(1) 体型较大；后翅暗色横带纹完整且较宽；后足股节下侧红色，近膝部具黄白色环；后足胫节红色，基部具阔黄白色环 ··· 红胫小车蝗 *O. manjius*

167. 隆叉小车蝗 *Oedaleus abruptus*（Thunberg，1815）

Gryllus abruptus Thunberg，1815：233.

Oedaleus abruptus（Thunberg，1815）// Saussure，1884：117；Kirby，1910：226；Kirby，1914：144；Chang，K. 1939：20，21；Bei-Bienko & Mishchenko，1951：579；Ritchie，J. M. 1981：104～107，figs. 2，37，48，75～79，157；Zheng，1985：207，figs. 1010～1012；Zheng，1993：218，figs. 756，757；Yin，Shi & Yin，1996：452；Jiang & Zheng，1998：209～210，figs. 634～636；Zheng，Xia et al.，1998：120，133～135，figs. 73a～b.

Pachytylus abruptus（Thunberg，1815）// Stål，1873b：127.

未见标本。

分布：云南（元江、新平）、湖南、湖北、福建、广东、广西、海南、贵州；巴基斯坦，印度，斯里兰卡，尼泊尔，孟加拉国，缅甸，泰国以及马来群岛。

168. 透翅小车蝗 *Oedaleus hyalinus* Zheng et Mao，1997

Oedaleus hyalinus Zheng et Mao，1997a：75～76，figs. 1～5.

检视标本：1 ♂（正模），1 ♀（副模），大理（苍山），北纬 25°35′，东经 100°13′，1600 m，1995-Ⅶ-20，毛本勇采。

分布：云南（大理）。

169. 红胫小车蝗 *Oedaleus manjius* Chang，1939

Oedaleus manjius Chang，K. 1939：21；Bei-Bienko & Mishchenko，1951：578；Xia，1958：151；Ritchie，1981：128；Zheng，1985：206，207；Zheng，1993：218，220；Jiang & Zheng，1998：209，211，212，fig. 642；Zheng，Xia et al.，1998：119～123，figs. 61，65～67.

检视标本：7 ♂，5 ♀，永善，北纬 28°10′，东经 103°36′，1300 m，2004-Ⅶ-20，毛本勇采。

分布：云南（剑川、永善）、陕西、江苏、浙江、湖北、福建、海南、广东、广西、四川。

（七十）金沙蝗属 *Kinshaties* Cheng，1977

Kinshaties Cheng，1977：309；Zheng，1985：209；Zheng，1993：190，223；Yin，Shi & Yin，1996：354；Zheng，Xia et al.，1998：80，147.

Type-species：*Kinshaties yuanmowensis* Cheng，1977

体小型。头部略高出前胸背板。头顶宽短；头侧窝三角形。颜面几垂直或略倾斜。复眼大而突出。触角丝状，超过前胸背板后缘。前胸背板短，后缘呈钝角形突出。中隆线明显。侧隆线在沟后区明显。中胸腹板侧叶间中隔较宽；后胸腹板侧叶明显分开。前翅发达，超过后足股节顶端。后翅近外缘具狭的暗色带纹。后足股节上侧中隆线光滑；后足股节无外端刺。鼓膜器大而发达。雄性下生殖板短锥形。雌性产卵瓣粗短。

仅知 1 种，分布于云南、四川。

170. 元谋金沙蝗 *Kinshaties yuanmowensis* Cheng，1977

Kinshaties yuanmowensis Cheng，1977：310，figs. 27 ~ 30；Zheng，1985：209，210，figs. 1020 ~ 1026；Liu 1990：101；Zheng，1993：223，224，figs. 773 ~ 776；Yin，Shi & Yin，1996：354；Zheng，Xia et al.，1998：147，148，figs. 80a ~ g.

未见标本。

分布：云南(元谋)、四川。

（七十一）疣蝗属 *Trilophidia* Stål，1873

Trilophidia Stål，1873b：117；Willemse，C. 1930：55；Bei-Bienko & Mishchenko，1951：2：594；Hollis，D. 1965：294；Xia，1958：159；Johnston，H. B. 1968：350；Yin，1984b：108；Zheng，1985：221；Zheng，1993：190，225；Yin，Shi & Yin，1996：716；Jiang & Zheng，1998：192，212，213；Zheng，Xia et al.，1998：81，156.

Type-species：*Trilophidia annulata*（Thunberg，1815）（= *Trilophidia cristella*（Stål，1860））（= *Oedipoda cristella* Stål，1860）

体小型。体表面及足具较密的绒毛。头短，头顶较宽，侧缘隆线明显，前缘无隆线。头侧窝三角形或卵形。后头较平，在复眼之间具 2 粒状突起。颜面侧观略向后倾斜，颜面隆起较狭，具纵沟。复眼大而突出，卵形。触角丝状，细长，略超过前胸背板的后缘。前胸背板前端较狭，前缘略突出，后端较宽，后缘近直角形。中隆线明显隆起，前端较高，后端较低，被中横沟和后横沟深切，侧面观呈二齿状。侧隆线在沟后区明显。中胸腹板侧叶间中隔较宽地分开。前翅发达，超过后足股节顶端，具中闰脉。后翅基部常具色。后足股节较粗，上侧中隆线无细齿。后足胫节缺外端刺。鼓膜器发达，鼓膜片较小。雄性肛上板圆三角形，下生殖板短锥形。雌性产卵瓣粗短，边缘光滑无齿。

171. 疣蝗 *Trilophidia annulata*（Thunberg，1815）

Gryllus annulata Thunberg，1815：234.

Trilophidia annulata（Thunberg，1815）// Bei-Bienko & Mistshenko 1951：594，fig. 1229；Xia，1958：160，fig. 208；Hollis，1965：251. figs. 2 ~ 4，8，12，17 ~ 19，26；Yin，1984b：108，109，figs. 232，233；Zheng，1985：211，figs. 1027 ~ 1032；Zheng，1993：226，figs. 779，780；Yin，Shi & Yin，1996：716；Jiang & Zheng，1998：213，214，figs. 643 ~ 648；Zheng，Xia et al.，1998：156 ~ 159，figs. 85a ~ f.

Gryllus bidens Thunberg，1815：235.

Epacromia aspera Walker，1870b：775.

Epacromia turpis Walker，1870b：775.

Epacromia nigricans Walker，1870b：776.

Trilophidia annulata var. *ceylonica* Saussure，1884：54.

Trilophidia annulata var. *japonica* Saussure，1884：54.

Trilophidia annulata var. *mongolica* Saussure，1884：54.

检视标本：4♂，8♀，大理（苍山），北纬25°35′，东经100°13′，1500~2300 m，1995-Ⅶ-31，20055-Ⅵ-26，史云楠、王玉龙采；2♂，六库，北纬25°52′，东经98°52′，1000 m，1998-Ⅷ-21，毛本勇采；1♂，1♀，勐腊（曼庄），北纬21°26′，东经101°40′，2004-Ⅷ-1，毛本勇采；1♀，勐腊，北纬21°24′，东经101°30′，850 m，1998-Ⅷ-11，杨自忠采；3♂，3♀，景洪（勐仑），北纬21°57′，东经101°15′，850 m，2006-Ⅶ-29，毛本勇采；1♂，勐海（南糯山），北纬21°56′，东经100°36′，1550 m，2004-Ⅺ-12，宋志顺采；1♀，开远，北纬23°42′，东经103°15′，2001-Ⅷ-10，杨艳采；1♀，南涧（无量山），北纬24°42′，东经100°30′，2000 m，2003-Ⅶ-18，毛本勇采；2♂，3♀，河口，北纬22°30′，东经103°58′，600~1600 m，2006-Ⅶ-22，毛本勇采；1♀，泸水（片马），北纬26°0′，东经98°30′，1900 m，2005-Ⅶ-24，普海波采；1♂，保山，北纬25°3′，东经99°11′，1750 m，1999-Ⅶ-26，杨自忠采；1♀，巍山，北纬25°14′，东经100°0′，1999-Ⅵ-13，范学连采；1♂，1♀，绿春（坪河），北纬22°50′，东经102°31′，1450 m，2006-Ⅶ-26，徐吉山、吴琦琦采；1♂，文山，北纬23°22′，东经104°29′，2005-Ⅳ-28，杨自忠采；1♂，金平（分水岭），北纬22°55′，东经103°13′，1700 m，2006-Ⅶ-24，徐吉山采；1♂，1♀，景谷，北纬23°31′，东经100°39′，1500 m，2006-Ⅷ-6，刘浩宇采；5♂，2♀，师宗（菌子山），北纬24°48′，东经104°22′，2200 m，2006-Ⅶ-16，刘浩宇采；1♂，4♀，永善，北纬28°10′，东经103°36′，2004-Ⅶ-20，毛本勇采；1♀，昭通（鲁甸），2006-Ⅷ-17，周连冰采；1♂，1♀，会泽，北纬26°25′，东经103°17′，2004-Ⅶ-24，毛本勇采；1♂，2♀，剑川（上兰），2005-Ⅷ-5，杨国辉采；7♂，7♀，马关（八寨），北纬23°0′，东经104°4′，1700~1750 m，2006-Ⅶ-19，毛本勇采；4♀，双柏（嶅嘉），北纬24°27′，东经101°15′，1450 m，2007-Ⅴ-1，毛本勇采；2♂，3♀，新平（水塘），北纬24°9′，东经101°31′，820 m，2007-Ⅳ-29，毛本勇采；1♀，永平，北纬25°27′，东经99°25′，1998-Ⅹ-31；1♂，维西，北纬27°11′，东经99°17′，2200 m，2002-Ⅷ-12，徐吉山采；1♂，1♀，兰坪，北纬26°25′，东经99°24′，2400 m，1997-Ⅷ-23，毛本勇采；1♂，1♀，普洱（梅子湖），1350 m，北纬22°46′，东经100°52′，2007-Ⅶ-29，毛本勇采。

分布：云南（大理、南涧、巍山、剑川、永平、勐腊、景洪、勐海、开远、河口、泸水、保山、绿春、文山、金平、景谷、师宗、永善、鲁甸、会泽、马关、双柏、新平、维西、兰坪、普洱）；及我国其他地区；蒙古、日本、韩国、阿富汗、巴基斯坦、印度、尼泊尔、泰国、斯里兰卡、缅甸、越南、菲律宾、马来西亚、新加坡、印度尼西亚、文莱等。

（七十二）束颈蝗属 *Sphingonotus* Fieber，1852

Sphingonotus Fieber，1852：2；Fieber，1853：124；Saussure，1884：196；Kirby，1910：271；Bei-Bienko & Mishchenko，1951：2：611；Xia，1958：138，168；Johnston, H. B. 1968：328；Harz，1975：447，509；Yin，1984b：93，112；Zheng，1985：191，213；Zheng，1993：191，229；Yin, Shi & Yin，1996：652；Jiang & Zheng，1998：192，214；Zheng, Xia *et al.*，1998：81，170.

Type-species：*Sphingonotus caerulans* (Linnaeus，1767) [= *Gryllus* (*Locusta*) *caerulans* Linnaeus，1767〕

体中型，匀称。头短于前胸背板。头顶向前倾斜。头侧窝不明显，如果明显，则位于头顶的边缘。颜面垂直或略后倾，颜面隆起在头顶的顶端平或略具纵沟。前胸背板马鞍形，沟前区通常缩狭，中隆线低、细，被3条横沟割断，有时中隆线局部消失；前胸背板侧片的前下角呈直角状、钝角或渐成锐角小突起。中胸腹板侧叶间之中隔宽大于长。前翅发达，到达或超过后足股节的端部，中闰脉较径脉和中脉凸起，中脉和径脉间无横脉。后翅通常具暗色带纹，不增粗或略增粗。鼓膜片约占鼓膜孔的1/3～1/2。雄性下生殖板钝锥形，阳茎基背片桥状。雌性产卵瓣呈钩状弯曲，基部宽，下产卵瓣的外缘具深的凹口。

已知约80种，广泛分布于欧洲、亚洲、非洲及中美洲及其邻近地区。中国已知约47种，云南有3种。

束颈蝗属分种检索表

1(2)　后翅基部蓝色，中部具狭的黑色带纹，此带纹不到达翅外缘，顶端几达后缘 ………………………
………………………………………………………………… **长翅束颈蝗 _S. longipennis_**

2(1)　后翅基部透明

3(4)　后翅透明，中部具极淡的褐色带纹；后足胫节不具暗色横斑；前胸背板侧隆线在沟后区可见 ……
………………………………………………………………… **云南束颈蝗 _S. yunnaneus_**

4(3)　后翅基部透明，中部具宽黑色带纹，此带纹到达翅外缘，顶端不达翅后缘；后足胫节中部具暗色横斑；前胸背板缺侧隆线 ………………………………………… **勐腊束颈蝗 _S. menglaensis_**

172. 长翅束颈蝗 _Sphingonotus longipennis_ Saussure，1884

Sphingonotus longipennis Saussure，1884：203；Kirby，1914：156；Mishchenko，1936：257；Bei-Bienko & Mishchenko，1951：629，fig. 1309；Xia，1958：171，fig. 236；Huang，1981：see：Liu 1981：79，pl. II，17；Yin，1984b：112，118，figs. 250，251；Ingrisch，1990：177；Zheng，1985：214，221，224，figs. 1068～1072；Zheng，1993：243，figs. 813；Yin，Shi & Yin，1996：656；Jiang & Zheng，1998：215，216，figs. 649～653；Zheng，Xia _et al._，1998：173，198，199.

Sphingonotus indus Saussure，1884：204.

检视标本：1♂，2♀，大理（苍山），北纬25°35′，东经100°13′，1400～1700 m，1995-Ⅷ-24，1997-Ⅷ-21，史云楠采；2♂，2♀，漾濞（顺濞），北纬25°29′，东经99°55′，1500 m，10995-Ⅷ-15，史云楠采；1♂，1♀，巍山，北纬25°14′，东经100°0′，1999-Ⅵ-3，范学连采；1♂，宾川，北纬25°48′，东经100°33′，1995-Ⅷ-28，赵应凰采；1♂，洱源，北纬26°7′，东经99°56′，1998-Ⅷ-8，徐吉山采；1♀，永胜，北纬26°34′，东经100°38′，1998-Ⅷ-20；1♂，德宏，2002-Ⅷ-3，谷学文采；1♂，绿春（坪河），北纬22°50′，东经102°31′，1450 m，2006-Ⅶ-26，徐吉山采；1♂，香格里拉，北纬27°48′，东经99°42′，1995-Ⅷ-15，杨国辉采；1♀，云龙，1996-Ⅷ-8，何新德采；6♂，11♀，永德（大雪山），北纬24°01′，东经99°43′，863 m，2009-Ⅶ-20，毛本勇采。

分布：云南（大理、漾濞、巍山、宾川、洱源、永胜、德宏、绿春、金平、普洱、永德、香格里拉、元江、云龙）、四川、西藏、广西；阿富汗、泰国、印度、尼泊尔。

173. 云南束颈蝗 *Sphingonotus yunnaneus* Uvarov，1925

Sphingonotus yunnaneus Uvarov，1925：328；Mishchenko，1936：175；Uvarov，B. P. 1939：565；Bei-Bienko & Mishchenko，1951：625；Xia，1958：70；Huang，1981：see：Liu 1981：79；Yin，1984b：112，114～116，figs. 242～245，pl. 14：107；Zheng，1985：214，217～218，figs. 1051～1054；Zheng，1993：231，237，figs. 788，789；Yin，Shi & Yin，1996：660；Zheng，Xia *et al.*，1998：172，190.

检视标本：5 ♂，1 ♀，德钦（月亮湾），北纬 28°12′，东经 99°18′，2500 m，2007-Ⅷ-19，毛本勇，李宗峋采。

分布：云南（德钦、香格里拉）、四川、西藏。

174. 勐腊束颈蝗 *Sphingonotus menglaensis* Wei *et* Zheng，2005

Sphingonotus menglaensis Wei *et* Zheng，2005：368～373，figs. 14，15.

未见标本。

分布：云南（勐腊）。

五、网翅蝗科 ARCYPTERIDAE

体小型至中型。头部多呈圆锥形，头顶前端中央缺颜顶角沟。头侧窝明显，四角形，少数缺。颜面颇向后倾斜，侧观颜面与头顶形成锐角形。触角丝状。前胸背板中隆线低，侧隆线发达或不发达。前胸腹板在两前足基部之间通常不隆起，平坦，有时呈较小的突起。前、后翅发达、短缩或有时全消失。前翅如发达，则中脉域常缺中闰脉，如具中闰脉，其上也不具音齿；后翅通常本色透明，有时也呈暗褐色，但绝不具彩色斑纹。后足股节上基片长于下基片，外侧具羽状纹，股节内侧下隆线常具发音齿或不具音齿。发音为前翅—后足股节型。后足胫节缺外端刺。鼓膜器通常发达，有时不明显甚至消失。第2腹节背板两侧无摩擦板。阳具基背片桥状。

网翅蝗科种类遍布世界各地，在中国多分布于古北界，东洋界种类较少。中国种类隶属于4亚科，云南仅知2亚科。

网翅蝗科分亚科检索表

1（2） 后足股节内侧下隆线不具发音齿；后翅翅脉下面具发音齿，同后足股节上侧中隆线摩擦发音 ………………………………………………………………………… **竹蝗亚科 Ceracrinae**

2（1） 后足股节内侧下隆线具发音齿，同前翅纵脉摩擦发音；在短翅种类中的雌性发音齿较弱，但仍留有痕迹 ……………………………………………………………… **网翅蝗亚科 Arcypterinae**

竹蝗亚科 Ceracrinae

体中型到中大型。颜面侧观倾斜，与头顶组成锐角形。头顶前端中央缺颜顶角沟，头侧窝不明显。触角丝状。前胸背板具或不具侧隆线。前胸腹板在两前足基节之间微隆起。前、后翅发达或短缩。后足股节内侧下隆线不具发音齿，上侧中隆线具很弱的细齿、后翅纵脉的下面具发音齿，同后足股节上侧中隆线摩擦发音，发音方式为后翅—后足型。鼓膜器发达，缺摩擦板。阳具基背片呈桥状，锚状突发达。

竹蝗亚科在中国已知 6 属。云南仅知 4 属。

竹蝗亚科分属检索表

1(6)　　前胸背板具侧隆线

2(5)　　触角丝状，雄性较明显；体绿色

3(4)　　前翅发达，较长，其顶端到达后足股节膝部或超过后足股节的顶端 ················· 竹蝗属 *Ceracris*

4(3)　　前翅短缩，其顶端仅到达腹部第 4 节背板的后缘 ·············· 拟竹蝗属 *Ceracrisoides*

5(2)　　触角基部数节稍阔，雌性较明显，而中部及端部节丝状；体暗褐色 ·········· 锡金蝗属 *Sikkimiana*

6(1)　　前胸背板缺侧隆线，中隆线全长明显，前胸背板背面平坦；触角不超过后足股节中部，其节不具纵条纹 ··· 雷蓖蝗属 *Rammeacris*

（七十三）竹蝗属 *Ceracris* Walker，1870

Ceracris Walker, 1870b：721，790；Kirby，1910：144；Kirby，1914：96，110；Willemse, C. 1951：68；Bei-Bienko & Mishchenko，1951：462；Xia，1958：114，115；Yin，1984b：148；Zheng，1985：258；Zheng，1993：248，251，252；Liu *et al.*，1995：96；Yin，Shi & Yin，1996：143；Jiang & Zheng，1998：217，218；Zheng，Xia *et al.*，1998：217，218.

Kuthya Bolivar, I. 1909：291.

Geea Caudell，1921：29.

Type-species：*Ceracris nigricornis* Walker，1870

体中型。颜面倾斜，颜面隆起全长具纵沟。头顶短，三角形。头侧窝三角形，小。复眼长卵形。触角丝状，超过前胸背板后缘，中段一节的长为宽的 3～4 倍。前胸背板具细密刻点和皱纹；中隆线明显，侧隆线较弱或无侧隆线；3 条横沟均明显，沟前区明显长于沟后区；前缘较平直，后缘呈钝角形或弧形。前胸腹板前缘在两前足之间平坦或略隆起。前翅发达，较长，略不到达、到达或超过后足股节顶端，前翅中脉域具闰脉。后足股节匀称，膝侧片顶端圆形，后足胫节无外端刺，内侧顶端之下距略长于上距或几等长。肛上板三角形。雄性下生殖板短锥形，顶钝圆，雌性产卵瓣粗短，其上瓣的长度为基部宽的 1.5 倍。

竹蝗属主要分布于印度亚界和印中亚界，在我国已知 9 种（亚种），云南有 6 种（亚种）。

竹蝗属分种检索表

1(6)　　头顶较突出，呈锐角或直角形；前翅通常较长，其顶端超过后足股节端部甚远，少数不到达或刚

到达后足股节端部；后足股节近顶端处具有明显的黑色环

2(5) 触角细长，中段一节的长约为宽的 4~5 倍；前翅较长，其顶端超过后足股节端部甚远；前胸背板侧隆线在沟后区完整而明显

3(4) 体小型，体长：♂ 18~20 mm，♀ 26~30 mm；前翅长：♂ 15~20 mm，♀ 21~26 mm；阳具基背片桥下缘呈圆弧形 ······················ **青脊竹蝗** *C. nigricornis nigricornis*

4(3) 体大型，体长：♂ 22~24 mm，♀ 34~37 mm；前翅长：♂ 21.5-23 mm，♀ 28~31 mm；阳具基背片桥下缘平直 ···························· **大青脊竹蝗** *C. nigricornis laeta*

5(2) 触角较粗短，中段一节的长度约为宽度的 2~3 倍；前翅较短，其顶端不到达或刚到达后足股节的端部；前胸背板侧隆线在沟后区或近后缘处不甚明显；体型较小；体长：♂ 16~17 mm，♀ 23~24 mm；前翅长：♂ 11~13 mm，♀ 17 mm ········· **西藏竹蝗短翅亚种** *C. xizangensis brachypennis*

6(1) 头顶较短，顶端宽圆；前翅较短，其顶端通常达到或略超过后足股节的端部；后足股节顶端处无黑环

7(10) 前翅较长，超过后足股节的顶端；触角较短，雄性到达后足股节基部，雌性到达前胸背板后缘

8(9) 体型较大；前胸背板具明显的侧隆线；头及前胸背板背面具宽的向后渐狭的黄色纵条纹 ··········· ·· **黑翅竹蝗** *C. fasciata*

9(8) 体型较小；前胸背板侧隆线不明显，略可见；头及前胸背板背面具有狭而等宽的黄色纵条纹 ········· ·· **思茅竹蝗** *C. szemaoensis*

10(7) 前翅较短，仅达后足股节膝前环处，触角较长，雄性到达后足股节中部，雌性超过前胸背板后缘 ·· **蒲氏竹蝗** *C. pui*

175. 青脊竹蝗 *Ceracris nigricornis nigricornis* Walker，1870

Ceracris nigricornis Walker, 1870b：791；Kirby, 1914：110；Tsai, 1929：147；Sjöstedt, Y. 1933：19.

Ceracris nigricornis nigricornis Walker, 1870 // Bei-Bienko & Mishchenko, 1951：463；Willemse, C. 1951：69；Xia, 1958：115；Zheng, 1985：258；Ingrisch, 1990：179；Zheng, 1993：252，fig. 821；Liu *et al.*，1995：122；Yin, Shi & Yin, 1996：143；Jiang & Zheng, 1998：219，220，654~658；Zheng, Xia *et al.*，1998：218，220，221，figs. 107a~e.

检视标本：1 ♂，勐腊，北纬 21°24′，东经 101°30′，1998-Ⅷ-14，杨自忠采；1 ♂，2 ♀，景洪，北纬 21°57′，东经 101°15′，650 m，1998-Ⅷ-6，杨自忠采；1 ♂，2 ♀，版纳（野象谷），北纬 22°20′，东经 101°53′，850 m，2006-Ⅶ-29，毛本勇采；2 ♀，马关（古林箐），北纬 22°49′，东经 103°58′，1400~1700 m，2006-Ⅶ-21，徐吉山、杨自忠采；6 ♂，4 ♀，景谷，北纬 23°31′，东经 100°39′，1500 m，2006-Ⅷ-6，刘浩宇采；3 ♂，4 ♀，普洱（梅子湖），1350 m，北纬 22°46′，东经 100°52′，2007-Ⅶ-29，毛本勇采；4 ♂，3 ♀，普洱（菜阳河），1700 m，北纬 22°34′，东经 101°11′，2007-Ⅶ-28，毛本勇采；1 ♀，建水，1999-Ⅷ-19，蒙庚阳采；1 ♂，耿马，2001-Ⅶ-21，毛本勇。

分布：云南（澜沧、勐腊、景洪、马关、景谷、景东、普洱、耿马）、广西、福建、四川、贵州、陕西、甘肃；印度—马来西亚、锡金。

176. 大青脊竹蝗 *Ceracris nigricornis laeta*（Bolivar, I.，1914）

Kuthya laeta Bolivar, I. 1914：79.

Ceracris nigricornis laeta（Bolivar, I.，1914）// Tinkham, 1936：204；Bei-Bienko & Mishchenko, 1951：463；Xia, 1958：115；Zheng, 1985：259；Zheng, 1993：252, 253；Niu & Zheng, 1994：136 ~ 138, fig. 1；Liu *et al.* , 1995：123；Zheng, Xia *et al.* , 1998：218, 221, figs. 113, 114.

Ceracris laeta (Bolivar, I. , 1914) // Uvarov, 1925c：14 ~ 15；

Parapleurus armillatus Karny, 1915：83.

Geea conspicua Caudell, 1921：30.

Ceracris nigricornis // Willemse, C. 1951：70.

未见标本。

分布：云南(富宁、勐腊)、浙江、江西、福建、台湾、湖南、广东、海南、四川、贵州；印度—马来西亚、越南。

177. 西藏竹蝗短翅亚种 *Ceracris xizangensis brachypennis* Zheng, 1983

Ceracris xizangensis brachypennis Zheng, 1983：407 ~ 412；Zheng, 1985：260；Zheng, 1993：252, 253；Niu & Zheng, 1994：136 ~ 138, fig. 1；Liu *et al.* , 1995：123；Zheng, Xia *et al.* , 1998：218, 224, figs. 111, 113, 114, 118.

检视标本：4♂，2♀，大理(苍山)，北纬25°35′，东经100°13′，1400 ~ 1600 m，1995-Ⅷ-20，1997-Ⅷ-21，史云楠采；2♂，3♀，保山，北纬25°3′，东经99°11′，1750 m，1999-Ⅶ-26，毛本勇采；3♂，1♀，腾冲，北纬25°1′，东经98°29′，1950 m，1999-Ⅶ-26 采；1♂，广南，2001-Ⅷ-15，李志祥采；2♂，4♀，六库，北纬25°52′，东经98°52′，1000 m，1998-Ⅷ-21，毛本勇采；1♀，龙陵(腊勐)，北纬24°44′，东经98°56′，1500 m，2005-Ⅷ-5，徐吉山采；3♂，云县，北纬24°27′，东经100°7′，1300 m，2003-Ⅶ-21，毛本勇采；2♀，永平，北纬25°27′，东经99°25′，1998-Ⅹ-31，毛本勇采；19♂，4♀，马关(八寨)，北纬23°0′，东经104°4′，1700 ~ 1750 m，2006-Ⅶ-19，毛本勇、吴琦琦、刘浩宇、王玉龙采；2♂，师宗(菌子山)，北纬24°48′，东经104°22′，2200 m，2006-Ⅶ-6，刘浩宇采；1♂，2♀，瑞丽(勐秀)，北纬24°5′，东经97°46′，1600 m，2005-Ⅷ-2，毛本勇采；1♂，盈江(姐帽)，北纬24°32′，东经97°49′，1200 m，2005-Ⅷ-1，毛本勇采。

分布：云南(保山、永平、腾冲、六库、大理、云县、瑞丽、盈江、马关、师宗、广南)。

178. 黑翅竹蝗 *Ceracris fasciata* (Brunner-Wattenwyl, 1893)

Parpleurus fasciatus Brunner-Wattenwyl, 1893a：127.

Ceracris fasciata (Brunner-Wattenwyl, 1893) // Uvarov, 1925：15, 16；Ramme, 1941：29；Willemse, C. 1951：71；Xia, 1958：116；Ingrisch, 1989：205；Ingrisch, 1990：178；Niu & Zheng, 1994：136 ~ 138, fig. 1.

Ceracris fasciata fasciatus (Brunner-Wattenwyl, 1893) // Zheng, 1977：307, fig. 19；Zheng, 1985：262；Zheng, 1993：252, 253；Liu *et al.* , 1995：96, 151；Zheng, Xia *et al.* , 1998：218, 225, 226, figs. 108, 113, 114.

Mecostethus fasciata Kirby, 1914：113.

检视标本：8♂，7♀，版纳(野象谷)，北纬22°20′，东经101°53′，850 m，2006-Ⅷ-4，毛本勇、吴琦琦、刘浩宇采；1♀，勐腊，北纬21°24′，东经101°30′，1998-Ⅷ-12，杨自忠

采；2♂，景谷，北纬23°31′，东经100°39′，1500 m，2006-Ⅷ-6，毛本勇采；1♀，绿春
（坪河），北纬22°50′，东经102°31′，1300 m，2004-Ⅶ-28，毛本勇采。

分布：云南（景洪、勐腊、景谷、景东、绿春、金平）广东、广西、海南、湖南；印
度—马来西亚，缅甸。

179. 思茅竹蝗 *Ceracris szemaoensis* Zheng，1977

Ceracris fasciata szemaoensis Zheng，1977：311，fig. 18；Zheng，1979：67，fig. 1；Zheng，
1985：263；Zheng，1993：253，254，fig. 854；Zheng，Xia *et al.*，1998：218，226，227，
figs. 108，112~114.

Ceracris szemaoensis Zheng，1977 // Niu & Zheng，1994：137.

Ceracris fasciata（Brunner-Wattenwyl，1893）// Ingrisch，1989：235.

检视标本：2♂，3♀，大理（苍山），北纬25°35′，东经100°13′，1600 m，1997-Ⅷ-21，
毛本勇采；1♂，3♀，漾濞（顺濞），北纬25°29′，东经99°55′，1500 m，1995-Ⅷ-4，史云
楠采；2♂，1♀，六库，北纬25°52′，东经98°52′，1000 m，1995-Ⅶ-26，毛本勇采；2♂，
龙陵（腊勐），北纬24°44′，东经98°56′，2200 m，2005-Ⅷ-5，毛本勇采；7♂，版纳（野象
谷），北纬22°20′，东经101°53′，850 m，2006-Ⅷ-3，刘浩宇采；1♀，绿春（坪河），北纬
22°50′，东经102°31′，1400 m，2004-Ⅶ-28，毛本勇采。

分布：云南（普洱、大理、漾濞、六库、龙陵、景洪、绿春）、广西。

180. 蒲氏竹蝗 *Ceracris pui* Liang，1988

Ceracris pui Liang，1988a：295，296；Zheng，1993：252，254，fig. 825；Zheng，Xia *et al.*，1998：218，227，228，fig. 115.

未见标本。

分布：云南（元阳）。

（七十四）拟竹蝗属 *Ceracrisoides* Liu，1985

Ceracrisoides Liu，1985a：239，241；Bi，Xia，1987：60；Zheng，1985：265；Zheng，
1993：248，255；Liu *et al.*，1995：117，123；Zheng，Xia *et al.*，1998：217，232.

Type-species：*Ceracrisoides kunmingensis* Liu，1985

体中型，匀称。头较短，较短于前胸背板。头顶较短，略向前突出。头侧窝不明显，极
小，有时近于消失。颜面侧观明显向后倾斜，与头顶组成锐角；颜面隆起具纵沟。触角较
长，其顶端明显超过后足股节的基部；中段一节的长度约为宽度的2倍以上。前胸背板前缘
平直，后缘呈圆弧形或钝角形突出；中隆线明显，侧隆线较弱；3条横沟均明显，后横沟位
于前胸背板中部之后并割断中隆线。前胸腹板在两前足基部之间平坦。后胸腹板侧叶全长明
显分开。前、后翅明显缩短，其顶端明显不到达后足股节的中部；前翅在背部毗连或较狭地
分开；中脉域具不明显的中闰脉或缺中闰脉。后足股节内侧缺发音齿。后足胫节缺外端刺。
鼓膜器发达。雄性肛上板呈舌状。下生殖板短锥形。阳具基背片桥状。雌性产卵瓣较粗短，
上、下产卵瓣的顶端呈弯钩状。

分布于中国，已知 4 种。云南有 2 种。

拟竹蝗属分种检索表

1(2)　　前翅缘前脉域淡褐色，前缘脉域黄绿色，其余部分黑褐色；长为宽的 2 倍(♀)或 3.5 倍(♂)，顶
　　　　端抵第 4 腹节背板后缘(♂)，不超过后足股节中部(♀)；后足股节褐绿色 ……………………
　　　　…………………………………………………………………… **昆明拟竹蝗 *C. kunmingensis***

2(1)　　前翅臀脉域绿色，其余部分棕色，长为宽的 3.2 倍(♀)，顶端略超第 5 腹节背板后缘，所达后足
　　　　股节的长度为该股节长度的 0.42 倍；后足股节棕红色 ……………… **临沧拟竹蝗 *C. lincangensis***

181. 昆明拟竹蝗 *Ceracrisoides kunmingensis* Liu，1985

Ceracrisoides kunmingensis Liu，1985：239 ~ 240；Zheng，1985：266，figs. 1278 ~ 1283；
Zheng，1993：255，256，figs. 828 ~ 830；Liu *et al.*，1995：117，123；Zheng，Xia *et al.*，
1998：234 ~ 236，figs. 120a ~ d；Ou，2000：311.

未见标本。

分布：云南(昆明)。

182. 临沧拟竹蝗 *Ceracrisoides lincangensis* Mao，2001

Ceracrisoides lincangensis Mao，2001：240 ~ 242，figs. 1，2.

检视标本：2♀(模式标本)，凤庆，1996-Ⅷ-17，廖绍波采。

分布：云南(凤庆)。

(七十五)锡金蝗属 *Sikkimiana* Uvarov，1940

Sjostedtia Bolivar，1914：77.

Sikkimiana Uvarov，B. P. 1940：378；Yin，Shi & Yin，1996：640，641；Jiang & Zheng，
1998：225；Yin，Xia *et al.*，2003：184.

Holopercna Bhowmik，H. K. 1985：1 ~ 51.

Serrifemora Liu 1981：89；Yin，1984b：234；Zheng，1993：401.

Type-species：*Sikkimiana darjeelingensis*(Bolivar，1914)(= *Sjostedtia darjeelingensis* Bolivar，1914)

体大而匀称。头短于并高于前胸背板。头顶略突出，自复眼前缘到头顶顶端的长度短于复眼最大直径。颜面倾斜，颜面隆起全长具纵沟，在触角之间颇向前突出。雄性触角丝状，雌性触角基部 3 节较宽大，狭剑状。缺头侧窝。前胸背板侧隆线在中部向内呈弧形弯曲，后端向外扩展，3 条横沟均明显，切断中、侧隆线，后缘略圆弧形。中、后胸腹板侧叶明显分开。前翅发达，顶斜截，中脉域网状，缺中闰脉。后足股节上侧中隆线及内、外侧上隆线具 8 ~ 10 个小黑齿，上膝侧片顶圆形。

全世界已知 3 种，中国已知 2 种，云南仅知 1 种。

183. 大吉岭锡金蝗 *Sikkimiana darjeelingensis*(Bolivar，I.，1914)

Sjostedtia darjeelingensis Bolivar，I. 1914：77.

Sikkimiana darjeelingensis（Bolivar，I.，1914）// Uvarov，B. P. 1940：378；Bhowmik，H. K.，Halder，P. 1984：169；Ingrisch，1990：175；Yin，Shi & Yin，1996：641；Yin，Xia *et al.*，2003：185，186，figs. 114a~e.

Serrifermara antennata Liu，1981：90；Yin，1984b：235，figs. 502~506，pl. 28. 256，257；Liu 1990：182；Zheng，1993：401.

检视标本：3 ♂，2 ♀，漾濞（顺濞），1500 m，北纬 25°29′，东经 99°55′，1995-Ⅷ-4，史云楠采；1 ♂，1 ♀，开远，北纬 23°42′，东经 103°15′，2001-Ⅷ-10，杨艳采；1 ♀，绿春，北纬 23°0′，东经 102°24′，1700 m，2004-Ⅶ-28，杨自忠采；4 ♂，2 ♀，绿春（坪河），北纬 22°50′，东经 102°31′，1400 m，2004-Ⅶ-29，毛本勇采；6 ♂，4 ♀，永德（大雪山），北纬 24°01′，东经 99°43′，863 m，2009-Ⅶ-20，毛本勇采。

分布：云南（大理、漾濞、开远、绿春、普洱、永德）、西藏；印度、尼泊尔。

（七十六）雷蓖蝗属 *Rammeacris* Willemse，1951

Rammeacris Willemse，1951：50，65~66；Zheng，1993：248，257；Jiang & Zheng，1998：217，224；Zheng，Xia *et al.*，1998：217，238.

Ceracris Walker，1870 // Ingrisch，1989：234.

Type-species：*Rammeacris gracilis*（Ramme，1941）（= *Ceracris gracilis* Ramme，1941）

雄性体小、中型，具颗粒。头顶较短，三角形顶圆弧状，颜面侧观较倾斜，全长具纵沟，近中单眼处较宽，直至上唇亦加宽，侧隆线明显，略弯曲。头侧窝不明显。复眼卵形。触角节间较长，丝状，其长超过后足股节基部。前胸背板具细颗粒，中隆线较明显，侧隆线缺，3 条横沟均明显；后横沟近于后端；前缘平直，后缘钝角形。前胸腹板在两前足基部之间平坦，中胸腹板侧叶分开，后胸腹板侧叶基部分开。前、后翅均发达，前翅中脉域具中闰脉。后足股节上隆线平滑，膝侧片顶端钝形。肛上板宽三角形，顶钝形；尾须圆锥形，略弯，其长到达肛上板顶端。下生殖板较短，略弯，顶端钝形。

已知仅 2 种，分布于中国和缅甸，中国仅知 1 种。

184. 黄脊雷蓖蝗 *Rammeacris kiangsu*（Tsai，1929）

Ceracris kiangsu Tsai，1929：140；Bei-Bienko & Mishchenko，1951：463；Xia，1958：116，207，208，pl. 10：28，figs. 148，150，151；Zheng，1985：258，261，figs. 1241，1254，1260，1265；Yin，Shi & Yin，1996：143；Niu & Zheng，1994：136~138，fig. 1.

Rammeacris kiangsu（Tsai，1992）// Bi，1992：see：Yin W. Y. *et al.*，1992：489；Zheng，1993：257，fig. 837；Liu *et al.*，1990：122；Jiang & Zheng，1998：224，figs. 678~683；Zheng，Xia *et al.*，1998：139，140，fig. 122.

检视标本：2 ♂，1 ♀，勐腊（勐伴），1998-Ⅷ-12，杨自忠、王傅采；1 ♂，版纳（勐醒），650 m，2006-Ⅶ-29，毛本勇。

分布：云南（勐腊、景洪）、江苏、浙江、福建、江西、广东、湖南、湖北、四川、陕西。

网翅蝗亚科 Arcypterinae

体小型或中型。头顶前端中央无细纵沟。颜面倾斜，与头顶组成锐角形。头侧窝明显或缺。触角丝状，着生于侧单眼的前方。前胸腹板在两前足基节之间平坦或略隆起。前、后翅发达或短缩。后足股节略粗壮，外侧中区具羽状隆线，股节内侧下隆线具发音齿，同前翅纵脉摩擦发音；发音齿有时在短翅种类的雌性不发达。后足胫节缺外端刺。鼓膜器发达。缺摩擦板。

网翅蝗亚科在我国已知31属。云南分布有7属。

网翅蝗亚分属检索表

1(2) 缺头侧窝；前翅极退化，其顶端仅到达或不到达后胸背板的后缘；腹部背板两侧具有明显的皱纹 ·· 雪蝗属 *Nivisacris*

2(1) 具头侧窝，三角形或四角形；前翅发达或短缩，其顶端至少到达第1腹节背板后缘；腹部背板两侧缺皱纹

3(4) 前胸背板后缘中央具钝角形凹口或小凹口；雌、雄两性前翅极短缩，鳞片状，侧置，在背部分开或略毗连 ·· 缺背蝗属 *Anaptygus*

4(3) 前胸背板后缘圆弧形或钝角形突出；前翅发达，如短缩，则在背面相互毗连（仅在个别种中雌性前翅在背部彼此分开，此时其前胸背板后缘圆弧形突出）

5(8) 后胸腹板侧叶在后端相互毗连，在雌性有时略为分开，但前翅具有明显的中闰脉或后足胫节内侧顶端的下距较长于上距

6(7) 前胸背板在中隆线和侧隆线间具1对明显的阔于中隆线和侧隆线的补充纵隆线 ········· ·· 隆背蝗属 *Carinacris*

7(6) 前胸背板在中隆线和侧隆线间无补充纵隆线，侧隆线明显 ··········· 暗蝗属 *Dnopherula*

8(5) 后胸腹板侧叶在后端明显地分开

9(10) 前翅前缘平直，缘前脉域在基部不扩大，逐渐地向顶端趋狭，且常超过前翅的中部，前翅通常较发达；腹部第1节的鼓膜器常具有狭缝状的鼓膜孔 ··········· 牧草蝗属 *Omocestus*

10(9) 前翅基部的前缘具有明显的凹陷；缘前脉域在基部明显扩大，自此向顶端逐渐趋狭，通常不到达前翅的中部，有时在短翅种类中，可到达前翅的顶端，则其腹部第1节的鼓膜器具有较宽的鼓膜孔

11(12) 前胸背板几圆形，其侧板突出，沟后区略呈屋脊形 ··········· 奇翅蝗属 *Xenoderus*

12(11) 前胸背板背面平，其侧板不突出，垂直，沟后区平 ··········· 雏蝗属 *Chorthippus*

（七十七）雪蝗属 *Nivisacris* Liu，1984

Nivisacris Liu，J. 1984：433；Liu *et al.*，1990：118，128；Zheng，1993：273；Zheng，Xia *et al.*，1998：240，291.

Type-species：*Nivisacris zhongdianensis* Liu，1984

体小型。头较大，略短于前胸背板。头顶背面略低凹，具有明显的中隆线。头侧窝缺。

前胸背板前缘平直，后缘具有明显的三角形凹口；中隆线和侧隆线明显，侧隆线在中部呈弧形弯曲；后横沟明显，割断中隆线和侧隆线，位于前胸背板中部之后。后胸腹板的侧叶全长明显地分开。雌雄两性前翅极不发达，侧置，其顶端到达或不到达后胸背板的后缘。后足股节内侧近下隆线具发达的发音齿列。跗节爪间中垫宽大。鼓膜器发达。腹部背板两侧具有明显的波状皱纹。雄性腹部末节背板的后缘具有尾片。雄性肛上板近舌状，基部具有明显的纵沟。下生殖板较长，顶端较钝。阳具基背片桥状。雌性产卵瓣较长，上、下产卵瓣的外缘具细齿，下产卵瓣基部的外缘无齿状突起。

已知1种，仅分布于云南。

185. 中甸雪蝗 *Nivisacris zhongdianensis* Liu，1984

Nivisacris zhongdianensis Liu，1984：433～435，figs. 1～4；Liu *et al.*，1990：128，fig. 236；Zheng，1993：273；Zheng，Xia *et al.*，1998：292，293，fig. 156a～c.

未见标本。

分布：云南(香格里拉)。

（七十八）缺背蝗属 *Anaptygus* Mishchenko，1951

Anaptygus Mishchenko，1951：In Bei-Bienko & Mishchenko，1951：546；Xia，1958：105；Yin，1984b：183；Zheng，1985：267，283；Zheng，1993：249，276；Yin，Shi & Yin，1996：56；Zheng，Xia *et al.*，1998：240，203，304；Wang，Zheng & Lian，2005：88.

Type-species：*Anaptygus uvarovi*（Chang，1937）（= *Oreoptygonotus uvarovi* Chang，1937）

体小型。头大而短，较短于前胸背板。颜面向后倾斜，颜面隆起宽平，或在中眼之下略低凹；中单眼很小。头顶较短，三角形，自复眼的前缘至顶端的长度较短于复眼前的最宽处。头侧窝明显，狭长方形，其长约为宽的4倍左右。触角丝状，到达或超过前胸背板的后缘。前胸背板的中隆线低而明显，侧隆线明显，中部略弯曲或甚弯曲，沟前区较长于沟后区；后缘中央具钝角形凹口。中胸腹板侧叶和后胸腹板侧叶明显地分开。前翅鳞片状，侧置，在背部较宽地分开，超出腹部第1节背板的后缘，顶端较圆或略尖。后足股节内侧下隆线上具发音齿，上膝侧片的顶端圆形。后足胫节顶端缺外端刺。鼓膜器发达。雄性肛上板三角形。雌性产卵瓣较短，上产卵瓣的上外缘无细齿。

已知6种，1种分布于印度，其余5种分布于中国西部和西南部。云南已知3种，本文另记述1新种。

缺背蝗属分种检索表

1(2) 雄性前翅外缘阔，具明显凹口；头等于前胸背板长；头顶在复眼前缘的宽度等于其长度；触角到达后足股节基部 ·················· **月亮湾缺背蝗** *A. yueliangwan*，sp. nov.

2(1) 雄性前翅外缘缺凹口；头短于前胸背板长；头顶在复眼前缘的宽度小于其长度；触角到达或超过前胸背板后缘

3(4) 头侧窝狭长，长度为宽度的5.0(♂)或4.5(♀)倍；前胸背板侧隆线最宽处为最狭处的1.9(♂)或

　　　2.1~2.2(♀)倍；前翅顶端到达第 2 腹节背板后缘(♂)或中部(♀)；分布：丽江玉龙雪山………
　　　………………………………………………………………………… **玉龙缺背蝗 *A. yulongensis***

4(3)　头侧窝宽短，长度为宽度的 2.7~3.0 倍；分布：大理苍山或剑川老君山、鹤庆马耳山

5(6)　前胸背板侧隆线弧形弯曲，沟前区长为沟后区长度的 1.71(♂)倍；前翅翅顶到达第 3 腹节中部至
　　　后缘(♂)或第 2 腹节中部至后缘(♀)；分布：大理苍山…………………… **红胫缺背蝗 *A. rufitibialus***

6(5)　前胸背板侧隆线钝角形弯曲，沟前区长为沟后区长度的 1.38(♂)倍；前翅翅顶到达第 4 腹节背板
　　　后缘(♂)或超过第 2 腹节后缘(♀)；分布：剑川老君山、鹤庆马耳山…………………………
　　　………………………………………………………………………… **长翅缺背蝗 *A. longipennis***

186. 月亮湾缺背蝗，新种 *Anaptygus yueliangwan*, sp. nov.（图版Ⅵ：2；图 2-19）

　　　体小型。头锥形，大，其长等于(♂)或较短于(♀)前胸背板长。头顶突出，侧缘隆起，背面略凹陷，前缘圆锐角形，在复眼前缘的宽度为其长度的 1.00~1.07(♂)或 1.14~1.33(♀)倍；头侧窝四角形，长度为宽度 5.18~5.66(♂)或 4.86~5.00(♀)倍；眼间距约为触角间颜面隆起宽度的 1.36~1.50(♂)或 1.50(♀)倍。颜面侧观极倾斜；颜面隆起宽平，或在中眼附近略低凹，侧缘近乎平行(♂)，或在中单眼下略扩展(♀)；中单眼小于侧单眼。颜面侧隆线直。触角丝状，向后到达后足股节基部(♂)或超过前胸背板后缘(♀)，中段任一节长度为宽度的 1.81~2.14(♂)或 1.40~1.88(♀)倍。复眼卵圆形，纵径为横径的 1.37~1.44(♂)或 1.46(♀)倍，约为眼下沟长度的 1.47~1.48(♂)或 1.15~1.13(♀)倍。前胸背板近圆柱形，前缘平直，后缘近直，中央具角形小凹口；中隆线明显；侧隆线明显(♀)或稍弱(♂)，在沟前区明显弧形内凹，最宽处为最狭处宽的 1.97~2.17(♂)或 2.5(♀)倍；前、中横沟在背板背面不可见，仅后横沟明显切断中、侧隆线；沟前区长为沟后区长的 1.70~1.94(♂)或 1.33~1.56(♀)倍。前胸腹板整体稍呈丘形隆起。中胸腹板侧叶较宽地分开，侧叶间中隔长度为最小宽度的 0.80~0.87(♂)或 0.60~0.63(♀)倍；后胸腹板侧叶阔分开。雄性前翅短缩，超过腹部第 3 背板后缘，长度为最大宽度的 3.00~3.13 倍，前缘平直，翅顶圆形，外缘在臀脉顶端处凹陷成凹口，缘前脉域不可见，前缘脉域最宽为该处亚前缘脉域宽度的 3.33~4.00 倍，中脉域约与肘脉域等宽，臀脉域发达，其宽度约为之前脉域宽度的 0.51~0.60 倍，左、右前翅在背部毗连，后翅较退化；雌性前翅鳞片状，侧置，在背部较宽地分开，长度为最大宽度的 2.13~2.47 倍，超过腹部第 1 节背板后缘。后足股节长度为最大宽度的 4.75~4.95(♂)或 4.71~4.76(♀)倍，上侧中隆线光滑，内侧下隆线具发音齿个 40(♂)或 36(♀)，下膝侧片顶圆形。后足胫节具 11~12 个外列刺和 10 个内列刺，缺外端刺。鼓膜孔长卵圆形。

　　　雄性腹部第 10 节背板中部较宽地裂开；肛上板三角形或菱形，中域大部具宽浅凹沟，侧域近基部可见明显的横隆线；尾须锥形，顶钝，到达肛上板顶端。阳具基背片内、外冠突向背面突出与桥呈略大于 90° 的角；侧板阔，侧缘近直，后突呈锐角形；前突侧观后缘颇向背面突出；锚状突钩状，指向前下方；桥拱状。阳具复合体色带连片和色带基支不发达；阳茎基瓣膨大，其长超过色带表皮内突。

　　　雌性产卵瓣钩曲，外缘光滑。

　　　体色：体黑褐色或灰褐色。头部背面及颊部黑褐色(♂)或灰褐色(♀)。额部黄褐色(♂)或灰褐色(♀)，但侧隆线与眼下沟之间黄色(♂)或黄白色(♀)；眼后带黑色，向后延伸到前胸背板和腹部两侧。触角黑色。两性复眼灰色或具少许黑色斑(♀)。前胸背板侧片

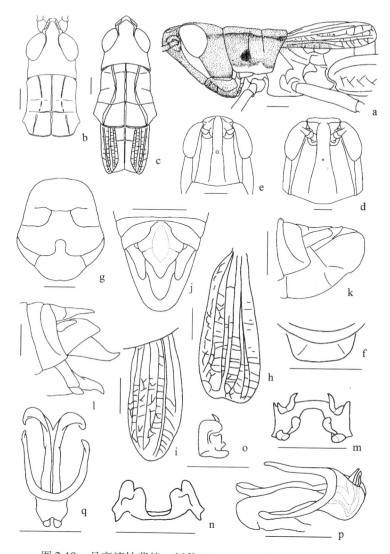

图 2-19　月亮湾缺背蝗，新种 *Yunacris yueliangwan*, sp. nov.

a. 雄性前端侧面观（apical apex of body, male）；b-c. 头、前胸背板背面（head and pronotum, male and female, dorsal views）；d-e. 头部前面观（head, apical view, male and female）；f. 前胸腹板突（prosternum, ventral view）；g. 中、后胸腹板（mesosternum and metasternum, male）；h-i. 前翅（tegmen, right and left, male and female）；j-k. 雄性腹端背面、侧面观（male terminalia, dorsal and lateral views）；l. 产卵瓣侧面观（ovipositor, lateral view）；m-o. 阳具基背片背面、后面和侧面观（epiphallus, dorsal, posterior and lateral views）；p-q. 阳具复合体侧面和背面观（phallic complex, lateral and dorsal views）

在中横沟之前具 1 个圆形亮黑色斑，下缘黄白色。前翅褐色，在雄性略透明。胸部腹面黄白色。雄性后足股节外侧上半部和上侧黄褐色，内侧和下侧黄色；雌性除下侧黄色外，其余褐色或为不规则色斑；两性膝部黑色；胫节基部 1/10 黑色，其余橙红色。腹部腹面黄色。

量度（mm）：体长：♂17.0～17.3，♀20.0～21.0；前胸背板长：♂2.9～3.0，♀3.9～4.0；前翅长：♂4.5～4.8，♀3.7～3.4；后足股节长：♂9.4～9.5，♀11.3～11.9。

正模：♂，德钦（月亮湾），北纬 28°12′，东经 99°18′，3600 m，2007-Ⅷ-19，毛本勇采。副模：2♂，2♀，毛本勇、李宗峋采，其余采集资料同正模。

分布：云南（德钦）。

词源学：新种名取自模式标本产地——德钦月亮湾。

讨论：新种以其雄性的以下特征区别于属内所有种：①前翅外缘阔，具明显凹口；②头与前胸背板等长；③头顶在复眼前缘的宽度等于其长度；④触角到达后足股节基部。

187. 玉龙缺背蝗 *Anaptygus yulongensis* Wang，Zheng *et* Lian，2005

Anaptygusyulongensis Wang，Zheng *et* Lian，2005：87~89，figs. 1~6.

未见标本。

分布：云南（丽江：玉龙雪山）。

188. 红胫缺背蝗 *Anaptygus rufitibialus* Zheng *et* Mao，1997（图 2-20）

Anaptygus rufitibialus Zheng *et* Mao，1997b：17~20；Wang，Zheng & Lian，2005：88.

检视标本：28♂，32♀，大理（苍山花甸坝），北纬25°35′，东经100°13′，2650~3200 m，1995-Ⅷ-7，1999-Ⅵ-6，毛本勇、史云楠采。

分布：云南（大理：苍山）。

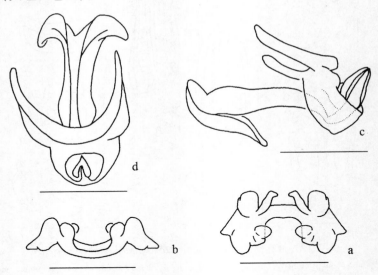

图 2-20　红胫缺背蝗 *Anaptygus rufitibialus* Zheng *et* Mao，1997

a-b. 阳具基背片背面和后面观（epiphallus，dorsal and posterior views）；

c-d. 阳具复合体侧面和背面观（phallic complex，lateral and dorsal views）

189. 长翅缺背蝗 *Anaptygus longipennis* Mao *et* Xu，2004

Anaptygus longipennis Mao *et* Xu，2004：468~473，figs. 1~4.

检视标本：11♂，5♀，剑川（老君山），北纬26°33′，东经99°35′，2600~2900 m，2003-Ⅷ-19，毛本勇采；1♂，4♀，鹤庆（马耳山），3100 m，2003-Ⅹ-7，徐吉山采。

分布：云南（剑川、鹤庆）。

（七十九）隆背蝗属 *Carinacris* **Liu**，**1984**

Carinacris Liu，1984：436，figs. 9，10；Liu，1990：119，134；Zheng，1993：189，212；Yin，Shi & Yin，1996：131；Zheng，Xia *et al.*，1998：79，102.

Type-species：*Carinacris vittatus* Liu，1984

体型较小，匀称。头较短于前胸背板。头顶宽短，背面低凹，较平，不向前倾斜；具发达的延伸到后头末端的侧缘隆线，后头具细中隆线。头侧窝明显，四角形。颜面侧观向后倾斜，与头顶呈锐角。前胸背板前缘平直，后缘宽弧形向外突出；中隆线和侧隆线明显，侧隆线在沟前区近于平行，在沟后区明显向外扩展；在中隆线和侧隆线间具有 1 对十分发达的补充纵隆线，其宽度远宽于中隆线和侧隆线的宽度；3 条横沟均明显，仅后横沟切断中隆线。中胸腹板侧叶全长明显分开。后胸腹板侧叶在后端毗连。前、后翅发达；前翅中闰脉明显，其上无发音齿。后足股节内侧近下隆线具发音齿列；膝侧片顶端圆形。后足胫节内侧下距明显长于上距。雄性下生殖板锥形。阳具基背片桥状。雌性产卵瓣粗短，下产卵瓣外缘近端部具有凹口。

该属为中国特有属，已知 1 种，云南有分布。

190. 条纹隆背蝗 *Carinacris vittatus* **Liu**，**1984**

Carinacris vittatus Liu，1984：346，347，figs. 9 ~ 10；Liu 1990：134，fig. 218；Zheng，1993：212，fig. 740；Yin，Shi & Yin，1996：131；Zheng，Xia *et al.*，1998：102，103，figs. 49a ~ b；Mao & Zheng，1999：71 ~ 73.

检视标本：1 ♀，大理（洱湖滨），北纬 25°35′，东经 100°13′，2000 m，1995-Ⅷ-20，毛本勇采；1 ♂，云龙，北纬 25°38′，东经 99°0′，1998-Ⅴ-3，毛本勇采。

分布：云南（昆明、南华、大理、云龙、丽江）、四川。

（八十）暗蝗属 *Dnopherula* **Karsch**，**1896**

Dnopherula Karsch，F. 1896：259；Johnston，H. B. 1956：671；Jago. 1966：331；Hollis. 1966：267；Johnston，H. B. 1968：384；Jago. 1971：242；Ingrisch，1993：315，339；Yin，Shi & Yin，1996：239；Jiang & Zheng，1998：227；Zheng，Xia *et al.*，1998：241，330.

Aulacobothrus Bolivar，I. 1902：597；Bolivar，1909：294；Willemse，1951：60；Bei-Bienko & Mistshenko 1951：437；Hollis，1966：268；Zheng，1985：290.

Bidentacris Zheng，1982：84，87；Zheng，1985：294；Zheng & Xie，1986：2，54.

Parvibothrus Yin，1984b：155，274.

Type-species：*Dnopherula callosa* Karsch，1896

体中小型。头大，短于前胸背板。头顶短，三角形，侧缘隆线明显，向后直达后头，头部背面具中隆线。头侧窝明显，长方形，从背面可见。颜面倾斜，颜面隆起宽平或略沟状，侧缘近平行。复眼较大，卵形。触角丝状，顶端不到达、到达或超过前胸背板后缘。前胸背板中隆线明显，侧隆线近平行或中部弯曲；3 条横沟均明显；背板后缘角形。中胸腹板侧叶间中隔近方形。后胸腹板侧叶在后端毗连或略分开。前翅发达，不到达、到达或超过后足股节的顶端；缘前脉域基部膨大，雄性前缘脉域较宽，中脉域常具不规则的闰脉，肘脉域等于或较宽于中脉域。后翅发达。后足股节内侧具 1 列音齿。后足胫节缺外端刺，内侧端部下距极长于或几等于上距。鼓膜器发达，孔卵圆形。雄性肛上板三角形或顶端部两侧收缩或形成齿状，近基部两侧边缘略向上卷起；尾须柱状或长锥形；下生殖板短锥形。雌性产卵瓣粗短；下生殖板后缘角形突出或后缘平中央三角形突出，或后缘凹陷中央三角形突出。

本属广泛分布于东洋界及非洲界。在我国已知 4 种。云南分布有 3 种。

暗蝗属分种检索表

1(4) 后足胫节内侧之下距稍长于上距；前胸背板侧隆线近平行或中部略曲
2(3) 雄性肛上板两侧近端部收缩，形成明显的二齿状；雌性下生殖板后缘凹陷，中央三角形突出 ……
……………………………………………………………………………………………… 条纹暗蝗 *D. taeniatus*
3(2) 雄性肛上板长三角形，近端部不形成齿状；雌性下生殖板后缘角状突出 …… **中华暗蝗** *D. sinensis*
4(1) 后足胫节内侧之下距极长于上距；前胸背板侧隆线呈角状弯曲；雄性肛上板三角形；雌性下生殖板后缘钝三角形突出，顶圆 ……………………………………………… **无斑暗蝗** *D. svenhedini*

191. 条纹暗蝗 *Dnopherula taeniatus*（Bolivar，1902）

Aulacobothrus taeniatus Bolivar，1902：600；Kirby，1914：125；Rehn，1939：117.

Dnopherula taeniatus（Bolivar.，1902）// Jago，1971：245；Ingrisch，1993：325～331，figs. 62～83；Jiang & Zheng，1998：228，229，figs. 689～698；Zheng，Xia *et al.*，1998：332，334～336，figs. 182a～k.

Scyllina physopoda Navas，1904：133.

Aulacobothrus physopoda（Navas，1904）// Kirby，1914：125.

Bidentacris guizhowensis Zheng，1982：85.

Parvibothrus vittatus Yin，1984b：155，274.

Dnopherula（*Aulacobothrus*）*physopoda*（Navas，1904）// Bhowmik，1985：21.

Bidentacris yuanmowensis Zheng，1985：295，figs. 1425～1434.

Bidentacris guangdongensis Zheng et Xie，1986：57，64.

Bidentacris loratus Zheng et Xie，1986：59，64.

Bidentacris xizangensis Zheng et Me，1986：63，65.

Parvibothrus nepalensis Balderson et Yin，1987：289.

Parvibothrus brunneus Balderson et Yin，1987：291.

Bidentacris jiangziensis Wang，1993：347～351，figs. 1～10.

检视标本：3 ♂，2 ♀，保山（怒江坝），1999-Ⅶ-28，毛本勇采；1 ♂，3 ♀，宾川，北纬 25°48′，东经 100°33′，1700 m，2002-Ⅹ-1，徐吉山采；1 ♂，4 ♀，永平，北纬 25°27′，东经 99°25′，1998-Ⅹ-31，毛本勇采；3 ♀，大理（风仪），2000 m，2000-Ⅺ-10，杨自忠采；6 ♂，1 ♀，大理（满江），2000 m，2005-Ⅸ-24，杨国辉采；3 ♂，2 ♀，梁河（芒东），北纬 24°39′，东经 98°14′，1300 m，2005-Ⅶ-27，毛本勇采；1 ♂，文山，北纬 23°22′，东经

104°29′，2005-Ⅳ-28，毛本勇采；1♀，云县，北纬24°27′，东经100°7′，1300 m，2003-Ⅶ-21，毛本勇采；2♂，1♀，龙陵（腊勐），北纬24°44′，东经98°56′，2200 m，2005-Ⅷ-5，毛本勇采；2♀，楚雄，1995-Ⅷ-27，武平采；1♀，丽江，北纬26°48′，东经100°15′，1995-Ⅶ-22，和丽兰采；15♂，鹤庆（黄坪），2004-Ⅹ-16，杨国辉采。

分布：云南（保山、龙陵、云县、宾川、永平、大理、鹤庆、丽江、梁河、楚雄、文山）、贵州、西藏、四川、广东、广西、江西、湖南；国外分布于南亚及东南亚。

192. 中华暗蝗 *Dnopherula sinensis*（Uvarov，1925）

Aulacobothrus sinensis Uvarov，1925：318；Bei-Bienko，1968：125；Zheng，1985：293，figs. 1408～1414.

Dnopherula sinensis（Uvarov，1925）// Bhowmik，1985：22；Ingrisch，1993：318～321，figs. 15～31；Zheng，Xia *et al.*，1998：332，336，337，figs. 183a～h.

Bidentacris nigrilinearis Zheng *et* Zhang，1993：6～7，figs. 1～4.

检视标本：27♂，16♀，大理（苍山），北纬25°35′，东经100°13′，2200～2300 m，1995-Ⅶ-18，1996-Ⅶ-10，1999-Ⅴ-25，史云楠、杨国辉采；5♂，3♀，洱源，北纬26°7′，东经99°56′，2600 m，1999-Ⅴ-25，毛本勇采；1♂，贡山（独龙江），1400 m，2004-Ⅶ-24，徐吉山采；2♂，1♀，云龙，北纬25°38′，东经99°0′，2400 m，1998-Ⅴ-3，毛本勇采；1♂，兰坪，北纬26°25′，东经99°24′，2400 m，1997-Ⅷ-23，杨自忠采；20♂，7♀，元谋（老城），2006-Ⅴ-2，陈祯、杨国辉采；1♀，鲁甸，2004-Ⅶ-23，毛本勇采；1♀，宁蒗，北纬27°41′，东经100°46′，2004-Ⅶ-16，毛本勇采；1♂，1♀，四川（盐源），2004-Ⅶ-17，毛本勇采；2♂，云龙（团结），1950 m，北纬25°44′，东经99°35′，2007-Ⅶ-22，徐吉山采；1♂，昆明，2000 m，北纬25°0′，东经102°35′，2004-Ⅳ-4，杨自忠采；1♂，德钦，北纬28°12′，东经99°18′，3600 m，2007-Ⅷ-19，毛本勇采。

分布：云南（大理、洱源、云龙、贡山、德钦、兰坪、元谋、鲁甸、宁蒗、昆明）、四川。

193. 无斑暗蝗 *Dnopherula svenhedini*（Sjöstedt，1933）

Aulacobothrus svenhedini Sjostedt，1933：23，pl. 11，figs. 5～6；Bei-Bienko & Mistshenko，1951：438；Xia，1958：109；Zheng，1985：292，figs. 1405～1407.

Dnopherula svenhedini（Sjostedt，1933）// Jago，1971：244；Ingrisch，1993：331～333，figs. 95～105；Jiang & Zheng，1998：228，229，figs. 699～701；Zheng，Xia *et al.*，1998：332，337～339，figs. 184a～f.

检视标本：5♂，12♀，大理（苍山），北纬25°35′，东经100°13′，2000～2200 m，1997-Ⅴ-23，毛本勇、李穆仙采；3♂，1♀，永平，北纬25°27′，东经99°25′，1998-Ⅹ-31，毛本勇采；1♂，1♀，洱源，北纬26°7′，东经99°56′，2300 m，1999-Ⅴ-25，杨自忠采；15♂，9♀，元谋（老城），2006-Ⅴ-2，陈祯、杨国辉采。

分布：云南（大理、永平、洱源、元谋）、广西、四川、河南、江西；泰国。

（八十一）牧草蝗属 *Omocestus* Bolivar，I.，1878

Omocestus Bolivar，I. 1878：427；Chopard，1922：124，126；Chopard，1951：281；Bei-Bienko & Mishchenko，1951：474；Xia，1958：117；Harz，1975：695，721；Yin，1984b：151，177；Zheng，1985：300；Yin，Shi & Yin，1996：461；Zheng，Xia *et al.*，1998：242，381，382；Yin，Zhang & Li，2002：319.

Type-species：*Gryllus*（*Locusta*）*viridulus* Linnaeus，1758〔 = *Omocestus viridulus*（Linnaeus，1758）〕

体中小型，匀称。头短于前胸背板。颜面向后倾斜；颜面隆起宽平，中部略凹。头顶短宽，顶端较钝。头侧窝狭长方形。触角丝状。复眼卵形。前胸背板中隆线较低，侧隆线明显，常在沟前区颇弯曲，侧隆线间最宽处约等于其最狭处的 2~3 倍；后缘圆弧形。雌雄两性的后胸腹板侧叶间分开较宽。前、后翅较发达或略缩短，但在背部彼此毗连；前翅的前缘较直，缘前脉域在基部不扩大，逐渐向顶端趋狭，并超过前翅的中部；肘脉域较狭，有时消失。后足股节外膝侧片顶端圆形，内侧下隆线具发音齿。后足胫节顶端缺外端刺。鼓膜器的鼓膜片较宽，鼓膜孔呈狭缝状或宽缝状。雄性下生殖板短锥形。雌性上产卵瓣的上外缘圆弧形。

已知 46 种，国内已知 18 种，分布于华北、东北、西北地区及青藏高原。云南已知 3 种。

牧草蝗属分种检索表

1(2)　前胸背板侧隆线弱，在沟前区中部圆弧形弯曲，在沟前区后部消失；前翅到达肛上板中部 ………
　　　 ……………………………………………………………………………… 红股牧草蝗 *O. enitor*

2(1)　前胸背板侧隆线明显，在沟前区呈弧形弯曲；前翅较短，仅达腹部第 4~6 节背板

3(4)　触角向后超过前胸背板后缘（♀）或到达后足股节的 1/4 处（♂），中段一节长度为宽度的 1.8（♀）或 2.2（♂）倍；前翅到达或超过第 6 腹节背板后缘（♂）或到达第 4 腹节背板后缘（♀）；雌性下生殖板后缘三角形突出 …………………………………… 老君山牧草蝗 *O. laojunshanensis*

4(3)　触角向后不达前胸背板后缘（♀）或到达后足股节基部（♂），中段一节长度为宽度的 1.0（♀）或 1.2（♂）倍；前翅到达或超过第 5 腹节（♂）或到达第 4 腹节中部（♀）；雌性下生殖板后缘宽圆弧形 ………………………………………………………… 马耳山牧草蝗 *O. maershanensis*

194. 红股牧草蝗 *Omocestus enitor* Uvarov，1925

Omocestus enitor Uvarov，B. P. 1925：319；Yin，1984b：177，180，fig. 180；Zheng，Xia *et al.*，1998：382，387，388，fig. 216.

未见标本。

分布：云南、西藏。

195. 老君山牧草蝗 *Omocestus laojunshanensis* Mao *et* Xu，2004

Omocestus laojunshanensis Mao *et* Xu，2004：469，470，figs. 5~12.

检视标本：5 ♂，1 ♀，丽江（老君山），2500 m，2003-Ⅷ-17，毛本勇采。

分布：云南（丽江）。

196. 马耳山牧草蝗 *Omocestus maershanensis* Mao et Xu，2004

Omocestus maershanensis Mao *et* Xu，2004：470，471，figs. 13～17.

检视标本：8♂，10♀，鹤庆（马耳山），3200 m，2003-X-8，寸宇智、徐吉山采。

分布：云南（鹤庆）。

（八十三）奇翅蝗属 *Xenoderus* Uvarov，1925

Xenoderus Uvarov，1925a：323；Yin，Shi & Yin，1996：750；Zheng，Xia *et al.*，1998：242，393.

Type-Species：*Xenoderus montanus* Uvarov，1925

雌性触角丝状。头顶三角形；头侧窝较狭而明显。前胸背板几圆形，其侧板凸出，其背面几乎无角状突，沟前区具有明显的横凸和沟后区略呈屋顶状；侧隆线较发达，在沟前区内凹，近乎靠近，在其沟后区较强地展开，后横沟位于中部之后；后缘圆弧形；侧叶下缘圆形，前端略上翘。中胸腹板侧叶横形，其中隔与侧叶等宽；后胸腹板侧叶不毗连，其中隔近四角形。短翅型，侧置，顶端宽圆形；中脉域不扩展，到达顶端。产卵瓣缺齿。

已知仅1种分布于云南。

197. 山奇翅蝗 *Xenoderus montanus* Uvarov，1925

Xenoderus montanus Uvarov，1925a：323-325；Yin，Shi & Yin，1996：750；Zheng，Xia *et al.*，1998：393，394，figs. 219a～b.

未见标本。

分布：云南。

（八十三）雏蝗属 *Chorthippus* Fieber，1852

Chorthippus Fieber，1852：In：Kelch：1；Kirby，1914：97，128；Bei-Bienko & Mishchenko，1951：2：503；Johnston，H. B. 1956：695；Xia，1958：124；Harz，1975：812；Xia & Jin，1982：205～228，figs. 1～81；Yin，1984b：160；Zheng，1985：305；Liu 1990：144；Zheng，1993：251，305；Yin，Shi & Yin，1996：155；Zheng，Xia *et al.*，1998：242，396.

Megaulacobothrus Caudell，1921：27.

Stenobothrus（*Plagiophlebis*）Houlbert，1927：94.

Type-species：*Chorthippus albomarginatus*（De Geer，1773）（= *Acrydium albomarginatus* De Geer，1773）

体中小型。头部较短于前胸背板。头顶宽短，头侧窝明显，呈狭长四方形。颜面向后倾斜。触角丝状，到达或超过前胸背板后缘。复眼卵形。前胸背板前缘平直，后缘弧形；中隆线较低，侧隆线平行或在沟前区略弯曲或明显呈弧形、角形弯曲；后横沟较明显，切断中隆线和侧隆线。后胸腹板侧叶在后端明显分开。前翅发达或短缩，有的雌性呈鳞片状，侧置，在背部分开，但雄性前翅在背部均相连；缘前脉域在基部扩大，顶端不到达或到达翅之中部。后翅的前缘脉和亚前缘脉不弯曲，径脉近顶端部分正常，不增粗。后足股节内侧下隆线具发达的音齿。后足胫节顶端顶端内侧之上、下距几等长。跗节的爪左右对称，且等长。鼓膜器发达，孔呈半圆形或狭缝状。雄性腹部末节背板后缘及肛上板边缘不呈黑色，与腹部同色。下生殖板短锥形。阳具基背片桥形，冠突分二叶。雌性产卵瓣粗短，上产卵瓣之上外缘无细齿。下生殖板后缘常呈角状突出。

已知 200 多种（亚种），分布于欧洲、亚洲、非洲及美洲等地区。我国已知 109 种，可分为 4 亚属。云南已知 2 亚属 8 种，包括本文记述的 2 新种。

雏蝗属分亚属、分种检索表

1(8)　雌、雄两性前、后翅均为暗褐色或黑色；雄性前翅宽长，前缘脉和亚前缘脉明显弯曲 ……………
　　　………………………………………………………………………… 黑翅亚属 Megaulacobothrus

2(5)　鼓膜孔较狭，其长度为最狭处宽度的 7.2～9.4 倍

3(4)　鼓膜孔长度为最狭处宽度的 7.2 倍(♂)；头顶锐角形；颜面隆起在中单眼下其宽浅纵沟(♂)或略凹(♀) ……………………………………………………………… 玉案山雏蝗 Ch. yuanshanensis

4(3)　鼓膜孔长度为最狭处宽度的 8.6～8.9(♂)或 9.4(♀)倍；头顶钝角形；颜面隆起全长具纵沟(♂)或在中单眼下具明显纵沟(♀) ………………………………………… 雪山雏蝗 Ch. xueshanensis

5(2)　鼓膜孔较宽，其长度为最狭处宽度的 1.25～5.85 倍

6(7)　鼓膜孔长为最狭处宽的 5.83～5.85 倍(♀)；头侧窝长为宽的 3.60～4.38 倍(♀)；中脉域为肘脉域宽度的 1.92～2.64 倍(♀)；前胸背板侧隆线间最宽处为最狭处的 2.14～2.59 倍(♀) ……………
　　　………………………………………………………………… 大山雏蝗 Ch. dashanensis sp. nov.

7(6)　鼓膜孔长为最狭处宽的 1.25 倍(♀)；头侧窝长为宽的 1.2 倍(♀)；中脉域宽度等于肘脉域宽度(♀)；前胸背板侧隆线间最宽处为最狭处的 1.8 倍(♀) ……………… 贡山雏蝗 Ch. gongshanensis

8(1)　雌、雄两性前、后翅非暗褐色或黑色；两性前翅较短缩，有时雄性前翅到达或略超过腹端，则其后翅比前翅短小，且后足股节端部褐色或黑色，雌性前翅一般不超过第 6 腹节 ………………………
　　　………………………………………………………………………… 短翅亚属 Altichorthippus

9(10)　前翅较长，前翅在雄性略不到达或到达腹部末端或到达后足股节的 4/5，在雌性到达第 5 腹节背板后缘或后足股节的 1/2 ………………………………………… 钝尾雏蝗 Ch. obtusicaudatus sp. nov.

10(9)　前翅甚短，其顶端远不到达腹端

11(12)　雌雄两性前翅缘前脉域宽短，内具不规则闰脉 …………………………………… 德钦雏蝗 Ch. deqinensis

12(11)　雌雄两性前翅缘前脉域不明显或狭长，内缺闰脉

13(14)　前翅较长，在雄性其顶端超过第 7 腹节，在雌性到达或超过第 3 腹节；中脉域较宽，为肘脉域宽度的 2～3 倍 ………………………………………………………… 异翅雏蝗 Ch. anomopterus

14(13)　前翅较短，在雄性其顶端到达或超过第 4 腹节，在雌性到达或超过第 2 腹节；中脉域最宽处明显大于肘脉域最宽处 ……………………………………………………… 林草雏蝗 Ch. nemus

198. 玉案山雏蝗 Chorthippus yuanshanensis Zheng, 1980

Chorthippus yuanshanensis Zheng, 1980c：342，343，figs. 33～38；Xia & Jin，1982：4(3)：208；Zheng，1985：306，311，312，figs. 1506～1513；Liu 1990：145；Zheng，1993：305，313，314，figs. 1006，1007；Yin，Shi & Yin，1996：170；Zheng，Xia et al.，1998：

398，415，416，figs. 229a ~ h.

检视标本：5 ♂，9 ♀，会泽，北纬 26°25′，东经 103°17′，2004-Ⅶ-25，毛本勇采；1 ♂，1 ♀，永善，北纬 28°10′，东经 103°36′，2004-Ⅶ-20，毛本勇采。

分布：云南（昆明、会泽、永善、大理?）。

199. 雪山雏蝗 *Chorthippus xueshanensis* Zheng *et* Mao，1997

Chorthippus xueshanensis Zheng *et* Mao，1997a：77，78，figs. 8 ~ 11；Mao & Xu，2004：472，figs. 18，19.

检视标本：2 ♂，2 ♀，兰坪，北纬 26°25′，东经 99°24′，2700 m，1997-Ⅷ-23，毛本勇采；1 ♂，3 ♀，香格里拉，北纬 27°48′，东经 99°42′，2400 m，2002-Ⅷ-8，徐吉山采；10 ♀，剑川（老君山），北纬 26°33′，东经 99°35′，2600 ~ 2900 m，2003-Ⅷ-19，毛本勇采；2 ♀，宁蒗（泸沽湖），北纬 27°41′，东经 100°46′，2004-Ⅶ-15，毛本勇采；2 ♀，四川（盐源），2004-Ⅶ-17，毛本勇采。

分布：云南（丽江、兰坪、香格里拉、剑川、宁蒗）、四川（盐源）。

200. 大山雏蝗，新种 *Chorthippus dashanensis* sp. nov. （图版Ⅶ：2；图 2-21）

体小型。头顶平，顶端直角形（♂）或圆钝角形（♀）。眼间距为触角间颜面隆起宽度的 1.54 ~ 1.82（平均 1.68，n = 5，♂）或 2.00 ~ 2.14（平均 2.07，n = 5，♀）倍。头侧窝狭长四角形，内缘长为宽的 3.75 ~ 4.43（平均 4.01，n = 5，♂）或 3.60 ~ 4.38（平均 3.92，n = 5，♀）倍。颜面倾斜，与头顶成锐角形，颜面隆起在中单眼下具宽浅纵沟，至唇基处渐消失；侧缘几平行（♀）或仅在中单眼处略收缩（♂），至唇基处渐宽。触角丝状，到达后足股节基部（♂）或前胸背板后缘（♀），中段任一节的长度为宽度的 2.07 ~ 2.56（平均 2.23，n = 5，♂）或 1.98 ~ 2.05（平均 2.02，n = 5，♀）倍。复眼卵形，纵径为横径的 1.42 ~ 1.49（平均 1.45，n = 5，♂）或 1.34 ~ 1.47（平均 1.40，n = 5，♀）倍，为眼下沟长的 1.31 ~ 1.45（平均 1.39，n = 5，♂）或 1.00 ~ 1.04（平均 1.01，n = 5，♀）倍。前胸背板中部略缩狭，前缘近平直，后缘圆弧形；中、侧隆线均明显，侧隆线在沟前区呈钝圆角形凹入（♂）或钝角形凹入（♀），侧隆线间最宽处为最狭处的 2.00 ~ 2.33（平均 2.16，n = 5，♂）或 2.14 ~ 2.59（平均 2.34，n = 5，♀）倍；仅后横沟明显切断中隆线，沟前区长度为沟后区长度的 0.82 ~ 1.00（平均 0.93，n = 5，♂）或 0.92 ~ 1.00（平均 0.95，n = 5，♀）倍；前胸背板侧片高大于长，前下角宽钝圆形，后下角圆形，下缘近圆形。中胸腹板侧叶间中隔最狭处宽为长的 1.23 ~ 1.33（平均 1.30，n = 5，♂）或 1.22 ~ 1.56（平均 1.34，n = 5，♀）倍。前翅略超过后足股节膝部顶端，前翅长为宽的 4.26 ~ 5.00（平均 4.62，n = 5，♂）或 5.17 ~ 5.50（平均 5.33，n = 5，♀）倍，翅顶圆形；缘前脉域狭长但不超过翅之中部，前缘脉域最宽为亚前缘脉域最宽的 1.33 ~ 1.35（平均 1.33，n = 5，♂）或 1.53 ~ 1.82（平均 1.67，n = 5，♀）倍，径脉域在径脉分枝处的宽度为亚前缘脉域最宽处的 1.67 ~ 2.00（平均 1.76，n = 5，♂）或 2.23 ~ 2.67（平均 2.45，n = 5，♀）倍，中脉域为肘脉域宽度的 1.43 ~ 1.91（平均 1.74，n = 5，♂）或 1.92 ~ 2.64（平均 2.24，n = 5，♀）倍。后足股节上侧中隆线平滑，在端部呈刺状，内侧下隆线具音齿 188 个（♂）；下膝侧片顶圆形。后足胫节外侧具刺 12 ~ 13 个，内侧 12 个，缺外端刺。鼓膜孔狭缝状，长为最狭处宽的 4.12 ~ 6.36（平均 4.90，n = 5，♂）或 5.83 ~ 5.85

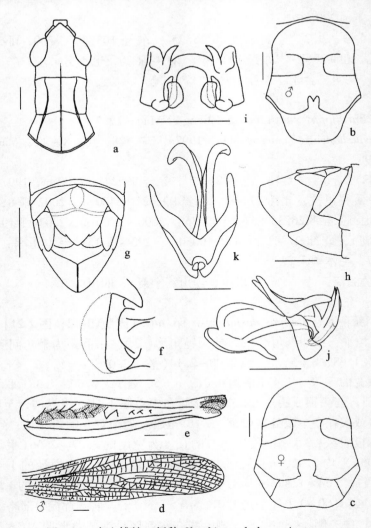

图 2-21　大山雏蝗，新种 *Chorthippus dashanensis* sp. nov.

a. 雄性头、前胸背板背面（male head and pronotum, dorsal view）; b-c. 中、后胸腹板（mesosternum and metasternum, male and female）; d. 右前翅（right tegmen of male）; e. 雄性股节内侧（male postfemur, inner side）; f. 鼓膜器（tympana）; g-h. 雄性腹端背面、侧面观（male terminalia, dorsal and lateral views）; i. 阳具基背片背面观（epiphallus, dorsal view）; j-k. 阳具复合体侧面和背面观（phallic complex, lateral and dorsal views）

（平均 5.84，n=5，♀）倍。

雄性肛上板近盾形，基部中央具宽浅纵沟，中部具弧形弯曲的横折，侧缘向外突出，后缘中央三角形突出。尾须近柱状，顶钝圆，长度略超过肛上板顶端。下生殖板短锥形，顶钝。阳具基背片桥状，锚状突弯曲，顶指向内下方；侧板阔，近内缘的空洞部分狭，冠突具内、外2叶。阳茎复合体色带表皮内突与色带连片呈钝角形；色带瓣及阳茎端部较粗长。

雌性肛上板三角形。尾须短锥形，到达肛上板之一半。产卵瓣短，光滑无齿，端部略钩状。下生殖板后缘中央三角形突出。

体色暗褐色。眼后带黑色，前胸背板沿侧隆线具黑色纵纹。前翅具细碎黑褐色斑点。后翅黑褐色。后足股节红褐色，内侧基部具黑褐色纵斑；膝部黑色。后足胫节橙红色，基部及端部黑褐色；跗节黑褐色。腹面绿褐色，但腹端部橙红色。腹基部 5 节侧面具黑色斑。

量度（mm）：体长：♂17.6～19.5，♀23.5～24.3；前胸背板长：♂3.2～3.5，♀4.2～4.3；前翅长：♂14.2～15.0，♀15.5～16.5；后足股节长：♂10.0～10.9，♀13.0～13.8。

正模：♂，昭通（大山包鸡公山），2006-Ⅷ-1，周连冰采。副模：55 ♂，52 ♀，昭通（大山包鸡公山、大山包跳墩河、大山包大羊窝），2006-Ⅶ-29～31，2006-Ⅷ-1，周连冰采。

分布：云南（昭通大山包）。

词源学：种名取自模式标本产地——昭通大山包国家级自然保护区。

讨论：新种在一般特征上近似于玉案山雏蝗 *Ch. yuanshanensis* Zheng，1980 和雪山雏蝗 *Ch. xueshanensis* Zheng et Mao，1997。三者的区别见表2-10。

表 2-10　大山雏蝗 *Ch. dashanensis* sp. nov. 、
玉案山雏蝗 *Ch. yuanshanensis* 和雪山雏蝗 *Ch. xueshanensis* 的区别

玉案山雏蝗 *Ch. yuanshanensis*	大山雏蝗 *Ch. dashanensis* sp. nov.	雪山雏蝗 *Ch. xueshanensis*
头顶锐角形（♂）	头顶直角形（♂）或圆钝角形（♀）	头顶锐角到直角形（♂）钝角形（♀）
头侧窝长为宽的3.7（♂）或3.0（♀）倍	头侧窝长为宽的3.75～4.33（♂）或3.60～4.38（♀）倍	头侧窝长为宽的4.1～4.8（♂）或4.0（♀）倍
颜面隆起在中单眼下具宽浅纵沟（♂）或略凹（♀）	雌性两性颜面隆起在中单眼下具宽浅纵沟，至唇基处渐消失	颜面隆起全长具纵沟（♂）或在中单眼下具明显纵沟（♀）
前翅长为宽的3.7（♂）或4.2（♀）倍，中脉域与肘脉域几等宽	前翅长为宽的4.26～5.00（♂）或5.17～5.50（♀）倍，中脉域为肘脉域宽度的1.43～1.91（♂）或1.92～2.64（♀）倍	前翅长为宽的3.8～3.9（♂）或4.7（♀）倍，中脉域与肘脉域等宽
后足股节内侧下隆线具音齿154个（♂）	后足股节内侧下隆线具音齿188个（♂）	后足股节内侧下隆线具音齿152个（♂）
鼓膜孔长为最狭处宽的7.2（♂）倍	鼓膜孔长为最狭处宽的4.12～6.36（♂）或5.83～5.85（♀）倍	鼓膜孔长为最狭处宽的8.6～8.9（♂）或9.4（♀）倍
雄性肛上板三角形，具中央纵沟，后缘中央三角形突出	雄性肛上板近盾形，基部之半具宽浅纵沟，中部具弧形弯曲的横折，侧缘向外突出，后缘中央三角形突出	雄性肛上板舌形，基部之半具中纵沟，中部具弧形弯曲的横折，侧缘基部收缩，后缘三角形突出

201. 贡山雏蝗 *Chorthippus gongshanensis* Zheng *et* Mao，1997

Chorthippus gongshanensis Zheng et Mao，1997a：76，77，figs. 6～7。

检视标本：1 ♀（正模），六库，北纬25°52′，东经98°52′，1000 m，1995-Ⅶ-26，毛本勇采。

分布：云南（六库）。

202. 钝尾雏蝗，新种 *Chorthippus obtusicaudatus* sp. nov.（图版Ⅶ：3；图2-22）

体小型。头顶平，顶端锐角形（♂、♀）。眼间距为触角间颜面隆起宽度的1.74～2.00（平均1.87，n=5，♂）或1.82～2.00（平均1.90，n=5，♀）倍。头侧窝浅，呈狭长四角形，内缘长为宽的4.17～5.00（平均4.57，n=5，♂）或3.50～4.42（平均4.04，n=5，♀）

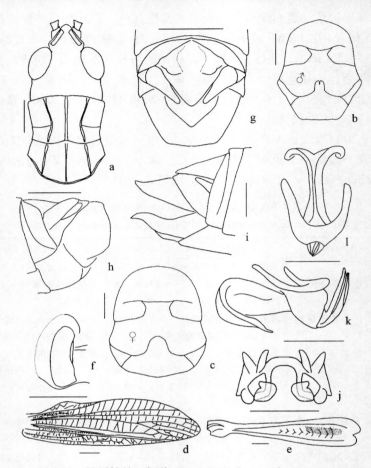

图 2-22　钝尾雏蝗，新种 *Chorthippus obtusicaudatus* sp. nov.

a. 雄性头、前胸背板背面（male head and pronotum, dorsal view）；b-c. 中、后胸腹板（mesosternum and metasternum, male and female）；d. 右前翅（right tegmen of male）；e. 雄性股节内侧（male postfemur, inner side）；f. 鼓膜器（tympana）；g-h. 雄性腹端背面、侧面观（male terminalia, dorsal and lateral views）；i. 产卵瓣侧面观（ovipositor, lateral view）；j. 阳具基背片背面观（epiphallus, dorsal view）；k-l. 阳具复合体侧面和背面观（phallic complex, lateral and dorsal views）

倍。颜面倾斜，与头顶成锐角形，颜面隆起在中单眼下具明显纵沟，至唇基处渐消失；侧缘几平行，近唇基处渐扩宽。触角丝状，到达后足基节（♂）或前胸背板后缘（♀），中段任一节的长度为宽度的 1.55～1.75（平均 1.68，n = 5，♂）或 1.25～1.50（平均 1.40，n = 5，♀）倍。复眼卵形，纵径为横径的 1.35～1.75（平均 1.48，n = 5，♂）或 1.36～1.43（平均 1.40，n = 5，♀）倍，为眼下沟长的 1.17～1.39（平均 1.30，n = 5，♂）或 1.05～1.11（平均 1.08，n = 5，♀）倍。前胸背板前缘平直，后缘圆钝角形；中、侧隆线均明显，侧隆线在沟前区呈钝圆角形凹入（♂）或钝角形凹入（♀），侧隆线间最宽处为最狭处的 1.71～1.94（平均 1.81，n = 5，♂）或 1.76～2.00（平均 1.88，n = 5，♀）倍；仅后横沟明显（♂）或中、后横沟均明显，但仅后横沟切断中、侧隆线（♂、♀），沟前区长度为沟后区长度的 0.96～1.08（平均 1.03，n = 5，♂）或 1.00（平均 1.00，n = 5，♀）倍；前胸背板侧片高大于长，前下角宽钝圆形，后下角钝角形。中胸腹板侧叶间中隔最狭处宽为长的 1.43～1.60（平均 1.51，n = 5，♂）或 1.39～1.53（平均 1.47，n = 5，♀）倍。前翅略不到达或到达腹部末端（或到达后足股节的 4/5)(♂)，到达第 5 腹节背板后缘(或后足股节的 1/2)(♀)；长为宽的 3.56~3.95(平均 3.75，n=5，♂)或 3.42~3.95(平均 3.71，n=5，♀)倍，翅顶尖圆；缘前脉域不到达前翅之中部，前缘脉弯曲，前缘脉域最宽为亚前缘脉域最宽的 1.95~2.05(平均 2.02，n=5，♂)或 1.70~2.20(平均 1.97，n=5，♀)倍，并等于中脉域宽度(♂)或为中脉域宽度的 1.30~1.67(平均 1.46，n=5，♀)倍；中脉域为肘脉域宽度的 1.67~2.30(平均 2.03，n=5，♂)或 1.40~1.47(平均 1.44，n=5，♀)倍。后翅明显短于前翅。后足股节上侧中隆线平滑，在端部形成刺状，内侧下隆线具音齿 106 个(♂)；下膝侧片顶圆形。后足胫节外侧具刺 12 个，内侧 12~13 个，缺外端刺。鼓膜孔宽缝状，长为最狭处宽的 2.50~2.78(平均 2.65，n=5，♂)或 2.86~2.95(平均 2.88，n=5，♀)倍。

雄性肛上板近菱形，中央具宽浅纵沟，中部具弧形弯曲的横折，后缘中央三角形突出。尾须近柱状，顶钝圆，长度为基部宽度的 2.8 倍，略不及肛上板顶端。下生殖板短锥形，顶钝。阳具基背片桥状，锚状突略弯曲；侧板狭，近内缘的空洞部分宽大；冠突内叶较冠突外叶大。阳茎复合体阳茎基瓣膨大；色带瓣及阳茎端部较细长。

雌性肛上板菱形。尾须短锥形，到达肛上板之一半。产卵瓣短，光滑无齿，端部略钩状。下生殖板后缘角形突出。

体褐绿色。头背褐色，颜面及颊部绿色或褐色。前胸背板背面褐色，侧面绿色或褐色。前翅棕褐色，雌性多数个体前缘脉域白色。后翅本色。后足股节外侧及上侧绿色、黄绿色或黄褐色，内侧基部具黑褐色纵斑，下侧黄红色；膝部黑色。后足胫节红色，基部及端部暗红色；跗节黑褐色。腹基部数节侧面具明显或不明显的黑色斑。

量度(mm)：体长：♂14.2~15.7，♀19.0~19.5；前胸背板长：♂2.7~3.0，♀3.2~3.7；前翅长：♂8.0~9.0，♀8.3~9.4；后足股节长：♂8.5~9.4，♀11.2~11.4。

正模：♂，昭通(大山包跳墩河)，2006-Ⅶ-30，周连冰采。副模：63♂，146♀，昭通(大山包鸡公山、大山包跳墩河、大山包大羊窝)，2006-Ⅶ-29~31，2006-Ⅷ-1，周连冰采。

分布：云南(昭通：大山包)。

词源学：种名由 obtusi(钝的)+cauda(尾部)复合而成，表示雄性腹端较钝。

讨论：新种在一般特征上近似于锥尾雏蝗 Ch. conicaudatus Xia et Jin，1982。二者的区别见表 2-11。

表 2-11 钝尾雏蝗 *Ch. obtusicaudatus* sp. nov. 和锥尾雏蝗 *Ch. conicaudatus* Xia et Jin，1982 的区别

钝尾雏蝗 *Ch. obtusicaudatus* sp. nov.	锥尾雏蝗 *Ch. conicaudatus*
体较小，体长：♂14.2~15.7 mm，♀19.0~19.5 mm；前胸背板长：♂2.7~3.0 mm，♀3.2~3.7 mm；前翅长：♂8.0~9.0 mm，♀8.3~9.4 mm	体较大，体长：♂15.5~16.5 mm，♀19.5~21.0 mm；前胸背板长：♂3.3~3.5 mm，♀4.0~4.6 mm；前翅长：♂12.3~12.5 mm，♀：10.6~12.5 mm
头顶顶端锐角形(♂、♀)	头顶顶端近直角形(♂、♀)
触角到达后足基节(♂)或前胸背板后缘(♀)	触角超过前胸背板后缘(♂)
中胸腹板侧叶间中隔最狭处宽为长的 1.43~1.60(♂)或 1.39~1.53(♀)倍	中胸腹板侧叶间中隔长略大于宽
前翅前缘脉域最宽为亚前缘脉域最宽的 1.95~2.05(♂)或 1.70~2.20(♀)倍	前翅前缘脉域宽于亚前缘脉域的 1.5(♂)倍
后足股节内侧下隆线具音齿 106 个(♂)	后足股节内侧下隆线具音齿 153(±8)个(♂)

（续）

钝尾雏蝗 Ch. obtusicaudatus sp. nov.	锥尾雏蝗 Ch. conicaudatus
鼓膜孔宽缝状，长为最狭处宽的 2.50～2.78（♂）或 2.86～2.95（♀）倍	鼓膜孔宽卵形，长为最狭处宽的 2.0（♂）
阳具基背片侧板狭	阳具基背片侧板阔
体黄绿色或褐绿色，后足股节内侧基部具黑褐色纵斑，后足胫节红色	体棕黄色，后足股节内侧基部缺黑褐色纵纹，后足胫节橙褐色

203. 德钦雏蝗 *Chorthippus deqinensis* Liu，1984

Chorthippusdeqinensis Liu，1984b：70，figs. 3，4；Zheng，1985：307，326；Liu 1990：154；Zheng，1993：310，331；Yin，Shi & Yin，1996：161；Zheng，Xia *et al.*，1998：404，476.

未见标本。

分布：云南（德钦）。

204. 异翅雏蝗 *Chorthippus anomopterus* Liu，1984

Chorthippusanomopterus Liu，1984b：71，figs. 5，6；Zheng，1985：307，326，327；Liu 1990：154；Zheng，1993：310，333；Yin，Shi & Yin，1996：157；Zheng，Xia *et al.*，1998：404，481，482.

检视标本：8 ♂，16 ♀，德钦，2005-Ⅷ-2，杨国辉采。

分布：云南（德钦）。

205. 林草雏蝗 *Chorthippus nemus* Liu，1984

Chorthippusnemus Liu，1984b：69，70，figs. 1，2；Zheng，1985：307，326；Liu 1990：155；Zheng，1993：310，333；Yin，Shi & Yin，1996：167；Zheng，Xia *et al.*，1998：404，483.

检视标本：3 ♂，12 ♀，香格里拉，北纬 27°48′，东经 99°42′，3200，1997-Ⅶ-28，杨春梅采；5 ♂，5 ♀，香格里拉（冲江河），2900，2003-Ⅹ-3，徐吉山采；3 ♂，2 ♀，香格里拉，北纬 27°48′，东经 99°42′，3200，2005-Ⅷ-24，杨国辉采。

分布：云南（香格里拉、德钦）。

六、剑角蝗科 ACRIDIDAE

体型粗短或细长，大多侧扁。头部侧观钝锥形或长锥形。头侧窝发达，有时不明显或缺。复眼较大，位于近顶端处，而远离基部。触角剑状，基部各节较宽，其宽度大于长度，自基部向端部渐趋狭。前胸背板中隆线较弱，侧隆线完整或缺。前胸腹板具突起或平坦。前、后翅发达，大多较狭长，顶端尖锐；有时缩短，甚至成鳞片状，侧置。后足股节外侧中区具羽状纹，内侧下隆线具音齿或缺。鼓膜器发达。阳具基背片具锚状突，侧片不呈独立的分支。

在夏凯龄(1985)系统中，该科的中国种分为 6 亚科。云南有 5 亚科。

剑角蝗科分亚科检索表

1(2) 前胸腹板具明显的腹板突 ·· **长腹蝗亚科 Leptacrinae**

2(1) 前胸腹板平坦，缺前胸腹板突

3(4) 前翅中脉域的中闰脉发达，中闰脉上具发音齿，同后足股节内侧隆线摩擦发音 ·····················
··· **细肩蝗亚科 Calephorinae**

4(3) 前翅中脉域的中闰脉缺，如有中闰脉，则不发达，不具发音齿

5(6) 后足股节内侧下隆线具密而明显的发音齿，同前翅摩擦发音 ········· **绿洲蝗亚科 Chrysochraontinae**

6(5) 后足股节内侧下隆线缺发音齿

7(8) 体较粗壮；后足股节粗壮，善于跳跃；后足股节上侧中隆线一般具细齿，少数缺细齿 ·····················
··· **佛蝗亚科 Phlaeobinae**

8(7) 体较细长，头部长于、等于或短于前胸背板；后足股节细长，不善于跳跃；后足股节上侧中隆线光滑 ·· **剑角蝗亚科 Acridinae**

长腹蝗亚科 Leptacrinae

体细长，近乎圆筒形。颜面倾斜，同头顶组成锐角。头顶前缘无细纵沟。触角剑状，位于侧单眼的前下方。头侧窝不明显。前胸腹板突明显。前、后翅均发达。后足股节上基片长于下基片，外侧中区具羽状隆线。鼓膜器发达。发音为前翅—后足型，前翅同后足摩擦发音。阳具基背片呈桥状。

我国已知4属，云南仅知1属。

（八十四）卡蝗属 *Carsula* Stål，1878

Carsula Stål，1878：53，100；Kirby，1910：407；Willemse，1955［1956］：24；Zheng，1981b：295；Huang，Xia，1985：212；Zheng，1985：357；Ingrisch，1989：207；Liu 1990：172，175；Zheng，1993：373，376；Yin，Shi & Yin，1996：131；Yin，Xia *et al.*，2003：73，79，80，fig. 48.

Type-species：*Carsula sulciceps* Stål，1878

体中型，细长。头部极长，颜顶角长，远突出于复眼之前，顶圆，在复眼前缘处具1明显的横沟。头侧窝缺或不明显。颜面极倾斜，颜面隆起在上部合成一隆线，在中眼之上分叉。触角剑状，生于头顶的顶部，与头部近等长。前胸背板圆筒形，无侧隆线；沟前区长度明显大于沟后区。前胸腹板突短，顶平。中、后胸腹板侧叶长大于宽，内缘相接。前翅短，不到达或刚到达后足股节顶端，径脉域具1列规则的小横脉。鼓膜器发达。两性尾须长，宽片状。雄性下生殖板长锥形，顶尖。雌性下生殖板后缘圆形。

本属已知7种，分布于东洋界，我国已知3种，都分布于云南。

卡蝗属分种检索表

1(4)　前翅较长，其顶端远超后足股节的中部，在前翅中部径脉和中脉之间小横脉较多，约有22~28条
2(3)　雌雄两性尾须极长，其顶端远远超过肛上板的端部，在雌性几乎到达上产卵瓣的顶端；前翅较长，其顶端到达后足股节4/5处 ················· 云南卡蝗 *C. yunnana*
3(2)　雌性尾须较短，其顶端仅到达肛上板2/3处；前翅较短，其顶端到达后足股节2/3处 ············· ··· 短须卡蝗 *C. brachycerca*
4(1)　前翅较短，其顶端刚到达后足股节的中部，在前翅中部径脉和中脉之间小横脉较少，仅6~12条 ·· 短翅卡蝗 *C. brachyptera*

206. 云南卡蝗 *Carsula yunnana* Zheng，1981（图版Ⅷ：7）

Carsula yunnana Zheng，1981b：295，fig. d；Zheng，1983a：409；Zheng，1985：358，360，figs. 1760~1772；Liu 1990：175，fig. 310；Zheng，1993：377，fig. 310；Yin，Shi & Yin，1996：132；Yin，Xia *et al.*，2003：80~82，figs. 49a~f.

检视标本：1♀，版纳（野象谷），北纬22°20′，东经101°53′，850 m，2006-Ⅷ-24，毛本勇采；1♀，普洱（梅子湖），1350 m，北纬22°46′，东经100°52′，2007-Ⅶ-29，徐吉山采。

分布：云南（勐腊、景洪、普洱）。

207. 短须卡蝗 *Carsula brachycerca* **Huang** *et* **Xia，1985**

Carsula brachycerca Huang *et* Xia，1985：212，figs. 7 ~ 10；Liu 1990：175，185，fig. 316；Zheng，1993：377，378；Yin, Shi & Yin，1996：132；Yin, Xia *et al.*，2003：80，82，83，figs. 50a ~ b.

未见标本。

分布：云南（西双版纳）。

208. 短翅卡蝗 *Carsula brachyptera* **Huang** *et* **Xia，1985**

Carsula brachyptera Huang *et* Xia，1985：212，figs. 1 ~ 6；Zheng，1985：358，359；Liu 1990：175；Zheng，1993：377，378，figs. 1228，1229；Yin, Xia *et al.*，2003：80，83，84，figs. 51a ~ b.

检视标本：1♂，龙陵（腊勐），北纬24°44′，东经98°56′，1500 m，2005-Ⅷ-5，毛本勇采；1♀，瑞丽（勐秀），北纬24°5′，东经97°46′，1600 m，2005-Ⅷ-3，毛本勇采。

分布：云南（龙陵、澜沧、瑞丽）。

细肩蝗亚科 Calephorinae

体小型，匀称。颜面倾斜，同头顶组成锐角。头顶前缘无细纵沟。触角剑状，位于侧单眼的前下方。头侧窝不明显。前胸腹板在两前足基节之间略隆起。前、后翅均发达。后足股节上基片长于下基片，外侧中区具羽状隆线。鼓膜器发达。发音为前翅—后足型，前翅中脉域具发达的中闰脉，中闰脉上具发音齿，同后足股节内侧隆线摩擦发音。阳具基背片呈桥状。

中国已知 1 属，云南有分布。

（八十五）细肩蝗属 *Calephorus* Fieher，1853

Calephorus Fieber，1853：97；Kirby，1910：136；Willemse，C. 1951：62；Johnston，H. B. 1956：591；Xia，1958：101；Dirsh，1965：497；Johnston，H. B. 1968：360；Harz，1975：584；Roffey，1979：109；Yin，1982：93；Zheng，1985：362；Liu 1990：176；Zheng，1993：373，379；Liu *et al.*，1995：106，107；Yin，Shi & Yin，1996：117；Jiang & Zheng，1998：235，236；Yin，Xia *et al.*，2003：89，fig. 55.

Oxyroryphus Fischer，1853：311.

Type-species：*Calephorus compressicornis* (Latreille，1804) (= *Acrydium compressicorms* Latreille，1804)

体中小型，匀称。头大而短，侧面观高于前胸背板水平。头顶短，三角形，顶尖，侧隆线明显，自复眼前缘至头顶顶端的距离小于复眼纵径。头侧窝三角形，较不明显。颜面隆起具宽浅纵沟。颊部前缘眼下沟处具膨大的隆线。复眼卵形。触角狭剑状，不到达或到达前胸背板后缘。前胸背板中部明显缢缩，后区宽平；前缘平截，后缘直角形突出；中隆线明显，侧隆线在沟前区明显，在沟后区消失；中隆线仅被后横沟切割。前胸腹板在两前足之间平坦。中、后胸腹板侧叶均分开。前、后翅发达，超过后足股节顶端，前翅中脉域具中闰脉，中闰脉具细齿；中脉域略宽。后翅亚前缘脉域端部革质化。后足股节较细，膝侧片顶圆形。后足胫节具外端刺。产卵瓣外缘光滑。体色通常黄绿色。

本属已知 3 种，我国已知 1 种，云南有分布。

209. 细肩蝗 *Calephorus vitalisi* Bolivar，1914

Calephorus vitalisi Bolivar，I. 1914：99；Uvarov，B. P. 1931：218；Willemse，C. 1951：64；Xia，1958：87，89，101，figs. 138，142；Roffey，1979：109；Zheng，1985：362，363，figs. 1785～1793；Liu，1990：176；Zheng，1993：379，figs. 1240～1243；Liu *et al.*，1995：107，108，figs. 164，167；Yin，Shi & Yin，1996：117；Jiang & Zheng，1998：236，237，figs. 713～721；Yin，Xia *et al.*，2003：90～92，figs. 55，56a～f.

未见标本。

分布：云南、海南、广西；印度—马来亚、中南半岛。

绿洲蝗亚科 Chrysochraontinae

体中小型，较粗壮。颜面倾斜，与头顶组成锐角。头顶前缘无细纵沟。头部明显短于前胸背板。触角剑状，位于侧单眼的前方。头侧窝缺或明显呈长方形。前胸腹板在两前足基节之间平坦或略呈圆形隆起。前、后翅均发达，有时在雌性缩短。后足股节上基片长于下基片，外侧中区具羽状隆线。鼓膜器发达。发音为后足—前翅型，后足股节内侧下隆线具细而密的发音齿，同前翅纵脉摩擦发音，在短翅种类有时发音齿退化。阳具基背片呈桥状。

绿洲蝗亚科在云南省已知 2 属。

绿洲蝗亚科分属检索表

1(2)　头侧窝呈明显的四角形；前胸背板后缘中央具明显的凹口；前翅鳞片状，侧置；后胸腹板侧叶全长明显分开 ·· 滇蝗属 *Dianacris*

2(1)　头侧窝缺；前胸背板后缘圆弧形突出；前、后翅均发达；后胸腹板侧叶彼此毗连 ·················· ·· 小戛蝗属 *Paragonista*

（八十六）滇蝗属 *Dianacris* Yin，1983

Dianacris Yin，1983：42；Zheng，1985：365；Liu 1990：172；Zheng，1993：374，383；Yin，Shi & Yin，1996：228；Yin，Xia *et al.*，2003：93，105.

Type-species：*Dianacris choui* Yin，1983

体小型。头大而短，较短于前胸背板。头侧窝明显，长方形。颜面倾斜。中单眼较小于侧单眼。触角剑状，基部触角节宽略大于长，向端部触角节渐渐变狭。前胸背板前缘平直，后缘中央具明显的凹口，中隆线和侧隆线明显，侧隆线中部呈钝角形弯曲；后横沟明显，切断中隆线和侧隆线。前胸腹板前缘略隆起。后胸腹板侧叶分开。前翅鳞片状，侧置。雄性后足股节内侧下隆线具发音齿，可同前翅纵脉摩擦发音；雌性发音齿退化。后足胫节缺外端刺。腹部第 1 节背板具发达的鼓膜器。阳具基背片呈桥状。

本属已知仅 1 种，分布于我国云南。

210. 周氏滇蝗 *Dianacris choui* Yin，1983

Dianacris choui Yin，1983：43，figs. 27～30，pl. II. 5，6；Zheng，1985：365，366，figs. 1803～1806；Liu 1990：172，176，185，fig. 319；Zheng，1993：374，383，figs. 1256～1257；Yin，Yin，Shi *et* Yin，1996：228；Yin，Xia *et al.*，2003：105，106，fig. 64.

未见标本。

分布：云南（丽江）。

（八十七）小戛蝗属 *Paragonista* Willemse，1932

Paragonista Willemse，C. 1932：104；Bei-Bienko & Mistshenko，1951：388，417；Xia，1958：97；Zheng，1985：368；Ingrisch，1989：237；Liu 1990：172，177；Zheng，1993：374，386；Liu *et al.*，1995：109；Yin，Shi & Yin，1996：504；Yin，Xia *et al.*，2003：93，113.

Type-species：*Paragonista infumata* Willemse，1932

体中小型，细长。头短锥形。触角狭剑状。前胸背板侧隆线平行。后胸腹板侧叶全长几乎均相毗连。前、后翅发达，超过后足股节顶端，顶圆形。后足股节上、下膝侧片的顶端圆形。

本属已知 3 种，我国有 2 种，云南有分布。

小戛蝗属分种检索表

1(2)　头顶的长度约等于复眼的横径，顶略狭；复眼纵径为横径的 1.6 倍；雌性下生殖板后缘中央呈圆形突出；后翅烟色 ……………………………………………………… 小戛蝗 *P. infumata*

2(1)　头顶突出较长，其长度明显大于复眼的横径，顶端圆弧形；复眼纵径为横径的 2 倍；雌性下生殖板后缘中央呈三角形突出；后翅本色透明 ……………………… 长顶小戛蝗 *P. fastigiata*

211. 小戛蝗 *Paragonista infumata* Willemse，1932

Paragonista infumata Willemse，C. 1932：21，fig. 104；Bei-Bienko & Mishchenko，1951：417；Xia，1958：87，98，fig. 140；Zheng，1985：368，369，figs. 1822 ~ 1829；Liu 1990：174，178，fig. 312；Zheng，1993：386，figs. 1266 ~ 1268；Liu *et al.*，1995：171 ~ 174；Yin，Shi & Yin，1996：504；Yin，Xia *et al.*，2003：113 ~ 115，figs. 68a ~ c.

未见标本。

分布：云南（石林）、江苏、福建、湖南、贵州、广西、海南。

212. 长顶小戛蝗 *Paragonista fastigiata* Bi，1988

Paragonista fastigiata Bi，1988：171，176，figs. 1 ~ 6；Zheng，1993：386，figs. 1269，1270；Yin，Shi & Yin，1996：504；Yin，Xia *et al.*，2003：113，115，116，figs. 69a，b.

检视标本：4 ♂，5 ♀，大理（苍山），北纬 25°35′，东经 100°13′，2100 ~ 2200 m，1995-Ⅷ-2，1995-Ⅶ-11，2004-Ⅵ-6，2005-Ⅵ-26，毛本勇、陈军华采。

分布：云南（祥云、大理）。

佛蝗亚科 Phlaeobinae

体中型，略细长。颜面倾斜，同头顶组成锐角。头部较短于、等于或略长于前胸背板。头顶前缘无细纵沟。触角剑状，位于侧单眼的前下方。头侧窝缺。前胸腹板平坦。前、后翅均发达或短缩。后足股节上基片长于下基片，较粗壮，较善跳跃，上侧上隆线具细刺；外侧中区具明显的羽状隆线。鼓膜器发达。发音为后足—后翅型，为后足股节上侧上隆线同后翅纵脉摩擦发音。阳具基背片略呈桥状。

云南分布有 3 属。

佛蝗亚科分属检索表

1(4)　前翅较长，不到达或到达后足股节的顶端
2(3)　头部较长，其长等于或长于前胸背板长；头顶狭长，端部狭圆形；前胸背板中、侧隆线之间具成行附加纵隆线（有时缺）·················· **黄佛蝗属 Chlorophlaeoba**
3(2)　头部较短，其长短于前胸背板长；头顶宽短，端部宽圆形；前胸背板中、侧隆线之间缺成行附加纵隆线，有时仅具短隆线和(或)刻点·················· **佛蝗属 Phlaeoba**
4(1)　前翅较短，不到达后足股节中部·························· **华佛蝗属 Sinophlaeoba**

（八十八）黄佛蝗属 Chlorophlaeoba Ramme，1941

Chlorophlaeoba Ramme，1941：25；Zheng，1985：381；Liu 1990：173，180；Zheng，1993：374，397；Liu *et al.*，1995：117，118；Yin, Shi & Yin，1996：152；Yin, Xia *et al.*，2003：164，166，167，fig. 102.

Type-species：*Chlorophlaeoba tonkinensis* Ramme，1941

体中小型，细长。头部较长，其长度等于或长于前胸背板。头顶较长而尖，具中隆线。颜面极倾斜，颜面隆起狭，在中单眼以下渐向唇基扩大，中央纵沟明显。前胸背板中隆线明显，侧隆线直而平行，在中、侧隆线间具有一些不规则的纵隆线；后横沟位于背板中后部。中胸腹板侧叶间中隔近方形；后胸腹板侧叶相毗连。前翅发达，狭长，不到达或到达后足股节的顶端，翅顶圆形。后翅略短于前翅。后足股节匀称，上隆线光滑或具细齿；膝侧片顶圆形。鼓膜器发达。肛上板三角形。雄性尾须锥形或柱状；下生殖板短锥形，顶钝圆。雌性产卵瓣外缘光滑，下生殖板后缘中央突出。

本属我国已知 3 种，云南分布有 2 种。

黄佛蝗属分种检索表

1(2)　头部略长于前胸背板；头顶狭长，自复眼前缘到顶端的距离约 1.5 mm，为眼间距的 1.92 倍；前胸背板后缘圆弧形，中央具小三角形凹口·················· **长翅黄佛蝗 Ch. longusala**
2(1)　头部与前胸背板等长；头顶较短，自复眼前缘到顶端的距离约 1.3 mm，为眼间距的 1.67 倍；前胸背板后缘圆角形，中央缺小三角形凹口·················· **越黄佛蝗 Ch. tonkinensis**

213. 长翅黄佛蝗 *Chlorophlaeoba longusala* Zheng，1982

Chlorophlaeoba longusala Zheng，1982：83 ~ 84，figs. 1 ~ 7；Zheng，1985：381 ~ 383，figs. 1893 ~ 1899；Liu 1990：181；Zheng，1993：397，398，fig. 1313；Yin，Shi & Yin，1996：152；Yin，Xia *et al.*，2003：167~169，figs. 102，103a ~ h.

Chlorophlaeoba tonkinensis tonkinensis Ingrisch，1989：232.

检视标本：3 ♂，景洪（勐仑），北纬 21°57′，东经 101°15′，850 m，650 m，2006-Ⅶ-29，毛本勇采；3 ♂，勐醒，650 m，2006-Ⅶ-29，毛本勇采；1 ♂，版纳（野象谷），北纬 22°20′，东经 101°53′，850 m，650 m，2006-Ⅷ-4，毛本勇采；12 ♂，1 ♀，绿春（坪河），北纬 22°50′，东经 102°31′，1300 m，2004-Ⅶ-28，2006-Ⅶ-26，毛本勇采；2 ♂，1 ♀，景谷，北纬 23°31′，东经 100°39′，1500 m，2006-Ⅷ-6，刘浩宇、杨玉霞采；2 ♂，瑞丽（勐秀），北纬 24°5′，东经 97°46′，1600 m，2005-Ⅷ-2，毛本勇采；1 ♂，梁河（芒东），北纬 24°39′，东经 98° 14′，1300 m，2005-Ⅶ-27，毛本勇采；3 ♂，1 ♀，普洱（梅子湖），1350 m，北纬 22°46′，东经 100°52′，2007-Ⅶ-29，毛本勇采；11 ♂，4 ♀，普洱（菜阳河），1700 m，北纬 22°34′，东经 101°11′，2007-Ⅶ-28，毛本勇采。

分布：云南（勐腊、景洪、绿春、景谷、瑞丽、梁河、普洱）。

214. 越黄佛蝗 *Chlorophlaeoba tonkinensis* Ramme，1941

Chlorophlaeoba tonkinensis Ramme，1941：25，fig. 15；Willemse，C. 1951：86；Li，1982：258，figs. 1，2；Zheng，1993：397，398；Yin，Shi & Yin，1996：152；Jiang & Zheng，1998：251；Yin，Xia *et al.*，2003：167，169，170，figs. 104a，b.

Chlorophlaeoba tonkinensis tonkinensis Ingrisch，1989：232，figs. 112 ~ 114.

检视标本：1 ♂，1 ♀，河口，北纬 22°30′，东经 103°58′，1600 m，2006-Ⅶ-22，毛本勇采。

分布：云南（河口）；印度—马来西亚，越南。

（八十九）佛蝗属 *Phlaeoba* Stål，1860

Phlaeoba Stål，1860：340；Kirby，1910：137；Bei-Bienko & Mistshenko，1951：412；Xia，1958：98；Roffey，J. 1979：110；Jago，1983：82，84；Yin，1984b：231；Zheng，1985：374；Liu 1990：173，181；Zheng，1993：374，398 ~ 401；Liu *et al.*，1995：119；Yin，Shi & Yin，1996：554；Jiang & Zheng，1998：231，246；Yin，Xia *et al.*，2003：164，172，173.

Kirbyella Bolivar，1909：289；Bolivar，1914：76，89.

Type-species：*Phlaeoba fumosa*（Serville，1839）=（*Opsomala fumosa* Serville，1839）

体中小型。头部较短，其长度短于前胸背板。头顶短宽，端部呈宽圆状。前胸背板中、侧隆线之间不具成行纵隆线或仅具短隆线，后缘圆弧形。后胸腹板侧叶在雄性相连。前翅发达，顶圆，具中闰脉。膝侧片顶圆形。

本属已知 24 种，主要分布于东洋界。我国已知 9 种，云南已知 4 种。

佛蝗属分种检索表

1(2) 触角较长，在雄性超过后足股节基部，雌性超过前胸背板后缘；触角顶端节常呈淡黄色；雄性下
      生殖板较短，顶端不延长 ·· **长角佛蝗** *Ph. antennata*

2(1) 触角较短，在雄性到达或超过前胸背板后缘，在雌性不到达或刚到达前胸背板后缘；触角顶端节
      常呈暗色；雄性下生殖板较细长

3(4) 前胸背板侧隆线不明显，背面具有不明显的不规则的隆线和粗大刻点；中胸腹板侧叶间中隔较宽，
      其长度约为最狭处的 1.5 倍，后胸腹板侧叶后端几毗连(雄)或分开(雌)···························
      ··· **暗色佛蝗** *Ph. tenebrosa*

4(3) 前胸背板侧隆线明显，背面近乎平滑或仅具皱褶，但不具粗大刻点

5(6) 头顶较长，自复眼前缘到头顶顶端的距离明显大于或略大于复眼前的最宽处；雄性下生殖板长圆
      锥形，顶端圆 ·· **中华佛蝗** *Ph. sinensis*

6(5) 头顶较短，自复眼前缘到头顶顶端的距离几等于或略小于复眼前的最宽处；雄性下生殖板长锥形，
      顶端明显延长，较尖 ·· **僧帽佛蝗** *Ph. infumata*

215. 长角佛蝗 *Phlaeoba antennata* Brunner-Wattebwyl, 1893

Phlaeoba antennata Brunner-Wattenwyl, 1893a：125；Kirby, 1910：137；Kirby, 1914：102；Ramme, 1941：10；Willemse, C. 1951：81；Xia, 1958：99；Roffey, J. 1979：111；Zheng, 1985：375, 376, figs. 1859～1866；Zheng, Lian & Xi, 1985：1；Liu 1990：181；Zheng, 1993：398, 399, figs. 1315～1317；Liu *et al.*, 1995：119, 120, figs. 196, 197；Yin, Shi & Yin, 1996：544；Jiang & Zheng, 1998：247, 248, figs. 766, 773；Yin, Xia *et al.*, 2003：173～175, figs. 107a～e.

Phlaeoba antennata rnalagensis Bolivar, 1914：92.

Phlaeoba unicolo Bolivar, 1914：91.

Phlaeoba unicolor wuterstradli Bolivar, 1914：91.

检视标本：5 ♂, 3 ♀，勐腊，北纬 21°24′，东经 101°30′，1998-Ⅷ-24，杨自忠采；5 ♂,12 ♀，景洪，北纬 21°57′，东经 101°15′，650 m，1998-Ⅷ-6，杨自忠采；20 ♂, 7 ♀，景洪(勐仑)，北纬 21°57′，东经 101°15′，650 m，2006-Ⅶ-27，毛本勇采；3 ♂，勐海(南糯山)，北纬 21°56′，东经 100°36′，1550 m，2006-Ⅷ-1，毛本勇采；2 ♂, 3 ♀，耿马，2001-Ⅶ-27，杨艳采；5 ♂, 3 ♀，河口，北纬 22°30′，东经 103°58′，1600 m，2006-Ⅶ-22，徐吉山、吴琦琦采；8 ♂，金平(分水岭)，北纬 22°55′，东经 103°13′，1300 m，2006-Ⅶ-23，毛本勇采；1 ♂，江城，北纬 22°36′，东经 101°51′，2004-Ⅶ-31，毛本勇采；1 ♂，云县，北纬 24°27′，东经 100°7′，1300 m，2005-Ⅷ-15，刘浩宇采；1 ♂，2 ♀，瑞丽(勐秀)，北纬 24°5′，东经 97°46′，1600 m，2005-Ⅷ-2，毛本勇采；2 ♂，2 ♀，盈江(姐帽)，北纬24°32′，东经 97°49′，1200 m，2005-Ⅷ-1，徐吉山采；20 ♂, 7 ♀，洱源，北纬 26°7′，东经 99°56′，2200 m，2006-Ⅷ-25，毛本勇采；15 ♂, 7 ♀，绿春(坪河)，北纬 22°50′，东经 102°31′，1450 m，2006-Ⅶ-26，毛本勇采；2 ♀，开远，北纬 23°42′，东经 103°15′，2001-Ⅷ-10，杨艳采；7 ♂，9 ♀，普洱(梅子湖)，1350 m，北纬 22°46′，东经 100°52′，2007-Ⅶ-29，毛本勇采。

分布：云南(景洪、勐腊、勐海、普洱、江城、耿马、河口、金平、瑞丽、盈江、云

县、绿春、开远、元阳）、广东、广西、海南、福建、贵州、香港、台湾。缅甸，苏门答腊，新加坡。

216. 暗色佛蝗 *Phlaeoba tenebrosa*（Walker，1871）

Opomala tenebrosa Walker，1871b：53.

Phlaeoba tenebrosa Kirby，1910：138；Tsai，1929：146；Ramme，1941：8；Willemse，C. 1951：80；Bei-Bienko & Mistshenko，1951：413；Yin，1984b：231～233，figs. 489～492，496～498，pl. 28：252，253；Liu 1990：181；Zheng，1993：399，400；Yin，Shi & Yin，1996：545；Yin，Xia *et al.*，2003：174，177～179，figs. 109a～c.

未见标本。

分布：云南（微江）、西藏。

217. 中华佛蝗 *Phlaeoba sinensis* Bolivar，1914

Phlaeoba sinensis Bolivar，1914：93；Bei-Bienko & Mistshenko，1951：413；Xia，1958：100；Zheng，1985：377，378，figs. 1873～1875；Liu 1990：182；Zheng，1993：399，400，figs. 1320，1321；Yin，Shi & Yin，1996：545；Yin，Xia *et al.*，2003：174，179，180，figs. 110a～c.

未见标本。

分布：云南、四川、甘肃、陕西、江苏、福建、台湾。

218. 僧帽佛蝗 *Phlaeoba infumata* Brunner-Wattebwyl，1893

Phlaeoba infumata Brunner-Wattebwyl，1893a：124；Kirby，1910：138；Bei-Bienko & Mistshenko，1951：413；Xia，1958：87，100，fig. 139；Roffey，1979：112；Haskell，P. T. 1982：385；Zheng，1985：379，380，figs. 1883～1890；Liu 1990：182；Zheng，1993：399，401，figs. 1324，1325；Liu *et al.*，1995：120，figs. 198，199；Yin，Shi & Yin，1996：545；Jiang & Zheng，1998：249，250，figs. 780～787；Yin，Xia *et al.*，2003：174，181～183，figs. 112a～f.

检视标本：1 ♂，3 ♀，大理（苍山），北纬 25°35′，东经 100°13′，1500 m，1995-Ⅷ-4，毛本勇采；5 ♂，4 ♀，漾濞，1800 m，1996-Ⅷ-25，毛本勇采；3 ♀，六库，北纬 25°52′，东经 98°52′，1000 m，1998-Ⅷ-21，毛本勇采；4 ♀，巍山，北纬 25°14′，东经 100°0′，1999-Ⅵ-13，范学连采；2 ♂，维西，北纬 27°11′，东经 99°17′，1700 m，2002-Ⅷ-12，毛本勇采；1 ♂，1 ♀，保山，北纬 25°3′，东经 99°11′，1750 m，1999-Ⅶ-26，毛本勇采；3 ♂，腾冲，北纬 25°1′，东经 98°29′，1750 m，1999-Ⅶ-26；3 ♂，3 ♀，勐腊，北纬 21°24′，东经 101°30′，1998-Ⅷ-11，杨自忠采；1 ♂，陇川，北纬 24°8′，东经 97°47，1998-Ⅷ-7；4 ♂，3 ♀，河口，北纬 22°30′，东经 103°58′，1600 m，2005-Ⅳ-27，毛本勇采；1 ♂，3 ♀，泸水（鲁掌），北纬 25°59′，东经 98°49′，1800 m，2005-Ⅶ-22，毛本勇采；7 ♂，8 ♀，马关（八寨），北纬 23°0′，东经 104°4′，1750 m，2006-Ⅶ-19，徐吉山采；4 ♂，4 ♀，景洪，北纬 21°57′，东经 101°15′，650 m，650 m，2006-Ⅶ-29，毛本勇采；2 ♂，3 ♀，景谷，北纬 23°31′，东经 100°39′，1500 m，2006-Ⅶ-29，毛本勇采；1 ♂，龙陵（腊勐），北纬 24°44′，

东经 98°56′，1500 m，2005-Ⅷ-5，毛本勇采；3 ♂，1 ♀，梁河（芒东），北纬 24°39′，东经 98°14′，1300 m，2005-Ⅶ-27，毛本勇、普海波采；3 ♂，盈江（姐帽），北纬 24°32′，东经 97°49′，1200 m，2005-Ⅷ-1，毛本勇采；1 ♀，金平（分水岭），北纬 22°55′，东经 103°13′，1650 m，2006-Ⅶ-24，毛本勇采；2 ♂，3 ♀，绿春（坪河），北纬 22°50′，东经 102°31′，1300 m，2004-Ⅶ-27，毛本勇采；4 ♂，2 ♀，耿马（孟定），北纬 23°29′，东经 99°0′，700 m，2004-Ⅷ-6，毛本勇采；3 ♂，3 ♀，会泽，北纬 26°25′，东经 103°17′，2004-Ⅶ-27，毛本勇采；4 ♂，5 ♀，云县，北纬 24°27′，东经 100°7′，1300 m，2003-Ⅶ-21，毛本勇采；1 ♂，1 ♀，德宏，2002-Ⅹ-1；7 ♂，6 ♀，双柏（崂嘉），北纬 24°27′，东经 101°15′，1450 m，2005-Ⅶ-21，毛本勇采；3 ♂，7 ♀，新平（水塘），北纬 24°9′，东经 101°31′，820 m，2007-Ⅳ-9，毛本勇采；2 ♂，3 ♀，普洱（梅子湖），1350 m，北纬 22°46′，东经 100°52′，2007-Ⅶ-29，毛本勇采；1 ♂，玉溪，2007-Ⅷ-8，李晓东采；1 ♂，1 ♀，云龙（团结），1950 m，北纬 25°44′，东经 99°35′，2002-Ⅶ-28，徐吉山采；1 ♂，1 ♀，永德，2007-Ⅶ-28，罗桂强采；1 ♀，元江（纳诺），1731 m，北纬 23°22′，东经 102°06′，2009-Ⅸ-29，毛本勇采。

分布：云南（大理、漾濞、六库、巍山、云龙、维西、保山、腾冲、勐腊、陇川、永德、河口、泸水、马关、景洪、景谷、景东、龙陵、梁河、盈江、金平、绿春、耿马、会泽、云县、双柏、新平、普洱、玉溪、元江）、四川、贵州、福建、广东、海南、湖北、江西、江苏、陕西；缅甸。

（九十）华佛蝗属 *Sinophlaeoba* Niu *et* Zheng，2005

Sinophlaeoba Niu *et* Zheng，2005：762；Mao，Ou & Ren，2008：35.

Type-species：*Sinophlaeoba bannaensis* Niu *et* Zheng，2005

体中小型，细长。头部较长，其长度等于前胸背板长。头顶狭长，端部尖圆形。触角宽剑状。前胸背板侧隆线几乎平行，在沟后区稍向外扩展；中隆线和侧隆线之间不具成行纵隆线，仅具短隆线，后缘圆弧形。前翅短缩，不到达后足股节中部，在背中部相毗连。后足股节细长，后足股节上侧中隆线平滑，膝侧片顶端钝圆形。跗节爪间中垫宽大，其末端超过爪之中部。鼓膜器发达。肛上板三角形。尾须长锥形。

已知 3 种，分布于云南。

华佛蝗属分种检索表

1(4) 前翅短缩，最多到达第 3 腹节背板后缘

2(3) 体暗褐绿色；后足股节黄绿色，后足胫节青蓝色；头顶前缘尖圆，近锐角形，自复前缘到头顶顶端的距离为复眼间距的 2 倍，而大于复眼前缘头顶宽度的 1.5 倍 ········ **版纳华佛蝗 *S. bannaensis***

3(2) 体黄褐色；后足股节黄褐色，后足胫节褐色；头顶前缘圆弧形，自复前缘到头顶顶端的距离为复眼间距的 1.5 倍，而等于复眼前缘头顶的宽度 ························ **老阴山华佛蝗 *S. laoyinshan***

4(1) 前翅较长，在雄性不到达、到达或超过第 5 腹节背板后缘，在雌性到达或超过第 4 腹节背板后缘 ························ **筱翅华佛蝗 *S. brachyptera***

219. 版纳华佛蝗 *Sinophlaeoba bannaensis* **Niu** *et* **Zheng，2005**（图版Ⅶ：4）

Sinophlaeoba bannaensis Niu *et* Zheng，2005：762～764，figs. 1～9；Mao，Ou & Ren，2008：39～41，figs. 24～25.

检视标本：1 ♂，勐腊（南贡山），北纬21°36′，东经101°25′，2004-Ⅶ-25，1000 m，牛瑶采。地模：2 ♂，1 ♀，勐腊（南贡山），北纬21°36′，东经101°25′，2007-Ⅺ-20，1200 m，毛本勇采。

讨论：2007 年 11 月 20 日采于模式产地的 2 ♂，1 ♀可被视为地模标本。

分布：云南（勐腊）。

220. 老阴山华佛蝗 *Sinophlaeoba laoyinshan* **Mao，Ou** *et* **Ren，2008**（图版Ⅷ：1）

Sinophlaeba laoyinshan Mao，Ou *et* Ren，2008：35～37，figs. 1～10，26.

检视标本：1 ♂（正模），个旧（老阴山），1560 m，2005-Ⅴ-6，郭长翠采。

分布：云南（个旧）。

221. 筱翅华佛蝗 *Sinophlaeoba brachyptera* **Mao，Ou** *et* **Ren，2008**（图版Ⅷ：2）

Sinophlaeba brachyptera Mao，Ou *et* Ren，2008：37～39，figs. 11～23，27～28.

检视标本：32 ♂，12 ♀，新平（者竜），北纬24°19′，东经101°22′，1700 m，2007-Ⅳ-30，毛本勇采。

分布：云南（新平）。

剑角蝗亚科 Acridinae

体大中型，细长，体表光滑。颜面倾斜，同头顶组成锐角。头大而长，等于或明显长于前胸背板。头顶前缘无细纵沟。触角剑状，位于侧单眼的前方。头侧窝缺或明显。前胸腹板平坦。前、后翅均发达，超过后足股节末端。后足股节细长，不善跳跃，上基片长于下基片，上侧上隆线无细齿；外侧中区具不甚明显的羽状隆线。鼓膜器发达。发音为后翅—前翅型，飞翔时相互摩擦发音。阳具基背片略呈桥状。

云南已知 2 属。

剑角蝗亚科分属检索表

1(2)　后足股节内、外侧上膝片顶端圆形 ··· 戛蝗属 *Gonista*
2(1)　后足股节内、外侧上膝片顶端尖锐 ··· 剑角蝗属 *Acrida*

（九十一）戛蝗属 *Gonista* Bolivar，I.，1898

Gonista Bolivar，I. 1898：92；Kirby，W. F. 1910：410；Willemse，C. 1930：141；Willemse，C. 1951：107；Bei-Bienko & Mishchenko，1951：40：406；Xia，1958：97；Roffey，J. 1979：108；Yin，1984b：239，240；Zheng，1985：389；Liu 1990：174，183；Zheng，1993：375，402，404；Liu *et al.*，1995：116；Yin，Shi & Yin，1996：310；Jiang & Zheng，1998：252，253；Yin，Xia *et al.*，2003：193，194，figs. 119.

Type-species：*Gonista bicolor*（De Haan，1842）=（*Acridium*（*Opsomala*）*bilolor* De Haan，1842）

体中型，细长。头圆锥形，等于或略长于前胸背板长度。颜面极倾斜，颜面隆起狭，具明显纵沟。头顶极突出，顶圆形，自复眼前缘至头顶顶端的长度等于复眼纵径，或为复眼纵径的 1.25 倍。触角剑状，基部节宽扁，端部节细长，丝状。前胸背板中隆线明显，侧隆线近平行。前翅狭长，超过后足股节顶端，顶尖锐。后足股节细长，上膝侧片顶圆形。腹部细长。雄性下生殖板短锥形；阳茎基背片桥状，冠突粗长，后突尖细。雌性产卵瓣外缘光滑。

全世界已知 8 种。中国已知 6 种，云南有 3 种。

戛蝗属分种检索表

1(4)　中胸腹板侧叶相毗连
2(3)　体较大，后足股节膝部绿色；阳茎基背片桥拱较宽浅，冠突外斜 ············ 二色戛蝗 *G. bicolor*
3(2)　体较小，后足股节膝部红色；阳茎基背片桥拱较狭深，冠突直 ············ 云南戛蝗 *G. yunnana*
4(1)　中胸腹板侧叶明显分开 ·· 温泉戛蝗 *G. wenquanensis*

222. 二色戛蝗 *Gonista bicolor*（Haan，1842）

Acridium bicolor Haan，1842：In：Temminck，1842：147.

Gonista bicolor（Haan，1842）// Willemse，C. 1930：141；Willemse，C. 1951：108；Bei-Bienko & Mishchenko，1951：405；Xia，1958：87，97，fig. 137；Roffey，J. 1979：108；Yin，1984b：240，pl. 34：260；Zheng，1985：389，390，figs. 1934～1942；Liu 1990：174，183，fig. 313；Zheng，1993：403，figs. 1330～1332；Liu *et al.*，1995：116，117，figs. 187～191；Yin，Shi & Yin，1996：310；Jiang & Zheng，1998：253，254，figs. 790～798；Yin，Xia *et al.*，2003：194，197，198，figs. 122a～g.

Opomala bicolor（Haan，1842）// Walker，1870a：511.

Gelastorrhinus bicolor（Haan，1842）// Kirby，1910：409.

Gelastorrhinus lucius（Haan，1842）// Burr，1902：183.

检视标本：1♀，六库，北纬 25°52′，东经 98°52′，1000 m，1995-Ⅶ-26，毛本勇采；1♂，1♀，龙陵（腊勐），北纬 24°44′，东经 98°56′，1500 m，2006-Ⅷ-5，毛本勇采；1♂，永胜（期纳），1999-Ⅷ-7，黄金莲采。

分布：云南（大理、六库、龙陵、永胜）、山东、江苏、浙江、湖南、福建、台湾、四川、贵州、河北、陕西、甘肃、西藏。印度—马来亚、爪哇。

223. 云南戛蝗 *Gonista yunnana* Zheng，1980

Gonista yunnana Zheng，1980a：194，fig. d；Zheng，1985：391，figs. 1943～1945；Liu 1990：183；Zheng，1993：403，404；Yin，Shi & Yin，1996：311；Jiang & Zheng，1998：254，255，figs. 799～801；Yin，Xia *et al.*，2003：194，199～201，figs. 123a～c.

检视标本：2♂，1♀，瑞丽，北纬 24°5′，东经 97°46′，2002-Ⅹ-1，李燕珍采；1♂，瑞丽（勐秀），北纬 24°5′，东经 97°46′，1600 m，2005-Ⅷ-3，徐吉山采；1♂，文山，1991-Ⅶ-31，向余劲攻采；1♂，麻栗坡，1992-Ⅷ-28，向余劲攻采。

分布：云南（丘北、瑞丽、文山、麻栗坡）、广西。

224. 温泉戛蝗 *Gonista wenquanensis* Zheng et Yao，2006

Gonista wenquanensis Zheng *et* Yao，2006a：228～229，figs. 1～6.

未见标本。

分布：云南（安宁）。

（九十二）剑角蝗属 *Acrida* Linnaeus，1758

Gryllus（*Acrida*）Linnaeus，1758：427；Kirby，1910：90；Kirby，1914：95，97；Chopard，1922：141；Dirsh，V. M. 1949：15～47，fig. 102.

Acrida Willemse，C. 1951：99；Bei-Bienko & Mishchenko，1951：2：386，398；Johnston，H. B. 1956：654；Xia，1958：86，94；Dirsh，1961：351；Johnston，H. B. 1968：285；Harz，K. 1975：425；Roffey，J. 1979：105；Yin，1984b：236；Zheng，1985：383；Liu 1990：174，184，185；Zheng，1993：375，406，409；Liu *et al.*，1995：112，113；Yin，Shi & Yin，1996：18；Jiang & Zheng，1998：260，261；Yin，Xia *et al.*，2003：193，210～213.

Truxalis Fabricius，1775：279（partim）.

Type-species：*Acrida turrita* Linnaeus，1758

体大中型，细长。头部较长，长圆锥形，长于前胸背板的长度。头顶极向前突出，头侧窝缺。颜面极倾斜，颜面隆起纵沟较深。复眼位于头之近前端。触角长，剑状。前胸背板中隆线和侧隆线均明显，侧隆线平行或呈弧形弯曲；后缘中央呈角形突出。中、后胸腹板侧叶分开。前翅狭长，超过后足股节顶端，顶尖。后足股节细长，上、下膝侧片顶端尖锐。雄性下生殖板长锥形，顶尖。雌性下生殖板后缘具 3 个突起。

全世界已知 42 种，分布于非洲、亚洲和大洋洲。我国已知 14 种，云南已知 2 种，另有 1 未定种。

剑角蝗属分种检索表

1(4)　头顶突出较长，自复眼前缘到头顶顶端的距离等于或略小于复眼之纵径；跗节爪间中垫较大，等于或长于爪；绿色个体在复眼后、前胸背板侧面上部、前翅肘脉域具淡红色纵条纹

2(3)　雄性下生殖板长锥形，顶尖；褐色个体前翅中脉域具黑色纵条纹，中脉域处具 1 列白色短条纹 …
…………………………………………………………………… **线剑角蝗 A. lineata**

3(2)　雄性下生殖板短锥形，顶较钝；褐色个体前翅中脉域具黑色纵条纹，中脉域处具 1 列淡色短条纹
…………………………………………………………………… **中华剑角蝗 A. cinerea**

4(1)　头顶突出较短，自复眼前缘到头顶顶端的距离明显小于复眼之纵径；跗节爪间中垫较小，约为爪长之一半；体绿色，在复眼后、前胸背板侧面上部、前翅肘脉域无淡红色纵条纹 ………………
…………………………………………………………………… **剑角蝗 Acrida sp.**

225. 线剑角蝗 *Acrida lineata*（Thunberg，1815）

Truxalis lineata Thunberg，1815：266；Giglio-Tos，1907：5.

Acrida lineata（Thunberg，1815）// Kirby，1910：94；Dirsh，V. M. 1949：22；Harz，K. 1975：425；Zheng，1985：384，figs. 1900～1345；Liu 1990：184；Zheng，1993：406，407，figs. 1341～1345；Liu *et al.*，1995：113，figs. 179～181；Yin，Shi & Yin，1996：22；Yin，Xia *et al.*，2003：212～214，figs. 131a～e.

检视标本：1 ♂，大理（苍山），北纬 25°35′，东经 100°13′，2200 m，2006-Ⅶ-26，史云楠采；1 ♀，祥云，北纬 25°29′，东经 100°33′，1995-Ⅷ-25，史云楠采；1 ♀，安宁，1996-Ⅶ-26，尹玉祥采；2 ♂，2 ♀，保山，北纬 25°3′，东经 99°11′，850 m，1999-Ⅶ-27，毛本勇采；2 ♂，腾冲，北纬 25°1′，东经 98°29′，1750 m，1999-Ⅶ-26；1 ♂，1 ♀，六库，北纬 25°52′，东经 98°52′，900 m，2004-Ⅴ-1，毛本勇采；6 ♂，2 ♀，双柏（嶍嘉），北纬24°27′，东经 101°15′，1450 m，2007-Ⅴ-1，毛本勇采；3 ♂，1 ♀，勐腊，北纬 21°24′，东经 101°30′，850 m，2005-Ⅷ-5，毛本勇采；3 ♂，景谷，北纬 23°31′，东经 100°39′，1500 m，2006-Ⅷ-6，毛本勇采；2 ♂，云县，北纬 24°27′，东经 100°7′，1300 m，2003-Ⅶ-21，毛本勇采；1 ♂，临沧，北纬 23°53′，东经 100°5′，1995-Ⅷ-5；1 ♂，文山，北纬 23°22′，东经 104°29′，1500 m，2005-Ⅳ-28，毛本勇采；1 ♀，泸水（鲁掌），北纬 25°59′，东经 98°49′，1800 m，2005-Ⅶ-22，徐吉山采；1 ♂，巍山，北纬 25°14′，东经 100°0′，1999-Ⅵ-13，范学连采；1 ♀，个旧，北纬 23°22′，东经 103°9′，2002-Ⅶ-25，徐通采；1 ♂，1 ♀，普洱（梅子湖），1350 m，北纬 22°46′，东经 100°52′，2007-Ⅶ-29，毛本勇采。

分布：云南（元江、昆明、大理、祥云、安宁、保山、腾冲、六库、双柏、勐腊、景谷、普洱、云县、临沧、文山、泸水、巍山、个旧）。

226. 中华剑角蝗 *Acrida cinerea*（Thunberg，1815）

Truxalis cinerea Thunberg，1815：263.

Acrida cinerea（Thunberg，1815）// Kirby，1910：94；Bei-Bienko & Mishchenko，1951：401；Xia，1958：87，95，201，figs. 133～134，166，167，pl. 8：23；Zheng，1985：383～385，figs. 1906～1913；Liu 1990：174，184，185，figs. 314，326；Zheng，1993：406，407，figs. 1346～1348；Yin，Shi & Yin，1996：1996；Jiang & Zheng，1998：261，262，figs. 820～827；Yin，Xia *et al.*，2003：212，219，220，figs. 136a～c.

检视标本：2 ♂，1 ♀，洱源，北纬 26°7′，东经 99°56′，2000-Ⅷ-16，杨自忠采；1 ♀，宾川，北纬 25°48′，东经 100°33′，1998-Ⅷ-15；1 ♂，盈江，北纬 24°32′，东经 97°49′，1996-Ⅶ-28；1 ♂，1 ♀，新平（水塘），北纬 24°9′，东经 101°31′，820 m，2007-Ⅳ-29，毛本勇采。

分布：云南（洱源、宾川、盈江、新平、景东、普洱）、河北、北京、山西、山东、江苏、安徽、浙江、湖南、湖北、福建、江西、广东、贵州、四川、甘肃、陕西、宁夏；爪哇。

云南蝗总科区系特点
及地理分布格局

动物区系（fauna）是指在历史发展过程中形成的，在现代生态条件下存在的动物综合体，包括某一地区动物的组成、性质、分布格局、物种起源和存在方式等。区系的形成是历史因素和生态因素共同作用的结果。由于地理起源和地理隔离以及生态条件的不同，不同地区存在不同的动物区系。物种是动物区系的基本组成单元，它以种群的形式存在，组成不同地理区域的昆虫群落、区系面貌的实体，其不同组成特征既是对所处环境的适应性反映，同时也是自然历史变迁的证据。不同的物种经历共同的地质历史，许多亲缘关系或近或远的物种重叠出现在某一特定的分布区，形成一定的地理分布格局。"区系研究的目的是探究在一定区域内物类的起源、演化、时空分布规律及与地球自然历史变迁的关系"（刘举鹏等，1995）。具体地，区系研究的首要任务就是要调查清楚特定地区的物种组成，根据这些物种在世界上的分布格局，确定其区系成分，从而明确物种的地理分布特点，进而结合地理起源提出物种起源见解，为完善世界物种多样性编目、探讨区系的起源和发展以及探索历史生物地理的规律提供实证。另一方面，一个地区现存的动物区系现状也反映了该地区动物区系渊源和环境变迁的历史，为探究古地理学的起源和演化规律提供佐证。

一、云南动物区系在世界动物区系上的归属

世界动物区系区划有 6 界区划观点（Wallace，1876），即古北界 Palearctic realm、新北界 Nearctic realm、埃塞俄比亚界 Ethiopian realm（旧热带界）、东洋界 Oriental realm、新热带界 Neotropical realm 和澳洲界 Australian realm。尽管该观点是根据鸟类等脊椎动物的分布状态提出的，但无脊椎动物区系的划分与上述区系划分基本一致（许崇任，程红，2001）；该观点也曾被赵修复（1990）在述及中国春蜓地理分布时加以论述及运用并阐述了以下东洋界的进一步划分：印中亚界 Indo-Chinese subrealm（常称为喜马拉雅亚界 Himalayan subrealm）、印度斯坦（南亚次大陆）亚界 Indian subrealm、锡兰（斯里兰卡）亚界 Ceylonese subrealm 和印马亚界 Indo-Malayan subrealm。二是 Udvardy（见：汉弗莱斯，帕伦特，2004）确定的生物地理 8 界观点，即在基本继承上述 6 界格局的基础上（其界线有所变化），增加了大洋界 Oceanian realm 和南极界 Antarctic realm。近年又有新观点出现，将世界动物地理区系划分为 4 界：超界 Metagea、新界 Neogea、南界 Notogea 和过渡界 Transient（http：//www. coleoptera. org/p1169. htm）；云南地区隶属超界 Metagea → 古热带界 Paleotropic → 东洋区 Orientalis → 印中区 Indochinese region，表明了云南动物区系的古热带成分渊源关系。尽管以上 3 种观点在划分层次和细分程度上有所不同，但云南的区系归属基本上是固定的，即属于东洋界（区）或印中（喜马拉雅亚）亚界（亚区）。

二、云南动物区系在中国动物区系上的归属

我国目前广泛使用的动物地理区划采用张荣祖（1998）的区划体系，即在世界 6 界区划观点的框架下将我国动物地理区划为 2 界 7 区 19 亚区。云南归属东洋界印中亚界，其中自腾冲、沧源、思茅（现为普洱）、元阳一线以南划归华南区的滇南山地亚区，其余部分划归西南区的西南山地亚区。但西南山地亚区和古北界的青海藏南亚区之间的界线一直以来是不确定的。王书永（1990）依据跳甲和叶甲类昆虫的分布并参考其他昆虫的研究情况，认为横

断山区古北和东洋区系的分界线应南移至香格里拉和丽江交界的土官村，此线以北及海拔2 800 m以上种类为古北界系成分，此线以南及海拔2 800 m以下的为东洋区系成分；杨大荣（1992）依据滇西北多类昆虫的统计结果，认为典型的东洋区系成分一般在海拔3 000 m以下地区，以上则以古北区系成分为主。黄复生等（1981）将与滇西北接壤的西藏一侧划归横断山脉小区，并认为小区内昆虫区系成分性质非常复杂，低海拔地区东洋区系成分占主要地位，高海拔地区则高山种类逐渐增多，不少种类属于这个地区的特有类群。

　　种的区系属性是根据该种的区系特点确定的，即东洋种是指东洋界特有种或主要分布于东洋界的种类；古北种是指古北界特有或主要分布于古北界的种类；广布种是指世界性分布的或跨界分布的种类；特有种是指在一个区域分布而其他区域没有分布的种类，其形成受生物地理历史过程和生态环境的双重影响。云南特有种是指目前仅知分布于云南的种类；云南亚特有种是指主要分布于云南并稍微跨越云南到周边地区的种类。随着调查的不断深入，如果确证这些特有种仅分布于东洋界，那么它们就自然归属于东洋区系成分。特有种的划分具有一定的主观性，因为区系研究首先要确定所研究的地理范围，而这些范围往往是现行的行政地区或自然地理界线明显的区域（如岛屿），同时由于调查深度的局限性，使得某一些物种在刚刚发现时便大致确定为该地的特有种；随调查的不断深入才能确定它们是或不是该地区的特有种。例如革衣云南蝗 *Yunnanites coriacea* Uvarov，1925最先在云南发现，成为云南的特有种，后来随着调查的深入，发现在四川和贵州与云南接壤的少数地区也有该种的分布，这样它就不再是云南的特有种了，本文依照刘举鹏等（1995）观点把它作为亚特有种看待。尽管存在这样的主观性，但特有种的划分和其分布地的确定依然是有意义的，因为特有种的出现表明其祖先种基因的多样性和变异性抑或对环境较强的适应性，同时也可能反映出地质历史过程导致的地理隔离或生态隔离现象；两个或多个特有种重叠分布在同一区域，表明这些特有种具有相同的生物地质历史过程。如果一个地区是多个特有种的适生地，这样的地区即成为特有分布区。特有分布区一方面反映其特殊的地质历史变化的结果，另一方面对动物地理区划具有指导意义。

　　基于目前调查的广度和深度，从渊源关系上看云南特有种应属于东洋成分或古北成分而几乎不可能属于广布种；确定它们是隶属于东洋种还是古北种，主要依据其分布地所处的位置和分布海拔的下限，同时要参考其适生生态条件和所隶属的属级阶元的分布特性（王书永，谭娟杰，1992）。本文采用张荣祖（1998）的区划体系，参考王书永（1990）、谭娟杰（1992）和杨大荣（1992）的观点，将那些在滇西北地区狭域分布的不便确定区系性质的少数云南特有种按分布海拔3 000 m的界线，之上划归古北种，之下划归东洋种；将除滇西北地区分布的云南特有种划归东洋种。我们认为，这样的划分方法在确定特有种较多地区的区系性质时更为方便，其结论也更接近实际情况，更能真实地反映其渊源关系；同时特有种也可以单独统计，为划分特有分布区之用。

三、分布型

　　本文遵循世界及我国动物地理区划的要点，首先将云南蝗总科划分成三大类分布型，即跨界分布型、东洋界分布型和古北界分布型。考虑到云南蝗虫区系成分主要是东洋区系成分的实际，再将印中亚界细分成中南半岛区、华南区、西南区和华中区，其余3个亚界仍维持不变，即印度亚界（南亚次大陆亚界）、锡兰亚界、印马亚界（印度—马来亚亚界）。根据每个物种的实际分布范围，若在整个东洋界的 4 个亚界都有分布的为东洋界广布种；若仅在部分亚界有分布的则写明亚界名称，涉及印中亚界的再细分到 4 个区。在表示物种地理分布状况或轨迹时，如能明确其分布中心和分布地边缘，推断其分布方向，用"-"表示其分布轨迹，如"华南-西南区"表示物种分布地主要在华南区，部分扩展到西南区；否则以"＋"表示，如"东洋＋古北界"表示物种在东洋界和古北界都有分布，不能推断其分布轨迹。

四、种级阶元的区系性质及分布格局

在剔除分布地仅注明为"云南"的山奇翅蝗 *Xenoderus montanus* Uvarov，1925 后，得到分布信息确切的 6 科 29 亚科 92 属 225 种（表 3-1）。

表 3-1　云南蝗总科物种分布模式及区系性质（Fannu and distribution pattern of Acridoidea in Yunnan）

动物地理区　　种（亚种）	非洲界	古北界	印度亚界	锡兰亚界	印中亚界	印马亚界	澳洲界	新北界	新热带界	特有种	地理分布及分布型
瘤锥蝗科 Chrotogonidae											
沟背蝗亚科 Taphronotinae											
黄星蝗 *Aularches miliaris* (Linnaeus, 1758)			+	+	+	+					东洋界
橄蝗亚科 Tagastinae											
曲尾似橄蝗 *Pseudomorphacris hollisi* Kevan, 1968					+						中南半岛 + 华南区
印度橄蝗 *Tagasta indica* Bolivar, 1905				+	+						印度 + 印马 + 华南区
云南橄蝗 *T. yunnana* Bi, 1983					+					√	华南区
短翅橄蝗 *T. brachyptera* Liang, 1988					+					√	华南区
云南蝗亚科 Yunnanitinae											
郑氏云南蝗 *Yunnanites zhengi* Mao et Yang, 2003					+					√	西南区
革衣云南蝗 *Y. coriacea* Uvarov, 1925					+					√	西南-华南-华中区
白边云南蝗 *Y. albomargina* Mao et Zheng, 1999					+					√	西南区
戈弓湄公蝗 *Mekongiana gregoryi* (Uvarov, 1925)					+						西南区
澜沧蝗亚科 Mekongiellinae											
中甸拟澜沧蝗 *Paramekongiella zhongdianensis* Huang, 1990					+					√	西南区
锥头蝗科 Pyrgomorphidae											
负蝗亚科 Atractomorphinae											
柳枝负蝗 *Atractomorpha psittacina* (De Haan, 1842)		+	+	+	+	+					印度 + 印马 + 华南区-古北界
短额负蝗 *A. sinensis* I. Bol., 1905		+			+			+	+		东洋 + 古北界
奇异负蝗 *A. peregrina* Bi et Hsia, 1981					+						西南区
喜马拉雅负蝗 *A. himalayica* Bolivar, 1905				+	+						印度 + 华南区
云南负蝗 *A. yunnanensis* Bi et Hsia, 1981					+					√	华南区
纺梭负蝗 *A. burri* Bolivar, 1905				+	+	+					印度 + 印马 + 华南 + 西南区
斑腿蝗科 Catantopidae											
梭蝗亚科 Tristrinae											
细尾梭蝗 *Tristria pulvinata* Uvarov, 1921				+	+	+					印度 + 印马 + 华南区
长翅大头蝗 *Oxyrrhepes obtusa* (De Haan, 1842)					+						华南-西南区
稻蝗亚科 Oxyinae											
曙黄板角蝗 *Oxytauchira aurora* (Brunner, 1893)					+						中南半岛 + 华南区
伴曙板角蝗 *Oxytauchira paraurora* sp. nov.					+					√	西南区

（续）

动物地理区 种（亚种）	非洲界	古北界	东洋界				澳洲界	新北界	新热带界	特有种	地理分布及分布型
			印度亚界	锡兰亚界	印中亚界	印马亚界					
无斑板角蝗 *O. amaculata* sp. nov.					+					√	西南区
云南板角蝗 *O. ynnnana* (Zheng, 1981)					+					√	华南区
突缘板角蝗 *O. flange* sp. nov.					+					√	华南区
短翅板角蝗 *O. brachyptera* Zheng, 1981					+					√	华南区
小板角蝗 *O. oxyelegans* Otte D., 1995					+					√	华南区
红角板角蝗 *O. ruficornis* (Huang et Xia, 1984)					+					√	华南区
云南野蝗 *Fer yunnanensis* Huang & Xia, 1984					+					√	华南区
芋蝗 *Gesonula punctifrons* (Stål, 1860)			+	+	+	+	+				东洋+澳洲界
思茅芋蝗 *Gesonula szemaoensis* Cheng, 1977					+					√	华南区
小稻蝗 *Oxya intricata* (Stål, 1861)	+		+	+	+	+	+				东洋+澳洲+古北界
黄股稻蝗 *Oxya flavefemora* Ma et Zheng, 1993					+					√	华南区
长翅稻蝗 *Oxya velox* (Fabricius, 1787)				+	+	+					印度+中南半岛+华南区
日本稻蝗 *Oxya japonica* (Thunberg, 1824)	+		+	+	+						东洋+古北界
云南稻蝗 *Oxya yunnana* Bi, 1986					+					√	西南区
山稻蝗 *Oxya agavisa* Tsai, 1931					+						华南-华中-西南区
赤胫伪稻蝗 *Pseudoxya diminuta* (Walker, 1871)				+	+	+					印度+印马+华南区
稻稞蝗 *Quilta oryzae* Uvarov, 1925					+						中南半岛+华南+华中区
短翅稻稞蝗 *Quilta mitrata* Stål, 1861					+						华南-华中区
卵翅蝗亚科 Caryandinae											
巨尾片龙川蝗 *Longchuanacris macrofurculus* Zheng et Fu, 1989					+					√	华南区
二齿龙川蝗 *L. bidentatus* (Zheng et Liang, 1985)					+					√	西南区
叉尾龙川蝗 *L. bilobatu* Mao, Ren et Ou, 2007					+					√	华南区
绿龙川蝗 *L. viridus* Mao et Ou, 2007					+					√	西南+华南区
曲尾龙川蝗 *L. curvifurculus* Mao, Ren et Ou, 2007					+					√	西南区
云南卵翅蝗 *Caryanda yunnana* Zheng, 1981					+					√	华南区
小卵翅蝗 *C. neoelegans* Otte D., 1995					+	+					中南半岛+华南区
澜沧卵翅蝗 *C. lancangensis* Zheng, 1982					+					√	华南区
绿卵翅蝗 *C. virida* Ma, Guo et Zheng, 2000					+					√	华南区
拟绿卵翅蝗 *C. viridoides* sp. nov.					+					√	华南区
马关卵翅蝗 *C. maguanensis* sp. nov.					+					√	华南区
金平卵翅蝗 *C. jinpingensis* sp. nov.					+					√	华南区
黑刺卵翅蝗 *C. nigrospina* sp. nov.					+					√	华南区
方板卵翅蝗 *C. quadrata* Bi et Xia, 1984					+					√	西南区
德宏卵翅蝗 *C. dehongensis* Mao, Xu et Yang, 2003					+					√	华南区
印氏卵翅蝗 *C. yini* Mao et Ren, 2006					+					√	华南区
尾齿卵翅蝗 *C. dentata* Mao et Ou, 2006					+					√	华南区
金黄卵翅蝗 *C. Aurata* Mao, Ren et Ou, 2007					+					√	华南区
红股卵翅蝗 *C. rufofemorata* Ma et Zheng, 1992					+					√	华南区

（续）

动物地理区 种（亚种）	非洲界	古北界	印度亚界	锡兰亚界	印中亚界	印马亚界	澳洲界	新北界	新热带界	特有种	地理分布及分布型
彩色卵翅蝗 *C. colourfula*, sp. nov.					+					√	华南区
白斑卵翅蝗 *C. albomaculata* Mao, Ren *et* Ou, 2007					+					√	华南区
拟三齿卵翅蝗 *C. triodontoides* Zheng *et* Xi, 2008					+					√	华南区
犁须卵翅蝗 *C. cultricerca* Ou, Liu *et* Zheng, 2007					+					√	华南区
圆板卵翅蝗 *C. cyclata* Zheng, 2008					+					√	华南区
抱须卵翅蝗 *C. amplexicerca* Ou, Liu *et* Zheng, 2007					+					√	西南区
大尾须卵翅蝗 *C. macrocercusa* (Mao *et* Ren, 2007), comb. nov.					+					√	西南区
绿胫舟形蝗 *Lemba viriditibia* Niu *et* Zheng, 1992					+					√	西南区
大关舟形蝗 *L. daguanensis* Huang, 1983					+					√	西南区
云南舟形蝗 *L. yunnana* Ma *et* Zheng, 1994					+					√	西南区
蔗蝗亚科 Hieroglyphinae											
斑角蔗蝗 *Hieroglyphus annulicornis* (Shiraki, 1910)		+	+		+						东洋 + 古北界
等歧蔗蝗 *H. banian* (Fabricius, 1798)			+	+	+						印度 + 中南半岛 + 华南区
板胸蝗亚科 Spathosterninae											
长翅板胸蝗 *Spathosternum p. prasiniferum* (Walker, 1871)			+	+	+	+					东洋界
云南板胸蝗 *S. prasiniferum yunnanense* Wei *et* Zheng, 2005					+					√	华南区
爱山华蝗 *Sinacris oreophilus* Tinkham, 1940					+						华南区
长翅华蝗 *S. longipennis* Liang, 1989					+					√	华南区
拟凹背蝗亚科 Pseudoptygonotinae											
高山拟凹背蝗 *Pseudoptygonotus alpinus* sp. nov.					+					√	西南区
无齿拟凹背蝗 *P. adentatus* Zheng *et* Yao, 2006					+					√	西南区
突缘拟凹背蝗 *P. prominemarginis* Zheng *et* Mao, 1996					+					√	西南区
蓝胫拟凹背蝗 *P. cyanipus* (Wang *et* Xiangyu, 1995)					+					√	西南区
昆明拟凹背蝗 *Pseudoptygonotus kunmingensis* Cheng, 1977					+					√	西南区
贡山拟凹背蝗 *P. gongshanensis* Cheng, 1977					+					√	西南区
黑蝗亚科 Melanoplinae											
点背版纳蝗 *Bannacris punctonotus* Zheng, 1980					+					√	华南区
中华越北蝗 *Tonkinacris sinensis* Chang, 1937					+						中南半岛 + 华南 + 西南区
秃蝗亚科 Podisminae											
石林小翅蝗 *Alulacris shilinensis* (Cheng, 1977)					+					√	西南区
砚山小翅蝗 *A. yanshanensis* sp. nov.					+					√	西南区
绿清水蝗 *Qinshuiacris viridis* Zheng *et* Mao, 1996					+					√	西南区
草绿异色蝗 *Dimeracris prasina* Niu *et* Zheng, 1993					+					√	华南区
无纹刺秃蝗 *Parapodisma astris* Huang, 2006					+					√	西南区
维西曲翅蝗 *Curvipennis wixiensis* Huang, 1984					+					√	西南区
橄榄蹦蝗 *Sinopodisma oliva* sp. nov.					+					√	西南区
郑氏蹦蝗 *S. zhengi* Liang *et* Lin, 1995					+					√	西南区
滇西蹦蝗 *S. dianxia* sp. nov.					+					√	西南区

（续）

动物地理区 种（亚种）	非洲界	古北界	东洋界				澳洲界	新北界	新热带界	特有种	地理分布及分布型
			印度亚界	锡兰亚界	印中亚界	印马亚界					
云南云秃蝗 Yunnanacris yunnaneus（Ramme，1939）					+					√	西南区
文山云秃蝗 Y. wenshanensis Wang et Xiangyu, 1995					+					√	西南区
锥尾拟裸蝗 Conophymacris conicerca Bi & Xia, 1984					+					√	西南区
云南拟裸蝗 C. yunnanensis Zheng, 1977					+					√	西南区
中华拟裸蝗 C. chinensis Willemse, 1933					+					√	西南区
黑股拟裸蝗 C. nigrofemora Liang, 1993					+					√	西南区
苍山拟裸蝗 C. cangshanensis Zheng et Mao, 1996					+					√	西南区
香格里拉拟裸蝗 C. xianggelilaensis Niu et Zheng, 2009		+								√	青藏区（青海藏南亚区）
中华梅荔蝗 Melliacris sinensis Ramme, 1941					+					√	西南区
中甸香格里拉蝗 Xiangelilacris zhongdianensis Zheng, Huang et Zhou, 2008		+								√	青藏区（青海藏南亚区）
裸蝗亚科 Conophyminae											
缅甸庚蝗 Genimen burmanum Ramme, 1940					+						中南半岛＋华南区
版纳庚蝗 G. bannanum Mao, Ren et Ou, 2010					+					√	华南区
云南庚蝗 G. . yunnanensis Zheng, Huang et Liu, 1988					+					√	华南区
郑氏庚蝗 G. . zhengi Mao, Ren et Ou, 2010					+					√	华南区
条纹拟庚蝗 Genimenoides vittatum Mao, Ren et Ou, 2010					+					√	华南区
点坷蝗 Anepipodisma punctata Huang, 1984		+								√	青藏区
刺胸蝗亚科 Cyrtacanthacridinae											
塔达刺胸蝗 Cyrtacanthacris tatarica（Linnaeus，1758）	+	+	+	+	+	+					非洲＋古北＋东洋界
棉蝗 Chondracris rosea rosea（De Geer，1773）		+	+	+	+						东洋＋古北界
沙漠蝗 Schistocerca gregaria（Forskål，1775）	+	+	+	+	+						东洋＋古北＋非洲界
厚蝗 Pachyacris vinosa（Walker，1870）			+		+						印度＋中南半岛＋华南＋西南区
印度黄脊蝗 Patanga succincta（Johannson，1763）			+		+	+					印度＋印马＋华南＋西南区
日本黄脊蝗 P. japonica（Bolivar, I.，1898）		+			+						古北＋东洋界
切翅蝗亚科 Coptacridinae											
高黎贡山突额蝗 Traulia gaoligongshanensis Zheng et Mao, 1996					+					√	西南区
东方凸额蝗 T. orientalis Ramme, 1941					+						华中＋西南区
四川凸额蝗 T. szetshuanensis Ramme, 1941					+						华南＋华中＋西南区
越北凸额蝗 T. tonkinensis Bolivar C., 1917					+						中南半岛＋华南
小凸额蝗 T. minuta Huang et Xia, 1985					+					√	华南区
长翅凸额蝗 T. aurora Willemse, C., 1921					+					√	西南区
三斑阿萨姆蝗 Assamacris trimaculata Mao, Ren et Ou, 2007					+					√	西南区
二齿阿萨姆蝗 A. bidentata Mao, Ren et Ou, 2007					+					√	华南区
黄条黑纹蝗 Meltripata chloronema Zheng, 1982					+					√	华南区
间点翅蝗 Gerenia intermedia Brunner-Wattenwyl, 1893					+						中南半岛＋华南区
罕蝗 Ecphanthacris mirabilis Tinkham, 1940					+						华南＋中南半岛
异角胸斑蝗 Apalacris varicornis Walker, 1870			+		+	+					印度＋印马＋华南＋西南区
绿胸斑蝗 A. viridis Huang et Xia, 1984					+					√	华南区
长角胸斑蝗 A. antennata Liang, 1988					+					√	华南区

（续）

动物地理区 种（亚种）	非洲界	古北界	东洋界				澳洲界	新北界	新热带界	特有种	地理分布及分布型
			印度亚界	锡兰亚界	印中亚界	印马亚界					
斜翅蝗 *Eucoptacra praemorsa* (Stål, 1861)			+		+						印度＋中南半岛＋华南＋华中＋西南区
秉汉斜翅蝗 *E. binghami* Uvarov, 1921			+		+						印度＋中南半岛＋华南区
大眼斜翅蝗 *E. megaocula* Wang et al., 1994					+					√	华南区
墨脱斜翅蝗 *E. motuoensis* Yin, 1984					+						西南区
越北切翅蝗 *Coptacra tonkinensis* Willemse, 1939					+						中南半岛＋华南区
云南切翅蝗 *C. yunnanensis* Zhang et Yin, 2002					+					√	华南区
罗浮山疹蝗 *Ecphymacris lofaoshana* (Tinkham, 1940)					+						华南＋西南区
长翅十字蝗 *Epistaurus aberrans* Brunner-Wattenwyl, 1893					+						中南半岛＋华南区
斑腿蝗亚科 Catantopinae											
红褐斑腿蝗 *Catantops pinguis pinguis* (Stål, 1861)	+		+	+	+						东洋-古北界
长角直斑腿蝗 *Stenorantantops splendens* (Thunberg, 1815)			+	+	+	+					东洋界
大斑外斑腿蝗 *Xenocatantops humilis* (Audinet-Serville, 1839)			+	+	+	+	+				东洋＋澳洲界
短角外斑腿蝗 *X. brachycerus* (Willemse, C., 1932)			+	+	+	+	+				东洋＋澳洲界
黑背蝗亚科 Eyprepocnemidinae											
云南黑背蝗 *Eyprepocnemis yunnanensis* Zheng, 1982					+					√	华南区
斑腿黑背蝗 *E. maculate* Huang, 1983					+					√	华南区
筱翅黑背蝗 *E. perbrevipennis* Bi et Xia, 1984					+					√	西南区
云贵素木蝗 *Shirakiacris yunkweiensis* (Chang, 1937)					+						西南＋华南
短翅素木蝗 *S. brachyptera* Zheng, 1983					+					√	西南区
紫胫长夹蝗 *Choroedocus violaceipes* Miller, 1934					+						中南半岛＋华南区
长夹蝗 *C. capensis* (Thunberg, 1815)	+		+	+	+						东洋＋非洲界
云南棒腿蝗 *Tylotropidius yunnanensis* Zheng et Liang, 1990					+					√	西南区
丽足蝗亚科 Habrocneminae											
长翅龙州蝗 *Longzhouacris longipennis* Huang et Xia, 1984					+					√	华南区
斑腿勐腊蝗 *Menglacris maculata* Jiang et Zheng, 1994					+					√	华南区
蛙蝗亚科 Ranacridinae											
云南蛙蝗 *Ranacris yunnanensis* sp. nov.					+					√	华南区
斑翅蝗科 Oedipodidae											
飞蝗亚科 Locustinae											
红胫踵蝗 *Pternoscirta pulchripes* Uvarov, 1925					+						西南＋华南区
长翅踵蝗 *P. longipennis* Xia, 1981					+						华南＋西南区
红翅踵蝗 *P. sauteri* (Karny, 1915)					+						西南＋华南区
黄翅踵蝗 *P. caliginosa* (Haan, 1842)					+	+					印马＋华南＋华中＋西南区
黑股车蝗 *Gastrimargus nubilus* Uvarov, 1925					+						西南区
非洲车蝗 *G. . africanus* (Saussure, 1888)	+		+		+						非洲＋印度＋西南区
云斑车蝗 *G. . marmoratus* (Thunberg, 1815)	+	+	+	+	+	+	+				非洲＋东洋＋澳洲＋古北界
黄股车蝗 *G. africanus parvulus* Sjöstedt, 1928					+	+					印马＋中南半岛＋华南＋西南区
东亚飞蝗 *Locusta migratoria manilensis* (Meyen, 1835)		+			+	+					东洋＋古北界
斑翅蝗亚科 Oedipodinae											
花胫绿纹蝗 *Aiolopus tamulus* (Fabricius, 1798)		+	+	+	+	+	+	+			澳洲＋东洋＋古北界＋新北界
绿纹蝗 *A. thalassinus* (Fabricius, 1781)	+	+			+						东洋＋古北＋非洲界
方异距蝗 *Heteropternis respondens* (Walker, 1859)				+	+	+					东洋界
墨脱异距蝗 *H. motuoensis* Yin, 1984					+					√	西南区

（续）

动物地理区 种（亚种）	非洲界	古北界	东洋界 印度亚界	锡兰亚界	印中亚界	印马亚界	澳洲界	新北界	新热带界	特有种	地理分布及分布型
赤胫异距蝗 *H. rufipes* (Shiraki, 1910)					+						华南 + 西南区
大异距蝗 *H. robusta* Bei-Bienko, 1951					+						西南区
小异距蝗 *H. micronus* Huang, 1981					+						西南区
红胫平顶蝗 *Flatovertex rufotibialis* Zheng, 1981					+					√	西南区
隆叉小车蝗 *Oedaleus abruptus* (Thunberg, 1815)			+	+	+	+					东洋界
透翅小车蝗 *O. hyalinus* Zheng et Mao, 1997					+					√	西南区
红胫小车蝗 *O. manjius* Chang, 1939					+						华南 + 华中 + 西南区
元谋金沙蝗 *Kinshaties yuanmowensis* Cheng, 1977					+					√	西南区
疣蝗 *Trilophidia annulata* (Thunberg), 1815	+	+	+	+	+	+					非洲 + 东洋界
长翅束颈蝗 *Sphingonotus longipennis* Saussure, 1884			+		+						印度 + 中南半岛 + 华南 + 西南区
云南束颈蝗 *S. yunnaneus* Uvarov, 1925					+					√	西南区
勐腊束颈蝗 *S. menglaensis* Wei et Zheng, 2005					+					√	华南区
网翅蝗科 Arcypteridae											
竹蝗亚科 Ceracrinae											
青脊竹蝗 *Ceracris nigricornis nigricornis* Walker, 1870		+	+		+	+					东洋 + 古北界
大青脊竹蝗 *C. nigricornis laeta* (Bolivar, I., 1914)					+	+					东洋界
西藏竹蝗短翅亚种 *C. xizangensis brachypennis* Zheng, 1983					+					√	西南区
黑翅竹蝗 *C. fasciata* (Brunner-Wattenwyl, 1893)					+						印马 + 华南 + 西南区
思茅竹蝗 *C. szemaoensis* Zheng, 1977					+						华南 + 西南区
蒲氏竹蝗 *C. pui* Liang, 1988					+						华南区
昆明拟竹蝗 *Ceracrisoides kunmingensis* Liu, 1985					+					√	西南区
临沧拟竹蝗 *C. lincangensis* Mao, 2001					+					√	西南区
大吉岭锡金蝗 *Sikkimiana darjeelingensis* (Bolivar, 1914)			+		+						印度 + 西南区
黄脊雷篦蝗 *Rammeacris kiangsu* (Tsai, 1929)					+						华南 + 西南区
网翅蝗亚科 Arcypterinae											
中甸雪蝗 *Nivisacris zhongdianensis* Liu, 1984		+								√	青藏区（青海藏南亚区）
玉龙缺背蝗 *Anaptygus yulongensis* Wang et al., 2005					+					√	西南区
红胫缺背蝗 *A. rufitibialus* Zheng et Mao, 1997					+					√	西南区
长翅缺背蝗 *A. longipennis* Mao et Xu, 2004					+					√	西南区
月亮湾缺背蝗 *A. yueliangwan*, sp. nov.		+								√	青藏区（青海藏南亚区）
条纹隆背蝗 *Carinacris vittatus* Liu, 1984					+					√	西南区
条纹暗蝗 *Dnopherula taeniatus* (Bolivar, 1902)			+		+						印度 + 中南半岛 + 西南区
中华暗蝗 *D. sinensis* (Uvarov, 1925)					+					√	西南区
无斑暗蝗 *D. svenhedini* (Sjöstedt, 1933)					+						中南半岛 + 华南 + 华中 + 西南区
红股牧草蝗 *Omocestus enitor* Uvarov, 1925					+					√	西南区
老君山牧草蝗 *O. laojunshanensis* Mao et Xu, 2004					+					√	西南区
马耳山牧草蝗 *O. maershanensis* Mao et Xu, 2004					+					√	西南区
山奇翅蝗 *Xenoderus montanus* Uvarov, 1925	—	—	—	—	—	—	—	—	—	—	—
玉案山雏蝗 *Chorthippus yuanshanensis* Zheng, 1980					+					√	西南区
雪山雏蝗 *Ch. xueshanensis* Zheng et Mao, 1997					+					√	西南区
大山雏蝗 *Ch. dashanensis* sp. nov.					+					√	西南区
贡山雏蝗 *Ch. gongshanensis* Zheng et Mao, 1997					+					√	西南区
钝尾雏蝗 *Ch. obtusicaudatus* sp. nov.					+					√	西南区
德钦雏蝗 *Ch. deqinensis* Liu, 1984		+								√	青藏区（青海藏南亚区）

（续）

动物地理区 种（亚种）	非洲界	古北界	东洋界				澳洲界	新北界	新热带界	特有种	地理分布及分布型
			印度亚界	锡兰亚界	印中亚界	印马亚界					
异翅雏蝗 *Ch. anomopterus* Liu, 1984		+								√	青藏区（青海藏南亚区）
林草雏蝗 *Ch. nemus* Liu, 1984		+								√	青藏区（青海藏南亚区）
剑角蝗科 Acrididae											
长腹蝗亚科 Leptacrinae											
云南卡蝗 *Carsula yunnana* Zheng, 1981					+					√	华南区
短须卡蝗 *C. brachycerca* Huang et Xia, 1985					+					√	华南区
短翅卡蝗 *C. brachyptera* Huang et Xia, 1985					+					√	华南＋西南区
细肩蝗亚科 Calephorinae											
细肩蝗 *Calephorus vitalisi* Bolivar, 1914					+	+					印马＋中南半岛＋华南区
绿洲蝗亚科 Chrysochraontinae											
周氏滇蝗 *Dianacris choui* Yin, 1983		+								√	青藏区（青海藏南亚区）
小戛蝗 *Paragonista infumata* Willemse, 1932					+						华南＋华中＋西南区
长顶小戛蝗 *P. fastigiata* Bi, 1988					+					√	西南区
佛蝗亚科 Phlaeobinae											
长翅黄佛蝗 *Chlorophlaeoba longusala* Zheng, 1982					+					√	华南区
越黄佛蝗 *Ch. tonkinensis* Ramme, 1941					+	+					印马＋中南半岛＋华南区
长角佛蝗 *Phlaeoba antennata* Brunner-Wattebwyl, 1893					+	+					印马＋中南半岛＋华南＋华中区
暗色佛蝗 *Ph. tenebrosa*（Walker, 1871）					+						西南区
中华佛蝗 *Ph. sinensis* Bolivar, 1914					+						华南＋华中＋西南区
僧帽佛蝗 *Ph. infumata* Brunner-Wattebwyl, 1893					+						中南半岛＋华南＋华中＋西南区
版纳华佛蝗 *Sinophlaeoba bannaensis* Niu et Zheng, 2005					+					√	华南区
老阴山华佛蝗 *S. laoyinshan* Mao, Ou et Ren, 2008					+					√	西南区
筱翅华佛蝗 *S. brachyptera* Mao, Ou et Ren, 2008					+					√	西南区
剑角蝗亚科 Acridinae											
二色戛蝗 *Gonista bicolor*（Haan, 1842）		+			+	+					东洋＋古北界
云南戛蝗 *G. yunnana* Zheng, 1980					+					√	华南-西南区
温泉戛蝗 *G. wenquanensis* Zheng et Yao, 2006					+					√	华南-西南区
线剑角蝗 *Acrida lineata*（Thunberg, 1815）					+					√	西南＋华南区
中华剑角蝗 *A. cinerea*（Thunberg, 1815）		+			+						东洋＋古北界

根据每个物种在世界上的地理分布情况确定区系性质，再根据上述规定确定地理分布型，建立表3-2。这样共划分出3个分布型，下含13个分布亚型（表3-2）。

表3-2 云南蝗总科分布型和分布亚型
（Distritution pattern and sub-pattern of of Acridoidea fannu in Yunnan）

分布型	亚型	种数	百分比%
	A1 东洋＋古北界	11	4.89
	A2 东洋＋澳洲界	3	1.33
	A3 东洋＋非洲界	3	1.33
跨界分布型 A	A4 东洋＋古北＋非洲界	2	0.89
	A5 东洋＋澳洲＋古北界	1	0.44
	A6 东洋＋非洲＋澳洲＋古北界	1	0.44
	A7 东洋＋澳洲＋古北＋新北界	1	0.44

（续）

分布型	亚型		种数	百分比%
	B1 东洋界广布		6	2.67
	B2 印度 + 印马 + 印中亚界		6	2.67
	B3 印度 + 印中亚界		9	4.00
	B4 印马 + 印中亚界		6	2.67
东洋界分布型 B	B5 印中亚界	B5-1 中南半岛 + 华南 + 华中 + 西南区	2	0.89
		B5-2 中南半岛 + 华南 + 西南区	1	0.44
		B5-3 中南半岛 + 华南 + 华中区	1	0.44
		B5-4 华南 + 华中 + 西南区	6	2.67
		B5-5 中南半岛 + 华南区	10	4.44
		B5-6 华南 + 西南区	13	5.78
		B5-7 华南 + 华中区	1	0.44
		B5-8 华中 + 西南区	1	0.44
		B5-9 西南区	73	32.44
		B5-10 华南区	59	26.22
古北界分布型 C	C1 青藏区		9	4.00
3 型	13 亚型		225	100

由表 3-2 的分析得出的统计结果（表 3-3）可以明显看出：东洋种有 194 种，广布种有 22 种，古北种有 9 种，它们分别占总种数 225 种的 86.2%、9.8%、4.0%；在东洋种和古北种中又包含云南特有种 138 种（包括亚特有种 13 种），占总种数的 61.3%（表 3-3）。

在 194 种东洋种中，印中亚界种 167 种，其他亚界种 27 种，分别占东洋种的 86.1% 和 13.9%。印中亚界种中，仅分布在西南区和华南区的分别有 73 种和 59 种，两区合计 132 种（占印中亚界种的 79.0%），内含云南特有种 129 种，其余是与其他区共有的 35 种。

9 种古北种都因为分布在滇西北地区海拔 3 000 m 以上，同时参考属级阶元的分布或近缘属的分布而被初步认定为古北种。

在 21 种广布种中，东洋 + 古北界共布 10 种，东洋 + 澳洲界共布 3 种，东洋 + 非洲界共布 3 种，其余 5 种为多界共布。东洋界与古北界共有的 10 种都是主要分布于东洋界向北扩散到古北界的，如短额负蝗、日本稻蝗、斑角蔗蝗、棉蝗、红褐斑腿蝗、日本黄脊蝗、青脊竹蝗、二色夏蝗和中华剑角蝗等。

表 3-3　云南蝗总科物种区系成分统计表（The fanun components of Acridoidea species in Yunnan）

地理成分 统计数	东洋种		古北种	特有种		广布种			
	印中亚界种	其他亚界种		云南特有	亚特有种	东洋 + 古北	东洋 + 澳洲界	东洋 + 非洲界	多界共布
物种数	167	27	9	125	13	11	3	3	5
占 225 种（亚种）的百分比（%）	74.2	12	4.0	55.6	5.8	4.9	1.3	1.3	2.2
	86.2			61.4					

138 种特有种分布在 60 个属中, 其中占绝对优势的是斑腿蝗科 36 属 90 种, 其后依次是网翅蝗科 8 属 23 种, 剑角蝗科 7 属 12 种, 斑翅蝗科 5 属 6 种, 瘤锥蝗科 3 属 6 种, 锥头蝗科 1 属 1 种(表3-4)。

从各种区系成分占该科物种数的比例看, 东洋区系成分在瘤锥蝗科、锥头蝗科、斑腿蝗科、斑翅蝗科、网翅蝗科和剑角蝗科的比例分别为 100%、66.7%、88.7%、76.0%、80.0% 和 85.7%, 但从绝对数上看, 斑腿蝗科含 118 种为最高; 古北区系成分仅在斑腿蝗科、网翅蝗科和剑角蝗科存在, 所含比例分别为 2.3%、16.7% 和 4.8%, 其中网翅蝗科比例最高, 绝对数也最高, 为 5 种; 广布种在锥头蝗科、斑腿蝗科、斑翅蝗科、网翅蝗科和剑角蝗科中的比例分别为 33.3%、9.0%、24.0%、3.3% 和 9.5%, 绝对数斑腿蝗科最高, 为 12 种(表3-4)。

表 3-4 云南蝗总科区系成分的数量分析

(The analysis of the number on Acridoidea Fannu elements in Yunnan)

科、亚科	分析项目[种所在的属数(种数)]				
	属(种)	属(东洋种)	属(古北种)	属(广布种)	属(特有种)
瘤锥蝗科 Chrotogonidae					
沟背蝗亚科 Taphronotinae	1 (1)	1 (1)	—	—	—
橄蝗亚科 Tagastinae	2 (4)	2 (4)	—	—	1 (2)
云南蝗亚科 Yunnanitinae	2 (4)	2 (4)	—	—	1 (3)
澜沧蝗亚科 Mekongiellinae	1 (1)	1 (1)	—	—	1 (1)
锥头蝗科 Pyrgomorphidae					
负蝗亚科 Atractomorphinae	1 (6)	1 (4)	—	1 (2)	1 (1)
斑腿蝗科 Catantopidae					
梭蝗亚科 Tristrinae	2 (2)	2 (2)	—	—	—
稻蝗亚科 Oxyinae	6 (20)	6 (17)	—	2 (3)	4 (11)
卵翅蝗亚科 Caryandinae	3 (29)	3 (29)	—	—	3 (28)
蔗蝗亚科 Hieroglyphinae	1 (2)	1 (1)	—	1 (1)	—
板胸蝗亚科 Spathosterninae	2 (4)	2 (4)	—	—	2 (2)
拟凹背蝗亚科 Pseudoptygonotinae	1 (6)	1 (6)	—	—	1 (6)
黑蝗亚科 Melanoplinae	2 (2)	2 (2)	—	—	1 (1)
秃蝗亚科 Podisminae	10 (19)	10 (17)	1 (2)	—	10 (19)
裸蝗亚科 Conophyminae	3 (6)	3 (5)	1 (1)	—	3 (6)
刺胸蝗亚科 Cyrtacanthacridinae	5 (6)	2 (2)	—	4 (4)	—
切翅蝗亚科 Coptacridinae	10 (22)	10 (22)	—	—	6 (10)
斑腿蝗亚科 Catantopinae	3 (4)	1 (1)	—	2 (3)	—
黑背蝗亚科 Eyprepocnemidinae	4 (8)	4 (7)	—	1 (1)	3 (5)
丽足蝗亚科 Habrocneminae	2 (2)	2 (2)	—	—	2 (2)
蛙蝗亚科 Ranacridinae	1 (1)	1 (1)	—	—	1 (1)
斑翅蝗科 Oedipodidae					

（续）

科、亚科	分析项目［种所在的属数（种数）］				
	属（种）	属（东洋种）	属（古北种）	属（广布种）	属（特有种）
飞蝗亚科 Locustinae	3 (9)	2 (6)	—	2 (3)	—
斑翅蝗亚科 Oedipodinae	7 (16)	5 (13)	—	2 (3)	5 (6)
网翅蝗科 Arcypteridae					
竹蝗亚科 Ceracrinae	4 (10)	4 (9)	—	1 (1)	2 (5)
网翅蝗亚科 Arcypterinae	6 (20)	5 (15)	3 (5)	—	6 (18)
剑角蝗科 Acrididae					
长腹蝗亚科 Leptacrinae	1 (3)	1 (3)	—	—	1 (3)
细肩蝗亚科 Calephorinae	1 (1)	1 (1)	—	—	—
绿洲蝗亚科 Chrysochraontinae	2 (3)	1 (2)	1 (1)	—	2 (2)
佛蝗亚科 Phlaeobinae	3 (9)	3 (9)	—	—	2 (4)
剑角蝗亚科 Acridinae	2 (5)	2 (3)	—	2 (2)	2 (2)
属（种）总数及各区系成分所含数	91 (225)	81 (194)	6 (9)	18 (22)	60 (138)
占属（种）数的比例%	100 (100)	89.0 (86.2)	6.6 (4.0)	19.8 (9.8)	55.9 (61.3)

由以上分析可以看出：云南蝗总科种级阶元成分主要是东洋区系成分；9 种古北界成分都不是严格意义上的古北种；广布种也代表不了云南蝗总科区系渊源的主流。与之形成鲜明对照的现象是特有种非常丰富，一方面反映了云南蝗虫区系的古老历史和特异性，另一方面也提示了与地理隔离和生态隔离有关的强烈的物种分化事实，是追溯和探讨云南区系起源及进化历史的主要的实证依据之一。

五、属级阶元的地理分布分析

在植物生物地理学研究中，华莱士主张的以属为单位研究生物的分布和统计的方法仍是生物地理学分析的主要方法之一。属内物种的集中分布区或者属内较原始物种的集中分布区通常被认为是分化中心或起源中心（汉弗莱斯，帕伦特著，张明理等译，2004）。以属级单元来考查云南蝗总科昆虫的分布格局具有以下优点：较科级单元来说其单系性更能被确证；较种级单元来说更能反映区系的系统演化关系；属的进化轨迹相对容易确定。属的分布范围是所含物种的各分布区的总和，据此得出表3-5。

通过调查，云南已知蝗总科 92 属，各属所含种数差异很大，其中 19 属仅含 1 种，称单型属，占 20.65%；32 属含 2～6 种，称少型属，占 34.78%；41 属含 7 种以上，称多型属，占 44.57%。在表征区系的系统演化关系时，单型属所含的信息量太少，多型属要么由于广布的原因、要么由于种间关系太复杂而不利于分析，因此一般选取一些特征分明、种间界线明确的少型属用于分析。

从表 3-5 可以得出以下云南蝗总科属级阶元在世界动物地理区中的分布格局。

1. 广布属

在两个及以上动物地理界有分布的属。共计 35 属，占 92 属的 38.04%。根据属的分布范围的大小，又可分为：

（1）古北 + 东洋 + 非洲 + 澳洲属：有负蝗属、稻蝗属、异距蝗属、车蝗属、飞蝗属、小车蝗属、绿纹蝗属和剑角蝗属共 8 属，占广布属的 22.86%。

（2）古北 + 东洋 + 新北 + 非洲属：有雏蝗属、束颈蝗属共 2 属，占广布属的 5.71%。

（3）东洋 + 古北 + 非洲属：有黄脊蝗属、蔗蝗属、斑腿蝗属、外斑腿蝗属、棉蝗属、沙漠蝗属、疣蝗属、细肩蝗属和黑背蝗属共 9 属，占广布属的 25.71%。

（4）东洋 + 非洲 + 澳洲属：有卵翅蝗属 1 属，占广布属的 2.86%。

（5）东洋 + 非洲属：有梭蝗属、板胸蝗属、刺胸蝗属、斜翅蝗属、切翅蝗属、十字蝗属、直斑腿蝗属、棒腿蝗属共 8 属，占广布属的 22.86%。

（6）东洋 + 澳洲属：有芋蝗属 1 属，占广布属的 2.86%。

（7）东洋 + 古北属：有素木蝗属、戛蝗属、牧草蝗属、缺背蝗属、刺秃蝗属、蹦蝗属共 6 属，占广布属的 17.14%。

2. 东洋属

仅分布于东洋界者，共 57 属，占 92 属的 61.96%。根据其分布的亚区又可分为：

（1）东洋界广布属：在东洋界 4 个亚界都有分布者，计有黄星蝗属、大头蝗属、厚蝗属、长夹蝗属和踵蝗属共 5 属，占东洋属的 8.77%。

（2）印度 + 印中 + 印马属：有板角蝗属、稞蝗属和凸额蝗属共 3 属，占东洋属的 5.26%。

（3）印度 + 印中属：有橄蝗属、阿萨姆蝗属、竹蝗属和锡金蝗属 4 属，占东洋属的 7.02%。

（4）印马 + 印中属：有黑纹蝗属 1 属，占东洋属的 1.75%。

（5）锡兰 + 印中属：拟庚蝗属 1 属，占东洋属的 1.75%。

（6）印中属：有似橄蝗属、云南蝗属、湄公蝗属、拟澜沧蝗属、野蝗属、伪稻蝗属、龙川蝗属、舟形蝗属、华蝗属、拟凹背蝗属、版纳蝗属、越北蝗属、小翅蝗属、清水蝗属、异色蝗属、曲翅蝗属、云秃蝗属、拟裸蝗属、梅荔蝗属、香格里拉蝗属、庚蝗属、珂蝗属、点翅蝗属、罕蝗属、胸斑蝗属、疹蝗属、龙州蝗属、勐腊蝗属、蛙蝗属、平顶蝗属、金沙蝗属、拟竹蝗属、雷蓖蝗属、雪蝗属、隆背蝗属、暗蝗属、奇翅蝗属、卡蝗属、滇蝗属、小戛蝗属、黄佛蝗属和华佛蝗属等 43 属，占东洋属的 75.44%，其中 20 属为云南特有属。特有属占云南已知 92 属的 21.74%，占印中属的 46.51%。12 属与中南半岛共布，占印中属的 27.91%。

以上分析可知，云南蝗总科属级阶元的地理分布格局仍以东洋属占优势，达 61.96%。东洋属中主要是印中属 43 属，特有属高达 20 属，提示云南地区可能是蝗总科属级阶元的起源和分布中心之一。云南与东洋界其他亚界共布属的数量关系为：印度亚界（12 属）> 印马亚界（9 属）> 锡兰亚界（6 属）；与世界其他动物地理区共布属的数量关系为：非洲界（28 属）≥ 古北界（25 属）> 澳洲界（10 属）> 新北界（2 属），体现了云南蝗总科区系成分与印度亚界和非洲界之间较近的渊源关系。

表 3-5　云南蝗虫属级分布型（the distribution pattern of genus of Acridoidea from Yunnan）

序号	属	非洲界	古北界	东洋界				澳洲界	新北界	新热带界	云南特有属	分布样式
				印度亚界	锡兰亚界	印中亚界	印马亚界					
1	黄星蝗属 Aularches Stål, 1873			+	+	+	+					东洋属
2	似橄蝗属 Pseudomorphacris Carl, 1916					+						东洋属
3	橄蝗属 Tagasta Bolivar, 1905			+		+						东洋属
4	云南蝗属 Yunnanites Uvarov, 1925					+					√	特有属
5	湄公蝗属 Mekongiana Uvarov, 1940					+						东洋属
6	拟澜沧蝗属 Paramekongiella Huang, 1990					+					√	特有属
7	负蝗属 Atractomorpha Saussure, 1862	+	+	+	+	+	+	+				广布属
8	梭蝗属 Tristria Stål, 1873	+		+		+						广布属
9	大头蝗属 Oxyrrhepes Stål, 1873			+	+	+	+					东洋属
10	板角蝗属 Oxytauchira Ramme, 1941			+		+	+					东洋属
11	野蝗属 Fer Bolivar, I., 1918					+						东洋属
12	芋蝗属 Gesonula Uvarov, 1940			+	+	+	+	+				广布属
13	稻蝗属 Oxya Audinet-Serville, 1831	+	+	+	+	+	+					广布属
14	伪稻蝗属 Pseudoxya Yin et Liu, 1987					+						东洋属
15	稞蝗属 Quilta Stål, 1860			+		+						东洋属
16	龙川蝗属 Longchuanacris Zheng et Fu, 1989					+					√	特有属
17	卵翅蝗属 Caryanda Stål, 1878	+		+	+	+	+	+				广布属
18	舟形蝗属 Lemba Huang, 1983					+						东洋属
19	蔗蝗属 Hieroglyphus Krauss, 1877	+	+			+						广布属
20	板胸蝗属 Spathosternum Krauss, 1877	+		+	+	+						广布属
21	华蝗属 Sinacris Tinkham, 1940					+						东洋属
22	拟凹背蝗属 Pseudoptygonotus Cheng, 1977					+					√	东洋属
23	版纳蝗属 Bannacris Zheng, 1980					+					√	东洋属
24	越北蝗属 Tonkinacris Carl, 1916					+						东洋属
25	小翅蝗属 Alulacris Zheng, 1981					+					√	东洋属
26	清水蝗属 Qinshuiacris Zheng et Mao, 1996					+					√	东洋属
27	异色蝗属 Dimeracris Niu et Zheng, 1993					+					√	东洋属
28	刺秃蝗属 Parapodisma Mistshenko, 1947		+			+						广布属
29	曲翅蝗属 Curvipennis Huang, 1984					+					√	东洋属
30	蹦蝗属 Sinopodisma Chang, 1940		+			+						广布属
31	云秃蝗属 Yunnanacris Chang, 1940					+					√	东洋属
32	拟裸蝗属 Conophymacris Willemse, 1933					+						东洋属
33	梅荔蝗属 Melliacris Ramme, 1941					+					√	东洋属
34	庚蝗属 Genimen Bolivar, I., 1918					+						东洋属

（续）

序号	属	非洲界	古北界	东洋界				澳洲界	新北界	新热带界	云南特有属	分布样式
				印度亚界	锡兰亚界	印中亚界	印马亚界					
35	拟庚蝗属 *Genimenoides* Henry, 1934				+	+						东洋属
36	珂蝗属 *Anepipodisma* Huang, 1984					+					√	东洋属
37	刺胸蝗属 *Cyrtacanthacris* Walker, 1870	+		+	+	+						广布属
38	棉蝗属 *Chondracris* Uvarov, 1923	+	+	+		+	+					广布属
39	沙漠蝗属 *Schistocerca* Stål, 1873	+	+	+		+						广布属
40	厚蝗属 *Pachyacris* Uvarov, 1923				+	+	+					东洋属
41	黄脊蝗属 *Patanga* Uvarov, 1923	+	+	+		+	+					广布属
42	凸额蝗属 *Traulia* Stål, 1873			+		+	+					东洋属
43	阿萨姆蝗属 *Assamacris* Uvarov, 1942			+		+						东洋属
44	黑纹蝗属 *Meltripata* C. Bolivar, 1923					+	+					东洋属
45	点翅蝗属 *Gerenia* Stål, 1878					+						东洋属
46	罕蝗属 *Ecphanthacris* Tinkham, 1940					+						东洋属
47	胸斑蝗属 *Apalacris* Walker, 1870					+						东洋属
48	斜翅蝗属 *Eucoptacra* Bolivar, I., 1902	+		+		+	+					广布属
49	切翅蝗属 *Coptacra* Stål, 1873	+				+	+					广布属
50	疹蝗属 *Ecphymacris* Bi, 1984					+						东洋属
51	十字蝗属 *Epistaurus* Bolivar, I., 1889	+		+		+	+					广布属
52	斑腿蝗属 *Catantops* Schaum, 1853	+	+	+		+	+					广布属
53	直斑腿蝗属 *Stenocatantops* Dirsh, 1953	+	+	+		+	+	+				广布属
54	外斑腿蝗属 *Xenocatantops* Dirsh et Uvarov, 1959	+	+			+						广布属
55	黑背蝗属 *Eyprepocnemis* Fieber, 1853	+	+	+		+						广布属
56	素木蝗属 *Shirakiacris* Dirsh, 1957		+	+		+						广布属
57	长夹蝗属 *Choroedocus* Bolivar, I., 1914			+	+	+	+					东洋属
58	棒腿蝗属 *Tylotropidius* Stål, 1873	+		+	+	+						广布属
59	龙州蝗属 *Longzhouacris* You et Bi, 1983					+						东洋属
60	勐腊蝗属 *Menglacris* Jiang et Zheng, 1994					+					√	东洋属
61	蛙蝗属 *Ranacris* You et Lin, 1983					+						东洋属
62	香格里拉蝗属 *Xiangelilacris* Zheng, Huang et Zhou, 2008					+						东洋属
63	踵蝗属 *Pternoscirta* Saussure, 1884				+	+	+					东洋属
64	车蝗属 *Gastrimargus* Saussure, 1884	+	+	+		+	+	+				广布属
65	飞蝗属 *Locusta* Linnaeus, 1758	+	+	+		+	+	+				广布属
66	绿纹蝗属 *Aiolopus* Fieber, 1853	+	+	+		+	+	+				广布属
67	异距蝗属 *Heteropternis* Stål, 1873	+	+	+		+	+	+				广布属
68	平顶蝗属 *Flatovertex* Zheng, 1981					+					√	东洋属

（续）

序号	属	非洲界	古北界	东洋界				澳洲界	新北界	新热带界	云南特有属	分布样式
				印度亚界	锡兰亚界	印中亚界	印马亚界					
69	小车蝗属 *Oedaleus* Fieber, 1853	+	+	+	+	+	+	+				广布属
70	金沙蝗属 *Kinshaties* Cheng, 1977					+					√	东洋属
71	疣蝗属 *Trilophidia* Stål, 1873	+	+	+	+							广布属
72	束颈蝗属 *Sphingonotus* Fieber, 1852	+	+			+				+		广布属
73	竹蝗属 *Ceracris* Walker, 1870			+		+						东洋属
74	拟竹蝗属 *Ceracrisoides* Liu, 1985					+						东洋属
75	锡金蝗属 *Sikkimiana* Uvarov, 1940			+		+						东洋属
76	雷蓖蝗属 *Rammeacris* Willemse, 1951					+						东洋属
77	雪蝗属 *Nivisacris* Liu, 1984					+					√	东洋属
78	缺背蝗属 *Anaptygus* Mishchenko, 1951		+	+								广布属
79	隆背蝗属 *Carinacris* Liu, 1984					+					√	东洋属
80	暗蝗属 *Dnopherula* Karsch, 1896					+						东洋属
81	牧草蝗属 *Omocestus* Bolivar, I., 1878		+									广布属
82	奇翅蝗属 *Xenoderus* Uvarov, 1925					+					√	东洋属
83	雏蝗属 *Chorthippus* Fieber, 1852	+	+							+		广布属
84	卡蝗属 *Carsula* Stål, 1878					+						东洋属
85	细肩蝗属 *Calephorus* Fieher, 1853	+	+			+	+					广布属
86	滇蝗属 *Dianacris* Yin, 1983					+					√	东洋属
87	小戛蝗属 *Paragonista* Willemse, 1932					+						东洋属
88	黄佛蝗属 *Chlorophlaeoba* Ramme, 1941					+						东洋属
89	佛蝗属 *Phlaeoba* Stål, 1860			+		+	+					东洋属
90	华佛蝗属 *Sinophlaeoba* Niu et Zheng, 2005					+					√	东洋属
91	夏蝗属 *Gonista* Bolivar, I., 1898		+			+	+					广布属
92	剑角蝗属 *Acrida* Linnaeus, 1758	+	+	+		+	+	+				广布属

六、科级或亚科阶元的分布格局

（一）缺乏癞蝗科和槌角蝗科种类

中国产蝗总科 Acridoidea 类群包含 8 个科：癞蝗科 Pamphagidae、瘤锥蝗科 Chrotogonidae、锥头蝗科 Pyrgomorphidae、斑腿蝗科 Catantopidae、斑翅蝗科 Oedipodidae、网翅蝗科 Arcypteridae、槌角蝗科 Gomphoceridae 和剑角蝗科 Acrididae，云南省只分布有其中的 6 个科，缺乏主要为古北区系和非洲区系成分的癞蝗科 Pamphagidae 和主要为古北区系和新北区系成分的槌角蝗科 Gomphoceridae 种类。

（二）瘤锥蝗科分布格局

根据调查结果，在云南分布的瘤锥蝗科种类为典型的东洋区系成分，科内绝大部分种类仅局限分布在东洋界；除特有种外，明显带有南亚次大陆、印马亚界区系成分性质；横断山区是云南蝗亚科 Yunnanitinae 和澜沧蝗亚科 Mekongiellinae 的起源中心。

云南分布的瘤锥蝗科含 4 亚科 6 属 10 种。其中沟背蝗亚科 Taphronotinae 的黄星蝗 Aularches miliaris 分布最广，国内尚分布于西藏、四川、贵州、广西、广东、海南，仅华中区未见分布；国外分布于锡兰亚界、印度—马来亚亚界、南亚次大陆亚界、中南半岛。云南蝗亚科已知的 4 个物种（革衣云南蝗 Yunnanites coriacea、郑氏云南蝗 Y. zhengi、白边云南蝗 Y. albomargina、戈弓湄公蝗 Mekongiana gregoryi）主要集中分布于青藏高原三江源地区；澜沧蝗亚科 Mekongiellinae 在云南仅有中甸拟澜沧蝗 Paramekongiella zhongdianensis 1 种，分布于金沙江虎跳峡谷地北侧狭窄山坡。根据 Cain（1944）（见：汉弗莱斯，帕伦特著，张明理等译，2004）确定起源中心的准则，横断山区应该是后两类群的起源中心。橄蝗亚科除云南特有的云南橄蝗 Tagasta yunnana 和短翅橄蝗 T. brachyptera 外，其余的曲尾似橄蝗 Pseudomorphacris hollisi 和印度橄蝗 Tagasta indica 都明显带有中南半岛和南亚次大陆区系性质，云南是它们分布的北缘。

（三）锥头蝗科分布格局

锥头蝗科是一个广泛分布于亚洲、非洲、大洋洲的类群，然而云南仅分布有 1 属 6 种，除具有东洋—古北区系成分的短额负蝗 Atractomorpha sinensis 分布广泛外，其余 5 种都为东洋区系成分，分布于较狭窄的地域，其中 2 种为中国或云南特有种，3 种具南亚次大陆或印度—马来亚区系性质。

（四）斑腿蝗科分布格局

斑腿蝗科在中国有 17 亚科 104 属 462 种（牛瑶，2007），是一个广泛分布于亚洲、非洲、澳洲、欧洲的类群。云南已知 15 亚科 55 属 133 种，分别占我国相应亚科、属、种的 88.2%、52.9% 和 28.8%。可见，云南是我国斑腿蝗的亚科、属和种最集中的分布区之一。133 种斑腿蝗，占云南已知蝗总科物种数 226 种的 58.8%，成为云南蝗虫组成的主体，总体上代表了云南蝗虫区系成分性质和分布格局样式。

（1）东洋区系成分占明显优势。

在 55 属 133 种斑腿蝗中，因分布于滇西北地区海拔 3 000 m 以上而被划归古北区系成分的仅 2 属 3 种（点坷蝗 Anepipodisma punctata、中甸香格里拉蝗 Xiangelilacris zhongdianensis、香格里拉拟裸蝗 Conophymacris xianggelilaensis），广布成分 10 属 12 种，其余 53 属 118 种为东洋区系成分；东洋区系成分在云南斑腿蝗科中占 88.7%，构成了云南蝗虫区系成分的主体，明显反映了云南蝗虫区系主要为东洋区系成分的性质。

（2）特有种在斑腿蝗科昆虫中同样占有最高的比例；云南是现代斑腿蝗科物种重要的起源和分化中心。

斑腿蝗科特有种共 89 种，占该科物种数的 66.9%。这些特有种除 3 种为古北区系成分外，其余 86 种均为东洋区系成分，包括仅分布于华南（滇南）区的 47 种，西南区的 38 种，西南—华南(滇南)区的 1 种。可见在很大程度上可以说云南是现代斑腿蝗科物种重要的起源和分化中心，符合"我国西南、东南部可视为斑腿蝗科的现代起源地之一"(黄春梅，1999)；同时表明了云南特殊的地质历史过程和特殊的生态地理环境。

(3)云南非特有的东洋区系成分与南亚次大陆及中南半岛之间以及与华南区、华中区之间具有一定的渊源关系。

上述东洋区系成分中非云南特有的 44 种都同时分布于两个或以上的亚界，其中有 16 种的分布地均有中南半岛，8 种的分布地均有南亚次大陆，它们都有可能与冈瓦那古陆起源有关，表明其共同的冈瓦那古陆区系成分渊源；有 27 种的分布地中含有华南区和华中区，说明云南地区与华南区和华中区之间有一定的渊源关系。

(五)斑翅蝗科分布格局

斑翅蝗科是一个全球性分布的大科，已知 128 属 965 种(亚种)，中国有 39 属 138 种(亚种)(王文强，2005)，云南已知 10 属 25 种，仅为中国已知属、种的 25.6% 和 18.1%，斑翅蝗科种类相对贫乏。云南的斑翅蝗科种类全部为长翅型，其飞行和扩散能力相对较强，分布较广。广布型种类 6 种，其中非洲车蝗 *Gastrimargus africanus* 分布于非洲界和东洋界；绿纹蝗 *Aiolopus thalassinus* 及云斑车蝗 *G. marmoratus* 分布于非洲界、东洋界和古北界；花胫绿纹蝗 *A. tamulus* 分布于东洋界、古北界和澳洲界；东亚飞蝗 *Locusta migratoria manilensis* 和疣蝗 *Trilophidia annulata* 分布于东洋界和古北界。特有种 3 种：红胫平顶蝗 *Flatovertex rufotibialis*、透翅小车蝗 *Oedaleus hyalinus* 和勐腊束颈蝗 *Sphingonotus menglaensis* 。其余 19 种为东洋区系成分，其中西南区 6 种、西南-华南区 2 种、华南-西南区 2 种、华南-华中-西南区 1 种、中南半岛-华南-西南区 1 种，以上 12 种为印中亚界成分，仅在分布范围上有所不同；南亚次大陆 + 马来亚 + 华南 + 华中 + 西南区 2 种、南亚次大陆 + 中南半岛 + 西南区 1 种、南亚次大陆 + 马来亚 + 华南 + 西南区 1 种、南亚次大陆 + 马来亚 + 华南 + 华中 + 西南区 2 种、南亚次大陆 + 中南半岛 + 华南 + 西南区 1，以上 7 种兼有印马区系或南亚次大陆区系成分渊源。

(六)网翅蝗科分布格局

网翅蝗科种类体型为中、小型，翅发达或退化，它们广泛分布于欧亚大陆，主要为古北或东洋区系成分。云南已知该科昆虫 2 亚科 10 属 30 种，分布格局明显分为以下两类。

(1)竹蝗亚科 Ceracrinae 4 属 10 种，多为长翅型种类(8 种)，全部为东洋区系成分。其中特有种 4 种，3 种特有种分布于西南区，1 种分布于华南区(滇南)；思茅竹蝗 *Ceracris szemaoensis* 和黄脊雷篦蝗 *Rammeacris kiangsu* 为中国特有种，主要分布于华南区，并扩散到西南区，后者的扩散范围较前者为广，可向北分布于湖北。青脊竹蝗 *C. nigricornis nigricornis*、大青脊竹蝗 *C. nigricornis laeta* 及黑翅竹蝗 *C. fasciata* 为东洋界广布种，只是后者在中国西南区尚未曾发现。

(2)网翅蝗亚科 Arcypterinae 6 属 20 种，体小型，绝大部分为短翅或鳞状翅型种类，飞行能力弱，适生于高山或亚高山草甸或灌草丛中，具有较强的地带性分布规律，主要分布在滇西北、滇西和滇东北一带。

从属级起源上看，网翅蝗亚科主要为古北区系成分，如缺背蝗属 *Anaptygus*、牧草蝗属 *Omocestus*、雏蝗属 *Chorthippus* 等，可能主要是由于第四纪冰期的作用，被迫由北方迁入云南并适应新的环境存留下来的结果。

该亚科特有种丰富，达18种，占云南已知该亚科物种数的90.0%，特有属3属（雪蝗属 *Nivisacris*、隆背蝗属 *Carinacris*、奇翅蝗属 *Xenoderus*），全部分布于滇西北横断山区，一定程度上表明了横断山区明显的地理隔离和生态阻障作用的结果。

（七）剑角蝗科分布格局

云南已知5亚科9属21种，除2种东洋+古北跨界分布成分及1种古北区系成分外，其余皆为东洋区系成分，东洋区系成分占优势。特有种丰富，达11种，占52.3%。在东洋区系成分中，印中亚界15种[包括西南区5种、华南区（滇南）4种、华南+西南区2种、华南+华中+西南区2种、西南+华南区1种、中南半岛+华南+华中+西南区1种]、南亚次大陆+马来亚+中南半岛+华南区2种、南亚次大陆+马来亚+华南+华中区1种。

七、分布格局特点

从以上科、属、种三级阶元分布格局的分析可以看出，云南蝗总科昆虫在分布格局上有以下特点：

（1）除癞蝗科和槌角蝗科无分布外，国内已有的其余科均有分布。

（2）有9亚科和58属仅分布在东洋界。例如，瘤锥蝗科中云南蝗亚科、澜沧蝗亚科集中分布于横断山区，沟背蝗亚科和橄蝗亚科的种类为东洋界分布型。云南是我国斑腿蝗的亚科、属和种最集中的分布区之一，然东洋区系成分在云南分布的斑腿蝗科中占93.8%。斑翅蝗科是一个大科，可是在云南的种类十分贫乏。网翅蝗亚科主要为古北区系成分，在云南分布的很少，有分布的主要存在于滇西北和滇东北高海拔地区，而云南的竹蝗亚科种类全部为东洋区系成分。剑角蝗科也成分主要为东洋区系成分。同时在亚科级水平上，其单区分布的特点也十分凸显，例如云南特有属达20属，占云南已知属的21.7%。

（3）云南蝗总科属级阶元的地理分布格局仍以东洋属占优势，且主要是印中属（44属）；特有属高达20属，表明云南可能是蝗总科属级阶元的起源和分布中心。云南与东洋界中印度亚界的共布属的数量稍强于与其他3个亚界共布属的数量。广布属中与非洲界共布属的数量（28属）≥与古北界共布属的数量（25属）>与澳洲界共布属的数量（10属）>与新北界共布属的数量（2属）。

（4）特有属常呈狭域分布，特有种常呈岛状间断分布。

云南分布的20个特有属中，单型属和少型属各有10属，缺多型属。就少型属来说，它们都分布于狭隘的地区。如龙川蝗属分布于滇西南地区，拟凹背蝗属集中分布于滇中地区，小翅蝗属分布于滇东南地区，华佛蝗属分布于元江流域及西双版纳地区，云南蝗属物种主要分布于横断山区并稍向东扩展。

一般地，广布种的分布海拔范围较宽，如小稻蝗 *Oxya intricata* 可分布于750～2 200 m 的范围内，短额负蝗 *Atractomorpha sinensis* 和绿纹蝗 *Aiolopus thalassinus* 在700～2 300 m 的范围内均可发现，但这类物种仅16种。云南多数蝗虫的分布范围都十分有限，尤其是众多特有种仅只在一个采集点获得，其分布范围十分狭隘。例如缺背蝗属 *Anaptygus* 在云南有4个种：红胫缺背蝗 *A. rufitibialus* 仅分布于滇西苍山地区云弄峰下海拔2 600～3 000 m 之间，南北长不过 1.5 km 的狭长高山草甸地带，该地带和毗邻区域以山涧和山峰隔离，形成相对独立的生态小境；玉龙缺背蝗 A. yulongensis 仅分布在丽江玉龙雪山 2 650 m 的中山地带；月亮湾缺背蝗 A. yueliangwan 仅分布在德钦月亮湾约 3 000 m 的山地灌草丛中；长翅缺背蝗 A. longipennis 仅分布在剑川老君山 2 700 m 的华山松林缘或林窗草丛以及鹤庆马耳山 3 100 m 中山或亚高山地带。老君山和马耳山基本位于同一纬度上，东西不过 10 km 的距离。缺背蝗属通常分布在气候寒冷潮湿的亚高山草甸地带，翅退化成鳞片状，不能飞翔，蹦、跃能力强，一般种群密度较大，表现出明显的岛状间断分布的特点。

　　若以经、纬度各 1° 将云南省划分成 42 个栅格，则特有种仅分布于 1 个栅格的有 73 种，占特有种总种数的 61.3%；分布于 2 个栅格的有 20 种，占 16.8%；分布于 3 个及以上栅格的有 26 种，占 21.8%。例如，龙川蝗属 Longchuanacris 目前仅知 5 种，全都分布于滇西南地区，除绿龙川蝗 L. viridus 的分布跨越 3 个栅格外，其余 4 种（巨尾片龙川蝗 L. macrofurculus、二齿龙川蝗 L. bidentatus、叉尾龙川蝗 L. bilobatu、曲尾龙川蝗 L. curvifurculus）都分布在 1 个栅格内，尤其是叉尾龙川蝗的分布范围十分狭隘，种群数量稀少，仅分布在梁河城郊山林的一个林窗空地的草丛中，草丛幽深，人迹罕至，然周围同坡向的两座山峰却未发现该物种。卵翅蝗属 Caryanda 也是一个典型的狭域分布类群，全世界大约已知 65 种，中国已知 50 余种，目前已知分布于云南的有 21 种，除小卵翅蝗 C. neoelegans 可分布于东南亚和广西，云南卵翅蝗 C. yunnana 可分布于西双版纳傣族自治州、普洱地区和绿春县之外，其余 18 种的分布区都十分狭隘，大多分布在北纬 25° 线以南，分布区不相重叠。卵翅蝗属物种都是鳞状翅型种类，其主动扩散能力有限，适合栖居于云南南部、中南部中低山地带半萌半湿阔叶林下的灌草丛间，虽然许多物种间的地理隔离并不十分明显，但仍表现出强烈物种分化现象。

　　这种明显的狭域分布特点一方面与短翅和鳞翅型蝗虫迁移扩散能力有限有关，另一方面与生境特殊性与多样性也具有密切的关系。根据吴征镒和朱丞彦（1987）云南共有 9 种大的植被类型，每种类型又因为坡向、坡度的不同而产生不同的光照和降水条件，从而形成众多生态小生境，其所谓"一山有四季，十里不同天"即是对云南气候及生态条件迥异的确切的诠释。多样性的生态小境为要求不同的蝗虫物种提供了适宜的生存空间，同时也对蝗虫物种不同种群间基因交流起到隔离作用，在长期的自然选择过程中，一些物种可能就此灭绝，另一些可能分化成新的物种。

八、云南蝗总科物种空间分布格局

　　"地理分布这一伟大主题几乎是一块生命规律之基石"（达尔文，1845）。基于确切调查的基础上，研究生物体在空间中的历史和分布即是生物地理学研究的主要内容，最终为研究生物的起源与进化奠定基础。可见，分布格局的研究内容包括两个方面，即时间分布格局和空间分布格局。

　　物种丰富度（richness）和物种丰富度的空间分布格局（pattern）是生物多样性研究的重要内容。物种丰富度是表征物种多样性的一个重要指标之一，它表示在一定样地面积或地域内物种数目的多寡；因环境条件的不同，物种丰富度形成一定的分布格局。物种丰富度分布格局的研究区别于区系分布格局的研究，前者强调的是在现代生态条件下物种多样性的空间分布样式，着力揭示影响物种现存空间分布格局的生态因素；后者是遵循生物系统发育关系，用历史生物地理学的方法探讨现代分布格局起源和发展的历史轨迹，其目的在于揭示物种的起源与进化。但二者的研究结果并不矛盾，通过相互借鉴，共同说明物种分布的时空格局，揭示区系的起源、迁移及其分布。

（一）物种丰富度

云南已记录蝗总科昆虫 6 科 27 亚科 89 属 189 种。通过实地调查并结合以往的资料纪录，本书记录了云南蝗总科昆虫 6 科 29 亚科 92 属 226 种（表 3-1），分别占我国已知该类昆虫科、属、种的 75.0%、34.5% 和 19.6%。蝗虫物种丰富度居全国之冠。而毗邻地区的西藏有 8 科 77 属 186 种（亚种）（印象初，1984）、广西 6 科 71 属 147 种（亚种）（蒋国芳，郑哲民，1998）、四川 6 科 60 属 116 种（亚种）（郑哲民，1993）、贵州 6 科 51 属 86 种（亚种）（姚世鸿，2005；张道川，郑金玉，印象初，2005；郑金玉，张道川，李新江，2005）。这说明云南蝗总科物种丰富度明显大于毗邻省区（图 3-1）。

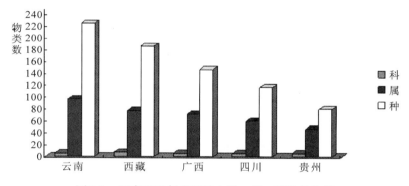

图 3-1   云南和毗邻省区蝗虫科、属、种数量比较

（Compare of the numbers of family, genus and species on grasshoppers between Yunnan and its adjacent areas）

云南蝗总科物种绝对数分别是西藏、广西、四川、贵州的 1.21 倍、1.53 倍、1.94 倍和 2.81 倍。若以 $1 \times 10^3 \text{km}^2$ 为单位面积比较各地区分布的蝗虫物种数：广西（0.639）＞云南（0.571）＞贵州（0.47）＞西藏（0.155）。必须看到，因云南环境异质性最大，小生境十分丰富，许多蝗虫特有物种呈岛状间断分布，应该还有一定数量的新物种未被发现，已经发现但尚未发表的云南蝗总科物种至少有 30 种（牛瑶，2007）。

根据 Yin et al. （1996）；Eades，D. C. & D. Otte （2009）（http：//osf2x. orthoptera. org）；Roffey，J. 1979；Ingrisch，S. （1989，1990，1993，2004）和 Uvarov，B. P. （1927a，1927b）资料的统计结果，与毗邻或相邻国家比较，云南蝗总科物种数（225 种）≧印度（223 种）＞泰国（77 种）、斯里兰卡（77 种）＞菲律宾（67 种）＞缅甸（60 种）。

（二）物种丰富度的空间格局

物种丰富度随地理梯度的变化规律是生物多样性研究的一个重要议题。地理梯度主要包括海拔梯度、纬度梯度和经度梯度等。地理梯度包含了温度、水分和光照条件等生态因素在不同方式和不同程度上的综合作用，环境因子复杂而多样的综合影响造成了生物物种丰富度在地理或空间上的变化。

Whittaker(2001)认为在较小尺度下，决定物种多样性格局的主要因素是生物或生态过程(如竞争、共生和迁移等)，但在大尺度下，物种多样性格局则主要取决于气候。通常，大量的个案研究偏重于小尺度(景观和群落)下探讨某种或某些生态因子对物种多样性分布格局的影响，并得出了一些公认的结论。一般认为，物种多样性的海拔梯度格局与纬度格局相似，即随着海拔的上升或纬度的增加，物种多样性呈降低趋势(龚正达等，2001；唐志尧、柯金虎，2004；冯建孟等，2006a；冯建孟等，2006b)，但也有研究表明随着海拔的升高，物种多样性先增加，后减少，呈单峰分布格局(龚正达等，2001；王国宏，2002；王志恒等，2004；龚正达等，2005；冯建孟等，2006a)。

基于省级行政区或更大区域的大尺度研究不多，国内仅见王志恒、陈安平、方精云等(2004)对湖南省种子植物的物种丰富度海拔分布格局的研究，并发现随着海拔的升高科、属、种丰富度和物种密度均呈现先增大后减小的趋势，即物种丰富度和物种密度均在中海拔地区达到最高；中等复杂程度的地形具有较高的丰富度和物种密度。龚正达等(2005)基于横断山18座山峰探讨了蚤类物种丰富度垂直分布格局，发现物种丰富度呈现随海拔先增高后降低的单峰分布格局，最大峰值出现在中山海拔2 500～3 800 m之间。然而未见有关云南省级区域尺度生物物种丰富度分布格局与环境因子梯度之间关系的研究报导。

本节试图通过对云南已知225种蝗虫的分布资料进行综合整理和统计分析，探讨云南蝗总科物种丰富度的空间分布格局，包括垂直分布、纬向分布和经向分布格局，并在3个地理维度上探讨影响它们分布的主要生态因子。

根据实际采集区(每个采集区包括1～数个采集点)和资料记录，共确定85个采集区，制作采集区数据集；根据标本信息制作物种×数据(采集区、海拔、纬度、经度)矩阵。分析软件采用PC-ORD(Multivariate Analysis of Ecological Data)。

1. 大尺度下云南蝗总科物种丰富度的海拔梯度格局

云南省地势西北高东南低，高差大，如滇西北的梅里雪山主峰——卡瓦格博峰，海拔6 740 m，为全省最高峰，而南部河口县的南溪河与元江汇合处是全省最低点，海拔仅76.4 m，两地相差仅约6个纬度，海拔差距竟达6 663.6 m，反映出其地势的显著起伏。从各相对高程的土地面积上看，海拔2 500 m以上大致仅包括滇西北，国土面积所占比重最小；海拔1 400～2 500 m包括了滇中高原的广大地区，是面积最大的部分；海拔400～1 400 m包括滇西南和滇南的较为开阔的谷地和一些河谷地区，面积适中。

研究结果显示，在全省范围内，蝗总科物种丰富度随海拔梯度的变化格局是：随着海拔的升高，物种丰富度呈先升高，后降低的单峰分布格局(图3-2)。物种丰富度的高峰出现在海拔1 500～1 900 m的中海拔地段，物种数大约为80～95种，低海拔约550 m以下以及较高海拔约2 500 m以上物种数量都相对较少。进一步分析发现，物种丰富度增加的速率略缓于下降的速率；并且在较低海拔地段约800 m处出现了一个小高峰，物种数约为78种，这可能是由于西双版纳物种丰富度较高所致。

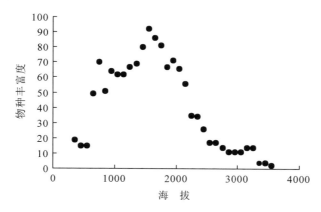

图 3-2　海拔梯度上物种丰富度的变化格局

(Distribution pattern of Acridoidea species richness along elevational gradients in Yunnan)

如前所述，海拔 2 500 m 以上地段（高海拔地区）国土面积所占比重最小，海拔 400～1 400 m 地段（低海拔地区）适中，海拔 1 400～2 500 m 地段（中海拔地区）面积所占比重最大，面积整体呈纺锤形。因此采集强度自然也是高海拔地区＜低海拔地区＜中海拔地区。是否蝗总科物种丰富度随海拔梯度变化的单峰分布格局与采集强度有关呢？为此我们用采集样地数代表采集强度，探讨丰富度变化与采集强度之间的关系。

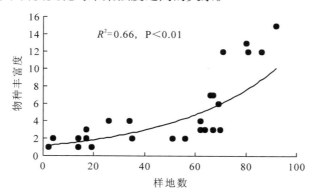

图 3-3　海拔梯度上物种丰富度与样地的关系

(Correlation between the species richness and the number of plots on the elevational gradients)

由图 3-3 可以看出，海拔梯度上，物种丰富度与样点数的关系显著（$R^2 = 0.66$，$p <$ 0.01），物种丰富度随着样点的增加而增加，说明采样强度对物种的发现具有重要影响。该结论同样说明蝗总科物种丰富度随海拔梯度变化的单峰分布格局与采集强度有关；也说明，物种丰富度可能随着今后采集强度的加强呈增加趋势。为了排除采集强度对分析结果的影响，我们作了如下处理，即在一定海拔梯度上用单位样地物种数（物种密度）代表绝对物种数，结果如图 3-4 所示。

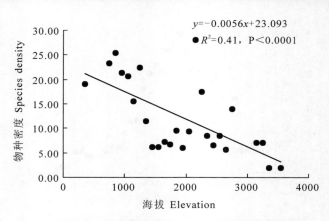

图3-4　海拔梯度上单位样地物种丰富度的变化格局

（Change pattern of Acridoidea species richness in unit plot along elevational gradients in Yunnan）

由图3-4可以看出，单位样地上物种密度（species density）与海拔高度有一定关系（$R^2 =$ 0.41，$p < 0.0001$），可以用下式较好地表示：

$$y = -0.0056x + 23.093$$

式中，y 为物种密度（种数/样地），x 为海拔（m）。该结果说明，随着海拔的升高，单位样地上的物种丰富度呈递减格局，这可能预示着海拔梯度上的热量变化可能起着重要作用。

2. 小尺度下物种丰富度海拔梯度格局

云南省高原山地和丘陵共占95%，山地海拔变化剧烈，尤其在滇西及滇西北地区3 000 m以上的山峰有20余座。从山脚到山顶，随着水热条件的海拔分异剧烈，呈现出明显的气候和植被分带现象。现以位于大理白族自治州境内的点苍山为例，讨论小尺度下蝗虫物种丰富度随海拔梯度的变化格局。

苍山又名点苍山，是横断山系南端支脉中最高的山脉，北纬25°34′~26°0′，东经99°57′~100°12′，山体呈南北走向，由19座山峰组成，最高峰马龙峰4 122 m，最低漾濞江三岔河1 400 m以下，相对高差2 700 m以上；山体薄而陡，平均坡度达32°，尤其在3 000 m以上更是奇峰突立，少有台地和平缓的林地草坡；一般海拔每升高100 m，气温下降0.761~0.8℃，降水增加70 mm左右（段诚忠等，1995），立体气候和垂直替代现象明显。苍山山体特殊，东坡最低海拔1 978 m，西坡西洱河下游海拔低至1 400 m，但1 400~1 500 m之间地形陡峭，河谷秃立，平缓面积较少，故采集样地也相应较少。苍山整个地区已知蝗虫6科42属54种，不同海拔高度分布情况见表3-6：

表3-6　苍山地区蝗虫分布高度统计（Statistics of distribution height of grasshoppers in Cang Mt. region）

科	属（种）数	种分布海拔（km）														
		1.5	1.6	1.7	1.8	1.9	2.0	2.1	2.2	2.3	2.4	2.5	2.6	2.7	2.8	2.9
Chrotogonidae	2（2）	1	1	1	1	1	2	1	1	1	0	0	0	0	0	0
Pyrgomorphidae	1（1）	1	1	1	1	1	1	1	1	1	0	0	0	0	0	0
Catantopidae	20（24）	7	13	11	14	14	12	14	13	13	7	5	1	2	1	1

（续）

科	属（种）数	种分布海拔（km）														
		1.5	1.6	1.7	1.8	1.9	2.0	2.1	2.2	2.3	2.4	2.5	2.6	2.7	2.8	2.9
Oedipodidae	11（16）	2	4	8	8	7	8	10	9	7	6	3	1	1	0	0
Arcypteridae	5（7）	3	4	3	3	1	1	2	2	2	2	1	1	2	1	1
Acrididae	3（4）	0	2	3	3	3	3	3	3	1	1	0	0	0	0	0
总计6科	42（54）	14	25	27	30	27	27	31	29	27	17	10	3	5	3	2	2

根据苍山地区各分布高度的蝗虫物种数作图 3-5。从图 3-5 可以看出点苍山地区蝗虫物种丰富度与海拔高度关系显著（$R^2 = 0.56$，$p < 0.01$），随海拔升高，物种丰富度呈显著降低趋势。

从图 3-5 也可以看出，低海拔地区（1 500 m 以下）及高海拔地区（2 500 m 以上）分布的物种数少，山体中段（1 400～2 500 m 之间）分布的物种多。3 200 m 以上未发现蝗虫分布。

山麓 1 500 m 以下的低海拔区为干热河谷，峡谷深切，岩壁陡峭，土壤瘠薄，气候干热，年均气温 14～17.4℃，具焚风效应，岩壁生长着仙人掌，局部地段有余干子 *Phyllanthus emblica*、小铁子 *Myrsine africana*、宾川羊蹄甲 *Bauhina delavayi*、清香木 *Pistaeia weinmaunifolia*、金茅 *Eulalia speciosa*、白健杆 *E. pallena* 等。该区生存条件严酷，少有蝗虫喜食的植物种类，只有少数长翅热带种类和宽生态幅的广布种类能生存于此区，如红褐斑腿蝗 *Catantops pinguis pinguis*、长角直斑腿蝗 *Stenoratantops splendens*、短角外斑腿蝗 *Xenocatantops brachycerus*、疣蝗 *Trilophidia annulata*、长翅束颈蝗 *Sphingonotus longipennis* 等。

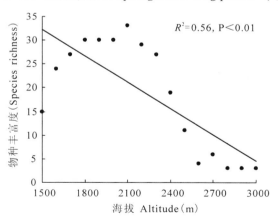

图 3-5 苍山蝗虫物种多样性随高度分布格局

（Distribution pattern of Acridoidea species along elevational gradients in Cang Mt. region）

苍山中段坡度减缓，土壤肥沃，气候温和湿润，年均气温 10～14.9℃，降水量 1 400 mm。本区东坡下限 1 900～2 200 m 间为水稻、玉米农作区，2 200～2 600 m 及西坡 1 700～2 600 m 为暖性针叶林和阔叶林带，林间林缘地域上出现多数此生灌丛草坡，常见云南松、栲、栎、旱冬瓜 *Alnus nepalensis*、杨树 *Populus bonatii*、苍山雷公藤 *Tripterygium forrestii*、网脉金茅 *Eulalia phaeothrix*、萎陵菜 *Potentilla chinensis* 等。该区自然条件优越，植物种类丰富，蝗虫物种丰富度最高，共采到蝗虫 43 种，优势类群有日本稻蝗 *Oxya japonica*、突缘拟凹背蝗 *Pseudoptygonotus prominemarginis*、大异矩蝗 *Heteropternis robusta* 等。

中高山的高海拔（2 500 m 以上）地段坡度骤陡，气候寒冷潮湿，年均气温 8.2℃，年降水量 1 846.4 mm，主要植被为原生的或次生的针叶林、落叶阔叶林，平缓地段尚有大面积的灌草丛、杜鹃灌丛和箭竹林灌丛，3 200 m 以上为暗针叶林带，常见植物有华山松 *Pinus armandi*、多种杜鹃 *Rhododendron* sp.、箭竹 *Sinarundinaria nitida*、火绒草 *Leontopodium leontopodiodes* 等。该地段仅采得 5 种蝗虫，其中红胫缺背蝗 *Anaptygus rufitibialus* 和苍山拟裸蝗 *Conophymacris cangshanensis* 为优势种。

3. 物种丰富度纬度梯度格局

纬度梯度格局属于大尺度下物种多样性研究范畴。一般认为，随着纬度的增加，热量的递减，物种多样性降低。云南省位于我国的西南边陲，南北跨越约 8 个纬度（北纬 21°09′~ 29°15′），是典型的低纬度高原，气候带上跨越了北热带、亚热带、温带和寒带，是同纬度带上气候变化最剧烈的地区，是研究大尺度下物种丰富度的纬度梯度格局的理想区域。根据标本信息制作纬度×物种数距阵，将纬度物种数信息导入 SPSS 11.5 分析系统，结果见图 3-6。

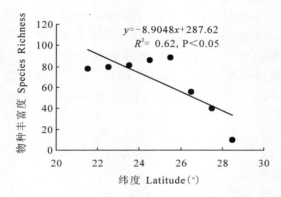

图 3-6　纬度梯度上物种丰富度的变化格局

（Distribution pattern of Acridoidea species richness along latitude gradients in Yunnan）

由图 3-6 可以看出，物种丰富度与纬度关系显著（$R^2 = 0.62$，$p < 0.05$），可以用下列函数式较好地表示：

$$y = -8.9048x + 287.62$$

式中，y 为物种丰富度（种数），x 为纬度（°）。该函数关系说明随着纬度的增加，从南到北，物种丰富度总体呈下降趋势。但纬度 24~26° 间出现一个峰值，使得上述关系可解读为物种丰富度随纬度的增加先缓慢增大，至纬度 25.4° 时迅速下降。实际情况是否如此呢？笔者认为，24~26° 间的峰值可能与采样强度有关。为验证这一设想，我们设计了以下纬度梯度格局的检验，即将云南省按照 1 个经度×1 个纬度的标准对云南进行了栅格划分，共将云南划分为 42 个栅格（详见 6.2 章节，图 6-3），计算出各纬度梯度单位栅格的平均物种数（表 3-7）。

表 3-7   云南蝗总科栅格物种数（The numbers of distributional Acridoidea species in grids to Yunnan）

经向／纬向	1	2	3	4	5	6	7	8	9	物种数	栅格数	种数／栅格
A		9	4							13	2	6.50
B		7	24	13			19	5		68	5	13.60
C		17	26	28	3		13	7		94	6	15.67
D		42	41	61	21	26	6	2		199	7	28.43
E	38	27	7	39	29	13	22	13		188	8	23.50
F		25	23	12	23	23	34	7		147	7	21.00
G		23	51	11	50	27				162	5	32.40
H				56	66					122	2	61.00
物种数	38	102	150	271	142	112	110	61	7	—		—
栅格数	1	5	7	7	6	4	6	5	1	—		—
种数／栅格	38	20.4	21.43	38.71	23.67	28	18.33	12.2	7	—		—

将纬度梯度栅格物种数导入 SPSS 11.5 分析系统，结果见图 3-7。

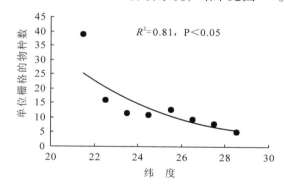

图 3-7   纬度梯度上单位栅格蝗总科物种丰富度的变化格局

（Change pattern of Acridoidea species richness in unit grid along latitude gradients in Yunnan）

图 3-7 显示，单位栅格的物种丰富度与纬度之间存在显著的相关性（$R^2 = 0.81$，$p < 0.05$），这说明随着纬度的升高，从南到北，单位栅格的物种丰富度呈递减格局，这可能预示着热量在纬度梯度上的变化可能影响物种的丰富度在纬度梯度上的变化。

4. 物种丰富度经度梯度格局

云南省自西向东跨越约 8.6 个经度（东经 97°39′~106°12′），对全省蝗总科物种丰富度经度梯度格局的研究属于大尺度格局研究。国内尚未见有关报导。将物种×经度矩阵导入 SPSS 11.5 分析系统，结果见图 3-8。

由图 3-8 可以看出，从西到东，蝗总科物种丰富度呈单峰分布格局。过去的研究表明，云南西部地区主要受西南季风、而东部地区则主要受东南季风的影响，经度梯度上环境因子的变化不明显，换句话说物种丰富度的变化似乎不应该如图 3-8 所示的那样剧烈变化。那么，更客观的情况会是怎样的呢？作者认为上述单峰分布格局可能源于采集强度的不同，也就是说，经度梯度上国土面积越大，采集点布得越多，发现物种数越多，故呈现单峰分布格局。事实上，从图 3-9 可以看出，栅格数量和物种丰富度之间有显著的相关性（$R^2 = 0.70$，$p < 0.05$），这说明，经度梯度上的物种丰富度受到采样强度的显著影响。

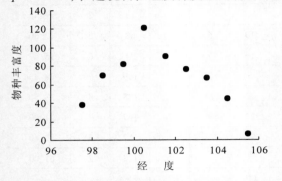

图 3-8 经度梯度上物种丰富度的变化格局
（Distribution pattern of Acridoidea species richness along longitude gradients in Yunnan）

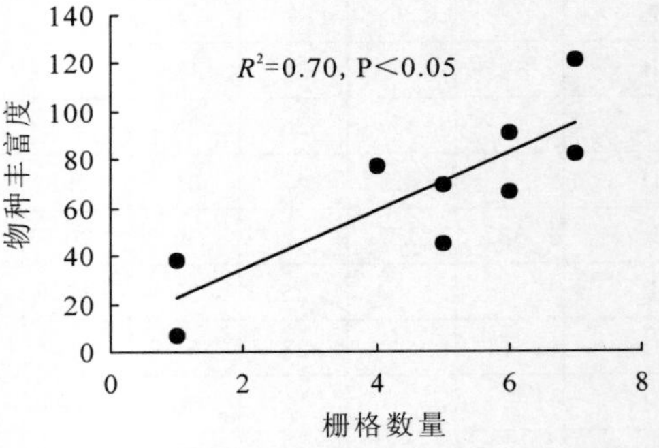

图 3-9 经度梯度上栅格数量和物种丰富度的关系
（Relationship between Acridoidea species richness and the numbers of grid along longitude gradients in Yunnan）

为了排除采集强度的干扰，我们采用单位栅格的物种数（表 3-7）作图（3-10），结果如下：

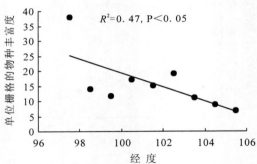

图 3-10 经度梯度上单位栅格物种丰富度的变化格局
（Distribution pattern of Acridoidea species richness in unit grid along longitude gradients in Yunnan）

从图 3-10 可以看出，经度梯度上单位栅格物种丰富度随经度增加呈单调递减格局，即从西到东物种丰富度呈降低趋势，但相关系数并不大，尚需开展更加深入的调查和分析。

然而，这样的单调递减格局可能与地形和地质有关。王志恒等（2004）认为，随地形复杂度的增加，物种丰富度和物种密度呈现先增大后减少的趋势。本文虽未就地形地貌与蝗虫物种丰富度格局之间的关系予以探讨，但仍然可以推断，按经度划分，云南自西向东地形复杂程度由高到低。西部有著名的横断山区，高山峡谷并列，地形复杂程度最高；中部地区澜沧江、金沙江、把边江、礼社江、元江等江河纵横交错，地形起伏较大；东部地区主要为珠江和南盘江源头，地形相对平缓，而喀斯特地貌发育，土地利用率较高。上述格局也可能和云南蝗总科的起源和演化历史有关，接下来将进一步讨论。

云南蝗总科区系起源和演化

　　一个地区现存的动物区系现状反映了该地区动物区系渊源和环境变迁的历史，为古地理学的起源和演化提供佐证。反之，要考查动物区系的起源与演化，必须和地质历史相结合。通常，多数作者在阐述跨界的间断分布格局时，试图与大陆漂移和板块学说以及重大地质历史事件相结合；在解释亲缘关系较近的同属物种同域分布的格局时，尝试与隔离分化生物地理学及生态生物地理学（即处理短时间、小空间范围内的生态过程）理论相结合；在探讨分布区之间关系时，遵循分支生物地理学的原则。

一、云南古地理与昆虫起源的关系

　　古生代寒武纪（600～500 Ma前）早期，川滇古陆即隆起形成。川滇古陆属于欧亚古大陆的南端，北起北纬32°52′的丹巴之南，向南伸至北纬22°的云南南部，呈南北走向的狭长纵条，其陆地范围虽经多次海退和海浸而发生变化，但大约从大理至昆明之间的南北狭长部分从未被海水全部淹没（钟章成，1979）。从已知的昆虫化石来看，泥盆纪形成了原始的昆虫，石炭纪有翅昆虫产生，二叠纪分化出昆虫纲各目，三叠纪至白垩纪昆虫陆续分化，形成众多的科。作为劳亚古陆南端的川滇古陆以热带、亚热带气候特征的植物区系为主（钟章成，1979），适宜动物的生存繁衍。因此推测川滇古陆是云南昆虫本土起源主要的策源地。

　　在石炭纪—二叠纪发生了海西运动，使南方冈瓦纳古陆联合劳亚古陆形成一个超级大陆，到中三叠纪形成了相对完整的联合古陆（Pangaea）。此时昆虫空前繁盛，已知种类达1 300种以上（宋春青 2001）。各陆块起源的物种有条件在一定程度上相互融合渗透，之后又随大陆漂移被带到了现存的分布区，这或许是绝大多数远距离同源分布不能单纯用扩散事件完满解释的根本原因。在这样的联合状态下，本土起源的川滇古陆物种有条件得以和南方冈瓦那古陆及北方劳亚古陆成分交流。事实上，至三叠纪时川滇古陆仍然是特提斯海中的微型大陆，但特提斯海岸南北距离较近，川滇古陆周围散布着许多出露的小陆块（如印支陆块等），估计迁移能力较强的物种能够通过这样陆块作为跳板进行扩散。这是首次南北方物种的交流。但代表南方冈瓦那古陆的西双版纳仍未完全出露，并以海沟和川滇古陆相隔。

　　大约从中生代的三叠纪开始，由于海底扩张，使联合古陆（尤其是冈瓦纳古陆）到中生代显著分离、漂移，向现代分布格局发展（张雅林等，2004）。自晚二叠纪始，原为冈瓦纳古陆边缘一部分的中南半岛并云南西部与冈瓦纳古陆分离（Sengör et al.，1988），"带着南缘生物的后裔向北漂移，至晚三叠世（一说为中侏罗纪），拼合于欧亚板块后，北型南下，互相交流呈过渡现象"（殷鸿福，1980）。这次相撞的结果使云南西部自景东—普洱—江城一线为界露出了海面，但西双版纳仍为海洋淹没（徐正会，2002）。白垩纪西双版纳并中南半岛与中国古陆相连，使西双版纳和云南较低纬度地区具有了浓重的中南半岛成分色彩，奠定了西双版纳区系成分性质。这是川滇古陆物种第二次南、北方物种的交流，特别是和冈瓦那古陆发生的交流。

　　新生代第三纪的始新世，印度板块与欧亚大陆相撞，并与云南、四川相连，印度大陆物种和云南物种发生交流。这是川滇古陆物种第三次和冈瓦那古陆成分发生交流的重要事件。

　　至第三纪喜马拉雅造山运动初期，西北—东南走向的滇西盆地消失，中国西南、华南和华中地区成为地势相近的均一陆地，为东西向和南北向的物种交流提供了便利条件（徐正会，2002）。此时川滇黔高原面仍然保留，地理隔离和生态阻障不明显，物种的交流达到鼎盛时期。

第四纪青藏高原隆起，使云南地貌格局发生深刻变化，形成西北高东南低的地貌态势；流水强烈切蚀，川滇黔高原面从此解体，高耸的横断山脉和深切的河流形成明显的地理隔离和多样的气候类型，不同的海拔、坡向、坡度、植被、土壤和降水形成了迥异的生境，导致生活在不同生境内的不同种群间基因交流在很大程度上中断，物种剧烈分化。

第四纪冰期和间冰期导致昆明—大理一线以北地区物种的南迁北移，使得云南昆虫成分进一步复杂化。

二、云南蝗总科昆虫区系起源和演化

以现生蝗虫物种的区系性质和分布格局为基础，结合地质学和古生物学研究资料，推测云南蝗总科昆虫区系起源和演化大致分为 3 个阶段：联合古大陆时期原直翅目起源阶段；二叠纪—第三纪冈瓦那古陆成分和劳亚古陆成分在川滇古陆交融阶段；第四纪物种分化和不同区系成分的融合阶段。

（一）联合古大陆时期原直翅目起源阶段

古生物学资料表明，蟋蟀总科 Grylloidea 化石出现在三叠纪（230～195 Ma 前）（Carpenter，1992），尽管未见最早蝗虫类化石的确切报导，但推测古直翅类昆虫可能发生在古生代石炭纪的联合古陆时期。理由如下：

蜚蠊目 Blattodea 和直翅目 Orthoptera 有较近的亲缘关系（梁爱萍，1999）。从系统学的角度看，襀翅类 Plecopteroids、直翅类 Orthopteroids 和蜚蠊类 Blattoids 共同组成多新翅类 Polyneoptera[印象初，印红（见：尹文英，宋大祥，杨星科等，2008）]；有人认为直翅类 Orthopteroids 与蜚蠊类 Blattoids +（半翅类 Hemipteroids + 内翅类 Endopterygotes）之间可能有姐妹关系（Kukalova-Peck & Brauckmann，1992）；刘宪伟，殷海生（1999）在述及直翅目起源时，转述别人的观点认为原蜚蠊目 Protobalttoidea（上石炭纪）和原直翅目 Protorthoptera（上石炭纪—二叠纪）及其他几类昆虫都具有咀嚼式口器、短尾须、多分支马氏管、较多分离神经节的腹神经索、网状翅脉、后翅臀脉域较大等特点，它们共同属于有翅亚纲中较原始的类群；现代直翅目起源于原直翅目。而蜚蠊目昆虫化石大量发现于距今 320～350 Ma 的古生代石炭纪地层中，占已发现昆虫化石的 50%（林启彬，1980）。由此推测在古生代石炭纪时期与原蜚蠊目关系密切的原直翅类昆虫可能已经出现在地球上了。到早二叠纪原直翅目的外口咀嚼式口器与现今种类相同（刘明等，2005）。由于川滇古陆起源于早寒武纪，且一直未被海水淹没，推测该陆块应为云南蝗虫的本土起源中心。如云南蝗属、湄公蝗属、拟澜沧蝗属、龙川蝗属、舟形蝗属、拟凹背蝗属、拟裸蝗属、云秃蝗属、梅荔蝗属、香格里拉蝗属、曲翅蝗属、清水蝗属、珂蝗属、平顶蝗属、金沙蝗属、雪蝗属、奇翅蝗属、滇蝗属、华佛蝗属等仅知分布于滇中高原，有的属扩展到川西南或黔西南地区。本研究的特有分布区聚类分析也表明滇中高原应该作为一个独立的特有分布区看待（参看本书云南蝗总科昆虫地理区划内容，图 6-5）。

（二）二叠纪—第三纪冈瓦那古陆、劳亚古陆成分在川滇古陆交融阶段

该阶段有以下几次主要的地质历史事件：

A. 二叠纪时超级大陆——联合古陆形成，本土起源的川滇古陆物种有条件得以和冈瓦那古陆及劳亚古陆成分交流。但由于特提斯海相隔，交流的规模和程度可能是有限的，估计迁移能力较强的长翅类群在此期南迁北移。这是首次南北方物种的交流。但是一些类群，如瘤锥蝗科物种始终未能突破各种阻障广泛分布到北方大陆去。瘤锥蝗科的黄星蝗 *Aularches miliaris* 是一个十分古老的物种，广布于东洋界，克什米尔地区、西藏、四川一线为其分布的北限。北方古陆起源的一些类群，如癞蝗科和槌角蝗科，也可能由于生态和地理阻障抑或自身的迁移能力有限而未能到达南方古陆，甚至未能进入川滇古陆。

B. 晚二叠纪时，云南西部并中南半岛及马来西亚脱离冈瓦纳古陆，拼合于欧亚板块，为云南首次带来了全新的冈瓦那古陆成分，这是云南蝗总科区系成分变化的一次重要发展；此后经历了三叠纪、侏罗纪和白垩纪约 170 Ma 的漫长的物种交流、分化和发展过程，大部分的科在此期分化出来。云南和东洋界共有的绝大多数长翅型种类应为这一阶段交流演化的结果。另一次重要的发展出现在白垩纪中后期，西双版纳并中南半岛与中国古陆相连，从此再未被海水淹没（徐正会，2002）。西双版纳的东洋种中大约有 50% 为热带种，表明其热带区系特点（黄春梅，杨龙龙，1998）。许多属、种和中南半岛共有，使西双版纳和云南较低纬度地区具有了浓重的中南半岛成分色彩，如似橄蝗属、橄蝗属、大头蝗属、板角蝗属、蔗蝗属、庚蝗属、凸额蝗属、黑纹蝗属、点翅蝗属、黑背蝗属、细肩蝗属等。

C. 第三次大的成分交融发生在第三纪的始新世，印度板块与欧亚大陆相撞，并与云南、四川相连，印度大陆蝗总科物种和云南物种发生交流。这是川滇古陆成分最近一次与冈瓦那古陆成分发生交流，一些属，如阿萨姆蝗属、舟形蝗属（Ingrisch，2004）等可能在此期发生交流。

自二叠纪至第三纪间的这一漫长发展过程中，现今分布的广布属物种都有可能发生南迁北移的物种的交流。有的起源中心可能在非洲，如疣蝗属、剑角蝗属、异距蝗属、绿纹蝗属、车蝗属、棉蝗属、板胸蝗属、刺胸蝗属、梭蝗属等，它们向北发展进入了欧亚大陆；有的起源中心可能在东洋界，如稻蝗属、蔗蝗属、斑腿蝗属等，它们向西扩展进入了非洲，向北进入了古北界，向南进入了澳洲。但是，此期未见明显为古北区系起源的属、种向南发展进入东洋界、非洲界或澳洲界的，这是一个十分有趣的现象。

（三）第四纪物种分化和不同区系成分的融合阶段

第四纪开始的青藏高原隆起，云南西北高东南低的地貌态势形成；高山和大川形成明显的地理和生态阻障和多样的生境，生活在不同生境中的蝗虫种群间基因交流中断，基于奠基者效应，物种剧烈分化，形成了多个方向上的适应辐射。第四纪冰期来临，昆明—大理一线以北受到影响，自然环境由原来的中亚热带常绿阔叶林变成为温带偏湿润针阔叶混交林（周杰等，2007；刘东生等，1997），北方物种被迫南迁，间冰期时在较高海拔地区存留下来，原来的土著种或许因不能适应高海拔的寒冷气候从此灭绝，或许迁入较低海拔的河谷地段而得以保留，因此高海拔地段经历了这样一次全新的物种更换，成为云南境内区系形成最晚的地区；但横断山区南段、中段低海拔以及河谷地区避免了这种影响并成为避难所以及后来物种起源和分化的策源地。例如，云南已知的 9 种古北种均分布在滇西北 3 000 m 以上的高海拔地区，其中斑腿蝗科 3 属 3 种（点坷蝗 *Anepipodisma punctata*、中甸香格里拉蝗 *Xiangelilacris zhongdianensis*、香格里拉拟裸蝗 *Conophymacris xianggelilaensis*）、剑角蝗科 1 属 1 种（周氏

滇蝗 *Dianacris choui*）、网翅蝗科 3 属 5 种（中甸雪蝗 *Nivisacris zhongdianensis*、月亮湾缺背蝗 *Anaptygus yueliangwan*、林草雏蝗 *Chorthippus nemus*、异翅雏蝗 *Ch. anomopterus*、德钦雏蝗 *Ch. deqinensis*）。除雏蝗属和缺背蝗属外，其余 5 属为云南特有属或横断山区特有属，应为本土起源。推测这 3 种雏蝗的分布格局与第四纪冰川的活动有关，即在冰川来临时，北方起源的雏蝗属物种被迫向南退却到达了低纬度的滇西北，在间冰期适应于现生地的特有环境而保留至今。

　　西双版纳地区同样也受到青藏高原隆起的影响，整体高程较中南半岛有所抬升，成为一块地貌起伏不定的特殊陆块，由于受冰期的影响微弱，由冈瓦那古陆迁移来的蝗总科物种奠定了大部分属的基础，因此特有属并不多（仅有版纳蝗属、勐腊蝗属、华佛蝗属），但物种分化却十分强烈，形成了该地区众多的特有种，如云南橄蝗 *Tagasta yunnana*、思茅芋蝗 *Gesonula szemaoensis*、短翅板角蝗 *Oxytauchira brachyptera*、红角板角蝗 *O. ruficornis*、云南卵翅蝗 *Caryanda yunnana*、澜沧卵翅蝗 *C. lancangensis*、绿卵翅蝗 *C. virida*、黄条黑纹蝗 *Meltripata chloronema*、草绿异色蝗 *Dimeracris prasina*、版纳庚蝗 *Genimen bannanum*、小凸额蝗 *Traulia minuta*、斑腿黑背蝗 *Eyprepocnemis maculate*、勐腊束颈蝗 *Sphingonotus menglaensis*、短须卡蝗 *Carsula brachycerca*、版纳华佛蝗 *Sinophlaeoba bannaensis* 等 32 种。许升全等（2003）对中国南部斑腿蝗科四属的支序生物地理学研究表明，云南南部地区，即西双版纳地区较云南北部（包括云南中部和北部）分布区先形成。张红玉、Ou（2005）的研究认为，斑腿蝗科在中国西南的起源中心可能在西双版纳及其邻近区域。经以上分析可以看出，西双版纳是云南出露时间最晚的地区，其区系成分主要是沿袭了中南半岛成分及川滇古陆成分，并发生了种级阶元的剧烈分化，是云南许多现存特有种分化形成的集中地区；从古地理学证据上看，其区系渊源较早于滇西北地区，较晚于滇中高原地区。

　　下面将云南蝗总科昆虫区系起源和演化推论小结如下：

　　（1）云南蝗总科的区系起源主要在川滇黔古陆上展开，具有明显的本土起源性质，经历了三次大规模的与各种成分特别是冈瓦那古陆成分的交流，明显地带有了东洋区系（特别是中南半岛区系）和部分非洲区系成分性质，并在高海拔地区接纳了部分北方属、种。

　　（2）斑腿蝗科在中国西南的起源中心应该围绕着川滇古陆从未被海水淹没过的大理—昆明一带。横断山区南段、中段低海拔地区以及向东延伸的滇中高原一带是云南特有属、种起源和分化中心，在第四纪冰川时期又成为许多物种的避难所和间冰期物种分化发展的策源地，因而应与共同隶属川滇黔古陆的贵州、四川之间有密切的关系。

　　（3）西双版纳的区系成分主要是沿袭了中南半岛成分及川滇古陆成分，并发生了种级阶元的剧烈分化；西双版纳是云南许多现存特有种分化形成的集中地区，其区系渊源较早于滇西北地区，较晚于滇中高原地区。

三、云南蝗总科物种区系属性与毗邻地区的关系

　　为了与上述推论进行比照，下面就目前鉴定的云南 226 种蝗虫的区系属性进一步分析如下。通过考查云南与周边或毗邻地区蝗总科相似程度，可以在一定程度上提供我们认识它们之间渊源关系的一种途径，从而判断云南蝗总科区系的起源。

　　相似程度用相似性系数表征，采用以下相似性系数计算公式：

$$SQ = 2C/（A+B）\times 100\%，式中$$

C = 两个地区记录中的共有种数量；

A = 地区 A 记录中种的总数量；

B = 地区 B 记录中种的总数量；

SQ = 相似性系数（similarity quotient），其值越大说明它们之间的区系性质越相似。

结果见下表：

表4-1　云南和毗邻地区蝗总科物种相似性系数

（The similarity quotients of grasshoppers among Yunnan and its adjacent regions）

地区	1	2	3	4	5	6	7	8	9	10
种数	223	77	60	77	38	67	186	116	86	147
共有种数	38	13	33	36	19	10	25	48	51	67
SQ	0.1693	0.0858	0.2308	0.2376	0.1439	0.0683	0.1214	0.2807	0.3269	0.3592

注：1. 印度；2. 斯里兰卡；3. 缅甸；4. 泰国；5. 马来西亚；6. 菲律宾；7. 西藏；8. 四川；9. 贵州；10. 广西

由表4-1可知，与毗邻的国内其他省区的分布状况相比较，云南蝗总科种类与广西地区共布 67 种，相似性系数最大（SQ = 0.3592），说明其区系渊源关系最密切。两区同有较大面积处于北回归线附近，同属于华南区，两区间山峦平缓，阻障作用不明显，蝗虫之间经向的迁移和联系密切。但必须看到，两区共布的物种多为东洋区系性质的长翅种类。若与同属西南区的贵州、四川比较，共布物种分别为 51、48 种，相似性系数分别为 0.3269 和 0.2807，说明其区系渊源关系较密切，同时也应看到，一些短翅类型或特有类型的蝗虫在这 3 个地区都有部分或共同分布，如云南蝗属、拟裸蝗属、拟凹背蝗属、舟形蝗属、峨嵋蝗属、金沙蝗属等，这些特有类群的共布更能说明它们起源于川滇黔古陆的同源性。与西藏地区比较，共布物种为 25 种，相似性系数为 0.1214，说明西藏是云南毗邻的国内地区中区系渊源关系最远的地区，甚至较远于云南和印度之间的关系。在中国动物地理区划中（张荣祖、赵肯堂，1978），西藏仅以属于古北区系的青海藏南亚区与属于东洋区系的云南西南山地亚区毗邻，共布种成分极少；而西藏属于东洋区系性质的喜马拉雅亚区与云南并不直接相连，共布种也极少，区系渊源关系相对较远。

与毗邻或相邻的东洋界国外地区的蝗虫分布状况相比较，云南种类与印度、泰国、缅甸、马来西亚的共布种较多，分别为 38 种、36 种、33 种和 19 种，云南与这 4 个国家蝗总科物种相似性系数分别为 0.1693、0.2376、0.2308 和 0.1439，说明云南蝗虫与它们之间的区系渊源关系较云南与斯里兰卡（SQ = 0.0858）及菲律宾（SQ = 0.0683）之间的关系密切。虽然印度与云南共有物种数达 38 种，超过泰国和缅甸，但不同物种数也多，相似性系数仅为 0.1693，不及云南与泰国和缅甸之间的相似性系数大，相对泰国和缅甸而言，印度与云南之间区系关系较远。从统计的结果看，马来西亚和云南之间区系关系（SQ = 0.1439）较近于云南和斯里兰卡（SQ = 0.0858）以及云南和菲律宾（SQ = 0.0683）之间的区系关系；尽管如此，这三个地区和云南之间的区系关系仍不十分确定，随着调查的深入，其结论也许会有改变。

值得注意的是，从不同类群得到的区系渊源关系可能是矛盾的，综合考查不同类群的生物学特性和地质历史过程显得十分必要。桂富荣、杨莲芳（2000）通过比较认为云南毛翅目昆虫区系成分与同处东洋界的印度、缅甸最近。进一步分析指出云南与印缅大陆有较久远的渊源关系，印度、缅甸与云南省的西部共同处于喜马拉雅山南坡，中间无大的山脉相隔，气候受喜马拉雅南翼印度阿萨姆降雨中心的影响较大，故区系间生物学联系较为密切。我们认为毛翅目的分布受水系的影响较大，云南、阿萨姆和缅甸大陆均被同属于横断山水系的萨尔温江穿过，毛翅目区系较相似是可以理解的。缅甸北部与云南西南部接壤，共同起源于冈瓦那古陆，蝗虫区系成分较相似是容易理解的；而印度现今并未与云南直接接壤，受蝗虫地带性分布规律的支配，其区系渊源关系相对较远。

从以上分析可知，云南蝗总科区系渊源关系与毗邻或相邻地区的密切程度由大到小的排列是：广西＞贵州＞四川＞泰国＞缅甸＞印度＞马来西亚＞西藏＞斯里兰卡＞菲律宾，在起源上与广西、贵州、四川、泰国及缅甸的同源性较大，基本符合上述关于云南蝗总科昆虫区系起源和演化的推论。但必须看到，以上这些地区和云南之间的共布种主要是长翅型的东洋界广布种和跨界广布种。如果从共布的短翅类群的多少来看，云南和贵州、四川之间的渊源关系更为密切。整体来看，云南蝗总科区系主要是川滇古陆本土起源的特有属、种，其次融合了较多中南半岛的东洋区系成分和少数非洲区系起源成分，高海拔地区接纳了少数古北区系成分。

四、云南蝗总科物种起源与进化实例

（一）推测为冈瓦那古陆起源的类群

黄星蝗属 *Aularches* 的分布格局：该属仅有黄星蝗 *A. miliaris* 1 种。黄星蝗广泛分布于云南的大理、宾川、漾濞、巍山、下关、云龙、弥渡、祥云、永胜、华坪、石林、宜良、昆明、姚安、普洱、景东、墨江、澜沧、潞西、耿马、景洪、勐腊、勐海等地区；国内尚分布于西藏、四川、贵州、广西、广东、海南，仅华中区未见分布；国外分布于马来西亚、安德曼群岛、印度尼西亚、泰国、越南、老挝、缅甸、斯里兰卡、孟加拉国、印度、尼泊尔、克什米尔地区及巴基斯坦。从分布范围上看，该种基本为东洋界广布，然在中国境内仅见于华南区和西南区的一部分，在云南省范围内也主要沿北纬 23°线以南呈明显的岛状间断分布，通常种群数量较少；在滇西北横断山区主要沿着低热河谷向北呈锯齿状分布；食性杂，取食植物达 50 多种，虽是长翅种类，但迁移能力不强，被认为是较古老的物种之一。可见黄星蝗是适应热带环境的物种，克什米尔—四川—贵州一线为其分布的北缘。推测黄星蝗应该是冈瓦那古陆古印度板块起源的物种，随着冈瓦那古陆的分离而分散到现存的各东洋界陆块，由于扩散能力弱而未能进入非洲；中国境内云南至华南一侧的黄星蝗是随着中南半岛与欧亚大陆合并后，经由云南、广西向北扩散的至贵州、四川一线。至于西藏的黄星蝗应该是随印度板块与欧亚大陆相撞而进入的，因此其进入西藏的时间应较晚于进入滇西南和滇南的时间。两个方向的种群在形态学上也有差异，以至于 Kevan（1972）曾把分布于西藏南部、印度、克什米尔地区、尼泊尔的黄星蝗定为另一亚种——伪黑瘤黄星蝗 *A. miliaris pseudopunctatus* Kevan，1972。

庚蝗属 *Genimen* 的分布格局（图 4-1）：庚蝗属目前已知 9 种，其中中国和印度各分布有 4 种，缅甸分布有 2 种，斯里兰卡分布有 1 种。缅甸庚蝗和云南庚蝗共同分布于缅甸和云南，是分布较广的种类，其余 7 种目前已知呈岛状间断分布。根据古地质资料，在晚二叠纪云南西部、东南亚、马来西亚及苏门答腊等共同组成完整的一个陆块，隶属于冈瓦那古陆的一部分，位于南半球近南纬30°附近。至古新世，该陆块向北漂移至0°以北；在第三纪渐新世与中国大陆块接合（Burrett *et al.*，1991）。鉴于庚蝗属物种全部为无翅种类，迁移扩散能力极弱的原因，根据图4-1所示的分布格局，不难推想庚蝗属祖先种至少在冈瓦那联合古陆时期就已经存在，现今发现的各分布区应该一直以来就有其祖先的不同种群抑或不同亚种存在，并随各陆块的分离而分开，相隔遥远的类群之间自然不能进行基因交流，即使同一分布区的不同种群之间也因生态小境的不同及物种迁移能力的局限而中断基因交流，并各自独立地分化发展。

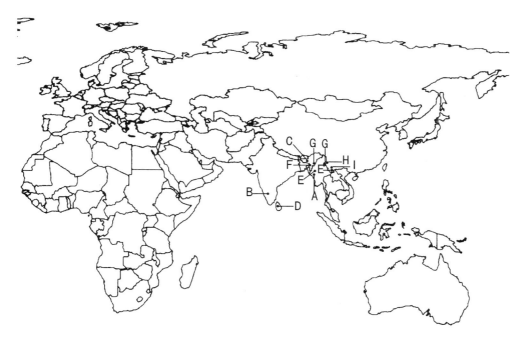

图4-1　庚蝗属点分布格局（The distribution pattern of *Genimen*）

A. *G. victoriae*；B. *G. prasinum*；C. *G. lailad*；D. *G. ceylonicum*；E. 缅甸庚蝗 *G. burmanum*；F. *G. amarpur*；

G. 云南庚蝗 *G. yunnanensis*；H. 郑氏庚蝗 *G. zhengi* sp. nov.；I. 版纳庚蝗 *G. bannanum* sp. nov.

卵翅蝗属 *Caryanda* 在云南的分布格局（图4-2）：卵翅蝗属是一个多型属，全世界目前已知约65种，分布于中国、印度、不丹、中南半岛、马来西亚、新几内亚、印度尼西亚和菲律宾，1种分布于中非，少数种分布于澳大利亚。中国已知约50种。云南已知21种，占我国该属物种数的约1/2，其中19种分布于华南（滇南）区，2种分别分布于西南区的保山和南涧无量山；此外，广西9种，四川7种，湖南7种，广东、福建、湖北和浙江各2种，西藏、安徽各1种。在我国，华南区（包括滇南）分布有32种，占我国该属已知种数的一半以上。卵翅蝗属物种在云南的分布十分有特点，一般仅呈现北纬23°线以南的北热带—南亚热带地区的经向分布，并以此带过渡到广西，沿我国的华南区向西、向北扩展，似乎绕过了滇中、滇东北地区，安徽是我国卵翅蝗属物种分布的北限。从以上分布状况可知，卵翅蝗属是典型的东洋区系成分，尽管有少数物种分布于澳洲和中非；中国华南区是卵翅蝗属分布中心和分化的热点地区。卵翅蝗属物种全部是鳞翅型种类，已散失飞行能力，故扩散能力有限；主要为绿体色，色斑变化显著，与斑驳的生境匹配。这些变化繁杂的色斑能混淆捕食者的辨识，从而使蝗虫能有效减少捕食者的捕食，提高生存机会，是对生境的很好的适应。它

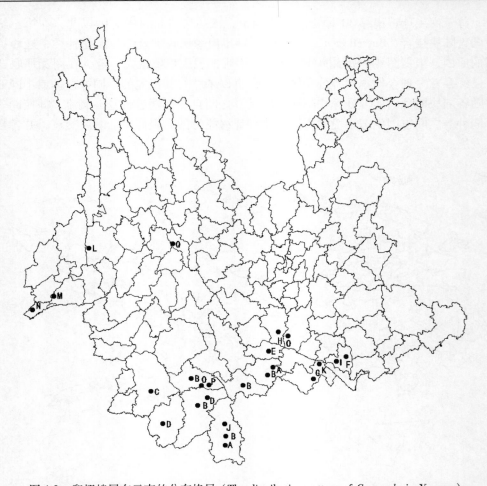

图 4-2　卵翅蝗属在云南的分布格局（The distribution pattern of *Caryanda* in Yunnan）

a. 云南卵翅蝗 *C. yunnana*；B. 小卵翅蝗 *C. neoelegans*；C. 澜沧卵翅蝗 *C. lancangensis*；D. 绿卵翅蝗 *C. virida*；E. 拟绿卵翅蝗 *C. viridoides* sp. nov.；F. 马关卵翅蝗 *C. maguanensis*, sp. nov.；G. 金平卵翅蝗 *C. jinpingensis*, sp. nov.；H. 黑刺卵翅蝗 *C. nigrospina*, sp. nov.；I. 金黄卵翅蝗 *C. aurata*；J. 红股卵翅蝗 *C. rufofemorata*；K. 彩色卵翅蝗 *C. colourfula*, sp. nov.；L. 方板卵翅蝗 *C. quadrata*；M. 德宏卵翅蝗 *C. dehongensis*；N. 印氏卵翅蝗 *C. yini*；O. 尾齿卵翅蝗 *C. dentata*；P. 白斑卵翅蝗 *C. albomaculata*；Q. 大尾须卵翅蝗 *C. macrocercusa*

们主要生活于热带、亚热带半阴半湿的常绿阔叶林下草丛或亚热带灌草丛，主要以单子叶植物为食，对生境的选择有较高要求。鉴于东洋界印度次大陆、印马亚界也有该属物种的分布，同时少数物种分布于澳洲界和非洲界的状况，可以推测卵翅蝗属是南方古大陆起源的类群，在冈瓦那古陆分离前，其祖先就已存在，并随古大陆的漂移而分离到各陆块，再在各自的陆块上分化发展直至现存的分布格局。至于此属物种何以在滇中、滇东北地区无分布，而在四川地区又存在呢？推测最可能的原因是青藏高原隆起的结果导致现今的分布格局。或许卵翅蝗属物种在青藏高原隆起前的分布范围可能就已经到达或越过四川地区，第四纪青藏高原隆起使得川西、滇中、滇西北地区明显抬升，气候变冷，再加上冰期的来临更加剧了气候的进一步变冷，生存于这些地区的卵翅蝗逐渐退缩甚至灭绝。

图4-3 板角蝗属在云南的分布格局（The distribution pattern of *Oxytauchira* ）

A. 曙黄板角蝗 *O. aurora*；B. 无斑板角蝗 *O. amaculata* sp. nov. ；C. 云南板角蝗 *O. ynnnana*；D. 突缘板角蝗 *O. flange* sp. nov. ；E. 短翅板角蝗 *O. brachyptera*；F. 小板角蝗 *O. oxyelegans*；G. 红角板角蝗 *O. ruficornis*；H. 伴曙板角蝗 *O. paraurora* sp. nov.

（二）推测为中南半岛—华南区起源的类群

板角蝗属 *Oxytauchira* 的分布格局（图4-3）：已知15种[包括原记载的8种、本文记述的3新种及因板齿蝗属 *Sinstauchira* Zheng，1981 的并入产生的4种新组合，另2种瑶山板齿蝗 *S. yaoshanensis* Li，1987 及胡氏板齿蝗 *S. hui* Li *et al.*，1995 被认为应该移出（牛瑶，2007）]，主要分布云南、海南，以及印度、印度尼西亚、马来西亚、爪哇、泰国、缅甸等。从调查的结果看，短翅板角蝗基本上沿北纬22°~23°经向分布于景洪、勐腊、普洱、金平、绿春一线；红角板角蝗沿北纬22°~24°纬向分布于西双版纳、景东；曙黄板角蝗模式产地为缅甸，纬向分布于瑞丽，止于盈江、梁河一线；其余种类都呈点状分布。该属物种喜栖居于热带、亚热带的高温多湿的气候环境，尽管 *O. jaintia* 分布的阿萨姆地区纬度较高，但仍然是典型的季风亚热带森林气候。无斑板角蝗分布于腾冲高黎贡山，是中国境内分布最靠北的种类。板角蝗属物种虽多数是长翅型种类，但飞行能力不强，仅能作短距离飞行。该属物种主要集中分布于以中南半岛为中心的华南（滇南）及东南亚地区，这些地区应该是该属物种的起源和分化地，随着调查的深入中南半岛应该还会有新的物种发现。

（三）推测为横断山地区起源的类群

云南蝗属 *Yunnanites* 的分布格局（图4-4）：如前所述，横断山区应是云南蝗亚科和澜沧蝗亚科的起源中心。云南蝗亚科已知2属，其中之一的云南蝗属包括3个物种：白边云南蝗 *Y. albomargina* 狭隘地分布于横断山区碧罗雪山山麓的兰坪营盘；郑氏云南蝗 *Y. zhengi* 仅知分布于香格里拉的三坝海拔2 400 m和宁蒗泸沽湖畔海拔2 670 m的地段；革衣云南蝗 *Y. coriacea* 分布较广，见于云南的大理、下关、洱源、巍山、漾濞、祥云、丽江、兰坪、南华、楚雄、禄丰、昆明、安宁、景东、墨江、景洪、呈贡、晋宁、富民、石林、会泽、昭通、宣威、师宗，国内尚分布于贵州的水城及威宁和四川的峨嵋及宜宾。云南蝗属是横断山区本土起源的代表。从分化的物种数量和各地得到的革衣云南蝗的形态差异上看，该属物种具有较高的遗传保守性。云南蝗属物种体型粗胖，行动笨拙，翅退化为鳞翅，其扩散能力是很弱的。然而革衣云南蝗可以从种群群密度较高的大理、下关、洱源一带向东、南方向分布，止于贵州的水城和威宁（海拔2 237 m），向北至于四川峨嵋一线。推断该属物种所呈现出的这种分布格局，至少可以追溯到第四纪川滇黔高原面解体前的某个时期。

图4-4　云南蝗属的分布格局（The distribution pattern of *Yunnanites*）

A. 郑氏云南蝗 *Y. zhengi*；B. 革衣云南蝗 *Y. coriacea*；C. 白边云南蝗 *Y. albomargina*

龙川蝗属 *Longchuanacris* 的分布格局（图4-5）：龙川蝗属自1989年建立以来一直是单型属，本次调查后增至5种。二齿龙川蝗 *L. bidentatus* 的模式产地是位于中缅边境上中国泸水县的岗房，在距岗房约12 km的片马首次采到了本种的雄性。绿龙川蝗 *L. viridus* 采集地分别位于相隔不远的保山、云龙和大理，在保山采集点和方板卵翅蝗混生。巨尾片龙川蝗

L. macrofurculus、叉尾龙川蝗 *L. bilobatu* 和曲尾龙川蝗 *L. curvifurculus* 分别分布在瑞丽、梁河和高黎贡山的局部地区，呈岛状间断分布。本属 5 种都为特化的鳞翅型种类，不能飞行，扩散能力十分有限，它们狭隘分布于靠近中缅边境的滇西南一隅，成为物种分化现象明显的一个典型类群之一，猜测横断山区南部末端龙川江流域的中缅边境一带为该属起源和分化中心。中缅边境山水相连，阻障有限，缅甸一侧或许会有本属物种的存在。

图 4-5　龙川蝗属的分布格局（The distribution pattern of *Longchuanacris*）

A. 二齿龙川蝗 *L. bidentatus*；B. 巨尾片龙川蝗 *L. macrofurculus*；C. 叉尾龙川蝗 *L. bilobatus*；D. 曲尾龙川蝗 *L. curvifurculus*；E. 绿龙川蝗 *L. viridus*

（四）推测为西南区起源的类群

舟形蝗属 *Lemba* 的分布格局：已知有 7 种，分布在中国西南区和印度阿萨姆地区。云南已知 3 种，全部分布于滇东北地区，即绿胫舟形蝗 *L. viriditibia* 分布于东川和会泽，大关舟形蝗 *L. daguanensis* 分布于大关，云南舟形蝗 *L. yunnana* 分布于盐津和永善。中华舟形蝗 *L. sinensis* 分布于宜宾；四川舟形蝗 *L. sichuanensis* 分布于宁南；叉尾舟形蝗 *L. bituberculata* 分布于重庆奉节，是目前确知分布最靠北的种。*L. motinagar* Ingrisch *et al.* 2004 分布于印度阿萨姆地区，但是该种体型偏小，前胸背板后缘具钝角形凹口，前翅较中国所有种狭小，仅覆盖鼓膜孔，是否隶于该属，尚值得商榷。该属物种均属鳞状翅或小翅型种类，迁移和扩散能力有限，在中国它们主要集中分布于滇东北及其毗邻的川东南地区，主要沿金沙江或长江的走向分布，是起源于我国西南山地亚区的典型类群，滇东北及川东南地区应被认为是该属物种起源和分化的中心。

拟凹背蝗属 *Pseudoptygonotus* 的分布格局（图4-6）：拟凹背蝗属是中国特有属，因前胸背板后缘凹入，中侧隆线明显；前胸腹板突横片状；鳞状翅和后足股节下膝侧片非锐刺状等特征被独立为拟凹背蝗亚科（李鸿昌，夏凯龄等，2006）。该属目前已知9种，均无飞行能力，其中3种分布于四川西南的喜德、会理和攀枝花，其余5种分布于云南的滇西、滇中，只有蓝胫拟凹背蝗1种分布于滇东南，是分布最靠东南的类群。在我国动物地理区划中，所有9种皆属于西南区西南山地亚区，其中高山拟凹背蝗分布于点苍山和兰坪金顶3 000 m 左右的高山草甸地带，蓝胫拟凹背蝗分布于文山1 500 m 左右的丘陵地带，其余7种分布于中山地带。该属为我国西南区起源和分化的典型代表，其历史至少可上溯到第四纪川滇黔高原面解体以前，横断山区可能是该属的起源中心。

图4-6　拟凹背蝗属的分布格局（The distribution pattern of *Pseudoptygonotus*）

A. 突缘拟凹背蝗 *P. prominemarginis*；B. 无齿拟凹背蝗 *P. adentatus*；C. 高山拟凹背蝗 *P. alpinus* sp. nov.；D. 蓝胫拟凹背蝗 *P. cyanipus* comb. nov.；E. 昆明拟凹背蝗 *P. kunmingensis*；F. 贡山拟凹背蝗 *P. gongshanensis*；G. 凉山拟凹背蝗 *P. liangshanensis*；H. 金沙拟凹背蝗 *P. jinshaensis*；I. 相岭拟凹背蝗 *P. xianglingensis*

拟裸蝗属 *Conophymacris* 的分布格局（图4-7）：已知9种，分布于中国西南部，云南省分布有6种，四川有4种。四川拟裸蝗 *C. szechwanensis* 分布于峨嵋山，绿拟裸蝗 *C. viridis* 分布于四川昭觉，中华拟裸蝗 *C. chinensis* 沿昆明—会泽—重庆一线分布，是分布最靠东的种类；云南拟裸蝗 *C. yunnanensis* 集中分布于滇东南地区的个旧、师宗、文山和马关一带；锥尾拟裸蝗 *C. conicerca*、苍山拟裸蝗 *C. cangshanensis*、黑股拟裸蝗 *C. nigrofemora*、香格里拉拟裸蝗 *C. xianggelilaensis* 和九龙拟裸蝗 *C. jiulongensis* 是典型的横断山区种类，前者狭窄地分布于保山地区，后者分布于四川九龙，其余4种分布区在丽江、香格里拉重叠，只是苍山拟裸蝗的分布区较偏南，至点苍山和大姚一带，黑股拟裸蝗局限分布于盐源和香格里拉一带。从物种的分布范围可以看出，拟裸蝗属是典型的西南区—西南山地亚区类群，全部是鳞状翅种类，迁移扩散能力有限；可以推想，在青藏高原隆起前，其祖先种在川滇古陆准平原上就大致呈现现在的分布格局，青藏高原隆起后形成的阻障，使各地分布的原始种群基于奠基者作用而各自独立进化，最终由于缺乏基因交流而分化成目前的9种分布样式。

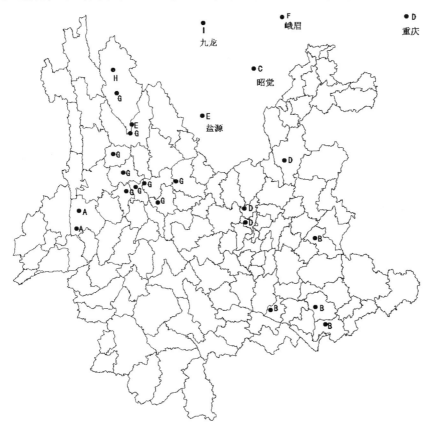

图4-7　拟裸蝗属的分布格局（The distribution pattern of *Conophymacris*）

A. 锥尾拟裸蝗 *C. conicerca*；B. 云南拟裸蝗 *C. yunnanensis*；C. 绿拟裸蝗 *C. viridis*；D. 中华拟裸蝗 *C. chinensis*；E. 黑股拟裸蝗 *C. nigrofemora*；F. 四川拟裸蝗 *C. szechwanensis*；G. 苍山拟裸蝗 *C. cangshanensis*；H. 香格里拉拟裸蝗 *C. xianggelilaensis*；I. 九龙拟裸蝗 *C. jiulongensis*

（五）推测为华南区起源的类群

龙州蝗属 *Longzhouacris* 的分布格局：龙州蝗属现已知7种，其中6种分布于广西，1种分布于海南，云南分布有1种。该属物种全部为鳞状翅型种类，迁移和扩散能力有限，在各分布点明显呈岛状间断分布。云南分布的长翅龙州蝗的分布地为目前已知该属分布的最西界，海南分布的海南龙州蝗的分布地为该属分布的最东界。广西—海南是龙州蝗属物种起源和分化中心。

蛙蝗属 *Ranacris* 的分布格局：蛙蝗属目前仅知 2 种，分布于广西凭祥和云南金平分水岭。该属为无翅类型，迁移和扩散能力有限，基于目前的分布格局，可以认为华南区是蛙蝗属的起源和分布中心。

（六）推测为华中区起源的类群

蹦蝗属 *Sinopodisma* 的分布格局：蹦蝗属目前已知 28 种（包括本文记述的 2 新种），除 1 种分布于日本外（古北种），其余 27 种皆分布于我国秦岭以南及台湾岛。分布最密集的几个省份是湖南（7 种）、台湾（5 种）、贵州（4 种），其他省份的分布情况是广东、浙江、湖北、安徽、云南各 3 种；广西、江西、福建、河南、陕西、四川各 2 种；江苏 1 种。从记述的采集信息看，27 种蹦蝗都分布于秦岭以南，故主要是东洋区系成分，华中区—华南区可能是该属物种的起源和分化中心。围绕此中心，形成较晚的物种可向北扩散至河南、安徽一带，向西至陕西，向东至福建、广东和广西一带，向南至云南中西部地区。同时可以推测，蹦蝗属种类的分布格局形成时间应早于台湾省和日本岛屿的形成年代，或者日本蹦蝗可能通过其他中间媒介传入日本后分化形成（王文强等，2004）。

（七）推测为古北界起源的类群

缺背蝗属 *Anaptygus* 的分布格局：已知 8 种，1 种分布于印度北部 Tehri Garhwal 地区，其余 7 种分布于中国西部和西南部。青海缺背蝗 *A. qinghaiensis* 和具尾缺背蝗 *A. furculus* 分别分布于青海的泽库和循化，尤氏缺背蝗 *A. uvarovi* 分布于四川泸定。云南已知 4 种，红胫缺背蝗 *A. rufitibialus* 分布于大理苍山、长翅缺背蝗 *A. longipennis* 分布于剑川老君山和鹤庆马耳山、玉龙缺背蝗 *A. yulongensis* 分布于丽江玉龙雪山、月亮湾缺背蝗 *A. yueliangwan* 分布于德钦月亮湾。缺背蝗属物种前翅为鳞状翅，迁移和扩散能力弱，在各采集点间明显呈岛状间断分布。在云南分布的 4 种全部为低纬度的高山种类，生活于高山草甸或林窗低草丛，明显带有北方寒温带气候的区系性质。可以推想，在上新世中晚期喜马拉雅山脉隆起以前，该属蝗虫的祖先种即在青海及西藏一带发生，并且前翅已经退化成鳞状翅，其分布的南限可能至现在横断山脉的南缘，西限至西藏板块的西缘。新生代第三纪的始新世，印度板块在西藏南部与亚洲相撞，形成欧亚次大陆，印度分布的 *A. rectus* 应该在此时从西藏西缘短距离迁入印度和西藏接壤地区。至上新世末至第四纪初，青藏高原大幅度抬升，并在西藏和印度之间形成高耸的喜马拉雅山脉，在 Tehri Garhwal 和西藏大陆之间形成阻障。第 4 纪冰川来临时，曾一度分布西藏大陆的该属物种可能因不具备迁移能力而消亡，仅在一些地区残存下来（如分布青海泽库的青海缺背蝗）。至于四川和云南分布的 5 个物种，因处在低纬度高海拔地区，冰期来临时可被迫向低海拔地区退却，而在间冰期仅需短距离地向较高海拔地区迁移即可出现适宜的生存环境，从而能够成功生存至今。

雏蝗属 *Chorthippus* 的分布格局：雏蝗属是一个大属，全世界已知约 200 种（亚种），我国已知 111 种，云南已知 2 亚属 8 种。雏蝗属主要是劳亚古陆起源的北方区系成分，广泛分布于古北界的欧洲和亚洲、新北界的美洲，一些种类分布于非洲等地，少数种类分布于东洋界，绝大部分为狭布型种类。云南已知的 8 种中，玉案山雏蝗 *Ch. yuanshanensis* 和雪山雏蝗 *Ch. xueshanensis* 的翅相对较发达，分布范围稍广。前者分布于滇东北地区，向南至滇中的昆明；后者分布于兰坪至香格里拉一带，并延伸至四川盐源；其余 6 种皆为短翅或鳞状翅类型，一般分布于北纬 24°线以北的 3 000 m 以上的高山地带。不难推测，云南的雏蝗属物种的分布格局与第四纪冰川的活动有关，即在冰川来临时，北方起源的雏蝗属物种被迫向南退却到达了低纬度的滇西北、滇东北地区，至多到达滇中地区的昆明一带，在间冰期冰川消退时，这些物种或其祖先要么向北回撤，要么适应于现生地较高海拔的特殊环境而保留至今。贡山雏蝗 *gongshanensis* 已经适应较低海拔（1 000 m）的干热河谷环境，成为适应于较热环境的类群。

五、区系的变化发展趋势

如前所述，在自然状态下生境的多样性和蝗虫物种的多样性呈正相关关系。然而，随着人们需求的不断增长，人类向自然的索求欲望和对环境的干预能力达到了空前增长的程度。在云南的众多地区，人类活动的结果极大地改变了原有生境状况，经济林或次生林代替了原生植被，除自然保护区外原始的生态环境仅在一些不便开发的地区得以保留。生境破碎化加剧了地理隔离和生态隔离，对于短翅和鳞状翅的狭布种蝗虫来说，这种非自然的地理隔离使得种群间基因交流中断，遗传多样性降低，在环境急剧变化的选择压力下，更加容易加速灭绝。

云南蝗总科区系的变化由于生境进一步破碎，狭布种灭绝速度加快；由于森林毁坏，植被单调，广布种泛化分布。

生境破碎是导致小群体产生的主要原因。对小群体而言，环境随机性、边缘效应使得局部灭绝的概率提高，小种群间的隔离使得再定居和交配的概率降低，加速了小种群的灭绝速度。有人研究表明迁徙能力差的两栖类和爬行类及无处迁徙的岛屿生物容易灭绝（万冬梅等，2006）。因此可以推想对于特有种（绝大多数特有种为分布狭窄的鳞状翅型和短翅型种类）分布密集的云南来说，生境破碎极有可能导致一些特有种的灭绝，这对于生物多样性保护是不利的。

云南省森林覆盖率 2004 年接近 50%，并以每年递增 1% 的速度增长（新华社 2004 年 05月 11 日），在全国名列前茅。但原生林在 20 世纪六、七十年代遭受严重的毁坏。滇中一带的祥云、宾川、弥渡、楚雄、南华、牟定、姚安、大姚、永仁、元谋、武定、禄丰、昆明、晋宁、安宁、富民、宜良、嵩明、宣威、马龙、富源、罗平、师宗等县市的许多山岳曾一度成为光山秃岭，自 20 世纪八十年代后经大面积的飞播造林，许多地方的森林又开始生长起来，但主要以云南松林为主。调查中我们目睹了梁河、盈江、腾冲一带许多原始森林被砍伐，代之以单调的杉树林。在这些茂密的杉树林中物种多样性十分匮乏，原有的生态结构被破坏，食物链中断，生态系统处于十分脆弱境地；森林抵御病虫害的能力很低。云南省每年用于森林病虫害的防治费用急速增长。

人口的增长是森林利用变化最直接和最主要的驱动因子，例如西双版纳 1976 年人口约50 万，至 2005 年猛增到约 90 万，增长了近 1.8 倍，有林地面积从 1976 年的 69.0% 下降到2007 年的 43.6%；而橡胶园从 1976 年的 1.3% 增加至 2007 年的 11.8%，31 年间增长了 9.1倍（李增加，2007）。近几十年来，由于人口的增长和经济的发展，西双版纳的森林植被在不断地减少，取而代之的是农用地、种植园、道路等人工景观。据李增加（2007）的研究表明，热带季雨林自 1976 年来减少了 67%，且被大面积的橡胶林替代，45% 的橡胶林来源于热带季雨林。两个总面积2691.7 km² 的国家级自然保护区被这些人为景观分割成8片，保护区中生物的基因交流被阻断，长期下去对保护区生物多样性的持续保护是极为不利的。如果不改变现存的日显造成严重生态后果的生产方式，不加大对原生自然环境的保护力度，在可以预见的将来，云南自然生态环境将在人类的干预下进一步破碎化。

黄春梅等(1998)的研究表明，西双版纳随着雨林的垦伐和生境的变化，物种成分正在发生明显的变化。不仅物种数量逐渐下降，而且东洋界物种成分减少，广布种成分增加，特有的物种也因生境的单调化而减少甚至消失。我们在2004、2006和2007年的3次调查结果也支持上述结论。例如2007年11月对勐腊县的龙林橡胶林、农田以及相隔约13 km的南贡山自然保护区3个样地采集结果如表3-5。结果表明，农田和橡胶林蝗虫物种数相对较少；农田中的蝗虫物种全部为长翅型种类，仅有2种特有种，占28.6%；橡胶林内有3种特有种，占33.3%；南贡山无广布种分布，特有种较多，所占比例较高，达46.2%。可以推测，随着全球气温增加，热带物种将有可能逐渐向北推移。根据物种发生中心学说，老种居于发生中心，越进化的种类一般位于边缘地带。包括西双版纳在内的云南南部地区已经处于热带的边缘，属于北热带，其边缘性应给予足够的重视。因为这样的热带生态地理动物群，恰恰处于最脆弱的部位，极容易因生态环境的破坏而灭绝，所以要特别保护好动物赖以生存繁衍的环境。

表4-5 西双版纳不同生境蝗总科区系对照

(Comparison of faunistic components among different habitats in Xishuangbanna region)

生境	总种数	东洋种	广布种	特有种	特有种所占比例
南贡山	13	13	0	6	46.2%
橡胶林	9	8	1	3	33.3%
农田	7	5	2	2	28.6%

云南蝗总科物种的适应与进化

适应（adaptation）是生物的形态结构和生理机能与其赖以生存的一定环境条件相适合的现象（沈银柱等，2002）；是生物的变异性在自然选择作用下的结果，是生物进化的标志。适应有两方面的含义：一是生物各层次结构与相关功能相适应；二是这些功能有利于生物在一定环境条件下的生存繁衍（颜忠诚，2000）；也有人认为适应既可表现为一个过程，也可以是一种结果（李难，1990）。适应的表现是多方面的，有形态的、生理的、行为的和生态的适应，其机制十分复杂。

进化（evolution）是生物适应环境的表现，是自然选择的结果。对一种生物来说，进化表现为在形态、生理、行为和生态等方面的适应，即为物种进化；若以高级阶元为研究对象来探讨进化，则为物类的宏观进化。宏观进化有多种形式，如复式进化（aromorphosis）、退化（degeneration）、适应辐射（radiation）、趋同进化（convergence）等等。复式进化是生物从低等到高等的进化。退化也称简化，如蝗虫翅和鼓膜器的退化等。趋同进化是指对生活在同一环境中的亲缘关系疏远的不同生物类群表现出的相似的适应现象。

蝗虫是起源较早的昆虫类群，在长期的进化过程中以不同的机制形成了形形色色的适应现象，即适应辐射，成为地球上分布最广的类群之一。全球除南极洲、欧亚大陆北纬55°以北地区以外，均有蝗虫的分布；由于它们栖居的生境极为多样，几乎凡是有植物生存分布的地方，都会有蝗虫的存在（陈永林，2001），并且不同程度地以复式、退化、辐射、趋同等进化方式发生发展着。特别地，正如陈永林（2001）指出的那样，不同分类地位的蝗虫由于长期栖居在某一生境内，它们发生着生态学的、生理学的、形态学的以及遗传学的相似的适应性（趋同进化），使其自身演化与生境演化发生同步或协同进化的趋向。对云南蝗总科不同阶元适应适应现象的揭示和适应机制的探讨，有助于认识云南蝗总科昆虫的进化规律。

一、云南蝗虫的生活型

生活型（life form）和趋同进化的概念是与生态型（ecotype）和趋异进化伴生的。生态型指的是同一物种的不同种群分布在不同生境中，趋异适应而产生形态上、生理上的差异，这种差异是可以遗传的，所以生态型是物种对特殊生境发生遗传型反应而形成的产物。一般认为种内的生态型之间可交配繁殖，但由于生态障碍而阻止了基因交流。颜忠诚（2001）认为生态型的形成与物种扩散有关，扩散的中心和边缘存在环境条件的差异，并首先影响生物的生理特点的不同，最终表现在形态上；同时认为由于动物是可移动的，故观察动物在生态型上的分化，需要在比较大的地理幅度范围中才能进行。

生活在同一环境中所有种的生态型，通常都表现出某些共同适应的特征，使这些亲缘关系或近或远的物种在外貌上及内部生理上表现出一致性或相似性，共同组成了其适生环境的生活型。这种趋同适应的结果使生物在进化过程中以相似的方式适应相似的环境（趋同进化）。

有关文献报道 Uvarov 最早于1938年对蝗总科生活型进行研究；Morse 在1904年把蝗虫分为喜地种类和喜植种类2个主要类群（颜忠诚，2001）。Uvarov（1977）根据蝗虫的一般形态及生活习性将蝗虫生活型分为五大类，即地栖类（terricoles）、水栖类（aquaticoles）、树栖类（arborocoles）、草栖类（herbicoles）和禾栖类（gram inicoles），同时还区分出了它们之间的亚型。陈永林（1981）把新疆蝗虫按荒漠地带、荒漠草原地带、山地草原地带、亚高山及高山草甸、盆地河谷滨湖沼泽草甸地带等进行生活型的划分。

本文参考 Uvarov 及陈永林的划分方法，结合云南自然地理实际，同时考虑到云南无典型的水栖类，将云南蝗总科种类划分成 4 类，即地栖类、树栖类、草栖类和禾栖类。

（一）地栖类

主要栖居于地表活动，典型代表如塔达刺胸蝗、印度黄脊蝗、日本黄脊蝗、四川凸额蝗、小凸额蝗、红翅踵蝗、黄翅踵蝗、黄股车蝗、绿纹蝗、方异距蝗、红胫平顶蝗、疣蝗、长翅束颈蝗、云南束颈蝗、长角佛蝗、僧帽佛蝗等。地栖类蝗虫最主要的形态特点是虫体体色与地表颜色相仿（图版Ⅷ：6），前、后翅发达，善飞，活动敏捷，遇惊扰迅速作短距离飞行逃避。该类蝗虫常见于干旱高温的裸露地表，如河滩露地、思茅松林或云南松林林缘、林灌间陡坡露地等。

（二）树栖类

主要栖居于部分乔木、灌木及攀缘或藤本植物上活动，但栖居的树木通常都不高，有时也可见于地面活动。主要代表有黄星蝗、三斑阿萨姆蝗、二齿阿萨姆蝗、绿胸斑蝗、红褐斑腿蝗、短角外斑腿蝗、斑腿黑背蝗、紫胫长夹蝗等。树栖类蝗虫前、后翅发达，善飞，体色丰富，活动敏捷，受惊扰时常迅速飞离，躲藏于灌木之间，颇难采集，种类不多。

（三）草栖类

主要栖居于中低海拔地段林、灌下或林窗、林缘草丛和高海拔地段高山或亚高山草甸。进一步分析又可将中低海拔地段的草栖类分为三种亚型：

1. 北热带干热草丛亚型

常见物种有曲尾似橄蝗、印度橄蝗、云南负蝗、长翅大头蝗、细尾梭蝗、长翅板胸蝗、长翅华蝗、秉汉斜翅蝗等。该亚型多数为长翅型种类，平时没于草丛中或静伏于草体上，扰动时仅作数米远的飞行，多数种类具保护色。

2. 亚热带林灌草丛亚型

常见物种有革衣云南蝗、短额负蝗、多种板角蝗、多种拟凹背蝗、郑氏蹦蝗、橄榄蹦蝗、滇西蹦蝗、无纹刺秃蝗、云南云秃蝗、云贵素木蝗、青脊竹蝗、条纹暗蝗等。该生活型蝗虫常在灌丛和草丛间游移，皆有长翅、短翅和鳞状翅类型，并有多样的保护色。

3. 阴湿草丛亚型

常见物种有多种卵翅蝗、舟形蝗、多种龙川蝗。阴湿草丛亚型主要为鳞状翅类型种类，不能飞行，但跳跃能力强，体色和草丛颜色类同。

后者高山或亚高山草甸类型主要分布于滇西北、滇东北的高山或亚高山草甸，如高山拟凹背蝗、黑股拟裸蝗、苍山拟裸蝗、维西曲翅蝗、红胫缺背蝗、长翅缺背蝗、红股牧草蝗、老君山牧草蝗、异翅雏蝗、德钦雏蝗、林草雏蝗、大山雏蝗和钝尾雏蝗等。高山或亚高山草甸类型几乎全为短翅、鳞状翅甚至是无翅类型，不能飞行，跳跃能力不强，体小，体暗色，善于躲藏。

（四）禾栖类

主要栖居于水稻、甘蔗等粮食和经济作物或池沼芦苇、湖岸杂草上，大量爆发时对作物生长有较大影响。典型代表如生活在水稻田中的多种稻蝗、赤胫伪稻蝗、稻秆蝗、芋蝗、思茅芋蝗、斑角蔗蝗等。该类蝗虫通常前、后翅发达，后足胫节端半部向两侧呈狭片状扩大，下膝侧片顶刺状，腹部腹面具丛状毛，落水后可在水面划行，体多为绿色。惊扰时仅作短距离飞行，一般从水田边缘飞到中央秧苗上躲避。

二、特有种趋同进化的特点及其在不同环境中的进化趋势

以上根据一些典型的生活环境对云南蝗虫的生活型进行了划分。如果将云南整体作为一个地理单元，其趋同进化又有什么特点呢？

由前面的分析可知，作为一个地理单元，与我国平原地区比较，云南的自然地理历史及现状都十分复杂。云南兼有北热带、亚热带、温带、寒温带等气候类型，呈现出明显的立体气候特点；植物的地带分布和垂直分布现象明显；地理阻障和生态隔离在物种分化和形成上的作用尤为突出。蝗总科物种既具有本土起源，又明显带有中南半岛和印度—马来亚区系成分性质，同时兼有少量古北区区系成分。在这些成分中特有种是最丰富的，而且多呈狭域分布样式，寻找它们在趋同进化过程中表现出的共通性是本研究的一个主要内容。因此，探讨云南蝗总科物种进化的总趋势应该着重关注特有种，次要关注少数发生中心在云南，但扩散到邻近地区的狭布种，撇开东洋界广布种和世界广布种以减少其一般信息对统计结果的扰乱。这样我们选择了以下133种（包括123特有种和10亚特有种，为方便计，以下统称为特有种）作为分析对象，并参考前人的工作（印象初，1984a，1984b；张红玉、欧晓红，2005），特作如下规定：

缺翅：前、后翅完全退化。

鳞状翅：翅退化成鳞片状，侧置，通常覆盖鼓膜孔，少数不达鼓膜孔。

短翅：前翅短于或刚抵达后足股节的2/3，且至少在背部毗连。

长翅：前翅长于后足股节的2/3。

发音器缺：无任何形式的发音器。

发音器有：发音器存在。

鼓膜器缺：鼓膜器完全退化或鼓膜孔仍依稀可见，但鼓膜骨化。

体小型：雄性<20 mm，雌性<25 mm。

体中型：20 mm≤雄性≤25 mm，25 mm≤雌性≤35 mm。

体大型：雄性>25 mm，雌性>35 mm。

体暗色：主要色彩为黑色、褐色、黑褐色、灰色、棕色、棕黑色、棕褐色等暗体色者。

体绿色：主要色彩为绿色。

体色鲜艳：主要色彩由3种以上组成。

现将云南蝗总科特有种特征罗列见表5-1，为便于统计，符合者记为1，不符合者记为0。

表 5-1　云南蝗总科特有种适应性特征
（The adaptive characteristics of Acridoidea endomic species in Yunnan）

物　种	前翅				发音器		鼓膜器		体型			体色		
	缺翅	鳞翅	短翅	长翅	缺	有	缺	有	小	中	大	暗色	绿色	鲜艳
云南橄蝗	0	0	1	0	0	1	0	1	0	1	0	0	1	0
短翅橄蝗	0	0	1	0	0	1	0	1	0	0	1	0	1	0
郑氏云南蝗	0	1	0	0	1	0	0	1	0	0	1	0	1	0
白边云南蝗	0	1	0	0	1	0	0	1	0	0	1	1	0	0
革衣云南蝗	0	1	0	0	1	0	0	1	0	0	1	0	1	0
中甸拟澜沧蝗	1	0	0	0	1	0	0	1	0	0	1	0	1	0
戈弓湄公蝗	0	1	0	0	1	0	1	0	0	0	1	1	0	0
云南负蝗	0	0	0	1	0	1	0	1	0	1	0	0	1	0
佯曙板角蝗	0	0	1	0	0	1	0	1	1	0	0	0	0	1
无斑板角蝗	0	0	1	0	0	1	0	1	1	0	0	0	0	1
云南板角蝗	0	0	1	0	0	1	0	1	1	0	0	0	0	1
突缘板角蝗	0	0	0	1	0	1	0	1	1	0	0	0	0	1
短翅板角蝗	0	0	1	0	0	1	0	1	1	0	0	0	0	1
小板角蝗	0	0	1	0	0	1	0	1	1	0	0	0	0	1
红角板角蝗	0	0	1	0	0	1	0	1	1	0	0	0	0	1
云南野蝗	0	0	0	1	0	1	0	1	0	0	1	0	0	1
思茅芋蝗	0	0	0	1	0	1	0	1	1	0	0	0	1	0
黄股稻蝗	0	0	0	1	0	1	0	1	1	0	0	0	1	0
云南稻蝗	0	0	0	1	0	1	0	1	0	0	1	0	1	0
二齿龙川蝗	0	1	0	0	1	0	0	1	1	0	0	0	1	0
巨尾片龙川蝗	0	1	0	0	1	0	0	1	1	0	0	0	1	0
叉尾龙川蝗	0	1	0	0	1	0	0	1	1	0	0	0	1	0
绿龙川蝗	0	1	0	0	1	0	0	1	1	0	0	0	1	0
曲尾龙川蝗	0	1	0	0	1	0	0	1	1	0	0	0	1	0
云南卵翅蝗	0	1	0	0	1	0	0	1	1	0	0	0	0	1
澜沧卵翅蝗	0	1	0	0	1	0	0	1	1	0	0	0	1	0
绿卵翅蝗	0	1	0	0	1	0	0	1	1	0	0	0	1	0
拟绿卵翅蝗	0	1	0	0	1	0	0	1	1	0	0	0	1	0
马关卵翅蝗	0	1	0	0	1	0	0	1	1	0	0	0	1	0
金平卵翅蝗	0	1	0	0	1	0	0	1	1	0	0	0	1	0
黑刺卵翅蝗	0	1	0	0	1	0	0	1	1	0	0	0	1	0
方板卵翅蝗	0	1	0	0	1	0	0	1	1	0	0	0	1	0
德宏卵翅蝗	0	1	0	0	1	0	0	1	1	0	0	0	1	0
印氏卵翅蝗	0	1	0	0	1	0	0	1	1	0	0	0	0	1
尾齿卵翅蝗	0	1	0	0	1	0	0	1	1	0	0	0	0	1
拟三齿卵翅蝗	0	1	0	0	1	0	0	1	1	0	0	0	1	0
圆板卵翅蝗	0	1	0	0	1	0	0	1	1	0	0	0	0	1
金黄卵翅蝗	0	1	0	0	1	0	0	1	0	1	0	0	0	1
红股卵翅蝗	0	1	0	0	1	0	0	1	1	0	0	0	0	1
彩色卵翅蝗	0	1	0	0	1	0	0	1	1	0	0	0	0	1
白斑卵翅蝗	0	1	0	0	1	0	0	1	1	0	0	0	0	1
犁须卵翅蝗	0	1	0	0	1	0	0	1	1	0	0	0	1	0
大尾须卵翅蝗	0	1	0	0	1	0	0	1	1	0	0	0	1	0
绿胫舟形蝗	0	1	0	0	1	0	0	1	0	1	0	1	0	0
大关舟形蝗	0	1	0	0	1	0	0	1	0	1	0	1	0	0

（续）

物　种	前翅				发音器		鼓膜器		体型			体色		
	缺翅	鳞翅	短翅	长翅	缺	有	缺	有	小	中	大	暗色	绿色	鲜艳
云南舟形蝗	0	1	0	0	1	0	0	1	0	1	0	1	0	0
云南板胸蝗	0	0	0	1	0	1	0	1	1	0	0	0	1	0
长翅华蝗	0	0	0	1	0	1	0	1	1	0	0	0	0	1
无齿拟凹背蝗	0	1	0	0	1	0	0	1	1	0	0	0	1	0
突缘拟凹背蝗	0	1	0	0	1	0	0	1	1	0	0	1	0	0
高山拟凹背蝗	0	1	0	0	1	0	0	1	1	0	0	1	0	0
蓝胫拟凹背蝗	0	1	0	0	1	0	0	1	1	0	0	1	0	0
昆明拟凹背蝗	0	1	0	0	1	0	0	1	1	0	0	1	0	0
贡山拟凹背蝗	0	1	0	0	1	0	0	1	1	0	0	1	0	0
点背版纳蝗	0	0	0	1	0	1	0	1	1	0	0	0	0	1
石林小翅蝗	0	0	1	0	1	0	0	1	1	0	0	0	1	0
砚山小翅蝗	0	0	1	0	1	0	0	1	1	0	0	0	1	0
绿清水蝗	0	1	0	0	1	0	0	1	1	0	0	0	1	0
草绿异色蝗	0	1	0	0	1	0	0	1	1	0	0	0	1	0
无纹刺秃蝗	0	1	0	0	1	0	0	1	1	0	0	0	1	0
维西曲翅蝗	0	1	0	0	1	0	0	1	1	0	0	0	1	0
橄榄蹦蝗	0	1	0	0	1	0	0	1	1	0	0	0	1	0
郑氏蹦蝗	0	1	0	0	1	0	0	1	1	0	0	0	1	0
滇西蹦蝗	0	1	0	0	1	0	0	1	1	0	0	0	1	0
云南云秃蝗	0	1	0	0	1	0	0	1	1	0	0	0	1	0
文山云秃蝗	0	1	0	0	1	0	0	1	1	0	0	0	1	0
锥尾拟裸蝗	0	1	0	0	1	0	0	1	1	0	0	0	1	0
云南拟裸蝗	0	1	0	0	1	0	0	1	1	0	0	1	0	0
苍山拟裸蝗	0	1	0	0	1	0	0	1	1	0	0	1	0	0
中华拟裸蝗	0	1	0	0	1	0	0	1	0	1	0	1	0	0
黑股拟裸蝗	0	1	0	0	1	0	0	1	0	1	0	1	0	0
香格里拉拟裸蝗	0	1	0	0	1	0	0	1	0	1	0	1	0	0
中华梅荔蝗	0	1	0	0	1	0	0	1	1	0	0	1	0	0
中甸香格里拉蝗	0	1	0	0	1	0	0	1	1	0	0	1	0	0
版纳庚蝗	1	0	0	0	1	0	0	1	1	0	0	0	0	1
云南庚蝗	1	0	0	0	1	0	0	1	1	0	0	0	0	1
郑氏庚蝗	1	0	0	0	1	0	0	1	1	0	0	0	0	1
条纹拟庚蝗	0	1	0	0	1	0	1	0	1	0	0	0	0	1
点珂蝗	1	0	0	0	1	0	1	0	0	1	0	0	1	0
高黎贡山突额蝗	0	0	1	0	0	1	0	1	0	1	0	1	0	0
小凸额蝗	0	0	0	1	0	1	0	1	0	1	0	0	0	1
长翅凸额蝗	0	0	0	1	0	1	0	1	0	1	0	1	0	0
三斑阿萨姆蝗	0	0	1	0	0	1	0	1	1	0	0	1	0	0
二齿阿萨姆蝗	0	0	1	0	0	1	0	1	1	0	0	1	0	0
黄条黑纹蝗	0	0	1	0	0	1	0	1	1	0	0	1	0	0
绿胸斑蝗	0	0	1	0	0	1	0	1	1	0	0	1	0	0
长角胸斑蝗	0	0	1	0	0	1	1	0	1	0	0	1	0	0
大眼斜翅蝗	0	0	0	1	0	1	0	1	1	0	0	1	0	0
云南切翅蝗	0	0	0	1	0	1	0	1	0	1	0	1	0	0
云南黑背蝗	0	0	0	1	0	1	0	1	0	1	0	1	0	0
斑腿黑背蝗	0	0	0	1	0	1	0	1	0	0	1	0	0	1

（续）

物　种	前翅				发音器		鼓膜器		体型			体色		
	缺翅	鳞翅	短翅	长翅	缺	有	缺	有	小	中	大	暗色	绿色	鲜艳
筱翅黑背蝗	0	0	1	0	0	1	0	1	0	1	0	1	0	0
短翅素木蝗	0	0	1	0	0	1	0	1	1	0	0	1	0	0
云南棒腿蝗	0	0	0	1	0	1	0	1	0	1	0	1	0	0
长翅龙州蝗	0	0	1	0	0	1	0	1	1	0	0	0	1	0
斑腿勐腊蝗	0	1	0	0	1	0	0	1	0	1	0	1	0	0
云南蛙蝗	1	0	0	0	1	0	0	1	0	1	0	1	0	0
红胫平顶蝗	0	0	0	1	0	1	0	1	0	1	0	1	0	0
透翅小车蝗	0	0	0	1	0	1	0	1	0	1	0	1	0	0
勐腊束颈蝗	0	0	0	1	0	1	0	1	0	1	0	1	0	0
云南束颈蝗	0	0	0	1	0	1	0	1	0	1	0	1	0	0
西藏竹蝗短翅亚种	0	0	1	0	0	1	0	1	0	1	0	0	1	0
思茅竹蝗	0	0	0	1	0	1	0	1	1	0	0	0	1	0
蒲氏竹蝗	0	0	1	0	0	1	0	1	0	1	0	0	1	0
昆明拟竹蝗	0	0	1	0	0	1	0	1	0	1	0	0	1	0
临沧拟竹蝗	0	0	1	0	0	1	0	1	0	1	0	0	1	0
中甸雪蝗	0	1	0	0	0	1	0	1	1	0	0	1	0	0
玉龙缺背蝗	0	1	0	0	0	1	0	1	1	0	0	1	0	0
红胫缺背蝗	0	1	0	0	0	1	0	1	1	0	0	1	0	0
长翅缺背蝗	0	1	0	0	0	1	0	1	1	0	0	1	0	0
月亮湾缺背蝗	0	1	0	0	0	1	0	1	1	0	0	1	0	0
老君山牧草蝗	0	0	1	0	0	1	0	1	1	0	0	1	0	0
马耳山牧草蝗	0	0	1	0	0	1	0	1	1	0	0	1	0	0
山奇翅蝗	0	1	0	0	0	1	0	1	1	0	0	1	0	0
玉案山雏蝗	0	0	1	0	0	1	0	1	1	0	0	1	0	0
雪山雏蝗	0	0	0	1	0	1	0	1	1	0	0	1	0	0
大山雏蝗	0	0	0	1	0	1	0	1	1	0	0	1	0	0
贡山雏蝗	0	0	0	1	0	1	0	1	1	0	0	1	0	0
钝尾雏蝗	0	0	1	0	0	1	0	1	1	0	0	1	0	0
德钦雏蝗	0	0	1	0	0	1	0	1	1	0	0	1	0	0
异翅雏蝗	0	0	1	0	0	1	0	1	1	0	0	1	0	0
林草雏蝗	0	0	1	0	0	1	0	1	1	0	0	1	0	0
云南卡蝗	0	0	1	0	0	1	0	1	0	0	1	0	1	0
短须卡蝗	0	0	1	0	0	1	0	1	0	0	1	0	1	0
短翅卡蝗	0	0	1	0	0	1	0	1	0	0	1	0	1	0
周氏滇蝗	0	1	0	0	0	1	0	1	1	0	0	1		
长顶小蔑蝗	0	0	0	1	0	1	0	1	0	1	0	0	1	0
长翅黄佛蝗	0	0	0	1	0	1	0	1	1	0	0	0	1	0
版纳华佛蝗	0	0	0	1	0	1	0	1	0	1	0	0	1	0
老阴山华佛蝗	0	0	1	0	0	1	0	1	0	1	0	1	0	0
筱翅华佛蝗	0	0	1	0	0	1	0	1	0	1	0	1	0	0
温泉蔑蝗	0	0	1	0	0	1	0	1	1	0	0	1	0	0
线剑角蝗	0	0	0	1	0	1	0	1	0	0	1	0	1	0
种数 133	6	63	36	28	64	69	4	129	90	30	13	52	52	29
%	4.5	47.4	27.1	21.1	48.1	51.9	3.0	97.0	67.7	22.6	9.7	39.1	39.1	21.8

（一）特有种趋同进化的特点

从表5-1可知，云南特有种中缺翅者6种，占4.5%，鳞状翅者63种，占47.4%，短翅者36种，占27.1%，三者合计105种，占78.9%；长翅者仅28种，占21.1%。无发音器者64种和有发音器者69种，分别占48.1%和51.9%。无鼓膜器者4种和有鼓膜器者125种，分别占3.0%和97.0%。体小型者90种、体中型者30种、体大型者13种，分别占67.7%、22.6%和9.7%。体暗色者52种、体绿色者52种、体色鲜艳者29种，分别占39.1%、39.1%和21.8%。

从以上数据可以看出云南蝗总科特有物种趋同进化的特点是：

A. 前、后翅短缩、简化或退化的比重达78.9%。

B. 翅退化的种类多数无发音器，翅发达者发音器通常存在。

C. 鼓膜器的有无与否与发音器的存在与否无明显的相关性。

D. 体小型者较多，占67.7%。

青藏高原缺翅种类35种，占34.3%（印象初，1984b），相比而言，云南蝗总科特有种中缺翅种类少得多，仅有6种，占4.5%，其中缺鼓膜器者仅点珂蝗1种，不能说明缺翅和缺鼓膜器这两个特征之间的相关性。

（二）特有种在不同环境中的进化特点

为了通过比较得出云南蝗总科特有种随海拔梯度和纬度变化的进化规律，将云南地域大致划为3部分：滇西北高山寒温带地区、滇中高原亚热带地区、滇南低地北热带地区，通过探讨各区域物种进化特点，归纳出蝗总科特有种随海拔梯度和纬度变化的进化趋势。

1. 滇西北高山寒温带地区特有种趋同进化特点

从表5-2可知，滇西北高山寒温带地区蝗虫特有种中缺翅者2种，占9.1%，鳞状翅者13种，占59.1%，短翅者5种，占22.7%，三者合计20种，占90.9%；长翅者仅2种，占9.1%。无发音器者和有发音器者各11种，各占50.0%。无鼓膜器者2种和有鼓膜器者20种，分别占9.1%和90.9%。体小型者16种、体中型者2种、体大型者4种，分别占72.7%、9.1%和18.2%。体暗色者15种、体绿色者7种、无体色鲜艳者，前二者分别占68.2%、31.8%。

从以上数据可以看出滇西北高山寒温带地区蝗虫特有种趋同进化的特点表现为：

（1）前、后翅趋向于简化、退化甚至消失，其比重占90.9%。

（2）瘤锥蝗科和斑腿蝗科翅退化者发音器也退化，鼓膜器相应退化（如中甸拟澜沧蝗）或消失（如戈弓湄公蝗、点珂蝗）；而构成滇西北高山寒温带地区蝗虫主要成分的网翅蝗科则表现为翅退化者发音齿也有所退化，但一般仍可见，提示发音器退化的速度慢于翅退化的速度。

（3）体小型者居多，占60.9%。

（4）体暗色者较多，占68.2%。

2. 滇中高原亚热带地区特有种趋同进化特点

表5-2显示，滇中高原亚热带地区蝗虫特有种58种中无缺翅者，鳞状翅者31种，占53.4%，短翅者17种，占29.3%，三者合计48种，占82.7%；长翅者19种，仅占

17.2%。无发音器者 30 种和有发音器者 28 种，分别占 51.7% 和 48.2%。全部具有鼓膜器。体小型者 42 种、体中型者 12 种、体大型者 4 种，分别占 72.7%、20.7% 和 6.9%。体暗色者 30 种、体绿色者 25 种、体色鲜艳者 3 种，分别占 51.7%、43.1% 和 5.2%。

从以上数据可以看出滇中高原亚热带地区蝗虫特有种趋同进化的特点表现为：

（1）前、后翅趋向于简化和退化，其比重占 82.7%。

（2）长翅者所占比重成分较滇西北高山寒温带地区增加。

（3）全部具有鼓膜器，提示鼓膜器的退化速度慢于翅退化的速度。

（4）体型总体上看小型者居多，但体中型者所占比重较滇西北地区有所增加。

（5）体暗色者和体绿色者分别占 51.7% 和 43.1%，体绿色者所占比重较滇西北地区增加。

表 5-2　云南三个区域蝗总科特有种特征

（The adaptive characteristics of Acridoidea endomic species at three areas in Yunnan）

项目 样地	前翅（物种数/%）				发音器 （物种数/%）		鼓膜器 （物种数/%）		体型（物种数/%）			体色（物种数/%）		
	缺翅	鳞翅	短翅	长翅	缺	有	缺	有	小	中	大	暗色	绿色	鲜艳
滇西北高山草甸（22种）	2 9.1	13 59.1	5 22.7	2 9.1	11 50	11 50	2 9.1	20 90.9	16 72.7	2 9.1	4 18.2	15 68.2	7 31.8	0 0
滇中山地森林（58种）	0 0	31 53.4	17 29.3	10 17.2	30 51.7	28 48.2	0 0	58 100	42 72.4	12 20.7	4 6.9	30 51.7	25 43.1	3 5.2
滇南热带季雨林（64种）	4 6.3	20 31.3	18 28.1	22 34.3	24 37.5	40 62.5	2 3.1	62 96.9	39 60.9	17 26.6	8 12.5	11 17.2	27 42.2	26 40.6

3. 滇南低地北热带地区特有种趋同进化特点

表 5-2 表明，滇南低地北热带地区蝗虫特有种 64 种，其中缺翅者 4 种，鳞状翅者 20 种，短翅者 18 种，分别占 6.3%、31.3% 和 28.1%，三者合计 42 种，占 65.7%；长翅者 22 种，占 34.3%。无发音器者 24 种和有发音器者 40 种，分别占 37.5% 和 67.5%。缺鼓膜器者 2 种和有鼓膜器者 62，分别占 3.1% 和 96.9%。体小型者 39 种、体中型者 17 种、体大型者 8 种，分别占 60.9%、26.6% 和 12.8%。体暗色者 11 种、体绿色者 27 种、体色鲜艳者 26 种，分别占 17.2%、42.2% 和 40.6%。

可见滇南低地北热带地区蝗虫特有种趋同进化的特点表现为：

（1）前、后翅简化和退化者所占比例较前两个地区有所下降，但仍然占据主要成分，达 65.7%。

（2）长翅者所占比重成分明显较以上两个地区增加，达 34.3%。

（3）体型总体上看小型者居多，但体中型者所占比重为三个样地中最高，达 26.6%。

（4）体绿色者和体色鲜艳者分别占 42.2% 和 40.6%，二者合计达 82.8%。提示体色和生态适应之间的密切关系。

4. 特有种随海拔梯度和纬度梯度变化的进化趋势

张红玉、欧晓红（2005）通过对比西藏高原、滇西北和西双版纳 3 个区域的斑腿蝗科昆虫在体型、翅型、体色变化等方面的适应表现后认为，总趋势是随海拔升高，翅退化强烈、体型趋小、体色加深。通过对以上三个区域蝗总科物种进化特点的深入分析和归纳，本文的结论除支持上述观点外，尚有一些更深入的发现。云南蝗总科物种随海拔梯度和纬度梯度变化的进化趋势是：

（1）随着纬度和海拔的增加，前、后翅趋向于简化和退化的比重增加；而翅发达者所占比重呈降低趋势。翅退化者中，鳞状翅型所占比例最高，平均达58.2%。

（2）总体上看体型表现出向小型化发展的趋势。

（3）随着纬度和海拔的增加，体暗色者所占成分呈增加趋势，体绿色者在三个区域中均占有较高的比例，体色鲜艳者所占成分呈下降趋势。

三、关于重要适应特征的探讨

自然界中生物任何特征（性状）的存在都是自然选择的产物，一定形态结构的特征和一定的功能相统一，这些特征所对应的功能对提高生物的适合度是具有意义的。下面分别就云南蝗虫翅的退化、体小型化和体色三个方面的特征分别讨论如下。

（一）翅退化的生态适应意义

蝗虫的前翅为革质，有一定的硬度和韧性，通常被覆在身体两侧，保护后翅、鼓膜和腹部；翅面纵脉或翅缘有时具发音齿，能够参与发音；飞行时能扇动并参与运动。蝗虫的后翅为膜质，薄而透明，呈三角形或扇形，平时折叠于腹背两侧，运动时可扇动并形成动力而飞行，通常后翅的横脉上具发音齿，通过与前翅或后足的摩擦发声。可见，翅对蝗虫的觅食、求偶、迁移（在此特指种群之间个体的迁入和迁出）、扩散（指由发生中心向边缘扩散）、逃逸、通讯、保护等方面都发挥着十分重要的作用。

然而，为何云南蝗虫特有种的前、后翅总体上呈现出退化趋势呢？

翅的退化可称为"简化式进化，是一种与复杂式进化相反的过程，因此也可以说是一种退步性进化"（沈银柱等，2002）。其实，在高山和海岛地区翅退化现象是普遍存在的（达尔文，1845；Mani，1968；印象初，1984b）。Mani（1968）曾记述生活在高原的几乎所有目昆虫中，翅退化者的比例都占绝对优势；喜马拉雅山西北有近50%的高原昆虫为无翅类群，这个比例在海拔4 000 m以上达到60%，且北坡较南坡更丰富；这些高海拔地区的无翅昆虫几乎较森林地带丰富约25倍，其中喜马拉雅山脉的西北面，直翅目中无翅种类的比例达到70%，有翅但不用翅飞行的比例为25%。印象初（1984b）报导青藏高原缺翅和侧翅种类占全部种类的63.7%。本文统计了云南蝗总科特有物种中前、后翅短缩、简化或退化的比重达78.9%。

基于前人的认识和实际调查结果，我们认为云南跨越北热带边缘和青藏区东南边际，中部又历经亚热带的过渡，其热带、亚热带以及高寒适应多种情况并存，适应机制更为复杂。通过比较后发现，云南中、低海拔地区的热带、亚热带适应机制基本相似，高海拔地区的适应机制有其特殊性，下面就这两种情况分别阐述如下。

1. 中、低海拔地区翅退化是长期适应草栖生活环境的结果

关于中、低海拔地区蝗虫翅退化的进化史，印象初（1984a）、Yin, X. C. & Yin, H.（2007）推测，诸如云南蝗属 *Yunnanites*、蹦蝗属 *Sinopodisma* 这些并非生活在高原而生活在

林间草地或山地类群，它们翅的退化是由于曾经经历过海岛大风的作用，但时间不长，翅尚未消失，为准缺翅型。笔者认为，蝗虫翅退化现象在云南各种生境中都普遍存在，导致翅退化的原因可能与翅飞行功能的重要性降低有关；中、低海拔地区翅退化是长期适应草栖生活环境的结果，是自然选择的产物。理由如下。

首先，蝗虫扩散和迁移的行为学意义主要与寻找食物和适宜的产卵地有关，以及与气候、天敌种类及其数量的多寡和人类活动的影响有关（陈永林，夏凯龄等，1994）。扩散和迁移主要依靠翅迁飞完成。可见，翅的主要功能是飞行，飞行的最大收益是获取和占领新的适生地，从中获得充足的食物和适宜的产卵场所等。换言之，获取食物是迁飞蝗虫的第一需求，是主要矛盾；寻找产卵地是在身体充分发育成熟后出现的主要矛盾。然而分布于云南的蝗虫有以下两个特点：第一，多数物种为小、中型种，特有种中小、中型种更是占到了约90%。体小型的个体少量食物即可满足其生长发育所需的物质和能量要求；第二，种群数量一般不大，种内竞争不激烈，尚未见如迁徙类群东亚飞蝗那样激烈的种内食物竞争现象，况且蝗虫的食谱通常都很复杂，嗜食植物种类较多，食物较为易得。这些特点说明分布于云南的蝗虫在获取食物方面是不成问题的，觅食问题并非主要矛盾。云南中、低海拔地区植物种类丰富，有些地区更是终年生长，因此土地的单位面积食物产出率较高，可以保证较大密度的蝗虫后代生长发育所需，而云南蝗虫的种群密度通常都不大，因此不必通过长距离迁移寻找另外的产卵地。既然不必要迁飞即可获得充足的食物和适宜的产卵地，那么翅的存在的重要性便降低了，在自然演化过程中必将沿着退化的方向发展。

其次，翅的生长和发育需要消耗一定的物质和能量，这样便额外增加了蝗虫取食的时间和被捕食的风险。从生态经济学的角度看，权衡风险和收益的大小，对草栖类型来说保留翅显然不是最优生存对策。

第三，在个体发育中，长翅种类在若虫到成虫的每次蜕皮中，翅都要长长一些，尤其是羽化时，翅必须经充盈、伸展、硬化后才能飞翔，这些相较短翅种类额外增加的耗时过程一定程度上增大了蝗虫被捕食的风险。标本采集过程中，不难观察到翅发育不全、不能飞行而容易遭到捕食的个体。

第四，从适应草栖生活的角度看，发达的前翅可能会成为一种障碍。飞行时前翅向两侧张开，配合后翅扇动参与飞行。事实上张开的前翅有时会钩挂在植物枝条上，阻碍了蝗虫在茂密的灌草丛中顺利穿行，不利于蝗虫的快速躲避和整体藏匿活动，从时效性上看对蝗虫趋利避害活动是无益的。长翅种类在茂密的草丛中蹦跳时同样会反射性地张开前、后翅，必然也会面临上述矛盾。而翅退化的种类在草丛中穿行时，因无翅的羁绊故要顺利得多。所以说，翅退化是蝗虫对草丛、灌—草丛这样特殊生境的适应，是长期定居生活的结果，是自然选择的产物。

第五，翅退化后，翅的其余功能可以通过其他方式弥补。长翅种类的前翅被覆在身体两侧，保护后翅、鼓膜和腹部；翅退化的种类鼓膜和腹部都直接暴露在体外。如何弥补这些丧失掉的功能呢？

一个有趣的现象是云南蝗虫多数特有种的翅并不彻底退化，多数为鳞状翅，占47.4%，完全无翅的仅有6种，占4.5%。而青藏高原鳞状翅者仅占29.4%，完全无翅的却占到了34.3%（印象初，1984b）。既然鳞状翅也完全丧失了飞行功能，那么保留这样的小翅还有什么意义呢？通过观察发现几乎所有的鳞状翅种类都具有发达的鼓膜器，绝大部分种类前翅能部分或完全覆盖鼓膜孔；如果这样的鳞片状小翅再进一步退化成不能覆盖鼓膜孔的微小的翅甚至完全缺翅，那么它们的鼓膜器通常也相应退化。例如，戈弓湄公蝗的前翅小，仅到达后胸背板的1/3，其鼓膜器发育不全，闭合无孔；又如条纹拟庚蝗的前翅向后仅达后胸背板中部，则其鼓膜器也缩小至稍大于附近气门的程度，鼓膜也多少有些骨化，使鼓膜器边缘模糊不清。当然也有个别种类鼓膜器先行退化了，而翅仍为半短翅，如黄条黑纹蝗。因此，可以推断鳞状翅的存在是适应保护鼓膜的需要。鼓膜是半透明状的薄膜，十分脆弱，通常除网翅蝗科和槌角蝗科的一些种类鼓膜下移，鼓膜孔形成一狭缝状外，其余科的种类鼓膜都直接覆盖在鼓膜孔上，暴露于体表。因此蝗虫在活动中，鼓膜是容易受到损伤的。覆盖在鼓膜外面的鳞片状翅在一定程度上可避免这样的损伤。

在标本采集过程中的一个感性经验是，通常翅退化的蝗虫腹部质感要硬实一些，长翅种类的腹部要柔软一些，或许前者腹部体壁的厚度较厚且钙的含量较高，这需要通过实验进一步确证。但至少可以推论翅对腹部的保护作用可以通过腹部体壁物理和化学结构的变化来加以弥补。

蝗虫的翅在通讯方面的作用主要是通过翅和后足摩擦发声。翅退化后这种摩擦方式的发声通讯功能便消失了，但仍可用其他摩擦方式发音代替或保留其他通讯方式。例如，刘举鹏（1984）认为中甸雪蝗 *Nivisacris zhongdianensis* 很可能用后足股节内侧发音齿和腹部背板两侧波状皱纹摩擦发音。Axel Hochkirch（2001）研究了4种 *Afrophlaeoba* Jago 属（该属种类翅退化呈鳞片状）蝗虫的通讯行为，发现每个种触角和后足在水平方向和垂直方向开合角度的大小和频率高低都有特异性，其行为和通讯功能有关。

2. 高海拔地区翅退化与有效提高体温的需求有关

印象初（1984a，1984b）对蝗虫类在青藏高原上适应性进行了深入研究，阐明了高原上风大不适于蝗虫飞行导致翅的退化，指出青藏高原"无翅和侧翅种类是在高原形成过程中翅退化而成的"。

云南境内4 000 m以上的山脉主要集中分布在滇西北地区，如梅里雪山、白马雪山、碧罗雪山、大雪山、高黎贡山、玉龙雪山、哈巴雪山、怒山、老君山等，部分分布在滇东北，如拱王山、大药山等。通过对其中的白马雪山、玉龙雪山、哈巴雪山、老君山的调查，中甸雪蝗为目前已知分布海拔最高的种类，其模式产地海拔为4 300 m，其余分布较高的有德钦雏蝗 *Chorthippus deqinensis*，分布上限4 250 m；林草雏蝗 *Ch. nemus*，分布上限3 700 m；月亮湾缺背蝗 *Anaptygus yueliangwan*，sp. nov. 的模式产地海拔为3 600 m。4 500 m以上尚未见有蝗虫分布，这一点和青藏高原有明显的不同。云南3 500～4 500 m地带气候寒冷潮湿（如点苍山海拔3 500 m地段年均气温8.2℃，年降水量1 846.4 mm），主要植被为暗针叶林，在冷杉林林间及林缘发育有高山草甸，草甸中植物种类丰富，可以为各种蝗虫提供充足的食物；另外，少有像青藏高原那样的大风。这样的高海拔地区昼夜温差大，变温动物每天都面临夜间体温降低和白昼体温提高的矛盾。Mani（1968）曾记载高原地区低龄蝗蝻在冬雪融化后的6、7月间常集聚在温暖的岩石表面吸收辐射热，待身体充分变热后再散开去取食的现象。高原昆虫的另一特点是生长周期短（印象初，1984b），通常只有3～4个月（6～9月）（Mani，1968）。因此，我们认为只有那些能够在较短时间内从太阳光能获得能量从而保障新陈代谢活动顺利进行的种类，才能保证有最多的时间取食，使自身在短暂的生长期内完成个体发育；另外，体温较低时，其活动性不强，容易受到鸟类等恒温捕食性动物的攻击，故快速提高体温有利于使自身被捕食的风险降至最低，从而保证对高原环境的最大适合度。然而，蝗虫翅的主要成分是几丁质，是热的不良导体，热传导性能较差。翅退化后，腹部就可完全暴露在太阳光下，热量经体壁直接传导使体温快速提高，直至达到酶活动的最适温度。当然，寒冷地区的昆虫在长期的进化过程中已经发展了一整套完善的适应低温的机制，如体色变暗（melanism）、体型变小等现象等，下面将讨论到这些问题。

3. 翅退化的发生和发展

那么蝗虫翅退化是怎样发生和发展的呢？关于翅退化的机理，Darlington（1943）注意到了气温对步甲科昆虫翅的退化可能存在的影响，并指出低温可能妨碍或阻止了翅的正常发育，阻碍了飞行肌的正常活动，从而抑制或完全限制了有效的飞行，最终导致翅的逐渐消失。蝗虫是较原始的外生翅类昆虫。化石证据表明具翅是祖征，是原始特征。例如，目前发现于侏罗纪的直翅类化石都是长翅型的（洪友崇，1982，1988；孟祥明，任东，2006），它们的翅长而发达，脉相类同于原始脉相。古生物学资料表明无翅的直翅目可能至少出现在白垩纪（Vincent P.，2002；David A. G.，Michael S. E.，Paul C. N.，2002）。翅的退化现象是长期适应特殊生存环境——如多大风的海岛和风大寒冷的高原以及气候适宜、食物丰富的草丛和草甸——的次生现象，是简化式进化。

根据现代达尔文主义的思想，种群内任何个体之间都存在性状上微小差别，同样翅的长短也不可能完全一样，也存在或长或短的差异，差异若由基因控制便成为可遗传的性状；另外一种情况是基因突变产生了短翅个体，并且同样是可以遗传的。如前所述，在草丛（草甸）、灌草丛这样特殊的生境中，用于飞行的长翅的存在并非最优生存对策，因此在同一种群中翅较长个体因额外增加的付出和存在较大被捕食的风险在自然选择过程中处于较不利地位，经过长期自然选择其基因频率在种群中逐渐降低，直至稀有状态；而较短翅的个体拥有更多的竞争优势，经过长期自然选择，性状的适应性得到加强，其基因频率在种群中逐渐增加，最终形成了短翅、鳞状翅甚至无翅类群。

另一个有趣的问题是，既然翅的退化已经使多数的种类失去发音功能，易受损伤的鼓膜器的存在可能对生存是不利的，为什么鼓膜器不彻底退化呢？或许这正如印象初（1984b）指出的那样，"鼓膜器是在退化的道路上前进，将来趋向消失"，换言之，鼓膜器的退化延迟于发音器的退化。或许鼓膜器尚能感知除它们自身产生的声音之外其他声音或振动。如果是这样，那么鼓膜器的存在对生存是有意义的，这需要深入研究。

有必要指出的是，云南产的蝗虫中也有一定量的长翅型种类，它们的翅为什么没有退化或明显退化呢？这需要分两种情况加以说明。

其一是广布种。广布种通常是宽生态幅类群，在一定范围内它们对温度的变化不太敏感，因而能生活在热带、亚热带和温带的多种生境中，是适应能力强的类群。广布种类全部是长翅型，它们善于飞行，具较强的迁移和扩散能力，如短额负蝗、塔达刺胸蝗、沙漠蝗、云斑车蝗、花胫绿纹蝗、疣蝗和东亚飞蝗等。可以推测，这些类群由于适应多种生境的需要，必须具备发达的翅来完成不同生境之间的迁移和扩散，它们的基因交流较为频繁，基因库容量大，特殊变异基因通常会湮灭在大量等位基因中，基因频率应该非常低，即使出现了突变的短翅型个体也可能因不能长距离迁移和扩散而被淘汰。

其二是云南特有种中的长翅型种类，如云南负蝗、无斑板角蝗、思茅芋蝗、点背版纳蝗、长翅凸额蝗、绿胸斑蝗、云南切翅蝗、斑腿黑背蝗、云南束颈蝗等。它们通常都是窄生态幅的类群，对生境的要求相对苛刻，分布于一定的狭隘地区，不能在多种生境中迁移和扩散，通常受惊扰后仅在同一生境中做短距离的飞行逃逸。它们之所以保留了较发达的翅，可能与适应短距离的飞行的需要有关，也可能与基因的保守性抑或进化的时间较短有关，这需要深入研究。

4. 翅退化对物种分化的推动作用

可以推想，翅退化对物种的分化具有推动作用。翅退化的物种，仅能蹦跳，迁移能力弱，它们在云南这样地理隔离和生态隔离作用明显的地区，种群之间基因交流不可能十分广泛，因此基于奠基者效应，容易在较小范围的生境内产生具有新衍征的不同亚种，理论上不同亚种在相遇后不能发生配育或发生交配但不能产生有生殖能力的后代的情况下，新的物种便诞生了。

如前所述，直翅类翅退化的现象可能至少出现在白垩纪，而第四纪青藏高原隆起，使云南形成西北高东南低的地貌格局；不同规模的冰期和间冰期以万年、几百年、几十年为周期，多次影响全球气候变化（刘嘉麒，倪云燕，储国强，2001）；流水强烈切蚀，川滇黔高原面全面而深刻地解体，众多的高山深谷形成明显的地理隔离，同一地域又因海拔、坡向、坡度、植被、土壤和降水的不同形成不同的生境，同一生境又因植物群落多样性形成多种多样的生态位。对于翅退化的蝗虫类群来说，或许一座山峰或一道山谷就能使不同种群间基因交流中断，基于奠基者效应，物种剧烈分化，新的物种大量产生。云南蝗虫物种的大规模分化形成估计是在第四纪青藏高原隆起以后的大约近 2 Ma 间。同样可以推想，像这样种群数量不大的特化物种，其基因库的信息容量不大，遗传多样性应该是不高的，一旦环境条件改变，其适合度会骤然降低，很可能走向灭绝。值得一提的是人类活动在最近几十年对云南自然环境的改变作用是空前的，森林砍伐、毁林开荒、替代种植、滥用农药等人类经济活动，使许多生境斑块化，进一步加剧了生态隔离，破碎的生境在一定程度上加快了这些狭域分布物种的衰减步伐。

基于以上认识，我们认为蝗虫翅退化现象在云南各种生境中都普遍存在，导致翅退化的原因可能与翅飞行功能的重要性降低有关；中、低海拔地区翅退化是长期适应草栖生活环境的结果，高海拔地区翅退化尚与有效提高体温的需求有关；推断大量的鳞状翅的存在是适应保护鼓膜器需要的结果；翅退化对物种分化具有推动作用。这些适应现象都是自然选择的产物。

（二）体小型化的生态适应意义

Mani（1968）确信，随着海拔升高，高山类群昆虫体型明显变小，这种变化应该被认为是高原昆虫的一种特点；并认为小翅和无翅昆虫的个体相对较小，翅的退化可能直接有利于体型小型化。云南蝗总科多数特有种为中、小型种，共占约90%，表现出小型化的趋势。体型小型化有以下几方面的优势：

（1）蝗虫是植食性昆虫，在植物种类不变的前提下，小型种的单位个体食量小，食物条件容易满足。换言之，小型种不需要消耗更多时间、迁移更长的距离去觅食，这样觅食的回报率较高，相应被捕食的风险较低。这样，尤其对高海拔地区的种类来说，就可能在当年相对较短的时间内发育成熟，并产生下一代。

（2）小型种对环境的压力相对较轻；换句话说，一定量的环境空间能容纳更多的小型个体，这样种间竞争压力相对较小。

（3）由于单位空间能容纳更多的小型种，因此其种群密度相对较大。较多的个体数量使得小型种不必迁移很远距离求偶，因此求偶回报率较高，生殖成功的可能性较大。生殖必须由群体来完成，在一些种群密度大的类群中，少数个体被捕食或死亡对小型种群体的影响相对较轻。

（4）小型种身体相对表面积大，阳光照耀下体温升高较快，能在较短时间达到酶活动的最适温度，更高效地保障新陈代谢活动，这是对高海拔地区昼夜温差大的生态特性的适应。

（5）小型种可能更灵活和更有效地在草丛中或石块下藏匿，有利于趋利避害行为的实施。

综上所述，云南蝗虫体小型化的趋势仍然与长期适应草栖定居生活有关；高海拔地区尚与有效提高体温的需求有关。

（三）体色的生态适应意义

印象初（1984b）认为，青藏高原蝗虫类的体色常类同于环境的颜色，起保护色的作用。张红玉、欧晓红（2005）通过对比西藏高原、滇西北和西双版纳三个区域的斑腿蝗科昆虫的体色变化后认为，随海拔升高，体色由较鲜艳的类型逐渐分化形成以褐色或暗褐色为主的种类，以适应高海拔地区干旱、风大、气压低、紫外线强等环境特点。

如前所述，本文通过统计后认为云南蝗总科特有种随着纬度和海拔的增加，体呈暗色者所占成分呈增加趋势，体绿色者在三个区域中均占有较高的比例，体色鲜艳者所占成分呈下降趋势。

1. 云南高原中高海拔地区蝗虫体色暗化的生态适应意义

Mani（1968）综合了包括 Hrhard、Handschin、Schröder 等人的观点认为，高海拔地区昆虫的体色变暗现象（melanism）在防止太阳光的过度辐射或紫外线对深部组织的损伤方面是具有意义的；另外在直接吸收太阳光热提高体温上也是非常重要的。云南中高海拔地区包括滇中高原及滇东北地区（体暗色者占 51.7%）、滇西北地区（体暗色者占 68.2%）。这些地区的都属于高原地区，前者的平均海拔约 1 700~2 000 m，后者约 2 800~3 000 m，除部分河谷低海拔地段外，一般年平均气温都较低（在海拔 5 000 m 以上甚至无绝对无霜期），昼夜温差大，白昼阳光直射时气温可达 15℃ 或以上，凌晨时可降至 0~4℃。因此，变温动物即使在夏季也存在夜间体温降低和白昼体温升高的矛盾。同样大小的蝗虫，体呈暗色者比浅体色者体温提高的速率应该更快，这正是高原地区变温动物体呈暗色者居多的主要原因，而作为热传导性能较差的翅的退化能够使蝗虫腹部暴露于太阳光下，这对于虫体体温快速提高，保证正常的新陈代谢活动是具有意义的。

另外，体色变暗对增强昆虫抗病性、抗寄生性、抗磨损性等方面的功能具有意义（江幸福，罗礼智，2007）。

2. 绿体色的生态适应意义

绿体色在滇西北高山寒温带地区（占 31.8%）、滇中高原亚热带地区（占 43.1%）和滇南低地北热带地区（占 42.2%）都占有较高的比例，说明绿体色的蝗虫在云南各个特定环境中的普遍适合度都较高。绿体色是一种普遍适合的体色，因为蝗虫栖居的背景颜色——植物颜色主要是绿色。绿体色的蝗虫栖息在绿色的植物上（图版Ⅷ：4），使得捕食者搜寻猎物的难度增加，使自身被捕食的几率降低从而增加了其生存的适合度。所以，绿体色是蝗虫的一种保护色。

3. 滇南低地北热带地区蝗虫鲜艳体色的生态适应意义

众多的研究表明，热带地区的昆虫体色一般较温带和寒带地区的艳丽。云南特有蝗虫的体色也不例外，滇西北高山寒温带地区无体色鲜艳者，滇中高原亚热带地区体色鲜艳者也非常少，仅占 5.2％，而滇南低地北热带地区则多达 40.6％。关于鲜艳醒目的体色的生态适应意义有以下两种认识：

第一，作为警戒色的可能。也就是使鲜艳醒目的体色与不可食相结合。在这方面的例子黄星蝗是一个典型的代表。黄星蝗主体为黑色或黑褐色，但前翅上散布许多黄色圆形斑点，前胸背板有醒目的红色或黄色瘤突，较容易被捕食者发现。该虫受惊扰时会分泌出怪异难闻的泡沫状物质，有经验的捕食者会避免捕食这样的猎物。尚玉昌（1998）转述 Turnerd 的观点认为，醒目的色斑更能唤起捕食者对不可食的记忆；或者认为正因为捕食者偏爱以隐蔽个体为食，自然选择才会有利于那些色型上尽可能偏离隐蔽型的个体。

第二，作为隐蔽性的可能。隐蔽性的范围很广，只要一种猎物的色型出现在捕食者的视觉背景中极像是一次随机取样，那么就可以说这种猎物是隐蔽的（尚玉昌，1998）。在滇南热带地区，背景色并非单纯的绿色，许多色彩鲜艳的蝗虫处在色斑复杂的环境中反而很难被辨认出来。如云南蛙蝗如果静伏在红、黄色点缀的绿色背景中一般是很难辨认的（图版Ⅷ：5），从这个意义上说，此时的鲜艳体色其实是一种保护色。

（四）反捕适应

蝗虫是典型的植食性昆虫，在生态系统中处于初级消费者的位置，在食物链中扮演着猎物的角色，在一定程度上发挥着为较高营养级捕食者提供物质和能量的作用，其生态功能不容忽视。在长期的进化过程中，蝗虫也同其他的植食性昆虫一样充分发展了一套有效抵御捕食的反捕对策。下面就沿着蝗虫被捕食的过程初步概括如下。

1. 隐　蔽

隐蔽是最有效的反捕策略，如果能让捕食者不能发现猎物的存在，那么从理论上说猎物被捕食的几率就为零。但事实上这是很难做到的，因此猎物还发展了一套一旦自身暴露后的避害对策。作为自然选择的结果，蝗虫类通常表现出的隐蔽性策略有：

（1）保护色：即蝗虫身体颜色（包括色斑）与背景色类同，使捕食者难以将猎物辨认出来。上面提到的暗色型、绿色型和鲜艳色型的体色都可以被认为是保护色，只要它们的颜色与所处的背景色类同即可。广义地说，任何一种蝗虫的体色都是保护色，都是蝗虫提高反捕成功率的对策。但是，体色一旦确定就无法改变，而环境颜色则可能随季节的变化而改变，这样一定的体色既可能是保护色，也可能与环境颜色产生强烈反差使自身更容易被暴露。

（2）静伏：在保护色的作用下，静止不动是非常有效的，因为很多捕食者只对运动的猎物敏感。蛙类是蝗虫最主要的天敌之一，只对运动的猎物敏感。事实上蝗虫都是静伏不动的，即便是在进食的时候，也只有口器和触角在活动，只是在受到惊扰时才会跳离或飞遁。

利用捕食者的避稀行为：捕食者通常选择种群密度较大的物种作为捕食对象，因为只有这样才能提高捕食效率。云南许多特有种的稀有现象是很突出的，例如，标本采集时一些物种经反复搜寻也仅能获得一两只雄性或雌性，如条纹拟庚蝗、大尾须华卵翅蝗等。

（3）色型：色型是同一物种表现出的两种以上的体色类型。捕食者通常对猎物都有一定选择性。多种色型势必会增加捕食者对猎物的选择难度，对猎物来说同样可以增加反捕成功率。云南蝗虫中有多种表现出两个或以上的色型，如黄星蝗、短额负蝗、云南负蝗、赤胫伪稻蝗、苍山拟裸蝗、锥尾拟裸蝗、斑腿勐腊蝗、云南蛙蝗、老君山牧草蝗、林草雏蝗、线剑角蝗等等。

2. 逃　避

一旦猎物被捕食者发现，猎物表现出的反捕策略。蝗虫表现出的反捕行为通常有以下一些。

（1）跳离：多数蝗虫在受到惊扰后通常都表现出跳离行为。群集性类群会引发整体的跳离反应，但一般跳离的距离都不远（如多种卵翅蝗、青脊竹蝗等）。跳离后躲藏于植物叶片下面、茎秆背面（如红褐斑腿蝗等），地栖类群躲藏于枯枝落叶下（如小凸额蝗、长翅凸额蝗等）。

（2）飞遁：在反复惊扰的情况下，长翅种类会表现出飞行十几米的逃遁行为，如塔达刺胸蝗、日本黄脊蝗、长角直斑腿蝗、散居型的东亚飞蝗等。

3. 防　卫

此处"防卫"指猎物被捕食者捕到后表现出的反捕行为。

（1）吐出嗉囊液：所有的蝗虫被捕到后都会吐出嗉囊液。嗉囊液呈棕褐色，其成分尚有待进一步研究。可能嗉囊液能让捕食者厌恶而放弃吞食。

（2）分泌让捕食者生厌或有毒的物质：如黄星蝗能分泌气味怪异的泡沫状物质；有些蝗虫能自己合成有毒物质（尚玉昌，1998）。

（3）丢卒保车式逃跑：几乎所有的蝗虫在身体无法挣脱捕食者时常表现出的现象，通常后足会自行脱落，以此分散捕食者注意力，乘机脱身。但不同类群表现不尽一致，通常瘤锥蝗科物种后足不易脱落，斑腿蝗科物种极容易脱落。

云南蝗总科昆虫地理区划

一个种或一组单系的生物有机体占据生物地理区域即为分布区（distribution area）（汉弗莱斯，帕伦特著，张明理等译，2004）。对动物来说，在这样的空间中，该种动物能够充分地进行个体发育和繁衍后代，因此分布区是生物地理区域而不是行政区域；实践中常采用把采集点标注在地图上，由足够多的采集点构成的区域即视同该物种（物类）的分布区。如果多个物种的分布区重叠出现在同一地理区域，一方面表明了该区域特殊性，即一定的地质历史过程和一定的生态因素组成，另一方面也表明了这些亲缘关系或近或远的物种共同经受了同样的生物地理历史过程和生态环境的双重影响。如果这些物种只在这样特定的分布区生存，即构成了该地理区域的特有种（endemic species）。历史生物地理学研究的基本前提即是寻找出这些特有种的分布区——特有分布区（area of endemism），进而研究分布区内的关系格局（同上，2004）。基于特有分布区的动物地理区划是历史的、自然的，也是能够反映分布区内关系格局本质的方法。

一、云南动物地理区划观点

云南地处低纬度高海拔地区，经历了大陆的漂移及合并、海退、海浸、青藏高原隆起、第四纪冰川南侵以及间冰期等自然地理历史过程，经历了由降水导致的强烈的切蚀过程。在沧海桑田的历史巨变中，高山和大川等地理阻障导致的地理隔离尤为明显，因此，云南的生物区系十分复杂，生物多样性极为丰富。不同学者基于研究的类群提出4种区划观点：

潘菲洛夫（1957）将我国分为4亚区，云南属日本—中国—喜马拉雅山亚区，云南北部大部分划归四川山地省川滇小区，南部小部分划入缅越省的华南小区。

马世骏（1959）把云南归为东洋区的中国—缅甸亚区，进而分为3小区：滇南省（北回归线以南）、云贵高原省（东经104°以东）和西南谷地省（其余地区）。

黄复生、侯陶谦等（1987）划分为2亚区7小区：热带雨林季雨林亚区（含西双版纳、河口、瑞丽小区）、亚热带山地森林亚区（含横断山脉、无量山、金沙江、元江小区）（图6-1）；曹诚一、杨本立（1998）根据农林昆虫区系进行了地理区划，共分为7大区45亚区。

桂富荣、杨莲芳（2000）根据毛翅目昆虫区系分为5亚区，将其中的滇西亚区细分为滇西南小区和滇西北小区，将云贵高原亚区细分为云南高原小区和金沙江小区。

二、云南蝗总科昆虫特有分布区的划分

生物分类单元之间往往具有明显的形态差异可以区别，而特有分布区大多数情况下是一些连续的区域，即分布区之间的界线往往是模糊的。在生物地理学研究时不同学者对特有分布区的数量、范围和界线有不同的划分方法。在大尺度的全球生物区系划分上更多地考虑了陆块和洋盆的界线；中小尺度的区系划分上则侧重参考研究较为深入的脊椎动物分布纬度的宏观分布界线（张荣祖、赵肯堂，1978）或物类的宏观分布区域（梁爱萍，1998，2003）。为了避免特有分布区划分上的主观性，栅格分析方法（Morrone，1994；张荣祖，1995，1999；许升全，2005）或基本单元分析方法（解焱、李典谟，2002；张高峰，郑哲民，白义，2006）被引入。栅格分析方法最大的特点就是不要求分类单元的系统发育关系，依据大量特有种在区域栅格或其他区域单元中的分布信息，用简约分析或聚类方法来建立区域支序图，并依据

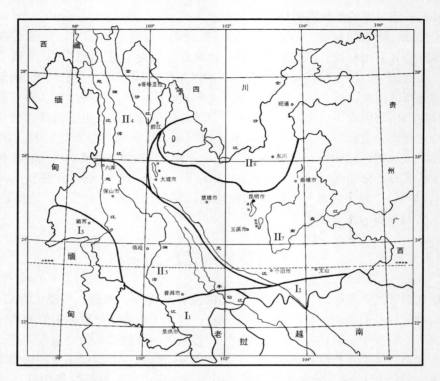

图 6-1　云南森林昆虫区划（The forest ecoregions of Yunnan）（自黄复生等，1987，略有改动）
（Ⅰ：热带雨林季雨林亚区；Ⅰ$_1$：西双版纳小区；Ⅰ$_2$：河口小区；Ⅰ$_3$：瑞丽小区；Ⅱ：亚热带山地森林亚区；Ⅱ$_4$：横断山脉小区；Ⅱ$_5$：无量山小区；Ⅱ$_6$：金沙江小区；Ⅱ$_7$：元江小区）

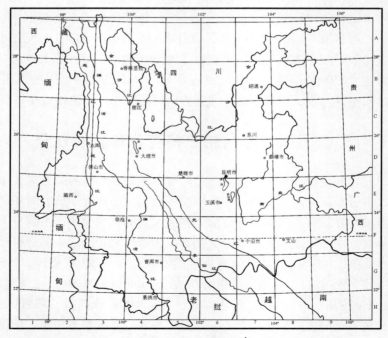

图 6-2　云南栅格图（The map of grids to Yunnan）

区域支序图来进行特有分布区的划分；减少了研究者对自身所拥有的生态学知识及经验的依赖，较少掺杂研究者的主观臆断，其结论更具有客观性。基本单元分析方法要求对地理单元的地理特征和生态特征有全局上的把握和清晰的认识，对一些地理单元的划分较为容易（如海岛），但对界限不明晰的陆地地理单元的划分仍存在一定主观性。

本文参照栅格分析法的原理，按照 1 个经度 × 1 个纬度（约 100 km × 110 km）的标准对云南进行了栅格划分，共将云南划分为 42 个栅格作为地理分析的假设单元（图 6-2），按纬度由高到低每一个纬度分别标注 A、B、C、D、E、F、G、H，按经度由低到高每一经度分别标注 1、2、3、4、5、6、7、8、9，这样每一栅格便有了一个代号，如 A3、D5 等；同时对省界边缘的不规则部分作如下处理：面积不足 1 个栅格的 1/4 的区域忽略不计；将面积接近1/4 栅格但调查不深入的区域并入临近的栅格（将永善并入 B7；将盐津和威信东侧并入 B8；将广南县东北侧并入 F9；将马关县南侧并入 G7）。以蝗虫是否在该栅格分布（有分布记为 1，没有分布记为 0）表征栅格的特征，建立物种 × 栅格数据矩阵（表格从略）。采用 DC-ORD（Version 4）聚类分析统计软件建立区域支序图，并依据区域支序图来进行特有分布区的划分。

（一）云南蝗总科特有种分布特点

将云南蝗总科特有物种数填入各栅格，可以较直观地反映特有种的分布格局。从图 6-3可以看出，全省除 C5、D7、D8、E3、E8 五个栅格内无特有种分布外，其余栅格不同程度

	1	2	3	4	5	6	7	8	9
A		3	1						
B		1	9	5			5	2	
C		6	10	12	0		4	1	
D		10	9	16	4	6	0	0	
E	10	4	0	7	4	3	4	0	
F			2	6	3	4	5	11	2
G			3	12	2	13	6		
H				19	29				

图 6-3　云南蝗总科特有种分布栅格图

The distribution of Acridoidea endemic species to Yunnan）

都有特有种分布。在这 5 个栅格中，较为明显的是滇东的 D7、D8、E8 三个栅格连在一起，大致为寻甸、马龙、沾益、富源、罗平、曲靖等 6 县、市地区，该区域大部分为喀斯特地貌，石灰岩裸露，土壤贫瘠，为红壤和砖红壤，土地利用率较高，次生林多为单调的云南松林，生物多样性水平较低，未发现蝗虫特有。C5 和 E3 未发现特有种可能与调查不够深入有关。在其余有分布的 37 个栅格中，分布密度最高的是西双版纳的勐腊所处的 H5 栅格（29种）和景洪、勐海所处的 H4 栅格（19 种）；其次为以大理为中心的滇西及滇西北地区所处的横断山区 D4 栅格（16 种）；沿北回归线附近的滇南和滇东南地区是又一分布的密集区，包

括普洱、金平、屏边、河口、文山一带地区的 G6 栅格（13）、G4 栅格（12 种）和 F8 栅格（11
种）；滇西南的盈江、陇川、瑞丽一带的 E2 栅格也分布有较多的特有种（10 种）。滇中和滇
东北地区都相对较少。必须说明的是，各栅格的特有种数与采集密度也有一定关系，如大理
地区的采集密度是最大的，特有种数（16 种）仅次于景洪（19 种），可以预见随着调查的深
入，各栅格分布的特有种数会有少量增加，但整体格局不会发生太大的变化。

（二）特有分布区的划分

将物种×栅格数据矩阵导入 PC-ORD（Version 4）生态多因子统计分析软件进行聚类分
析，得到 7 个栅格关系支序图。尽管这 7 个栅格关系支序图的分支末端显示的栅格关系稍有
不同，但其中的 4 个有较好的拟合关系，一致性地最先分为两支，即分支 A 和分支 B，每支
又各分为若干稍有不同的小分支，但大致的分支关系基本上相似（图6-4）。

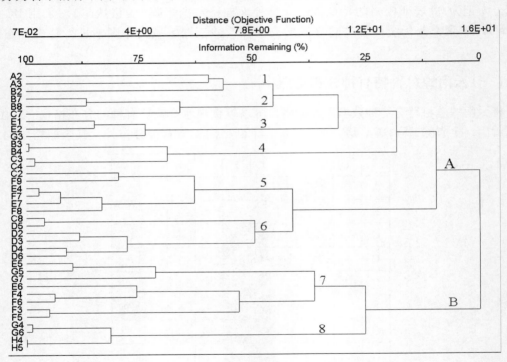

图6-4   云南蝗总科特有种分布栅格支序图

（The cladogram of distribution grids of Acridoidea endemic species from Yunnan）

由于聚类图是一个连续二分支的树状图，有众多的分支点，究竟选择哪一个分支点作为
特有分布区必须有一个客观的判断标准。有鉴于此，在确定特有分布区时，特作如下规定：
1. 一个特有分布区至少包括 2 个以上栅格。因该方法得到的聚类图是一个连续二分支的树
状图，有多个分支点可供选择，但考虑到一个栅格的空间过小，作为一个能提供多个物种充
分发育繁衍的地理区域，假设大约至少在 2 个栅格以上。2. 特有分布区在地理上是应一个
连续的区域，但鉴于省界或国界不规则或不便调查的实际，在边界地区特有分布区至少是相
邻或相隔不远的地理区域。3. 特有分布区之间应该有能导致地理隔离的阻障或相邻分布区

生态条件差异显著。4. 分布区之间共有信息的相似程度应尽量小，若将分支 A 和分支 B 之间的相似度定为 0，则作为特有分布区之间的相似度应小于 0.5。依据上述规定，有 8 个包括 3 个以上栅格的分支聚合在一起，把它们作为特有分布看待时，将根据实际情况，结合以上规定，部分略有删节。现以其中的一个栅格聚类支序图（图 6-4）为例说明如下。

考查分支 A 和分支 B 可以看出，聚在分支 A 上的栅格主要为 A、B、C、D、E 行栅格，即大约包括北纬 24°以北地区；聚在分支 B 上的栅格主要为 F、G、H 行栅格，即大约包括北纬 24°以南地区。但少数栅格的聚类不符合上述聚类规律，如 G3、F7、F8、F9 聚在分支 A 上，E5、E6 聚在分支 B 上，可能与特有物种的犬牙交错分布格局有关。特有种分布为 0 的栅格（C5、D7、D8、E3、E8），在聚类时被程序自动删除、E3 栅格无特有种可能与采集强度不够有关；C5、D7、D8、E8 可能本身无特有种分布，或许也因采集强度有限导致信息量不足发生上述聚类，这有待更深入的研究。进一步考查分支 A 可知，大约共有信息量在 0.1 处分为两个较大的分支，其中一支包含 4 个特有分布区（分支 1、2、3、4），另一支仅包含 2 个特有分布区（分支 5、6）（图 6-4）。分支 B 包含 2 个特有分布区（分支 7、8）（图 6-4）。这样共划分出 8 个云南蝗总科特有分布区（图 6-4）。为直观起见，将 8 个特有分布区用不同颜色标注在栅格图上（图 6-5）。

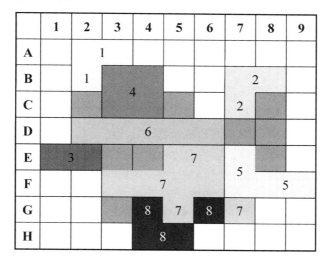

图 6-5　云南蝗总科特有分布区划分图

（The area of endemism of Acridoidea endemic species to Yunnan）

特有分布区 1 由 A2、A3、B2 三个栅格组成，包括滇西北地区的德钦、奔子栏、贡山和维西西部地区，区内有白马雪山国家级自然保护区，在中国动物地理区划中属于东洋界西南山地亚区和古北界青海藏南亚区的交汇地界，分布有林草雏蝗、异翅雏蝗、德钦雏蝗、月亮湾缺背蝗、云南束颈蝗、戈弓湄公蝗等特有种，分布海拔多在 3 000 m 以上。有的种向北分布到达西藏，如云南束颈蝗、戈弓湄公蝗等，表明与青藏高原蝗虫区系的渊源关系。随海拔升高导致的温度降低和降水增加以及高山草甸植被类型是主导生态因子。分布区内三江（怒江、澜沧江、金沙江）由北向南并流，高山峡谷并列，较小的支流东西交错，地理隔离十分明显。但由于主要植被为暗针叶林（其内未发现蝗虫分布），草甸仅在林窗及白马雪山垭口附近发育，蝗虫物种丰富度不高；4 500 m 以上未发现蝗虫分布，这一点与青藏高原的情况不同。

特有分布区 2 由 B7、B8、C7 三个栅格组成，包括整个滇东北地区，区内有大山包国家级自然保护区、巧家县大药山自然保护区等，拱王山和大药山海拔均在 4 000 m 以上，为金沙江和南盘江流域。该区域生态环境复杂，区内除森林生态系统外，还有草甸生态系统、荒漠生态系统、内陆湿地和水域生态系统等类型；气候类型从河谷到山顶依次有南亚热带、中亚热带、北亚热带、暖温带、温带和寒温带等气候类型（彭春明、王崇云、党承林等，2006），山顶多发育为荒漠和高山草甸，中低山地带主要为森林植被，谷底江水湍急，气候炎热，焚风效应明显，地理隔离显著，是生态因素比较特殊的一个特有分布区，在中国动物地理属于西南山地亚区。分布有钝尾雏蝗、大山雏蝗、玉案山雏蝗、云南舟形蝗、大关舟形蝗、绿胫舟形蝗、橄榄蹦蝗、云南云秃蝗、云南稻蝗、云南棒腿蝗等特有种，是舟形蝗属较集中的分布地。区内其余蝗虫成分与四川、贵州有较大的相似性。

特有分布区 3 由 E1、E2 两个栅格组成，包括盈江、陇川、瑞丽、潞西、龙陵、梁河地区，区内有铜壁关自然保护区。在聚类图上 G3 栅格以（G3 +（E1 + E2））的方式相聚，共有信息相似程度约为 0.74，但 G3 栅格与 E1 + E2 栅格在地域上并不相连，前者为怒江流域，后者为瑞丽江上游流域，之所以聚在一起的主要原因可能是 G3 栅格地区的调查不够充分，信息量太少的缘故。鉴于与规定 2 相悖，在此暂时将 G3 栅格摒弃作为未决栅格，待深入调查后再决定其归属。E1、E2 栅格地区距离孟加拉湾较近，受西南季风影响较大，降雨量大，干湿季节分明，为我国惟一的伊洛瓦底江水系的热带地区，和缅甸山水相连，具有印缅热带生物区系的独特特征。蝗虫之间具有较近的亲缘关系（如庚蝗属的共同分布）。本区是印度板块和欧亚板块碰撞后抬升的边缘地区，在植物区系上是滇缅泰植物区系与东喜马拉雅植物区系的结合部，在动物区系上是古北界的青海藏南亚区和东洋界的西南山地亚区交汇部（杨宇明、杜凡，2006），和横断山区共有龙川蝗等属物种。值得一提的是该特有分布区聚在分支 A 上，由此可看出本区和上述两区之间有较近的地理渊源关系。该特有分布区分布有巨尾片龙川蝗、叉尾龙川蝗、绿龙川蝗、德宏卵翅蝗、印氏卵翅蝗、长翅华蝗、云南庚蝗、郑氏庚蝗、筱翅黑背蝗、西藏竹蝗短翅亚种、短翅卡蝗和长翅黄佛蝗等，是龙川蝗属较集中的分布地。

特有分布区 4 由 B3、B4、C3、C4 四个栅格组成，包括香格里拉、丽江、维西东部、宁蒗、永胜、剑川、兰坪、鹤庆和洱源等地区。区内有玉龙雪山、丽江老君山、泸沽湖、碧塔海、纳帕海等自然保护区。气候类型属于横断山区的中、高海拔温带气候带，气温凉爽，森林覆盖率较高，林窗、林缘草丛、高山草甸生态系统十分发育，蝗虫物种丰富度较高。该区西部以碧罗雪山为界，中部和北部属金沙江流域，仅南部洱源属澜沧江流域。分布有郑氏云南蝗、白边云南蝗、中甸拟澜沧蝗、无纹刺秃蝗、郑氏蹦蝗、苍山拟裸蝗、香格里拉拟裸蝗、中甸香格里拉蝗、短翅素木蝗、云南棒腿蝗、中甸雪蝗、雪山雏蝗、林草雏蝗、云南稻蝗、突缘拟凹背蝗、维西曲翅蝗、具尾曲翅蝗、滇西蹦蝗、筱翅黑背蝗、短翅素木蝗、玉龙缺背蝗、长翅缺背蝗、老君山牧草蝗、马耳山牧草蝗和周氏滇蝗等 22 种。

特有分布区 5 由 E7、F7、F8、F9 四个栅格组成，包括石林、泸西、弥勒、师宗、开远、蒙自、个旧、邱北、砚山、文山、麻栗坡、马关、广南等县市，区内有黄连山国家级自然保护区、古林箐省级自然保护区、师宗菌子山自然保护区等。从聚类图上看还包括 C2 和 E4 栅格，因与规定 2 不符而摒弃。C2 和 E4 栅格的采集强度不够，估计由此导致信息量不足发生上述聚类。该区位于滇东南地区，东面和南面分别与广西、越南接壤，山水相连，山势平缓，无明显的地理隔离阻障。区内分布有云南负蝗、云南稻蝗、马关卵翅蝗、金黄卵翅蝗、抱须卵翅蝗、蓝胫拟凹背蝗、石林小翅蝗、砚山小翅蝗、云南云秃蝗、文山云秃蝗、云南拟裸蝗、大眼斜翅蝗、云南棒腿蝗、西藏竹蝗短翅亚种及线剑角蝗等16种。

特有分布区6由D2、D3、D4、D5、D6五个栅格组成，从聚类图上看还包括C8，因与规定2不符，故暂时摒弃。该栅格或许应该以D7、D8和前面的五个栅格相连成为一个统一的特有分布区，并向东延伸，经贵州南部至广西桂林（许升全，2005），是否如此，尚有待于进一步研究。该区包括腾冲大部、六库、保山、云龙、漾濞、大理、宾川、祥云、弥渡、巍山、南华、楚雄、大姚、姚安、禄劝、富民、安宁、昆明等地区，区内有苍山洱海、高黎贡山和无量山国家级自然保护区、有云龙天池等省级自然保护区。全区呈一个狭长的地带，几乎东西横贯全省，为云南高原的主体部分。特有物种丰富，分布有无斑板角蝗、黄股稻蝗、云南稻蝗、绿龙川蝗、曲尾龙川蝗、方板卵翅蝗、印氏卵翅蝗、突缘拟凹背蝗、高山拟凹背蝗、绿清水蝗、云南云秃蝗、锥尾拟裸蝗、苍山拟裸蝗、中华梅荔蝗、高黎贡山突额蝗、筱翅黑背蝗、短翅素木蝗、云南棒腿蝗、红胫平顶蝗、透翅小车蝗、西藏竹蝗短翅亚种、昆明拟竹蝗、红胫缺背蝗、玉案山雏蝗、贡山雏蝗、长顶小蔓蝗、线剑角蝗等28种特有种。许升全（2005）通过对斑腿蝗科特有分布区的划分，将该区连同贵州至广西桂林的狭长地带称为云贵中部地区，并认为在以往的研究中未充分认识到该区的独立性，而被划分在西南区的西南山地亚区和华中区的西部山地亚区，并认为应作为一个独立的特有分布区看待。本研究采用更广泛的类群、更翔实的数据和更精细的栅格的研究结果也支持他的在云南范围内的这一结论。

特有分布区7由E5、E6、F3、F4、F5、F6、G5、G7八个栅格组成，跨越3个纬度，是最大的一块特有分布区，包括双柏、玉溪、镇沅、新平、耿马、沧源、江城、临沧、景谷、墨江、元江、元阳、屏边、开远、蒙自等县市，区内有南滚河国家级自然保护区、哀牢山国家级自然保护区、大围山国家级自然保护区。该特有分布区北起哀牢山，西至澜沧江流域的临沧、景东一带。境内把边江、阿墨江、元江及南盘江沿东南方呈帚状分布，形成经向延绵约400 km，纬向贯穿约200 km的一块最广阔的特有分布区。但由于山势相对平缓，元江河谷两岸普遍开阔，地理隔离不十分明显，东西方向的物种交流未受到明显的限制；同时南方物种沿元江为通道的走廊向北延伸，甚至抵近滇中高原双柏县境内的鄂嘉。值得一提的是，区内各少数民族，特别是哈尼族人民主要利用梯田开展生产，半山腰以上的树木是水源涵养林，世世代代加以保护，因此人类行为对生态的干扰相对较小。总体来讲，该区山势相对平缓，河谷开阔，植被茂密，成为连接滇中高原和滇南低地的过渡区。分布有短翅橄蝗、线剑角蝗、温泉蔓蝗、无齿拟凹背蝗、革衣云南蝗、云南负蝗、条纹拟庚蝗、临沧拟竹蝗、小凸额蝗、云南野蝗、小板角蝗、黄股稻蝗、蒲氏竹蝗、长角胸斑蝗、思茅芋蝗、白斑卵翅蝗、二齿阿萨姆蝗、绿胸斑蝗、长翅龙州蝗和筱翅华佛蝗等20余个特有物种。

特有分布区8由G4、G6、H4、H5四个栅格组成，包括普洱、澜沧东部、绿春、勐海、景洪、勐腊等县市，区内有金平分水岭、西双版纳、纳板河流域等国家级自然保护区和糯扎渡、莱阳河等省级自然保护区。该区为云南的最南端，东南部与越南、老挝接壤，西与缅甸相邻，在地理位置上属于亚洲大陆和东南亚半岛的过渡地带。该区位于横断山系南部，属无量山山脉和怒山余脉的山原、山地地区，因受澜沧江及其支流的侵蚀分割而形成中低山山谷，使得整体地势向南和东南倾斜。由于地处热带北缘，并受热带季风控制，故具备北热带及南亚热带气候，长夏无冬，干湿季分明，降雨丰沛，年降雨量为 1 400～1 600 mm，年平均温度 21.6℃；有季雨林、季风常绿阔叶林、暖性落叶阔叶林、暖性针叶林等多种植被类型，森林覆盖率较高，郁闭度大，物种多样性丰富。蝗虫特有种为全省最丰富的地区，计有云南橄蝗、云南负蝗、云南板角蝗、突缘板角蝗、短翅板角蝗、红角板角蝗、云南野蝗、思茅芋蝗、黄股稻蝗、云南卵翅蝗、澜沧卵翅蝗、绿卵翅蝗、拟绿卵翅蝗、金平卵翅蝗、黑刺卵翅蝗、尾齿卵翅蝗、圆板卵翅蝗、红股卵翅蝗、彩色卵翅蝗、白斑卵翅蝗、云南板胸蝗、长翅华蝗、点背版纳蝗、草绿异色蝗、版纳庚蝗、小凸额蝗、长翅凸额蝗、黄条黑纹蝗、长角胸斑蝗、云南切翅蝗、云南黑背蝗、斑腿黑背蝗、斑腿勐腊蝗、云南蛙蝗、勐腊束颈蝗、云南卡蝗、短须卡蝗、长翅黄佛蝗、版纳华佛蝗、线剑角蝗等 40 余特有种。

三、云南蝗总科昆虫生态地理区划

根据上述蝗总科特有种聚类和特有分布区划分的结果，参考前人的工作，结合云南省的自然地貌、气候、植被和水系等方面有关资料，对云南省蝗总科昆虫地理区划提出如下设想：划分为 2 亚区 8 小区：Ⅰ. 云南高原亚区［含横断山北部小区(1)、横断山中部小区(4)、瑞丽小区(3)、滇东北小区(2)、滇东南小区(5)、滇中小区(6)］；Ⅱ. 滇南间山宽谷盆地亚区［含西双版纳小区(8)、元江小区(7)］（表6-1）。

该区划结果与黄复生、侯陶谦等(1987)2 亚区 7 小区的划分结果较相似，但在亚区范围及小区的数量、范围和归属上也有较大的区别（表6-1）：①横断山区在以往的区划中都被作为一个小区对待，鉴于本次聚类结果，参考海拔梯度和蝗虫物种分布的殊异性而被分成横断山北部小区和横断山中部小区。②瑞丽小区为横断山脉的南延部分，是古北界的青海藏南亚区和东洋界的西南山地亚区交汇部，聚类结果显示与横断山区共有信息成分较多，因而归属于云南高原亚区。③滇中小区区系成分的独立性在本次聚类中再次被凸现出来，因此独立为一小区。④元江小区是滇中小区和北热带的西双版纳小区的过渡地带，因此和两小区呈犬齿交错状态，但相对来说与后者的共有信息较多，并聚成分支 B。当然，由于一些特有种分布区域狭隘抑或点状调查未能真实反映其实际分布区，故在构建栅格之间关系上提供的信息量不足，贡献不大。结果的合理性尚须获得更多的标本信息以及再用更小的栅格和更大的阶元(属级)检验。

表 6-1　云南省蝗总科昆虫地理区划与森林昆虫地理区划的比较
(Comparison between the geographical regions of grasshopper and the forest ecoregions to Yunnan)

云南省昆虫地理区划（黄复生等，1987）		云南省蝗总科昆虫地理区划	
亚热带山地森林亚区	横断山脉小区	云南高原亚区	横断山北部小区(1)
			横断山中部小区(4)
	无量山小区		滇中小区(6)
	金沙江小区		滇东北小区(2)
	元江小区		滇东南小区(5)
热带雨林季雨林亚区	瑞丽小区		瑞丽小区(3)
	河口小区	滇南间山宽谷盆地亚区	元江小区(7)
	西双版纳小区		西双版纳小区(8)

英 文 摘 要
（**Abstract**）

This book is a comprehensive study of the taxonomy and distribution of Acridoidea (Orthoptera) of Yunnan, China with particular attention given to the origins, adaptations, evolution, and biogeography of species. The main results are made up of the following six sections.

I. Based on the data from field investigations and the results of identifying Acridoidea specimens deposited, 6 families, 28 subfamilies, 93 genera and 226 species (subspecies) are described. Diagnostics for each family, subfamily and genus are given, as well as the keys to families, subfamilies, genera and species. Citations and examined material information are provided for each species. Characteristics of 16 new taxa and some previously described species are given in detail. Figures for 22 species and 8 plates are provided. In this book, sixteen new species are described: *Oxytauchira paraurora* sp. nov., *O. amaculata* sp. nov., *O. flange* sp. nov., *Caryanda colourfula* sp. nov., *C. viridoides* sp. nov., *C. nigrospina* sp. nov., *C. maguanensis* sp. nov., *C. jinpingensis* sp. nov., *Pseudoptygonotus alpinus* sp. nov., *Alulacris yanshanensis* sp. nov., *Sinopodisma oliva* sp. nov., *S. dianxia* sp. nov., *Ranacris yunnanensis* sp. nov., *Anaptygus yueliangwan* sp. nov., *Chorthippus dashanensis* sp. nov. and *Ch. obtusicaudatus* sp. nov.; four genera and one species as new synonyms are proposed: *Sinstauchira* Zheng, 1981 (= *Oxytauchira* Ramme, 1941), *Sinocaryanda* Mao et Ren, 2007(= *Caryanda* Stål, 1878), *Conophymella* Wang et Xiangyu, 1995 (= *Pseudoptygonotus* Cheng, 1977), *Tectiacris* Wei et Zheng, 2005 (= *Menglacris* Jiang et Zheng, 1994) and *Tectiacris maculifemura* Wei et Zheng, 2005(= *Menglacris maculata* Jiang et Zheng, 1994); four new combinations are proposed: *Oxytauchira ynnnana* (Zheng, 1981) (= *Sinstauchira ynnnana* Zheng, 1981), *Oxytauchira ruficornis* (Huang et Xia, 1984) (= *Sinstauchira ruficornis* Huang et Xia, 1984), *Caryanda macrocercusa* (Mao et Ren, 2007) (= *Sinocaryanda macrocercusa* Mao et Ren, 2007), *Pseudoptygonotus cyanipus* (Wang et Xiangyu, 1995) (= *Conophymella cyanipes* Wang et Xiangyu, 1995); one species *Oxytauchira aurora* (Brunner, 1893) is newly recorded to China; the female of *Longzhouacris longipennis* Huang et Xia, 1984 is discoverd and described.

II. The faunistic characters of 225 species grasshoppers from Yunnan are analyzed systematically, including: 194 Oriental species (86.2% of the fauna), 22 Cosmopolitan species (9.8% of the fauna), and 9 Palaearctic species (4.0% of the fauna). The endemic species in Yunnan up to 138 with the ratio of 61.3%, are remarkably abundant.

III. The analysis of the geographical distribution patterns of Acridoidea from Yunnan shows the following results: 1) In addition to Pamphagidae and Gomphoceridae, there are six families (Chrotogonidae, Pyrgomorphidae, Catantopidae, Oedipodidae, Arcypteridae and Acrididae) in Yunnan. 2) The fact that 57 genera (62.0%) are distributed only in Oriental realm indicates that the Oriental component is dominant at genus level. 3) The fact that there are 20 endemic genera

(21. 7% of the fauna) in Yunnan indicates that Yunnan may be a center of origin at the genus-level. 4) In general, the endemic genera occupy a narrow range of spatially discontinuous 'island' habitats. 5) The zoogeography of the Yunnan grasshopper fauna most closely resembles that of Ethiopian realm; among the Oriental realms, the Yunnan fauna most closely resembles the fauna of the Indian subrealm. An examination of the spatial distribution pattern of Acridoidea species richness in Yunnan revealed: 1) species richness gradually increases and then decreases with increasing elevation; 2) species richness decreases with increasing latitude; 3) species richness decreases with increasing longitude.

IV. The origin and evolution of the Acridoidea fauna in Yunnan are analyzed and discussed. The preliminary results showed that the endemic grasshoppers of Yunnan possess typical characteristics, evolving through three large-scale species intercourses (with the Gondwanaland especially). Further results suggest that the center of origin and speciation of Catantopidae in Southwest China is around the central parts of the Yunnan Province. The Xishuangbanna region is another area where many grasshopper species differentiated and formed. The faunistic components of Xishuangbanna mainly followed from the Indo-China Peninsula, and differentiated into a distinct fauna. The development of Xishuangbanna fauna is earlier than that of northwest Yunnan, and later than that of the central Yunnan plateau.

V. According to results, trends of convergent evolution in endemic species with the increasing altitude/latitude include: 1) the proportion of wing-reduced species, 78. 9% on the average, tends to increase; 2) body size tends to reduce; 3) the proportion of dark body pigmentation in species tends to increase, while colorful body pigmentation in species tends to decrease, and green body pigmentation remains unchanged.

By the further analysis, we believe that wing atrophy with increasing altitude and latitude in grasshopper species is common in various habitats may be related to a reduced advantage of flight. The phenomenon is a result of grasshoppers which are chronically adapted to grassland habitats at middle/low altitude regions, and also related to the ability to effectively raise body temperature in colder high-altitude regions. At the same time, the wing degradation can accelerate species differentiation. The fact that the species with scale-like wings is at high proportion may be related to the need for wing protecting tympanic membrane. The reduction in common body size may be related to the a-daption to survive in grass habitat. Various body colorations play as camouflage in some extent. The phenomenon of dark body pigmentation may be relation to raise the body temperature effectively at high-altitude region.

VI. The result of Grid-Cluster Analysis shows that the grasshopper fauna in Yunnan can be divided two biogeographical sub-regions and eight small-regions.

Key Words   Acridoidea, Taxonomy, Faunistic origin, Distribution pattern, Adaptability, Yunnan

New Taxa and New Record to China
CATANTOPIDAE
Oxyinae

Oxytauchira Ramme, 1941

Oxytauchira Ramme, 1941: 117; Willemse, 1955 [1956]: 206-207; Hollis, D. 1975: 200, 204; Zheng, Z. M. , 1981: 299; Ingrisch, 1989: 211; Zheng, Z. M. , 1985: 62; Zheng, Z. M. , 1993: 69; Yin, Shi & Yin, 1996: 491; Ingrisch, S. , F. Willemse & M. S. Shishodia. 2004: 147, 289-320; Li, H. C. , Xia, K. L. *et al.* , 2006: 24, fig. 9.

Sinstauchira Zheng, 1981: Zheng, 1981b: 304. **syn. nov.**

Type-species: *Oxytauchira gracilis* (Willemse, 1931) (= *Tauchira gracilis* Willemse, 1931)

Generic diagnosis. See the descriptions in Willemse, C. (1955), Hollis (1975) and Ingrisch (1989). The main morphological characters that this genus distinguishes with its relative *Tauchira* Stål, 1878 are: tegmina lacking the parallel stridulatory veinlets in the radial area; transverse prosternal process can be either bilobate (Willemse, C. , 1955), trilobate (Hollis, 1975), or bilobate with the indication of a third lobe in the middle (Ingrisch, 1989); external apical spine of hind tibia present in most species; in male 10th abdominal tergite with furculae.

Remark. The genus *Sinstauchira* Zheng, 1981 established to contain the type species *S. yunnana* is closely related to *Tauchira* and *Oxytauchira*. After the original diagnosis in Chinese, it differs from the former in: tegmina lacking parallel stridulatory veinlets in the radial area, hind tibia with external apical spine; from the latter in: vertex with fastigium broad, prosternal process apically with three lobes. However, it is difficult that the feature of vetex width is used to distinguish between *Oxytauchira* and *Sinstauchira*. For *Sinstauchira*, as what Ingrisch (1989) stated, it is not always true in species described by Chinese authors subsequently that the male appearance of lacking furculae on posterior margin of 10th abdominal tergite. In this paper, the genus *Sinstauchira* is proposed as a new junior synonym of the genus *Oxytauchira* based on their similarity in external morphology, two species from Yunnan, *Sinstauchira ynnnana* and *Sinstauchira ruficornis*, as new combinations under the genus *Oxytauchira*.

Oxytauchira ynnnana (Zheng, 1981) comb. nov.

Sinstauchira yunnana Zheng, 1981: Zheng, 1981b: 24(3): 304.

Oxytauchira ynnnana (Zheng, 1981), comb. nov.

Oxytauchira ruficornis (Huang *et* Xia, 1984) comb. nov.

Sinstauchira ruficornis Huang *et* Xia, 1984: 242.

Oxytauchiraruficornis（Huang *et* Xia，1984），comb. nov.

Oxytauchira aurora（Brunner，1893），new record to China

Racilia aurora Brunner，1893；1893a，155；Kirby，W. F. 1910；397.

Oxytauchira aurora（Brunner，1893）// Hollis，1975；204；Ingrisch，1989；212.

Material. 1 male，Nabang，Yingjiang County，Yunnan Province，24°42′N，97°35′E，505 m，1 Aug. 2009，coll. by MAO Ben-Yong.

Distribution. China：Yunnan（Yingjiang）；Myanmar（type locality）.

Oxytauchira paraurora sp. nov.（Pl. I；4；Fig. 2-1）

Diagnosis. The new species resembles *Oxytauchira aurora*（Brunner，1893）and *Oxytauchira amaculata* sp. nov.，it differs from them in Table 1.

Table 1. Comparison among *O. paraurora* sp. nov.，*O. aurora* and *O. amaculata* sp. nov.

O. paraurora sp. nov.	*O. aurora*	*O. amaculata* sp. nov.
Body sizes mall，length of body：16.5-20.0 mm（male），length of postfemur：9.4-10.7 mm（male）	Body sizes larger，length of body：23 mm（male），length of postfemur：13 mm（male）	Body sizes mall，length of body：15.0-15.5 mm（male），length of postfemur：8.8-9.0 mm（male）
Cerci of male with a small dorso-internal preapical tooth	Cerci of male with a small dorso-internal preapical tooth	Cerci of male conical，apex subacute
Epiphallus with bridge narrow in dorsal view，outer lophi with apex straight in posterior view	Epiphallus with bridge broad in dorsal view，outer lophi with apex bilobate in posterior view	Epiphallus with bridge broad in dorsal view，outer lophi with apex straight in posterior view
Rami of cingulum with apical lower angle acute in lateral view，basal valves of penis not reaching to apex of apodeme in dorsal view	Rami of cingulum with apical lower angle acute in lateral view，basal valves of penis remarkably surpassing apex of apodeme in dorsal view	Rami of cingulum with apical lower angle obtuse in lateral view，basal valves of penis not reaching to apex of apodeme in dorsal view

Measurements（mm）. Body length：male 16.5-20.0，female 21.2-21.5 pronotum length：male 3.1-4.1，female 4.8-5.0；tegmen length：male 11.4-12.7，female 14.8-15.0；postfemur length：male 9.4-10.7，female 11.8-12.0.

Type material. Holotype：male，Mengxiu，Ruili County，Yunnan Province，24°5′N，97°46′E，1600 m，2-3 Aug. 2005，coll. by MAO Ben-Yong. Paratypes：10 males，same as holotype；2 males，Jiemao，Yingjiang County，Yunnan Province，24°32′N，97°49′E，1200 m，1 Aug. 2005，coll. by MAO Ben-Yong，XU Ji-Shan；1 male，Tongbiguan，Yingjiang County，Yunnan Province，24°37′N，97°38′E，1334 m，30 Jul. 2009，coll. by MAO Ben-Yong；2 females，Lianghe County，Yunnan Province，1300 m，27 Jul. 2005，coll. by Hai-bo Pu；1 male，Banlazhang，Longlin County，Yunnan Province，24°39′N，98°39′E，1403 m，25 Jul. 2009，coll. by MAO Ben-Yong. The type specimens are deposited in the Zoological Collection，Dali University.

Etymology. The name refers to the similarity with *Oxytauchira aurora*（Brunner，1893）.

Distribution. China: Yunnan (Ruili, Yingjiang, Lianghe, Longlin).

Oxytauchira amaculata sp. nov. (Pl. II: 1; Fig. 2-2)

Diagnosis. The new species is closely related to *Oxytauchira aurora* (Brunner, 1893) and *Oxytauchira paraurora* sp. nov. , it differs from them in Table 1.

Measurements (mm). Body length: male 15. 0-15. 5, female 17. 3-20. 0; pronotum length: male 3. 1-3. 3, female 4. 1-4. 6; tegmen length: male 10. 0-10. 4, female 12. 8-14. 0; postfemur length: male 8. 8-9. 0, female 10. 2-12. 5.

Type material. Holotype: male, Gaoligongshan Mt. , Tengchong County, Yunnan Province, 25°1′N, 98°29′E, 1950 m, 7 Aug. 2005, coll. by XU Ji-Shan. Paratypes: 10 males and 8 females, same data as the holotype but coll. by MAO Ben-Yong, XU Ji-Shan and PU Hai-Bo. The type specimens are deposited in the Zoological Collection, Dali University.

Etymology. The species name refers to its hind femora lacking maculation on outer sides.

Distribution. China: Yunnan (Tengchong).

Oxytauchira flange sp. nov. (Pl. II: 2; Fig. 2-3)

Diagnosis. The new species is closely related to *O. ynnnana* (Zheng, 1981), but differs from it by: 1) male 10th abdominal tergite broadly excised in middle, posterior margin with small furculae; 2) supraanal plate with lateral margins slightly roundly protruding in middle; 3) Female subgenital plate with posterior margin roundly projecting.

Measurements (mm). Body length: male 18. 2-19. 0, female 21. 7; pronotum length: male 3. 8, female 4. 7; tegmen length: male 15. 0-15. 8, female17. 3; postfemur length: male 10. 1-10. 7, female 12. 6.

Type material. Holotype: male, Wangtianshu, Mengla County, Yunnan Province, 21°26′ N, 101°40′E, 700 m, 3 Aug. 2004, coll. by MAO Ben-Yong. Paratypes: 1 male and 1 female, Manzhuang, Mengla County, Yunnan Province, 21°25′N, 101°40′E, 4 Aug. 2004, coll. by MAO Ben-Yong; 5 males and 5 females, Pingpo, Lvchun County, Yunnan Province, 22°40′N, 102°12′E, 24 Jul. 2009, coll. by XU Ji-Shan and ZHANG Jian-Xiong. The type specimens are deposited in the Zoological Collection, Dali University.

Etymology. Named after the protrudent posterior margin of subgenital plate in female.

Distribution. China: Yunnan (Mengla, Lvchun).

Caryandinae

Caryanda Stål, 1878

　　Caryanda Stål, 1878: 47; Brunner-Wattenwyl, 1893b: 136; Kirby, 1914: 192, 201; Bolivar, I. 1918a: 8, 19; Willemse, C. 1930: 104, 128; Chang, K. 1939: 39; Tinkham, 1940: 301; Bei-Bienko & Mishchenko, 1951: 134, 172; Mishchenko, 1952: 170, 172; Willemse, 1955 [1956]: 166; Xia, K. L., 1958: 40; Hollis, 1975: 201, 217-219; Yin, X. C., 1980: 231; Yin, X. C., 1984b: 70; Zheng, Z. M. & Liang, G. Q., 1985: 85; Zheng, Z. M., 1985: 141, 142; Liu, Z. W. & Yin, X. C., 1987: 55-60; Zheng, Z. M., 1993: 87-89; Ma, Guo & Zheng, 2000: 333; Yin, Shi & Yin, 1996: 132-134; Jiang, G. F. & Zheng, Z. M., 1998: 95, 96; Li, H. C., Xia, K. L. *et al.*, 2006: 103-108, fig. 52.

　　Dibastica Giglio-Tos, 1907: 9.

　　Austenia Ramme, 1929: 331.

　　Austeniella Ramme, 1931: 934.

　　Tszacris Tinkham, 1940: 313.

　　Sinocaryanda Mao *et* Ren, 2007. **syn. nov.**.

　　Type-species: *Caryanda spuria* (Stål, 1860) (= *Acridium* (*Oxya*) *spurium* Stål, 1860)

　　Generic diagnosis. See the descriptions in Willemse, C. (1955), Hollis (1975) and Li, H. C., Xia, K. L. *et al.* (2006).

　　Remark. The genus *Sinocaryanda* Mao *et* Ren, 2007 established to contain the type species *S. macrocercusa* is closely related to *Caryanda* and *Nepalocaryanda* Ingrisch, 1990. It differs from *Caryanda* by the following features in male: terminalia dorsally broad; 10th tergite broadly interrupted in midline with widened, rounded, medial margins; cerci reaching to or beyond apex of subgenital plate; epiphallus not divided in middle, and aberrant connecting mode of anchorae with bridge. After examing the type specimens of *Caryanda cultricerca* Ou, Liu *et* Zheng, 2007, we found that it showed some interjacent features between *Sinocaryanda* and *Caryanda* : terminalia moderately broad dorsally; 10th tergite broadly interrupted in midline with triangular furculae; cerci compressed, obviously reaching beyond the top of supraanal plate, but not surpassing apex of subgenital plate; epiphallus partly divided in middle. When the type specimens of *Caryanda cultricerca* and *Sinocaryanda macrocercusa* Mao *et* Ren, 2007 were compared with each other, they were proved to be the similar aberrant members of *Caryanda*. In this paper, we refer *Sinocaryanda macrocercusa* as a new combination to the genus *Caryanda* and propose the genus *Sinocaryanda* as a new junior synonym of the genus *Caryanda*.

Caryanda macrocercusa (Mao *et* Ren, 2007), comb. nov.

　　Sinocaryanda macrocercusa Mao *et* Ren, 2007d: 366-370, figs. 1-11.

Caryanda macrocercusa（Mao *et* Ren, 2007）, comb. nov.

Caryanda colourfula sp. nov. (Pl. IV: 2; Fig. 2-4)

Diagnosis. The new species is closely related to *C. rufofemorata* Ma *et* Zheng, 1992 as demonstrated by similar morphological characters and coloration pattern, but it differs from the latter in Table 2.

Table 2. Comparison between *C. colourfula*, sp. nov. and *C. rufofemorata*

C. colourfula, sp. nov.	*C. rufofemorata*
Fastigium broad, width in front of eyes about 2.38-2.50 times larger than length in male	Fastigium narrow, width in front of eyes about 1.5 times larger than length in male
Pronotum with median carina indistinct	Pronotum with median carina distinct
Tegmina shorter, just reaching at posterior margin of 1st abdominal tergite in male	Tegmina surpassing the middle of 2nd abdominal tergite in male
Postfemora with basal one sixth yellowish green; posttibiae with basal one tenth black, near basal two fifths yellowish green, near apical two fifths blue-green and apical one tenth black	Postfemora with basal one fourth yellowish green; posttibiae with basal part black, the others blue
Anterior projections of epiphallus with posterior sides remarkably projecting in lateral view, outer lophi nearly quadrilateral in posterior view	Anterior projections of epiphallus with posterior sides moderately projecting in lateral view, outer lophi narrowly triangular in posterior view

Measurements (mm). Body length: male 17.7-17.9, female 20.7; pronotum length: male 3.4-3.5, female 4.4; tegmen length: male 3.2-3.4, female 3.2; postfemur length: male 10.5-11.0, female 12.2.

Type material. Holotype: male, Fenshuiling National Nature Reserve, Jinping County, Yunnan Province, 22°55′N, 103°13′E, 1300-1400 m, 23 Jul. 2006, coll. by MAO Ben-Yong. Paratypes: 4 males and 1 female, same data as the holotype. The type specimens are deposited in the Zoological Collection, Dali University.

Etymology. The new scientific name refers to the abundant coloration on the surface of body.

Distribution. China: Yunnan (Jinping).

Caryanda viridoides sp. nov. (Pl. III: 2; Fig. 2-5)

Diagnosis. The new species is similar to *C. virida* as demonstrated by broad tegmina and similar coloration pattern, but differs from the latter by characters listed in Table 3.

Table 3. Comparison between *C. virida* and *C. viridoides* sp. nov.

C. virida	*C. viridoides* sp. nov.
Prosternum and prosternal spine not black	Prosternum and prosternal spine black
Male tegmina 2.1 times longer than maximum width which nearly is at middle	Male tegmina 2.44 times longer than maximum width which nearly is at end
Mesosternal interspace 1.2 times longer than minimum width in male	Mesosternal interspace 2.5 times longer than minimum width in male

(continuation)

C. virida	C. viridoides sp. nov.
Male 10th abdominal tergite entire in middle, posterior margin with small projection; supraanal plate triangular Epiphallus with bridge nearly straight; basal penis valves normal	Male 10th abdominal tergite divided in middle; posterior margin with triangular furculae; supraanal plate shield-shaped Epiphallus with bridge narrow near the sides and broad in middle; basal penis valves remarkably expanded

Measurements (mm). Body length: male 23. 0; pronotum length: male 4. 3; tegmen length: male 3. 8; postfemur length: male 12. 5.

Type material. Holotype: male, Pinghe, Luchun County, Yunnan Province, 22°50′N, 102°31′E, 1450 m, 28 Jul. 2004, coll. by MAO Ben-Yong. Paratype: 1 female (5th instar nymph), same data as the holotype. The type specimens are deposited in the Zoological Collection, Dali University.

Etymology. The name refers to the similarity with *C. virida* Ma, Guo *et* Zheng, 2000.

Distribution. China: Yunnan (Luchun).

Caryanda nigrospina, sp. nov. (Pl. III: 5; Fig. 2-6)

Diagnosis. The new species is similar to *C. glauca* Li, Ji *et* Lin, 1985 as demonstrated by similar morphological characters, especially by similar subgenital plate of female, but differs from it by entirely green postfermur, black prosternum and prosternal spine; and by longer supraanal plate and subgenital plate in male. The new species is also closely related to *C. viridoides* sp. nov. demonstrated by similar black of prosternum and prosternal spine, but differs from it by narrower tegmen; by epiphallus with outer lophi narrowly triangular in posterior view, phallic complex with apical penis valves observably visible.

Measurements (mm). Body length: male 15. 0-16. 5, female 20. 7-23. 2; pronotum length: male 3. 1-3. 4, female 4. 5-4. 7; tegmen length: male 2. 6-3. 3, female 3. 3-4. 0; postfemur length: male 9. 9-10. 5, female 11. 6-13. 0.

Type material. Holotype: male, Lvchun County, Yunnan Province, 23°0′N, 102°24′E, 1700 m, 26 Jul. 2006, coll. by MAO Ben-Yong. Paratypes: 8 males and 3 females, same data as the holotype but coll. by MAO Ben-Yong and XU Ji-Shan; 6 males and 3 females, same data as the holotype but coll. by YANG Zi-Zhong and YANG Guo-Hui. The type specimens are deposited in the Zoological Collection, Dali University.

Etymology. Named after the prosternum and prosternal spine black.

Distribution. China: Yunnan (Lvchun).

Caryanda maguanensis, sp. nov. (Pl. III: 3; Fig. 2-7)

Diagnosis. The new species resembles *C. glauca* Li, Ji *et* Lin, 1985 and *C. vittata* Li *et* Jin, 1984 as demonstrated by similar morphological characters and coloration pattern, especially by narrow tegmina as scale-like, but differs from the latter two in table 4.

Table 4. Comparison on among *C. glauca*, *C. maguanensis*, sp. nov. and *C. vittata*

C. glauca	*C. maguanensis*, sp. nov.	*C. vittata*
Body size larger, length of male body 18.6-21.5 mm, length of female body 24.7-28.5 mm	Body size smaller, length of male body 16.6-18.0 mm, length of female body 21.5-22.3 mm	Body size larger, length of male body 19.3-19.6 mm, length of female body 25.0-25.5 mm
Interocular distance in male broad, about 1.8-2.0 times as wide as frontal ridge between antennae	Interocular distance in male narrow, about 1.25-1.50 times as wide as frontal ridge between antennae	Interocular distance in male broad, about 1.70-1.85 times as wide as frontal ridge between antennae
Eyes longitudinal diameter about 1.5-1.7 times as horizontal diameter in male	Eyes longitudinal diameter about 1.41-1.43 times as horizontal diameter in male	Eyes longitudinal diameter about 1.3 times as horizontal diameter in male
Male cerci reaching posterior margin of supraanal plate	Male cerci surpassing beyond posterior margin of supraanal plate	Male cerci surpassing posterior margin of supraanal plate
Posterior margin of female subgenital plate roundedly projecting entirely or acute-angular in middle	Posterior margin of female subgenital plate straight in middle and with two obtuse dentes near sides	Posterior margin of female subgenital plate triangular
Epiphallus with bridge narrower	Epiphallus with bridge broader	Epiphallus with bridge broader

Measurements（mm）. Body length：male 16.6-18.0，female 21.5-22.3；pronotum length：male 3.2-3.6，female 4.4-4.8；tegmen length：male 3.0-3.6，female 3.7-4.1；postfemur length：male 10.1-11.4，female 12.4-13.0.

Type material. Holotype：male, Bazhai, Maguan County, Yunnan Province, 23° 0′ N, 104°4′ E, 1750 m, 19 Jul. 2006, coll. by MAO Ben-Yong. Paratypes：38 males and 16 females, same data as the holotype but coll. by MAO Ben-Yong, XU Ji-Shan, WANG Yu-long, YANG Zi-Zhong, LIU Hao-Yu, YANG Yu-Xia and WU Qi-Qi. The type specimens are deposited in the Zoological Collection, Dali University.

Etymology. Named after the type-locality, Maguan.

Distribution. China：Yunnan（Maguan）.

Caryanda jinpingensis, sp. nov. (Pl. Ⅲ：4；Fig. 2-8)

Diagnosis. The new species is closely related to *C. maguanensis*, sp. nov., except for posterior margin of subgenital plate rounded against straight in female, epiphallus with outer lophi parallelogram-like against triangular in posterior view, phallus with apical penis valves covered laterally by rami when it not covered in *C. maguanensis*. The new species is also similar to *C. glauca* Li, Ji *et* Lin, 1985 and *C. vittata* Li *et* Jin, 1987 as demonstrated by similar shape for phallic complex, tegmina and subgenital plate of female. The differences that the new species distinguishes with the latter two are listed as Table 5.

Table 5. Comparison among *C. glauca*, *C. jinpingensis*, **sp. nov. and** *C. gracilis*

C. glauca	*C. jinpingensis*, sp. nov.	*C. gracilis*
Interocular distance in male broader, about 1. 8-2. 0 times as wide as frontal ridge between antennae	Interocular distance in male narrow, about 1. 23-1. 35 times as wide as frontal ridge between antennae	Interocular distance in male broad
Tegmina 2. 3-2. 5 times longer than maximum width in male, apex rounded	Tegmina 2. 73-3. 30 times longer than maximum width in male, apex rounded	Tegmina 3. 6 times longer than maximum width in male, apex acute
Male supraanal plate broadly triangular	Male supraanal plate nearly triangular, lateral margin weakly rounded, posterior margin triangular	Male supraanal plate nearly shield-shaped
Posterior margin of female subgenital plate roundedly projecting entirely or acute-angular in middle	Posterior margin of female subgenital plate roundedly projecting entirely	No described
Epiphallus with bridge entirely narrow	Epiphallus with bridge narrow near the sides and broad in middle	Epiphallus with bridge entirely broad
Postfemora with basal 2/3 yellowish green and apical 1/3 yellowish brown	Postfemora with basal 1/5 yellow and other green in male or entirely green in female	Postfemora entirely yellowish green

Measurements (mm). Body length: male 17. 2-20. 0, female 21. 5-22. 7; pronotum length: male 3. 1-3. 6, female 4. 5-5. 1; tegmen length: male 3. 0-3. 6, female 3. 7-4. 4; postfemur length: male 10. 0-11. 5, female 12. 8-13. 2.

Type material. Holotype: male, Fenshuiling National Nature Reserve, Jinping County, Yunnan Province, 22° 55′ N, 103° 13′ E, 1850 m, 24 Jul. 2006, coll. by LANG Jun-Tong. Paratypes: 13 males and 10 females, same data as the holotype but coll. by MAO Ben-Yong. The type specimens are deposited in the Zoological Collection, Dali University.

Etymology. Named after the type-locality, Jinping.

Distribution. China: Yunnan (Jinping).

Pseudoptygonotinae

Pseudoptygonotus **Cheng, 1977**

Pseudoptygonotus Cheng, 1977: 306; Zheng, Z. M., 1985: 65; Zheng, Z. M., 1993: 101; Li, H. C., Xia, K. L. *et al.*, 2006: 188, 189. Zheng, Z. M. & Yao, Y. P., 2006b: 359-363, figs. 1-8.

Conophymella Wang *et* Xiangyu, 1995: 451. **syn. nov**.

Type-species: *Pseudoptygonotus kunmingensis* Cheng, 1977

Generic diagnosis. See the descriptions in Cheng (1977) and Li, H. C., Xia, K. L. *et al.* (2006).

Remark. The genus *Conophymella* Wang *et* Xiangyu, 1995 established to contain the type species *C. cyanipus* is closely related to *Pseudoptygonotus* Cheng, 1977 except for prosternal spine tongue-like against triangular. After examing the type specimens of *Conophymella cyanipes* Wang *et* Xiangyu, 1995, we found that it showed most similarity to *Pseudoptygonotus* though its prosternal spine can be either tongue-like along with the stereo-microscopical focus changed in ventral-posterior view (Fig. 2-12b), or triangular in anterior view (Fig. 2-12c). In this paper, we refer therefore *C. cyanipus* as a new combination to the genus *Pseudoptygonotus* and propose the genus *Conophymella* as a new junior synonym of the genus *Pseudoptygonotus*.

Pseudoptygonotus cyanipus (**Wang** *et* **Xiangyu, 1995**), **comb. nov.** (**Fig. 2-13**)

Conophymella cyanipes Wang *et* Xiangyu, 1995: 1995a, 451-454, figs. 1-8
Pseudoptygonotus cyanipus (Wang *et* Xiangyu, 1995), comb. nov.

Pseudoptygonotus alpinus sp. nov. (**Pl. V: 1; Fig. 2-12**)

Diagnosis. This new species differs from all known *Pseudoptygonotus* species by the following features: body size smaller; antennae with any segment wider than long; body black brown. The new species is related to *P. kunmingensis* Cheng, 1977 and *P. gongshanensis* Zheng *et* Liang, 1986 as demonstrated by pronotum with lateral carinae weakly distinct, and posterior margin of subgenital plate with a breach in female, but differs from the latter two in: 1) body size smaller, length of female body 18.5-19.5 mm; 2) antennae slightly surpassing beyond anterior margin of pronotum in female or reaching to middle of pronotum in male, any median segment about 0.69-0.75 times longer than wide in female or 0.71-0.91 times longer than wide in male; 3) lateral lobe of pronotum with two smooth callous processes between median transverse culcus and hind transverse one; 4) body color dark brown.

Measurements (mm). Body length: male 12.6-15.0, female 18.5-19.5; pronotum length: male 2.8-3.1, female 3.9-4.3; tegmen length: male 2.6-3.8, female 3.5-4.3; postfemur length: male 7.8-8.1, female 8.9-9.5.

Type material. Holotype: male, Dali (Mt. Cangshan), Yunnan Province, 25°35′N, 100°13′E, 3200 m, 7 Jun. 1999, coll. by MAO Ben-Yong. Paratypes 20 males, 12 females, same data as holotype. Paratypes 17 males, 39 females, 2900-3200 m, 6-7 Jun. 1999, coll. by Ji Bo, other data as holotype. Paratypes 2 males, 1 female, Jinding, Lanping County, Yunnan Province, 26°25′N, 99°24′E, 2800 m, 23 Aug. 1997, coll. by YANG Zi-Zhong and MAO Ben-Yong. The type specimens are deposited in the Zoological Collection, Dali University.

Etymology. The scientific name refers to the species distributing above an elevation of about 2800 m in Yunnan.

Distribution. China: Yunnan (Dali, Lanping).

Podisminae

Alulacris yanshanensis sp. nov. (Pl. V： 6； Fig. 2-14)

Diagnosis. The new species is closely related to *A. shilinensis* (Cheng， 1977)， but differs from the latter in table 6.

Table 6. Comparison between *A. yanshanensis* sp. nov. and *A. shilinensis*

A. yanshanensis sp. nov.	*A. shilinensis*
Frontal ridge with only shallow sulcus near antennae， lateral margins weakly expanded between antennae and subobsolete at clypeus	Frontal ridge with sulcus throughout， lateral margins parallel
Interocular distance (0. 7mm) about 0. 3 times narrower than longitudinal diameter of eye in female	Interocular distance (0. 9mm) about 0. 4 times narrower than longitudinal diameter of eye in female
Pronotum with hind transverse sulcus present at posterior part of pronotum， prozona 1. 5 times as long as metazona in female	Pronotum with hind transverse sulcus almost present at middle of pronotum， prozona 1. 2 times as long as metazona in female
Tegmina broader in female， 1. 94 times longer than maximum width	Tegmina narrow in female， 2. 23 times longer than maximum width
Postfemur with lower knee lobes dark green	Postfemur with lower knee lobes black

Measurements (**mm**). Body length： female 23. 0； pronotum length： female 5. 1； tegmen length： female 6. 2； postfemur length： female 11. 9.

Type material. Holotype： female， Yanshan County， Yunnan Province， 23°26′N， 104°19′ E， 650 m， 19 Sep. 2003， coll. by XU Ji-Shan. The type specimens are deposited in the Zoological Collection， Dali University.

Etymology. Named after the type-locality， Yanshan.

Distribution. China： Yunnan (Yanshan).

Curvipennis wixiensis Huang， 1984

Curvipennis wixiensis Huang， 1984： 207-209， figs. 6-10； Zheng， Z. M. ， 1993： 120， figs. 406-407； Yin， Shi & Yin， 1996： 290； Mao， B. Y. & Zheng， Z. M. ， 1997： 99-101； Li， H. C. ， Xia， K. L. *et al.* ， 2006： 298-300， figs. 149， 155a-f.

Curvipennis furculis Mao *et* Zheng， 1997： 99-101， figs. 1-5. **syn. nov.**

Remark. The type specimen of *Curvipennis furculis* Mao *et* Zheng， 1997 are compared with the topotypes of *Curvipennis wixiensis* Huang， 1984， which possesses actually small furculae on posterior margin of 10th abdominal tergite in male. The result shows that they share same morphological characters and are surely congeneric. The *C. furculis* therefore is regarded as a new junior synonyms of *C. wixiensis* in this paper.

Sinopodisma oliva sp. nov. (Pl. V： 3； Fig. 2-15)

Diagnosis. The new species is closely related to *S. guizhouensis* Zheng， 1981， but differs from the latter in table 7.

Table 7. Comparison between *S. oliva* sp. nov. and *S. guizhouensis*

S. oliva sp. nov.	*S. guizhouensis*
First abdominal tergite with surface smooth	First abdominal tergite with surface sparsely foveolate
Male tegmina hardly reaching to or beyond posterior margin of 1st abdominal tergite	Male tegmina reaching to middle of 2nd abdominal tergite
Postfemur with upper sides brownish green, others yellowish green, lower genicular lobes with apex brownish green	Postfemur with upper sides and upper half of outer sides reddish brown, others yellowish green, lower genicular lobes with apex black
Epiphallus with bridge backward concave	Epiphallus with bridge straight

Measurements (**mm**). Body length: male 15. 2-16. 5, female 23. 4-25. 0; pronotum length: male 3. 7-4. 0, female 4. 2-5. 5; tegmen length: male 3. 0-3. 5, female 4. 0-5. 0; postfemur length: male 9. 0-9. 4, female 11. 2-12. 7.

Type material. Holotype: male, Huize County, Yunnan Province, 26°25′N, 103°17′ E, 25 Jul. 2004, coll. by MAO Ben-Yong. Paratypes: 23 males and 10 females, same data as the holotype but coll. by MAO Ben-Yong, YANG Zi-Zhong. The type specimens are deposited in the Zoological Collection, Dali University.

Etymology. Named after the body coloration mainly being olive.

Distribution. China: Yunnan (Huize).

Sinopodisma dianxia sp. nov. (Pl. Ⅶ: 5; Fig. 2-16)

Diagnosis. The new species is closely related to *S. zhengi* Liang *et* Lin, 1995 as demonstrated by similar morphological characters and coloration pattern, but differs from the latter in table 8.

Table 8. Comparison between *S. dianxia* sp. nov. and *S. zhengi*

S. dianxia sp. nov.	*S. zhengi*
Interocular distance about 0. 9-1. 10 (male) or 1. 00-1. 03 (female) times than width between antennae	Interocular distance distinctly narrower than width between antennae
Frontal ridge sulcated throughout, lateral margins parallel	Frontal ridge sulcated above transverse facial furrow, lateral margins weakly constricted below median ocellus
Eyes longitudinal diameter 1. 67-1. 82 (male) or 1. 43-1. 47 (female) times as long as subocular furrow	Eyes longitudinal diameter 2. 3 (male) or 2. 0 (female) times as long as subocular furrow
Prozona 2. 03-2. 13 times as long as metazona in male	Prozona 1. 75 times as long as metazona in male
Mesosternal interspace 0. 83-0. 86 times as long as minimum width in male	Mesosternal interspace 1. 0 times as long as minimum width in male

（continuation）

S. dianxia sp. nov.	*S. zhengi*
Male 10th abdominal tergite with furculae obtusely angular; supraanal plate broadly triangular; cerci short conical, apex faintly compressed and obtuse, constricted near apex, apical part incurve in dorsal view	Male 10th abdominal tergite with semicircular furculae; supraanal plate triangular; cerci slender, apex faintly acute, no constricted near apex, apical part straight in dorsal view
Postfemur with lower genicular lobes greenish yellow	Postfemur with lower genicular lobes black
Epiphallus entirely trapezoidal in dorsal view; anchorae more approached each other	Epiphallus upside down trapezoidal in dorsal view; anchorae keeping away from each other

Measurements（**mm**）. Body length：male 16. 0-17. 6，female 22. 0-23. 5；pronotum length：male 3. 7-4. 0，female 5. 0-5. 3；tegmen length：male 3. 0-3. 3，female 3. 9-4. 6；postfemur length：male 9. 5-10. 4，female 12. 8-13. 6.

Type material. Holotype：male，Jianchuan County，Yunnan Province，26°16′N，99°54′E，2300 m，27 Oct. 1999，coll. by MAO Ben-Yong. Paratypes：1 male，same data as holotype；9 males and 10 females，2300-2500 m，17 Aug. 2000，other data as the holotype；5 males and 3 females，Songgui，Heqing County，Yunnan Province，26°21′N，100°9′E，1800 m，6 Oct. 2003，coll. by XU Ji-Shan；36 males and 27 females，Songgui，Heqing County，Yunnan Province，26°21′N，100°9′E，1800 m，21 Aug. 2007，coll. by MAO Ben-Yong. The type specimens are deposited in the Zoological Collection，Dali University.

Etymology. Named after the distribution region of this species，western Yunnan（Dianxi）.

Distribution. China：Yunnan（Jianchuan，Heqing）.

Habrocneminae

Longzhouacris longipennis Huang *et* Xia，1984（Pl. Ⅶ：1）

Longzhouacris longipennis Huang *et* Xia，1984：243-244，figs. 3-5.

Remark. The female of the species is described for the first time.

Menglacris Jiang *et* Zheng，1994

Menglacris Jiang *et* Zheng，1994：463；Li，H. C. ，Xia，K. L. *et al.* ，2006：615，626，627.

Tectiacris Wei *et* Zheng，2005：369-370. **syn. nov**.

Type-species：*Menglacris maculata* Jiang *et* Zheng，1994

Generic diagnosis. See the descriptions in Jiang *et* Zheng（1994）and Li，H. C. ，Xia，K. L. *et al.* （2006）.

Remark. After examing the topotypes specimens of *Menglacris maculata* Jiang *et* Zheng，1994 and *Tectiacris maculifemura* Wei *et* Zheng，2005，the result shows they share same morphological characters and are surely congeneric. The *T. maculifemura* therefore is regarded as a new junior synonym of *M. maculata*，as well as the genus *Tectiacris* as a new junior synonym of the genus *Menglacris* accordingly.

Menglacris maculata Jiang *et* Zheng, 1994

Menglacris maculate Jiang *et* Zheng, 1994: 463-467, figs. 1-12; Li, H. C. , Xia, K. L. *et al.* , 2006: 627-628, 320a-l, 323.

Tectiacris maculifemura Wei *et* Zheng, 2005: 370-371, figs. 8-13. **syn. nov.** .

Ranacridinae

Ranacris yunnanensis sp. nov. (Pl. Ⅷ: 5; Fig. 2-18)

Diagnosis. The new species is closely related to *R. albicornis* You *et* Lin, 1983, but differs from the latter in: 1) body surface distinctly foveolate and rugose; 2) vertex with lateral carinae clearly visible; 3) pronotum with anterior and median transverse sulci nearly straight, prozona 3. 17-3. 20 times as long as metazona in male; 4) male supraanal plate observably constricted near apex, posterior margin tongue-shaped in middle.

Measurements (mm). Body length: male 21. 6-22. 9, female 25. 0-28. 5; pronotum length: male 4. 0-4. 6, female 6. 0-6. 3; postfemur length: male 11. 5-12. 0, female 14. 2-15. 3.

Type material. Holotype: male, Fenshuiling National Nature Reserve, Jinping County, Yunnan Province, 22° 55′ N, 103° 13′ E, 1650 m, 24 Jul. 2006, coll. by MAO Ben-Yong. Paratypes: 59 males and 115 females, 1650-1850 m, other data as the holotype but coll. by MAO Ben-Yong, YANG Zi-Zhong, XU Ji-Shan, LIU Hao-Yu, WU Qi-Qi and LANG Jun-Tong. The type specimens are deposited in the Zoological Collection, Dali University except for 2 males and 2 females in Shanghai Entomological Museum, Chinese Academy of Science.

Etymology. Named after the type-locality, Yunnan.

Distribution. China: Yunnan (Jinping).

ARCYPTERIDAE

Arcypterinae

Anaptygus yueliangwan, sp. nov. (Pl. Ⅵ: 2; Fig. 2-19)

Diagnosis. The new species is a aberrant members of *Anaptygus*, can be distinguished from all species of the genus in: head as long as pronotum in male; vertex with length in front of eyes equal to maximum width; antennae reaching base of hind leg; brachypterous, outer margin broadly rounded with a distinct incision, dorsally contiguous in male.

Measurements (mm). Body length: male 17. 0-17. 3, female 20. 0-21. 0; pronotum length: male 2. 9-3. 0, female 3. 9-4. 0; tegmen length: male 4. 5-4. 8, female 3. 7-3. 4; postfemur length: male 9. 4-9. 5, female 11. 3-11. 9.

Type material. Holotype: male, Yueliangwan, Deqin County, Yunnan Province, 28°12′N,

99°18′ E, 3600 m, 19 Aug. 2007, coll. by MAO Ben-Yong. Paratypes: 2 males and 2 females, same data as the holotype but coll. by MAO Ben-Yong and LI Zong-Xun. The type specimens are deposited in the Zoological Collection, Dali University.

Etymology. Named after the appositional noun of type-locality, Yueliangwan, Deqin County.

Distribution. China: Yunnan (Deqin).

Chorthippus dashanensis sp. nov. (Pl. Ⅶ: 2; Fig. 2-21)

Diagnosis. The new species is similar to *Ch. yuanshanensis* Zheng, 1980 and *Ch. xueshanensis* Zheng *et* Mao, 1997 as demonstrated by similar general appearance, but differs from the latter two in table 9.

Table 9. Comparison among *Ch. yuanshanensis*, *Ch. dashanensis* sp. nov. and *Ch. xueshanensis*

Ch. yuanshanensis	*Ch. dashanensis* sp. nov.	*Ch. xueshanensis*
Fastigium acute-angular in male	Fastigium rectangular in male or roundly obtusely angular in female	Fastigium acute-angular or rectangular in male or obtusely angular in female
Frontal ridge with longitudinal sulcus below median ocellus (male) or faintly concave (female)	Frontal ridge with longitudinal sulcus below median ocellus and gradually obsolete near clypeus in both sexes	Frontal ridge with longitudinal sulcus throughout (male) or below median ocellus (female)
Tegmina 3.7 (male) or 4.2 (female) times longer than maximum width, medial area with width equal to cubital area	Tegmina 4.26-5.00 (male) or 5.17-5.50 (female) times longer than maximum width, medial area about 1.43-1.91 (male) or 1.92-2.64 (female) times wider than cubital area	Tegmina 3.8-3.9 (male) or 4.7 (female) times longer than maximum width, medial area with width equal to cubital area
Lower carina of postfemora with 154 stridulatory pegs on inner sides in male	Lower carina of postfemora with 188 stridulatory pegs on inner sides in male	Lower carina of postfemora with 152 stridulatory pegs on inner sides in male
Tympanal opening 7.2 times longer than minimum width in male	Tympanal opening 4.12-6.36 (male) or 5.83-5.85 (female) times longer than minimum width	Tympanal opening 8.6-8.9 (male) or 9.4 (female) times longer than minimum width
Male supraanal plate triangular, with longitudinal furrow throughout	Male supraanal plate shield-shaped, basal half with shallow and wide longitudinal furrow	Male supraanal plate tongue-shaped, basal half with longitudinal furrow

Measurements (**mm**). Body length: male 17.6-19.5, female 23.5-24.3; pronotum length: male 3.2-3.5, female 4.2-4.3; tegmen length: male 14.2-15.0, female 15.5-16.5; postfemur length: male 10.0-10.9, female 13.0-13.8.

Type material. Holotype: male, Dashanbao National Nature Reserve, Zhaotong County, Yunnan Province, 1 Aug. 2006, coll. by ZHOU Lian-Bing. Paratypes: 55 males and 52 females, same data as the holotype. The type specimens are deposited in the Zoological Collection, Dali University.

Etymology. Named after the type-locality, Dashanbao.

Distribution. China: Yunnan (Zhaotong).

Chorthippus obtusicaudatus sp. nov. (Pl. Ⅶ：3； Fig. 2-22)

Diagnosis. The new species is similar to *conicaudatus* Xia *et* Jin，1982 as demonstrated by similar general appearance，but differs from the latter in table 10.

Table 10. Comparison between *Ch. obtusicaudatus* sp. nov. and *Ch. conicaudatus*

Ch. obtusicaudatus sp. nov.	*Ch. conicaudatus*
Tegmina shorter，8. 0-9. 0 (male) or 8. 3-9. 4 (female) mm	Tegmina longer，12. 3-12. 5 (male) or 10. 6-12. 5 (female) mm
Vetex with fastigum acute angular in both sexes	Vetex with fastigum rectangular in both sexes
Antennae reaching coxa of hind leg in male	Antennae reaching posterior margin of pronotum in male
Mesosternal interspace 1. 43-1. 60 (male) or 1. 39-1. 53 (female) times wider than long	Mesosternal interspace faintly longer than wide
Tegmina with costal area about 1. 95-2. 05 times wider than subcosta area at maximum in male	Tegmina with costal area about 1. 5 times wider than subcosta area at maximum in male
Lower carina of postfemora with 106 stridulatory pegs on inner sides in male	Lower carina of postfemora with 153(±8) stridulatory pegs on inner sides in male
Tympanal opening 2. 50-2. 78 times longer than minimum width in male	Tympanal opening 2. 0 times longer than minimum width in male
Subgenita plate with apex obtuse in male	Subgenita plate with apex acute in male
Body yellowish green or brownish green；postfemora with a dark brown macula at base；posttibiae red	Body brownish yellow；postfemora without any macula at base；posttibiae yellowish brown
Epiphallus with lateral plate narrower	Epiphallus with lateral plate broader

Measurements (mm). Body length：male 14. 2-15. 7，female 19. 0-19. 5；pronotum length：male 2. 7-3. 0，female 3. 2-3. 7；tegmen length：male 8. 0-9. 0，female 8. 3-9. 4；postfemur length：male 8. 5-9. 4，female 11. 2-11. 4.

Type material. Holotype：male，Dashanbao National Nature Reserve，Zhaotong County，Yunnan Province，30 Jul. 2006，coll. by ZHOU Lian-Bing. Paratypes：63 males and 146 females，same data as the holotype. The type specimens are deposited in the Zoological Collection，Dali University.

Etymology. The scientific name refers the obtuse apex of subgenita plate in male.

Distribution. China：Yunnan (Zhaotong).

中文名索引

拉丁名索引

参考文献

毕道英，夏凯龄 . 1981. 中国负蝗属的新种记述(直翅目：蝗总科：锥头蝗科). 昆虫学报，24(4)：407~414. [Bi，D. Y. & Xia，K. L. 1981. A study on the Chinese *Atractomorpha* Saussure with descriptions of new species (Orthoptera：Acridoidea：Pyrgomorphidae). *Acta Entomologica Sinica*, 24(4)：407~414.]

毕道英，夏凯龄 . 1984. 云南蝗虫三新种记述，动物学研究，5(2)：145~150，图 1~13. [Bi，D. Y. & Xia，K. L. 1984. Description of three new species of Acridoidea (Orthoptera) from Yunnan. *Zoological Research*，5 (2)：145~150，figs. 1~13.]

毕道英，夏凯龄 . 1987. 直翅目：蝗总科 . 见：西藏农业病虫及杂草，第 1 册，51~61，图 1~29. [Bi，D. Y. & Xia，K. L. 1987. Orthoptera：Acridoidea. In：Agricultural Pests and Weeds in Tibet，Vol. 1：51~61，figs. 1~29.]

毕道英 . 1983. 中国橄蝗属的研究(直翅目：锥头蝗科). 昆虫学研究集刊，第 3 集：175~179. [Bi，D. Y. 1983. On the genus *Tagasta* Bolivar from China (Orthoptera，Pyrgomorphidae). *Contr. Shanghai Inst. Entomol.*，Vol. 3：175~179.]

毕道英 . 1984. 中国切翅蝗族的新属，新种记述(直翅目：蝗总科：斑腿蝗科). 昆虫学研究集刊，第 4 集：181~189，图 1~7. [Bi，D. Y. 1984. Studies on Chinese Coptacrini with descriptions of new genus and species (Orthoptera：Acridoidea). *Contr. Shanghai Inst. Entomol.*，Vol. 4：181~189，figs. 1~7.]

毕道英 . 1985 (1986). 中国蝗虫五新种的记述 . 昆虫学研究集刊，第 5 集：195~206，图 1~34. [Bi，D. Y. 1985 (1986). Five new species of grasshoppers from China. *Contr. Shanghai Inst. Entomol.*，Vol. 5：195~206，figs. 1~34.]

毕道英 . 1986. 中国稻蝗属三新种记述(直翅目：蝗总科). 昆虫学研究集刊，第 6 集：1~156，图 1~24. [Bi，D. Y. 1986. Three new species of *Oxya* Serville from China (Orthoptera，Acridoidea). *Contr. Shanghai Inst. Entomol.*，Vol. 6：1~156，figs. 1~24]

毕道英 . 1988. 小戛蝗属一新种记述(直翅目：蝗总科：剑角蝗科). 昆虫学研究集刊，第 8 集：171~173，图1~6. [Bi，D. Y. 1988. A new species of *Paragonista* Willemse (Orthoptera，Acridoidea，Acrididae). *Contr. Shanghai Inst. Entomol.*，Vol. 8：171~173，figs. 1~6]

曹善寿 . 2004. 糯扎渡自然保护区 . 昆明：云南科学技术出版社，1~387. [Cao，S. S. 2004. Nuozhadu Nature Reserve. Yunnan Sci-Tech Press，Kunming，1~387.]

陈永林 . 1981. 新疆维吾尔自治区的蝗虫研究：蝗虫的分布 . 昆虫学报，24 (2)：166~173. [Chen，Y. L. 1981. Studies on the Acridoids of Xinjiang Uighur Autonomous Region：distribution of Acridoids. *Acta Entomologica Sinica*，24 (2)：166~173.]

陈永林 . 1991. 蝗虫和蝗灾 . 生物学通报，11：9~12. [Chen，Y. L. 1991. Locust plague. *Bulletin of Biology*，11：9~12.]

陈永林 . 2001. 蝗虫生态种及其指示意义的探讨 . 生态学报，21(1)：156~158. [Chen，Y. L. 2001. Discussion on the ecospecies of Acridoids and its significance of indicator. *Acta Ecologica Sinica*，21(1)：156~158.]

达尔文 . 1845. 周建人，叶笃庄，方宗熙译 . 1983. 物种起源 . 北京：商务印书馆，1~625. [Darwin，C. 1845. (Zhou，J. R.，Ye，D. Z. & Fang，Z. X.，1983，version) On the Origin of Species by Means of Natural Selection. Commercial Press，Beijing. 1~625]

董学书，周红宁，龚正达，董利民，王学忠 . 2005. 云南省蚊类的地理区划 . 中国媒介生物学及控制杂志，16(1)：24~26. [Dong，X. S.，Zhou，H. L.，Gong，Z. D.，Dong，L. M. & Wang，X. Z. 2005. Studies on the Regional Areas of Mosquitoes in Yunnan. *Chin. J. Vector. Biol. & Control*, 16(1): 24~26.]

段诚忠等. 1995. 苍山植物科学考察. 昆明：云南科技出版社，1~238. [Duan, C. Z et al. . 1995. Scientific investigation of the plant on Cangshan Mountain. Yunnan Sci-Tech Press, Kunming, 1~238.]

冯建孟，王襄平，方精云. 2006. 云南独龙江地区种子植物物种多样性垂直分布格局和 Rapoport 法则的验证. 北京大学学报（自然科学版），42（4）：515~520. [Feng, J. M. , Wang, X. P. & Fang, J. Y. 2006. Altitudinal Pattern of Species Richness and Test of the Rapoport's Rules in the Drung River Area, Southwest China. *Acta Scientiarum Naturalium Universitatis Pekinensis*, 42(4): 515~520.]

冯建孟，王襄平，徐成东等. 2006. 玉龙雪山植物物种多样性和群落结构沿海拔梯度的分布格局. 山地学报，24(1)：110~116. [Feng, J. M. , Wang, X. P. & Xu, C. D. 2006. Altitudinal Patterns of Plant Species Diversity and Community Structure on Yulong Mountains, Yunnan, China. *Journal of Mountain Science*, 24 (1): 110~116.]

龚正达，吴厚永，段兴德等. 2001. 云南横断山区小兽物种多样性与分布趋势. 生物多样性，9(1)：73~79. [Gong, Z. D. , Wu, H. Y. & Duan, X. D. 2001. The species diversity and distribution trends of small mammals in Hengduan Mountains, Yunnan. *Biodiversity Science*, 9(1): 73~79.]

龚正达，吴厚永，段兴德等. 2005. 云南横断山区蚤类物种丰富度与区系的垂直分布格局. 生物多样性，13(4)：279~289. [Gong, Z. D. , Wu, H. Y. & Duan, X. D. 2005. Species richness and vertical distribution pattern of flea fauna in Hengduan Mountains of western Yunnan, China. *Biodiversity Science*, 13(4): 279~289.]

桂富荣，杨莲芳. 2000. 云南毛翅目昆虫区系研究. 昆虫分类学报，22(3)：213~222. [Gui, F. R. , & Yang, L. F. 2000. Faunistic Study on Trichoptera of Yunnan. *Entomotaxonomia*, 22(3): 213~222.]

汉弗莱斯，帕伦特著（张明理等译）. 2004. 分支生物地理学——植物和动物分布的解释性格局（第二版）. 北京：高等教育出版社，1~166. [Humphries, C. J. & Parenti, L. R. (Zhang, M. L. et al. , version). 2004. Cladistic Biogeography: Interpreting Patterns of Plant and Animal Distributions. Higher Education Press, Beijing. 1~166.]

郝守刚，马学平，董熙平等. 2000. 生命起源与演化——地球历史中的革命. 北京：高等教育出版社，1~89. [Hao, S. G. , Ma, X. P. & Dong, X. P. et al. 2000. The Origin and Evolution of Life: Life in Earth History. Higher Education Press, Beijing. 1~89.]

洪友崇. 1982. 中国直翅目哈格鸣螽科化石. 中国科学 B 辑，25(10)：1118~1129. [Hong, Y. C. 1982. Fossil Haglidae (Orthoptera) in China. *Scientia Sinica* (series B), 25 (10): 1118~1129.]

洪友崇. 1988. 辽西早白垩世直翅目、脉翅目、膜翅目化石（昆虫纲）的研究. 昆虫分类学报，10(1~2)：119~124. [Hong, Y. C. 1988. Early cretaceous Orthoptera, Neuropteran, Hymenoptera (Insecta) of Kezuo in west Liaoning Province. *Entomotaxonomia*, 10(1~2): 119~124.]

黄春梅，陈新跃. 1999. 我国及邻近地区斑腿蝗科区系及其起源研究. 昆虫学报，42(2)：184~198. [Huang, C. M. & Cheng, X. Y. 1999. The Fauna of Catantopidae and its Origin in China and Adjacent Region. *Acta Entomologica Sinica*, 42(2): 184~198.]

黄春梅，夏凯龄. 1984. 云南蝗虫的新种. 昆虫分类学报，6(2~3)：241~245，图 1~5. [Huang, C. M. & Xia, K. L. 1984. New species of grasshoppers from Yunnan (Acrididae: Catantopinae). *Entomotaxonomia*, 6 (2~3): 241~245, figs. 1~5.]

黄春梅，夏凯龄. 1985. 云南卡属二新种（直翅目：蝗科，斑腿蝗亚科）. 昆虫学报，28(2)：212~214，图 1~10. [Huang, C. M. & Xia, K. L. 1985. Two New Species of *Carsula* Stål from Yunnan, China (Orthoptera: Acrididae, Catantopinae). *Acta Entomologica Sinica*, 28(2): 212~214, figs. 1~10.]

黄春梅，夏凯龄. 1985. 云南凸额蝗属一新种（直翅目：蝗科；斑腿蝗亚科）. 动物学集刊，3：95~97，图 1~5. [Huang, C. M. & Xia, K. L. 1985. A new species of *Traulia* Stål from Yunnan (Orthoptera: Acrididae:

Catantopinae). *Bulletin of Zoology*, 3：95~97, figs. 1~5.〕

黄春梅, 杨龙龙. 1998. 西双版纳热带雨林环境变化对蝗虫区系成分和物种多样性的影响. 生物多样性, 6
(2)：122~131.〔Huang, C. M. & Yang, L. L. 1998. Influences of habitat changes in the tropical rainforest on
the fauna and species diversity of Acridoidea in Xishuangbanna. *Chinese Biodiversity*, 6(2)：122~131.〕

黄春梅. 1981. 直翅目：蝗科：斑腿蝗亚科, 锥头蝗亚科, 斑翅蝗亚科. 见：西藏昆虫(第1册). 北京：科
学出版社, 63~83, 图1~40, 图版1~3.〔Huang, C. M. 1981. Orthoptera：Acrididae：Catantopinae, Pyr-
gomorphinae, Oedipodinae. In：Tibet Insect(1). Science Press, Beijing, 63~83, figs. 1~40, pl：1~3.〕

黄春梅. 1982. 黄脊蝗属及其一新种. 动物学集刊, 2：35~37.〔Huang, C. M. 1982. A new species of *Patanga*
Uvarov. *Contr. Shanghai Inst. Entomol.*, Vol. 2：35~37.〕

黄春梅. 1983a. 云南蝗虫的新属新种. 动物学研究, 4 (2)：147~150, 图1~8.〔Huang, C. M. 1983a. New
genus and new species of Acrididae from Yunnan. *Zoological Research*, 4 (2)：147~150, figs. 1~8.〕

黄春梅. 1983b. 新疆蝗虫一新属二新种. 昆虫学报, 26 (2)：214~215, 图1~10.〔Huang, C. M. 1983b. A
new genus and two new species of Acridoids from Xinjiang. *Acta Entomologica Sinica*, 26 (2)：214~215,
figs. 1~10.〕

黄春梅. 1987. 蝗科. 见：云南森林昆虫. 昆明：云南科学技术出版社, 32~63.〔Huang, C. M. 1987.
Acrididae. In：Forestry Insect of Yunnan Province. Yunnan Sci-Tech Press, Kunming, 32~63.〕

黄春梅. 1990. 横断山蝗虫一新属(直翅目：蝗科：锥头蝗亚科). 昆虫学报, 33(2)：230~233.〔Huang,
C. M. 1990. A new genus of grasshopper from Hengduan Mountains (Orthoptera：Acrididae, Pyrgomorphinae).
Acta Entomologica Sinica, 33 (2)：230~233.〕

黄春梅. 1992. 直翅目：蝗科：斑腿蝗亚科, 锥头蝗亚科, 斑翅蝗亚科. 见：横断山区昆虫(第1册). 北
京：科学出版社, 65 ~ 82.〔Huang, C. M. 1992. Orthoptera：Acrididae：Catantopinae, Pyrgomorphinae,
Oedipodinae. In：Insect from Hengduan mountain region (1). Science Press, Beijing, 65~82.〕

黄复生, 侯陶谦, 殷蕙芬等. 1987. 云南森林昆虫区系. 见：云南森林昆虫. 昆明：云南科学技术出版社,
32 ~ 67.〔Huang, F. S., Hou, T. Q., Yin, H. F. *et al.* 1987. Fauna of Forestry Insect from Yunnan
Province. From：Forestry Insect of Yunnan Province. Yunnan Sci-Tech Press, Kunming, 32~67.〕

江幸福, 罗礼智. 2007. 昆虫黑化现象. 昆虫学报, 50(11)：1173~1180.〔Jiang, X. F. & Luo, L. Z. 2007.
Melanism in insects：a review. *Acta Entomologica Sinica*, 50(11)：1173~1180.〕

蒋国芳, 郑哲民. 1994. 云南省斑腿蝗科一新属新种(直翅目：蝗总科). 昆虫学报, 37 (4)：463~467, 图
1~12.〔Jiang, G. F. & Zheng, Z. M. 1994. A new genus and species of Catantopidae (Orthoptera：Acridoidea)
from Yunnan province, China. *Acta Entomologica Sinica*, 37 (4)：463~467, figs. 1~12.〕

蒋国芳, 郑哲民. 1998. 广西蝗虫. 桂林：广西师范大学出版社, 1 ~ 390.〔Jiang, G. F. & Zheng,
Z. M. 1998. Grasshoppers in Guangxi. Guangxi Normal University, Guilin, 1~390.〕

黎天山. 1982. 中国蝗虫新纪录(直翅目：蝗总科). 昆虫分类学报, 4 (4)：258, 图1, 2.〔Li,
T. S. 1982. New records of grasshoppers from China. *Entomotaxonomia*, 4 (4)：258, figs. 1, 2.〕

李鸿昌, 夏凯龄. 2006：中国动物志, 昆虫纲第四十三卷(直翅目, 蝗总科, 斑腿蝗科), 北京：科学出版
社, 1~638.〔Li, H. C., Xia, K. L. *et al.* 2006. Fauna Sinica, Insecta vol. 43, Orthoptera, Acridoidea,
Catantopidae. Science Press, Beijing. 1~638〕

李难. 1990. 进化论教程. 北京：高等教育出版社, 1~441.〔Li, N. 1990. A Course of the evolution theo-
ry. Higher Education Press, Beijing. 1~441.〕

李余华, 李志伟, 王登红等. 2005. 云南中西部新生代陆内变形及其动力学. 云南地质, 24(2)：142~150.
〔Li, Y. H., Li, Z. W., Wang, D. H., *et al.* 2005. Cenozoic inland deformations and their dynamics in the
Central western Yunnan. *Yunnan Geology*, 24(2)：142~150.〕

李增加, 马有新, 李红梅等. 2008. 西双版纳土地利用/覆盖变化与地形的关系. 植物生态学杂志, 32(5)：

1091~1103. [Li, Z. J., Ma, You-xin, LI Hong-mei, et al. . 2008. Relation of land use and cover change to topography in Xishuangbanna, Southwest China. *Journal of Plant Ecology* (*Chinese Version*), 32 (5): 1091~1103.]

梁爱萍. 1998. 中国及其周边地区沫蝉和蜡蝉总科(昆虫纲：同翅目)昆虫的支序生物地理学. 动物分类学报, 23(增刊): 132~166. [Liang, A. P. 1998. Cladistic biogeography of Cercopoidea and Fulgoroidea (Insecta: Homoptera) in China and adjacent regions. *Acta Zootaxonomica Sinica*, 23(Suppl.): 132~166.]

梁爱萍. 1999. 六足总纲的系统发育与高级分类. 见：郑乐怡, 归鸿. 昆虫分类(上). 南京：南京师大出版社, 1~26. [Liang, A. P. 1999. Phylogeny and High Classification of Hexapoda. In: Insect Classification. Nanjing Normal University Press, Nanjing. 1~26.]

梁爱萍. 2003. 西藏南部及其邻近地区沫蝉总科(半翅目)昆虫的动物地理学研究. 动物分类学报, 28(4): 589~598. [Liang, A. P. 2003. Zoogeography of the spittlebug superfamily Cercopoidea (Hemiptera) in southern Tibet and the nearby areas. *Acta Zootaxonomica Sinica*, 28(4): 589~598.]

梁铬球, 林凤鸣. 1993. 拟裸蝗属一新种(直翅目：斑腿蝗科). 昆虫学报, 36 (3): 362~363, 图1~5. [Liang, G. Q. & Lin, F. M. 1993. A new species of the genus *Conophymacris* Willemse from Sichuan, China (Orthoptera: Catanopidae). *Acta Entomologica Sinica*, 36 (3): 362~363, Figs. 1~5.]

梁铬球. 1988a. 海南岛负蝗属一新种(直翅目：蝗总科). 动物分类学报, 13(2): 158~160. [Liang, G. Q. 1988a. A new species of the genus *Atractomorpha* Saussure from Hainan island (Orthoptera: Acridoidea). *Acta Zootaxonomica Sinica*, 13(2): 158~160.]

梁铬球. 1988b. 云南省蝗虫三新种(直翅目：蝗总科). 昆虫分类学报, 10 (3~4): 293~296, 图1~14. [Liang, G. Q. 1988b. Three new species of grasshoppers from Yunnan (Orthoptera: Acridoidea). *Entomotaxonomia*, 10 (3~4): 293~296, figs. 1~14.]

林启彬. 1978. 中国的蜚蠊昆虫化石. 昆虫学报, 21(3): 335~342. [Lin, Q. B. 1978. On the fossil Blattoidea of China. *Acta Entomologica Sinica*, 21(3): 335~342.]

刘明, 任东, 谭京晶. 2005. 昆虫口器及其进化简史. 昆虫知识. 42(5): 587~592. [Liu, M., Ren, D. & Tan, J. J. 2005. A brief introduction to insect mouthparts and their evolutionary history. *Chinese Eulletin of Entomology*, 42(5): 587~592.]

刘东生 编译(Williams M. A. J., et al.). 1997. 第四纪环境. 北京：科学出版社, 1~304. [Liu, D. S. 1997. Quaternary environment (version). Science Press, Beijing, 1~304.]

刘嘉麒, 倪云燕, 储国强. 2001. 第四纪的主要气候事件. 第四纪研究, 21(3): 239~248. [Liu, J. Q., Ni, Y. Y. & Chu, G. Q. 2001. Main palaeoclimatic events in the quaternary. *Quaternary Sciences*, 21(3): 239~248.]

刘举鹏. 1981. 直翅目：蝗科：蝗亚科. 见：西藏昆虫(第1册). 北京：科学出版社, 87~110, 图16~43, 图版1~3. [Liu, J. P. 1981. Orthoptera: Acrididae: Acridinae. In: Tibet Insect (1). Science Press, Beijing, 87~110, figs. 16~43, pl. : 1~3.]

刘举鹏. 1984a. 横断山地区蝗亚科新属记述(直翅目：蝗科). 昆虫学报, 27(4): 433~438, 图1~10. [Liu, J. P. 1984a. New genera of Acridinae from Hengduan Shan region of China (Orthoptera: Acrididae). *Acta Entomologica Sinica*, 27(4): 433~438, figs. 1~10.]

刘举鹏. 1984b. 雏蝗属三新种(直翅目：蝗科). 动物分类学报, 9 (1): 69~72, 图1~6. [Liu, J. P. 1984b. Three new species of *Chorthippus* Fieber (Orthoptera: Acrididae). *Acta Zootaxonomica Sinica*, 9 (1): 69~72, figs. 1~6.]

刘举鹏. 1985. 云南蝗虫一新属(直翅目：蝗科). 动物学研究, 6 (3): 239~241. [Liu, J. P. 1985. A new genus of grasshoppers from Yunnan. *Zoological Research*, 6 (3): 239~241.]

刘举鹏. 1987. 蝗科——蝗亚科. 见：云南森林昆虫. 昆明：云南科学技术出版社, 63~67. [Liu,

J. P. 1987. Acrididae: Acridinae. In: Forestry Insect of Yunnan Province. Yunnan Sci-Tech Press, Kunming, 63~67.]

刘举鹏. 1990. 中国蝗虫鉴定手册. 西安: 天则出版社. 1~207. [Liu, J. P. 1990. Identification Manual of Chinese Locusts. Tianze Press, Xi'an. 1~207.]

刘举鹏等. 1995. 海南岛的蝗虫研究. 西安: 天则出版社, 1~309. [Liu, J. P. 1995. Studies on Acridoids from Hainan Island. Tianze Press, Xi'an. 1~309.]

刘宪伟, 殷海生. 1999. 昆虫纲: 直翅目. 见: 郑乐怡, 归鸿主编昆虫分类(上). 南京: 南京师范大学出版社, 245~281. [Liu, X. W. & Yin, H. S. 1999. Class Insecta: Order Orthoptera. In: Insect Classification. Nanjing Normal University Press, Nanjing. 245~281.]

马恩波, 郑哲民. 1994. 云南舟形蝗属一新种(直翅目: 斑腿蝗科). 动物分类学报, 19 (2): 187~189, 图 1~4. [Ma, E. B. & Zheng, Z. M. 1994. A new species of Lemba from Yunnan, China (Orthoptera: Catantopidae). Acta Zootaxonomica Sinica, 19 (2): 187~189, figs. 1~4.]

马世骏. 1959. 中国生态地理概述. 北京: 科学出版社, 1~89. [Ma, S. J. 1959. Overview of Chinese Eco-geographical. Science Press, Beijing, 1~89.]

毛本勇, 徐吉山, 杨自忠. 2006. 云南舟形蝗雌性新发现(直翅目: 斑腿蝗科). 大理学院学报, 5(4): 61~62. [Mao, B. Y. , Xu, J. S. & Yang, Z. Z. 2006. New discover of Lemba yunnana female. Journal of Dali University, 5(4): 61~62.]

毛本勇, 徐吉山. 2004. 中国蝗虫三新种及雪山雏蝗雄性记述(直翅目, 网翅蝗科). 动物分类学报, 29(3): 468~473. [Mao, B. Y. & Xu, J. S. 2004. Description of three new species of grasshoppers and male of Chorthippus xueshanensis from China (Orthoptera, Arcypteridae). Acta Zootaxonomica Sinica, 29(3): 468~473.]

毛本勇, 杨自忠. 2003. 云南蝗属一新种及中甸拟澜沧蝗雌性记述(直翅目, 瘤锥蝗科). 动物分类学报, 28 (3): 485~487. [Mao, B. Y. & Yang, Z. Z. 2003. Description of a new species of Yunnanites and the female of Paramekongiella zhondianensis (Orthoptera, Chrotogonidae). Acta Zootaxonomica Sinica, 28(3): 485~487.]

毛本勇, 郑哲民. 1997. 滇西曲翅蝗属一新种(直翅目: 蝗总科). 四川动物, 16(3): 99~101. 图 1~5. [Mao, B. Y. & Zheng, Z. M. A new species of Curvipennis Huang from western Yunnan (Orthoptera: Acridoidea). Sichuan Journal of Zoology , 16(3): 99~101. figs. 1~5.]

毛本勇, 郑哲民. 1999. 滇西苍山地区蝗虫及其生态地理调查研究. 动物学研究, 20(1): 71~73. [Mao, B. Y. & Zheng, Z. M. 1999. Studies on Grasshopper in Cangshan Region of Western Yunnan and its Ecological Geography. Zoological Research , 20(1): 71~73.]

毛本勇, 郑哲民. 1999. 滇西横断山地区云南蝗属一新种(直翅目: 瘤锥蝗科). 昆虫分类学报, 21(2): 84~86. [Mao, B. Y. & Zheng, Z. M. 1999. A new species of Yunnanites Uvarov (Orthoptera: Chrotogonidae) from Hengduanshan region of western Yunnan. Entomotaxonomia, 21(2): 84~86.]

毛本勇. 2001. 云南拟竹蝗属一新种(直翅目: 网翅蝗科). 昆虫分类学报, 23(4): 240~242. 图 1~2. [Mao, B. Y. 2001. A new species of the genus Ceracrisoides Liu (Orthoptera: Arcypteridae) from Yunnan. Entomotaxonomia , 23(4): 240~242. figs. 1~2.]

牛瑶, 郑哲民, 1992. 舟形蝗属一新种(直翅目: 斑腿蝗科). 河南师范大学学报 (自然科学版), 20(3): 76~78, 图 1~6. [Niu, Y. & Zheng, Z. M. 1992. A new species of Lemba Huang from Yunnan, China (Opthoptera: Catantopidae). Journal of Henan Normal University (Natural Science Edition), 20(3): 76~78, figs. 1~6.]

牛瑶, 郑哲民. 1993. 云南蝗虫一新属新种(直翅目: 斑腿蝗科). 昆虫分类学报, 15 (1): 1~4, 图 1~10. [Niu, Y. & Zheng, Z. M. 1993. A new genus and a new species of grasshoppers from Yunnan. Entomotaxonomia, 15(1): 1~4, figs. 1~10.]

牛瑶, 郑哲民. 1994. 竹蝗属部分种类的染色体分类研究(直翅目: 蝗总科). 昆虫学研究 (第 1 辑). 西安:

陕西师范大学出版社，136~138，图 1. [Niu, Y. & Zheng, Z. M. 1994. Taxonomic Studies on chromosomes of some grasshoppers species of the genus *Ceracris*. *Entomology* (Ⅰ), Shaanxi Normal University Press, Xi' an. 136~138, fig. 1]

牛瑶，郑哲民. 2005. 中国云南佛蝗亚科一新属一新种(直翅目：剑角蝗科). 动物分类学报，30（4）：762~764，图 1~9. [Niu, Y. & Zheng, Z. M. 2005. A new genus and a new species of Phlaeobinae (Orthoptera：Acrididae) from Yunnan, China. *Acta Zootaxonomica Sinica*, 30(4)：762~764, figs. 1~9.]

牛瑶. 2007. 中国斑腿蝗科(广义)系统分类研究(陕西师范大学博士论文). 1~363. [Niu, Y. 2007. Systematics of Cantatopidae (s. l.) (Orthoptera：Acridoidea from China. (A Dissertation for degree of D. Science, Shaanxi Normal University) 1~363.]

欧晓红，伍晓蔷，陈方等. 1999. 云南高原牧区草场主要危害性蝗虫. 中国草地，Ⅴ，57~59. [Ou, X. H., Wu, X. Q., Chen, F. *et al.*. 1999. The Main Pest Grasshoppers in Pastoral Area and Meadow of Yunnan Plateau. *Grassland of China*, Ⅴ, 57~59.]

欧晓红. 2000. 云南三种蝗虫雌性或雄性的首次记述. 昆虫分类学报，22（4）：309~311，图 1~8. [2000. Finding and description on male or female in three species of grasshoppers (Orthoptera：Acridoidea) from Yunnan. *Entomotaxonomia*, 22(4)：309~311, figs. 1~8.]

彭春明，王崇云，党承林等. 2006. 云南药山自然保护区生物多样性及保护研究. 北京：科学出版社，1~336. [Peng, C. M., Wang, C. Y., Dang, C. L. *et al.*. 2006. Biodiversity and Conservation in Yaoshan Nature Reserve, Yunnan. Science Press, Beijing, 1~336.]

任炳忠，2001，东北蝗虫志. 长春：吉林科学技术出版社，1~212. [Ren, B. Z. 2001. Fauna of Northeastern China, Acridoidea. Jilin Sci-Tech Press, Changchun. 1~212.]

尚玉昌. 1998. 行为生态学. 北京：北京大学出版社，1~421. [Shang, Y. C. 1998. Behavioural Ecology. Beijing University Press, Beijing. 1~421.]

沈银柱. 2002. 进化生物学. 北京：高等教育出版社，1~272. [Shen, Y. Z. 2002. Evolutionary biology. Higher Education Press, Beijing. 1~272.]

宋春青，张振春. 2001. 地质学基础. 北京：高等教育出版社，272~347. [Song, C. Q. & Zhang, Z. C. 2001. Geological foundation. Higher Education Press, Beijing, 272~347.]

孙航. 2002. 北极—第三纪成分在喜马拉雅－横断山的发展及演化. 云南植物研究，24(1)：671~688. [Sun, H. 2002. Evolution of Arctic-Tertiary Flora in Himalayan-Hengduan Mountains. *Acta Botanica Yunnanica*, 24(1)：671~688.]

唐志尧，柯金虎. 2004. 秦岭牛背梁植物物种多样性垂直分布格局. 生物多样性，12（1）：108~114. [Tang, Z. Y. & Ke, J. H. 2004. Altitudinal patterns of plant species diversity in Mt. Niubeiliang, Qinling Mountains. *Biodiversity Science*, 12(1)：108~114.]

万冬梅等. 2006. 环境与生物进化. 北京：化学工业出版社，1~308. [Wan, D. M., *et al.*. 2006. Environment and life evolution. Chemistry Technology Press, Beijing. 1~308.]

王国宏. 2002. 祁连山北坡中段植物群落多样性的垂直分布格局. 生物多样性，10（1）：7~14. [Wang, G. H. 2002. Species diversity of plant communities along an altitudinal gradient in the middle section of northern slopes of Qilian Mountains, Zhangye, Gansu, China. *Biodiversity Science*, 10(1)：7~14.]

王书永，谭娟杰. 1992. 横断山区昆虫区系特征及古北/东洋两大区系分异. 见：横断山区昆虫（第 1 册）. 北京：科学出版社. 1~40. [Wang, S. Y. & Tan, J. J. 1992. Insect fauna characteristics, fauna differentiation between Palearctic component and Oriental component in Hengduan region. Hengduan Mountain Insect(1). Science Press, Beijing, 1~40.]

王书永. 1990. 横断山区昆虫区系初探. 昆虫学报，33（1）：94~101. [Wang, S. Y. 1990. Primary discussion on the fauna of Hengduan Mountains, China. *Acta Entomologica Sinica*, 33(1)：94~101.]

王文强，李新江，印象初．2004．中国蹦蝗属分类研究（直翅目：蝗总科：斑腿蝗科）．河北大学学报（自然科学版），24(1)：99~106．[Wang, W. Q. , Li, X. J. & Yin, X. C. 2004. Taxonomic Study on *Sinopodisma* Chang from China (Orthoptera：Acridoidea：Catantopidae). *Journal of Hebei University (Natural Science Edition)*, 24(1)：99~106.]

王文强，杨自忠．2005．红胫平顶蝗（直翅目：蝗总科：斑翅蝗科）雌性的发现．延安大学学报（自然科学版），24(2)：64~65，图 1．[Wang, W. Q. & Yang, Z. Z. 2005. Description of the female of *Flatovertex rufotibialis* Zheng (Orthoptera：Acridoidea：Oedipodidae). *Journal of Yanan University* (Natural Science Edition), 24(2)：64~65, fig：1.]

王文强．2005．欧亚大陆斑翅蝗科的系统学研究（直翅目：蝗总科）（河北大学博士论文）．1~291．[Wang, W. Q. 2005. Systematic Study on the Insects of Oedipodidae from Eurasia (Orthoptera：Acridoidea) (A Dissertation for degree of D. Science, Hebei University). 1~291.]

王裕文，向余劲攻，贺同利等．1995．云南省蝗虫一新属一新种（直翅目：斑腿蝗科）．山东大学学报（自然科学版），30(4)：451~454，图 1~8．[Wang, Y. W. , Xiangyu, J. G. , He, T. L. *et al*. 1995. A new genus and species of grasshoppers from Yunnan province, China(Orthoptera：Catantopidae). *Journal of Shandong University* , 30(4)：451~454, figs. 1~8.]

王裕文，向余劲攻．1995．云南省云秃蝗属一新种（直翅目：斑腿蝗科）．昆虫分类学报，17(2)：91~93，图 1~10．[Wang, Y. W. & Xiangyu, J. G. 1995. A new species of the genus *Yunnanacris* Chang (Orthoptera：Catantopidae) from Yunnan province, China. *Entomotaxonomia*, 17(2)：91~93, figs. 1~10.]

王裕文．1993．中国二齿蝗属一新种（直翅目：网翅蝗科）．山东大学学报，28(3)：347~351，图 1~10．[Wang, Y. W. 1993. A new species of the genus *Bidentacris* Zheng (Orthoptera：Arcypteridae) from China. *Journal of Shandong University* , 28(3)：347~351, figs：1~10.]

王志恒，陈安平，方精云．2004．湖南省种子植物物种丰富度与地形的关系．地学学报，59(6)：889~894．[Wang, Z. H. , Chen, A. P. & Fang, J. Y. 2004. Richness of seed plants in relation with topography in Hunan province. *Acta Geographica Sinica*, 59(6)：889~894.]

王志恒，陈安平，朴世龙等．2004．高黎贡山种子植物物种丰富度沿海拔梯度的变化．生物多样性，12(1)：82~88．[Wang, Z. H. , Chen, A. P. & Piao, S. L. *et al*.. 2004. Pattern of species richness along an altitudinal gradient on Gaoligong Mountains, Southwest China. *Biodiversity Science* , 12(1)：82~88.]

韦仕珍，郑哲民，2005．滇、贵蝗虫的新属和新种（直翅目，蝗总科）．动物分类学报，30(2)：368~373．[Wei, S. Z. & Zheng, Z. M. 2005. New genus and new species of grasshoppers from Yunnan and Guangxi (Orthoptera, Acridoidea). *Acta Zootaxonomica Sinica*, 30(2)：368~373.]

吴征镒，朱彦丞．1987．云南植被．北京：科学出版社，1~59．[Wu, Z. Y. & Zhu, Y. C. 1987. Yunnan vegetation. Science Press, Beijing, 1~59.]

夏凯龄，金杏宝．1982．中国雏蝗属的分类研究（直翅目：蝗科）．昆虫分类学报，4(3)：205~228，图 1~81，图版 I．[Xia, K. L. & Jin, X. B. 1982. A study on the genus *Chorthippus* from China (Orthoptera：Acridae). *Entomotaxonomia*, 4(3)：205~228, figs. 1~81, pl. I.]

夏凯龄．1958．中国蝗科分类概要．北京：科学出版社，1~238，图 239，版图 42．[Xia, K. L. 1958. The Summary of Acrididae taxonomy from China. Science Press, Beijing, 1~238, figs. 239, pl. 42.]

夏凯龄．1994．中国动物志，昆虫纲第四卷（直翅目，蝗总科，癞蝗科，瘤锥蝗科，锥头蝗科）．北京：科学出版社，1~340，图 168．[Xia, K. L. *et al*. 1994. Fauna Sinica, Insecta, Vol. 4, Orthoptera, Acridoidea, Pamphagidae, Chrotogonidae, Pyrgomorphidae. Science Press, Beijing. 1~340, figs. 168.]

解焱，李典谟．2002．中国生物地理区划研究．生态学报，22(4)：1559~1615．[Xie, Y. & Li, D. M. 2002. Preliminary Researches on Bio-Geographical Divisions of China, *Acta Ecologica Sinica*, 22(4)：1559~1615.]

徐正会. 2002. 西双版纳自然保护区蚁科昆虫生物多样性研究. 昆明：云南科学技术出版社，1~181.［Xu，Z. H. 2002. A study on the biodiversity of Formicidae ants of Xishuangbanna Nature Reserve. Yunnan Sci-Tech Press，Kunming，1~181.］

许崇任，程红. 2001. 动物生物学. 北京：高等教育出版社，1~362.［Xu，C. R & Cheng，H. 2001. Animal biology. Higher Education Press，Beijing. 1~362.］

许建初. 2002. 云南金平分水岭自然保护区综合科学考察报告集. 昆明：云南科学技术出版社，1~316.［Xu，J. C. 2002. Integrated Scientific Studies of Fenshuiling Nature Reserve，Jinping，Yunnan. Yunnan Sci-Tech Press，Kunming，1~316.］

许升全，郑哲民，李后魂. 2003. 中国南部斑腿蝗科四属昆虫的支序生物地理学研究. 动物学研究，24(2)：99~105.［Xu，S. Q.，Zheng，Z. M. & Li，H. H. 2003. Cladistic biogeography of four grasshopper genera (Catantopidae：Orthoptera) from the south of China. *Zoological Research*，24(2)：99~105.］

许升全. 2005. 中国斑腿蝗科特有种的分布及特有分布区划分. 动物学报，51(4)：624~629.［Xu，S. Q. 2005. Distribution and area of endemism of Catantopidae grasshopper species endemic to China. *Acta Zoologica Sinica*，51(4)：624~629.］

颜忠诚. 2001. 生态型与生活型. 生物学通报，36(5)：4~5.［Yan，Z. C. 2001. Ecotype and Life-form. *Bulletin of Biology*. 36(5)：4~5.］

杨大荣. 1992. 滇西北昆虫区系特点. 动物学研究，13(4)：333~341.［Yang D. R. 1992. The characteristics of insect fauna in northwestern Yunnan province. *Zoological Research*，13(4)：333~341.］

杨一光. 1987. 云南植被的自然环境条件. 见：云南植被. 北京：科学出版社，3~10.［Yang，Y. G. 1987. Nature environment condition of vegetation in Yunnan. In：Yunnan vegetation. Science Press，Beijing，3~10.］

杨宇明，杜凡. 2004. 中国南滚河国家级自然保护区. 昆明：云南科学技术出版社，1~386.［Yang，Y. M. & Du，F. 2004. Nangun river National Nature Reserve of China. Yunnan Sci-Tech Press，Kunming. 1~386.］

杨宇明，杜凡. 2006. 云南铜壁关自然保护区科学考察研究. 昆明：云南科学技术出版社，1~467.［Yang，Y. M. & Du，F. 2006. Integrated Scientific Studies of Tongbiguan Nature Reserve Yunnan. Yunnan Science & Technology Press，Kunming，1~467.］

杨自忠. 2006. 云南蜘蛛区系及其演化(河北大学 2006 届博士论文)，1~417.［Yang，Z. Z. 2006. Study on the Spiders Fauna and Evolvement of Yunnan，China (A Dissertation for degree of D. Science，Hebei University). 1~417.］

姚世鸿. 2005. 贵州蝗虫的种类与分布. 贵州师范大学学报(自然科学版)，23(1)：6~13.［Yao，S. H. 2005. The kinds and distribution of locusts in Guizhou. *Journal of Guizhou Normal University* (Natural Science Edition)，23(1)：6~13.］

殷鸿福. 1980. 三叠纪古生物地理与大陆漂移. 地质科学，3：265~278.［Yin，H. F. 1980. Triassic palaeobiogeography and the continental drift. *Scientia geologica sinica*，3：265~278.］

尹文英，宋大祥，杨星科等. 2008. 六足动物(昆虫)系统发生的研究. 北京：科学出版社. 1~405.［Yin，W. Y.，Song，D. X.，Yang，X. K. *et al.*，2008. A studies on Hexapoda (insects) phylogenetic. Science Press，Beijing. 1~405.］

尹文英. 1992. 中国亚热带土壤动物. 北京：科学出版社. 489~505，图 295~302.［Yin，W. Y. *et al.*，1992. Subtropical soil animals of China. Science Press，Beijing，489~505，figs. 295~302.］

印象初，刘志伟. 1987. 中国斑腿蝗科一新亚科及一新属新种记述(直翅目：蝗总科). 动物分类学报，12(1)：66~72，图 1~12.［Yin，X. C. & Liu，Z. W. 1987. A new subfamily of catantopidae with a new genus and new species from China (Orthoptera：Acridoidea). *Acta Zootaxonomica Sinica*，12(1)：66~72，figs. 1~12.］

印象初，夏凯龄．2003．中国动物志，昆虫纲第三十二卷（直翅目，蝗总科，槌角蝗科，剑角蝗科）．北京：科学出版社，1~270，图144．[Yin, X. C. , Xia, K. L. *et al.* 2003. Fauna Sinica, Insecta. Vol. 32. Orthoptera, Acridoidea, Gomphoceridae, Acrididae. Science Press, Beijing. 164~191.]

印象初．1982．中国蝗总科（Acridoidea）分类系统的研究．高原生物学集刊，第1集，76~95．[Yin, X. C. 1982. On the Taxonomic System of Acridoidea from China. *Acta Biologca Plateau Sinica*, Ⅰ. 76~95.]

印象初．1983．横断山脉地区的蝗虫四新属七新种．动物学研究，4（1）：35~46，图1~30．图版1．[Yin, X. C. 1993. Four new genera and seven new species of grasshoppers from Henduan Shan region of China. *Zoological Research*, 4(1)：35~46, figs. 1~30. pl. 1.]

印象初．1984a．青藏高原缺翅蝗虫的起源．高原生物学集刊，第2集，57~64．[Yin, X. C. 1984a. The origin of wingless grasshoppers on the Tibetan Plateau. *Acta Biologca Plateau Sinica*, Ⅱ, 57~64.]

印象初．1984b．青藏高原的蝗虫．北京：科学出版社．1~278，图1~530．[Yin, X. C. 1984b. Grasshoppers and Locusts from Qinghai-Xizang Plateau of China. Science Press, Beijing. 25~42.]

尤其儆，黎天山，毕道英．1983．广西斑腿蝗科新属和新种记述（直翅目：蝗总科）．昆虫分类学报，5（2）：165~181，图1~25．[You, Q. J. , Li, T. S. & Bi, D. Y. 1983. Description of new genera and species of Catantopidae from Guangxi (Orthoptera：Acridoidea). *Entomotaxonomia*, 5(2)：165~181, figs. 1~25.]

尤其儆，林日钊．1983．广西蝗虫一新属和新种记述．昆虫分类学报，5（3）：255~258，图1~4．[You, Q. J. & Lin, R. Z. 1983. Description of a new genus and new species of Catantopidae from Guangxi province, China. *Entomotaxonomia*, 5(3)：255~258, figs. 1~4.]

喻庆国．2004．无量山国家级自然保护区．昆明：云南科技出版社．1~334．[Yu, Q. G. 2004. Wuliangshan National Nature Reserve of China. Yunnan Sci-Tech Press, Kunming. 1~334.]

张道川，印红．2002．中国切翅蝗属两新种（直翅目：蝗总科：斑腿蝗科）．动物分类学报，27（2）：260~264．[Zhang, D. C. & Yin, H. 2002. Two new species of *Coptacra* Stål from China (Orthoptera：Acridoidea：Catantopidae). *Acta Zootaxonomica Sinica*, 27(2)：260~264.]

张道川，郑金玉，印象初．2005．蝗总科．见：贵州大沙河昆虫．贵阳：贵州人民出版社，79~82．[Zhang, D. C. , Zheng, J. Y. & Yin, X. C. 2005. Acridoidea. In：Dasha river insect of Guizhou province. Guizhou People's Publishing House, Guiyang. 79~82.]

张高峰，郑哲民，白义．2006．中国扁叶甲属地理分布格局研究（叶甲科，叶甲亚科）．四川动物，25（1）：5~6．[Zhang, G. F. , Zheng, Z. M. & Bai, Y. 2006. Geographical Distribution of Genus *Gastrolinain* China (Chrysomelidae：Chrysomelinae). *Sichuan Journal of Zoology*, 25(1)：5~6.]

张红玉，欧晓红．2005．西双版纳、滇西北和西藏高原斑腿蝗科区系比较与起源探讨．云南地理环境研究，17（4）：15~19．[Zhang, H. Y. & Ou, X. H. 2005. Comparison on the fauna and its origin of Catantopidae in Xishuangbannan, the northwestern Yunnan and Tibet plateau. *Yunnan Geographic Environment Research*, 17(4)：15~19.]

张金屯．2004．数量生态学．北京：科学出版社．1~357．[Zhang, J. T. 2004. Quantitative ecology. Science Press, Beijing. 1~357.]

张荣祖，赵肯堂．1978．关于中国动物地理区划的修改．动物学报，24（2）：196~202．[Zhang, R. Z. & Zhao, K. T. 1978. On the zoogeographical regions of China. *Acta Zoological Sinica*, 24(2)：196~202.]

张荣祖．1995．我国动物地理学研究的前景——方法论探讨．动物学报，41（1）：21~26．[Zhang, R. Z. 1995. The prospective of zoogeographical study in China：A discussion on methodology. *Acta Zoologica Sinica*, 41(1)：21~26.]

张荣祖．1999．中国动物地理．北京：科学出版社，1~502．[Zhang, R. Z. 1999. Zoogeography of China. Science Press, Beijing. 1~502.]

张雅林，袁忠林，高志方．2004．地球发展历史概论及大陆漂移在生物地理分布研究中的应用．西北农林科技大学学报(自然科学版)，32(6)：69~78.［Zhang, Y. L., Yuan, Z. L. & Gao, Z. F. 2004. Brief evolutionary history of the earth and continental drift used in biogeographical distribution. *Journal of Northwest Sci-Tech University of Agriculture and Forestry* (Natural Science Edition), 32(6)：69~78.］

赵铁桥，杨正本译.1985. 生物地理学——生态和进化的途径. 北京：高等教育出版社.1~411.［Zhao, T. Q. & Yang, Z. B (version). 1985. Biogeography：The way of ecology and evolution. Higher Education Press, Beijing. 1~411.］

赵修复.1990. 中国春蜓分类(蜻蜓目：春蜓科). 福州：福建科学技术出版社，49~68.［Zhao, X. F. 1990. The Gomphid dragonflies of China (Odonata：Gomphidae). Fujian Sci-Tech Press, Fuzhou. 49~68.］

郑金玉，张道川，李新江.2005. 贵州蝗虫区系研究. 见：昆虫分类与多样性. 北京：中国农业科技出版社，51~55.［Zheng, J. Y., Zhang, D. C. & Li, X. J. 2005. Fauna of grasshopper in Guizhou. In：Insect taxonomy and diversity. China Agricultural Sci-Tech Press, Beijing, 51~55.］

郑哲民，黄千金，刘志斌.1988. 云南蝗虫一新种及一新纪录(直翅目：斑腿蝗科). 昆虫分类学报，10 (1~2)：83~86，图1, 2.［Zheng, Z. M., Huang, Q. J. & Liu, Z. B. 1988. A new species and a new record of grasshoppers from Yunnan (Orthoptera：Catantopidae). *Entomotaxonomia*, 10(1~2)：83~86, figs. 1, 2.］

郑哲民，黄原，周志军.2008. 横断山区蝗虫的新属和新种(直翅目：蝗总科). 动物分类学报，33 (2)：363~367，图1~18.［Zheng, Z. M., Huang, Y. & Zhou, Z. J. 2008. New genus and new species of grasshoppers from Hengduanshan region, China (Orthoptera, Acridoidea). *Acta Zootaxonomica Sinica*, 33 (2)：363~367, figs. 1~18.］

郑哲民，廉振民，奚耕思.1981. 长翅凸额蝗——中国新纪录. 昆虫分类学报，3(2)：146，图1~5.［Zheng, Z. M., Lian, Z. M. & Xi, G. S. 1981. *Traulia aurora* Willemse, 1921：new record from China. *Entomotaxonomia*, 3(2)：146, figs. 1~5.］

郑哲民，廉振民，奚耕思.1982. 云贵川蝗虫的新属和新种(二). 动物学研究，3(增刊)：77~82.［Zheng, Z. M., Lian, Z. M. & Xi, G. S. 1982. New genera and species of grasshoppers from Yunnan, Guizhou and Sichuan, China (Ⅱ). *Zoological Reseaech*, 3(sup.), 77~82.］

郑哲民，廉振民，奚耕思.1985. 福建省蝗虫的考察初报及二新种. 武夷科学，5：1~9.［Zheng, Z. M., Lian, Z. M. & Xi, G. S. 1985. A preliminary survey of the grasshopper fauna of Fujian province. *Wuyi Science Journal*, 5：1~9.］

郑哲民，梁铬球.1986. 云南、贵州蝗虫的新种. 昆虫学报，29 (3)：291~294，图1~13.［Zheng, Z. M. & Liang, G. Q. 1986. New species of grasshoppers from Yunnan and Guizhou. *Acta Entomologica Sinica*, 29 (3)：291~294, figs. 1~13.］

郑哲民，梁铬球.1990. 云南蝗虫一新种(蝗总科：斑腿蝗科). 中山大学学报 (自然科学版) 29 (4)：100~101，图1~7.［Zheng, Z. M. & Liang, G. Q. 1990. A new species of grasshopper from Yunnan. *Acta scientiarum Naturalium Universitatis Sunyatseni*, 29(4)：100~101, figs. 1~7.］

郑哲民，毛本勇.1996a. 滇西斑腿蝗科的新属新种记述(直翅目：蝗总科). 昆虫分类学报，18 (1)：13, 14，图6~12.［Zheng, Z. M. & Mao, B. Y. 1996a. New genus and new species of Catantopidae (Orthoptera：Acridoidea) from western Yunnan. *Entomotaxonomia*, 18(1)：13, 14, figs. 6~12.］

郑哲民，毛本勇.1996b. 横断山区斑腿蝗科二新种(直翅目：蝗总科). 四川动物，15 (2)：47~50，图1：1~3，图2：4~10.［Zheng, Z. M. & Mao, B. Y. 1996b. Two new species of Catantopidae from the Hengduan mountains region (Orthoptera：Acridoidea). *Sichuan Journal of Zoology*, 15(2)：47~50, figs. 1：1~3, figs. 2：4~10.］

郑哲民，毛本勇.1997a. 滇西横断山地区蝗虫三新种(直翅目：蝗总科). 湖北大学学报(自然科学版)，19 (1)：75~79，图1~11.［Zheng, Z. M. & Mao, B. Y. 1997a. Three new species of grasshoppers from Henduan mountains region of western Yunnan (Orthoptera：Acridoidea). *Journal of Hubei University* (*Natural Science*)，19(1)：75~79, figs. 1~11.]

郑哲民，毛本勇. 1997b. 云南缺背蝗属一新种(直翅目，蝗总科). 见：动物保护，西安：陕西科技出版社，17~20，图 1~3. [Zheng, Z. M. & Mao, B. Y. 1997b. A new species of *Anapygus* Mistchenko from Yunnan Province (Orthoptera：Acridoidea). In：Animal and Protection. Shaanxi Sci-Tech Press，Xi'an. 17~21.]

郑哲民，孟江红，陈振宁. 2009. 中国雏蝗属分类研究及二新种记述(直翅目，网翅蝗科). 商丘师范学院学报，25(9)：8~20，图 1~10. [Zheng, Z. M. , Meng, J. H. & Chen, Z. N. 2009. A taxonomic review of *Chorthippus* Fieber (Orthoptera：Arcypteridae) from China，with descriptions of two new species. *Journal of Shangqiu Teachers College* , 25(9)：8~20, figs. 1~10.]

郑哲民，牛瑶，石福明. 2009. 中国拟裸蝗属分类研究及二新种记述(直翅目，斑腿蝗科). 昆虫学报, 52(6)：679~683，图 1~11，图 1~9. [Zheng, Z. M. , Niu, Y. & Shi, F. M. 2009. A taxonomic study of the genus *Conophymacris* Willemse (Orthoptera：Catantopidae) from China，with descriptions of two new species. *Acta Entomologica Sinica*, 52(6)：679~683, figs. 1~11, figs. 1~9.]

郑哲民，石福明，陈军. 1994. 四川省斑腿蝗科三新种(直翅目：蝗总科). 陕西师大学报 (自然科学版)，22 (3)：54~58，图 1~19. [Zheng, Z. M. , Shi, F. M. & Chen, J. 1994. Three news species of Catantopidae from Sichuan province (Orthoptera：Acridoidea). *Journal of Shaanxi Normal University* (Natural Science Edition)，22(3)：54~58, figs. 1~19.]

郑哲民，石福明. 1998. 四川及重庆地区蝗虫的新属新种(直翅目：蝗总科：斑腿蝗科). 昆虫分类学报，20 (3)：163~167，图 1~7. [Zheng, Z. M. , & Shi, F. M. 1998. New genus and new species of grasshoppers (Orthoptera：Acrididae) from Sichuan and Chongqing regions. *Entomotaxonomia*, 20(3)：163~167, figs. 1~7.]

郑哲民，奚根思. 2008. 云南省斑腿蝗科一新种记述(直翅目). 昆虫分类学报，30 (1)：4~6，图 1~3. [Zheng, Z. M. & Xi, G. S. 2008. A new species of Catantopidae (Orthoptera) from Yunnan Province. *Entomotaxonomia*, 30(1)：4~6, figs. 1~3.]

郑哲民，夏凯龄. 1998. 中国动物志，昆虫纲第十卷(直翅目，蝗总科，斑翅蝗科，网翅蝗科). 北京：科学出版社，1~215. [Zheng, Z. M. & Xia, K. L. *et al.* . 1998. Fauna Sinica, Insecta, Vol. 10, Orthoptera, Acridoidea, Oedipodidae and Arcypteridae. Science Press，Beijing. 1~215.]

郑哲民，姚艳萍. 2006a. 中国云南省夏蝗属一新种记述(蝗总科：剑角蝗科). 华中农业大学学报. 25(3)：228~229，图 1~6. [Zheng, Z. M. & Yao, Y. P. 2006a. One species of *Gonista* Bolivar from Yunnan Province (Acridoidea：Acrididae). *Journal of Huazhong Agricultural University*, 25(3)：228~229, figs. 1~6.]

郑哲民，姚艳萍. 2006b. 中国拟凹背蝗属的分类研究(蝗总科：斑腿蝗科). 华中农业大学学报，25 (4)：359~363，图 1~8. [Zheng, Z. M. & Yao, Y. P. 2006b. A taxonomic study on the genus *Pseudoptygonotus* Cheng from China (Acridoidea：Catantopidae). *Journal of Huazhong Agricultural University* , 25(4)：359~363, figs. 1~8.]

郑哲民，张子有. 1993. 四川省大凉山地区二齿蝗属一新种(蝗总科：网翅蝗科). 四川动物，12 (1)：6~8，图 1~4. [Zheng, Z. M. & Zhang, Z. Y. 1993. A new species of *Bidentacris* Zheng from Daliangshan region, Sichuan province (Acridoidea：Arcypteridae). *Sichuan Journal of Zoology*, 12(1)：6~8, figs. 1~4.]

郑哲民，马恩波. 1994. 黄条黑纹蝗(直翅目：蝗总科)雄性的发现及染色体 C 带核型分析. 陕西师范大学学报(自然科学版)，22 (1)：49~52，图 1~8. [Zheng, Z. M. & Ma, E. B. 1994. Description of the male of *Meltripata chloronema* Zheng and its C-banding karyotype. *Journal of Shaanxi Normal University* (Natural Science Edition)，22(1)：49~52, figs. 1~8.]

郑哲民. 1977. 云贵高原蝗虫的新属和新种. 昆虫学报，20 (3)：303 ~ 313，图 1 ~ 30. [Zheng, Z. M. 1977. New genera and new species of grasshoppers in Yunnan-Guizhou plateau. *Acta Entomologica Sinica*, 20(3)：303~313, figs. 1~30.]

郑哲民. 1979. 思茅竹蝗及紫胫长夹蝗雌性的发现. 昆虫分类学报, 1(1): 67~69, 图 1~5. [Zheng, Z. M. 1979. Descriptions of the female of *Ceracris fasciata szemaoensis* Zheng and *Choroedocus violaceipes* Miller from China (Orthoptera: Acrididae). *Entomotaxonomia*, 1(1): 67~69, figs. 1~5.]

郑哲民. 1980[1981]. 云贵川三省直翅目的调查名录. 陕西师大学报, 1980~1981: 249~262. [Zheng, Z. M. 1980(1981). Investigation directory of grasshoppers from Yunnan, Guizhou and Sichuan Province. *Journal of Shaanxi Normal University*, 1980~1981: 249~262.]

郑哲民. 1980a. 我国蝗虫的新种(直翅目: 蝗科). 昆虫学报, 23(2): 191~194, 图 1~5. [Zheng, Z. M. 1980a. New species of grasshoppers from China (Orthoptera: Acrididae). *Acta Entomologica Sinica*, 23(2): 191~194, figs. 1~5.]

郑哲民. 1980b. 中国蝗虫的新纪录. 昆虫分类学报, 2(2): 116, 130. [1980b. New records of grasshoppers from China. *Entomotaxonomia*, 2(2): 116, 130.]

郑哲民. 1980c. 川、陕、滇蝗虫的新属和新种. 昆虫分类学报, 2(4): 335~350. [Zheng, Z. M. 1980c. New genera and new species of grasshoppers from Sichuan, Shaanxi and Yunnan. *Entomotaxonomia*, 2(4): 335~350.]

郑哲民. 1981a. 云贵川蝗虫的新属和新种. 动物分类学报, 6(1): 60~68, 图 1~31. [Zheng, Z. M. 1981a. New genera and species of grasshoppers from Yunnan, Guizhou and Sichuan, China. *Acta Zootaxonomica Sinica*, 6(1): 60~68, figs. 1~31.]

郑哲民. 1981b. 西双版纳蝗虫的新属和新种. 昆虫学报, 24(3): 295~304, 图 1~38. [Zheng, Z. M. 1981b. New genus and new species of grasshoppers from Xishuangbanna, China. *Acta Entomologica Sinica*, 24(3): 295~304, figs. 1~38.]

郑哲民. 1982. 云贵川蝗虫的新属和新种(三). 动物学研究, 3 卷增刊, 83~87, 图 1~17. [Zheng, Z. M. 1982. New genera and species of grasshoppers from Yunnan, Guizhou and Sichuan, China (Ⅲ). *Zoological Reseaech*, 3(sup.), 83~87, figs. 1~17.]

郑哲民. 1983a. 四川、云南蝗虫的一新种及一新亚种(直翅目: 蝗总科). 动物分类学报, 8(4): 407~412, 图 1~17. [Zheng, Z. M. 1983a. New species and subspecies of grasshoppers from Sichuan and Yunnan, China (Orthoptera: Acridoidea). *Acta Zootaxonomica Sinica*, 8(4): 407~412, figs. 1~17.]

郑哲民. 1983b. 中国素木蝗属一新种. 昆虫分类学报, 5(1): 67~68, 图 1, 3~5, 8, 11. [Zheng, Z. M. 1983b. A new species of the genus *Shirakiacris* Dirah from China. *Entomotaxonomia*, 5(1): 67~68, figs. 1, 3~5, 8, 11.]

郑哲民. 1985. 云贵川陕宁地区的蝗虫. 北京: 科学出版社, 1~406, 图 1945. [Zheng, Z. M. 1985. Acridoidea from YGSSN Regions. Science Press, Beijing. 1~406, figs. 1945.]

郑哲民. 1993. 蝗虫分类学. 西安: 陕西师范大学出版社, 1~442, 图 1~1355. [Zheng, Z. M. 1993. Acritaxonomy. Shaanxi Normal University Press, Xi'an. 1~442, figs. 1~1355.]

郑哲民. 2008. 云南省卵翅蝗属一新种(直翅目: 斑腿蝗科). 动物分类学报, 33(1): 136~137, 图 1~3. [Zheng, Z. M. 2008. A new species of the genus *Caryanda* Stål from Yunnan province. (Orthoptera, Catantopidae). *Acta Zootaxonomica Sinica*, 33(1): 136~137, figs. 1~3.]

钟章成, 秦万成, 徐茂其. 1979. 四川植物地理历史演变的探讨. 西南师范学院学报, 1: 1~13. [Zhong, Z. C., Qin, W. C. & Xu M. Q. 1979. Discussion of the evolution of geography and history of Sichuan plant. *Journal of Xinan Normal University*, 1: 1~13.]

周杰, 沈吉. 2007. 中国西部环境演变过程研究. 北京: 科学出版社, 1~221. [Zhou, J. & Shen, J. 2007. Research on evolution of the environment in western China. Science press, Beijing, 1~221.]

Audinet-Serville, J. G. 1831. Revue methodique des insectes del'ordre des Orthopteres. Ann. Sci. nat., 22: 28~65, 134~167, 262~292.

Audinet-Serville, J. G. 1839. Histoire Naturelle des Insectes Orthopteres Paris: 566~696.

Balderson, J. & Yin, X. C. 1987. Grasshoppers (Orthoptera: Tetrigoidea and Acridoidea) collected in Nepal. *Emtomol Gaz.* 38: 296~299.

Banerjee, S. K. & Kevan, D. K. 1960. A prelimisary revison of the genus *Atractomorpha* Saussure, 1862 (Orthoptera, Acridoidea, Pyrgomorphidae), Treubia, 25: 185~189.

Bei-Bienko, G. Ya. 1968. On the Orthopteroid insects from eastern Nepal. Ent. Obozr. 47: 106~130.

Bei-Bienko & Mistshenko, 1951. Acridoidea of the fauna of the USSR and adjacent countries, part 1and part 2, Moscow, 38: 378, fig. 816; 40: 667, fig. 1318.

Bhowmik, H. K. , Halder, P. 1984. Preliminary distributional records with remarks on little known species of Acrididae (Orthoptera: Insecta) from the western Himalayas, (Himachal Pradesh). Record zool. Surv. India, 81 (1~2): 167~191.

Bhowmik, H. K. 1985. Outline of distribution with an index catalogue of Indian grasshoppers (Orthoptera: Acridoidea). Part I. Subfamilies: Acridinae, Truxalinae, Gomphocerinae and Oedipodinae. Rec. Zool. Surv. India, Misc. Publ. Occ. Pap. 78: 1~51, tab. 1.

Bolivar, C. 1923. Description de un Nuevo genero del grupo Cranae. Bol. Real. Soc. Esp. Hist. Natur. , 23: 201~204.

Bolivar, C. 1932. Estudio de un Nuevo Acridido de Madagascar del grupe Cranae. Eos, 8: 395.

Bolivar, I. 1884. Monografia de los Pirgomorfinos. An. Soc. Esp. X III: 1~73, 420~500, pls. 1~4.

Bolivar, I. 1898. Constribution al'etuae des Acridiens especes de la faune Indo et Austro-Malaisienne du Museo Civico distoria naturale de Genova. Ann. Mus. Civ. Stor. Nat. , IXX(XXXIX) : 66~101.

Bolivar, I. 1902. Les Orthopteres de St. Joseph's College à Trichinopoly (Sud de l'Inde) 3e Partie. Annls Soc. ent. Fr. 70 (1901): 580~635, pl. 9.

Bolivar, I. 1905. Notas sobre los Pirgomorfidos (Pygromorphinae). Bol. Soc. Esp. Hist. Nat. V: 196~217.

Bolivar, I. 1909. Observaciones sobre los Truxalinos. Boln R. Soc. esp. Hist. Nat. 9: 285~296.

Bolivar, I. 1914. Estudios Entomologicos. Secunda part. I. EI Gruepo de los *Euprepocnemes*. Trab. Mus Nac. Cien. Nat. , Madrid (ser. Zool.), 20: 1~110.

Bolivar, I. 1918a. Estudios Entomologicos. Tercera parte. Seccion *Oxya* (Orth. : Acrididae, Locustidae). Trab. Mus. Nac. Cien. Nat. , Madrid (ser. Zool.), 34: 1~43.

Bolivar, I. 1918b. Contribution al oonocimiento de la Fauna Indica. Orthoptera (Locustidae, Acrididae). Imprenta clasica Espanola, Madrid, 1~53.

Braak C. J. F. 1986. Canonical correspondence analysis: A new rigenvector method for multivariata direct gradient analysis. Ecology, 67: 1167~1179.

Brancsik. 1895. Jahresheft des Naturwissenschaftlichen Vereines des Trencsiner Comitates. 17~18.

Brullé. 1840[1835]. Orthoptera. In Webb, P. B. & Berthelot. Histoire naturelle des Iles Canaries. 2(2): 74~78.

Burmeister. 1838. Kaukerfe, Gymnognatha (Erste Hylfte; Vulgo Orthoptera). Handbuch der Entomologie. 2(2): I-VIII: 397~756.

Brunner-Wattenwyl, C. 1862. Über die von der k. k. Fregatte Novara mitgebrachten Orthoptern. Verhandlungen der Kaiserlich-Königlichen Zoologisch-Botanischen Gesellschaft in Wien. 12: 87~96.

Brunner-Wattenwyl, C. 1893a. Annali del Museo Civico di Storia Naturale ' Giacomo Doria' , Genova. Ser. 2 (13), 33: 155.

Brunner-Wattenwyl, C. 1893b. Revision du Systeme des Orthopteres et description des Especes Rapportees par M. Leonar-do Fea de Birmanie. Ann. Mus. Civ. Stor. Nat. Genova (2), 8(33): 103, 132~164.

Burr, M. 1902. A monograph of the genus Acrida Stål (= Truxalis Fabr.) with notes of some allied genera, and descriptions of new species. Tr. Ent. Soc. London. 149~187.

Burrett, C. , N. Duhig, R. Berry *et al* . 1991. Asian and South-Western Pacific Continental Terranes Derived f rom Gondwana, and their Biogeographic Significance, Aust. Syst. Bot. , 4, 13~24.

Carpenter, F. M. 1992. Superclass Hexapoda. In: R. L. Kaesler (editor), Treatise on invertebrate paleontology, Part R, Arthropoda 4 (vols. 3, 4). Boulder, Co: Geological Society of America.

Carl, J. 1916. Acridides nouveaux ou peu connus des Museum de Geneve. Rev. Suisse Zool. , 24: 461~518, pl. 2.

Caudell, A. N. 1921. Some new Orthoptera from Mokanshan, China. Proc. Ent. Soc. Wha-Wash. , 18: 2: 27 ~ 35, fig. 2.

Chang, K. S. F. 1937a. Notes on some *Oxya* species from Chekiang province with the description of a new subspecies. China J. Shanghai 21, 185~192, fig. 3.

Chang, K. S. F. 1937b. Some new Acridids from Szechan and Szechan-Tibetan border. Note D'Ento. Chinoise, IV 8: 177~199, pl. III-IV.

Chang, K. S. F. 1939. Some new species of Chinese Acrididae. Note. D'Ento. Chinoise, VI, 1: 1~59, pla. I-III.

Chang, K. S. F. 1940. The group podismae from China. Note. D'Ento. Chinoise, VII, 2: 31~97, pl. I-III.

Chopard, L. 1922. Faune de France. 3. Orthopteres et Dermapteres. Paris: 117~118, 136~137, 169~173.

Chopard, L. 1951. Faune de France 56, Orthopteroides, Acridoidea: 203~316, fig. 348~494.

Darlington, P. J. 1943. Carabidae of mountains and islands: Data on the evolution of isolated faunas and on atrophy of wings. Ecol. Monogr. , 13: 37~61.

David A. G. , Michael S. E. , Paul C. N. 2002. Fossiliferous Cretaceous Amber from Myanmar (Burma): Its Rediscovery, Biotic Diversity, and Paleontological Significance. American Novitates, 3361: 72~144.

Haan. 1842. Bijdragen tot de kennis der Orthoptera. In Temminck. Verhandelingen over de natuurlijke geschiedenis der Nederlandsche overzeesche bezittingen. Zoologie: 45~248.

De Geer, 1773. Mémoires pour servir à l' histoire des insectes. Stockholm Pierre Hesselberg 3: 1~696, 44 pls.

Dirsh, V. M. 1949. Revision of westera Palaearctic species of the genus *Acrida* Linne (Orthoptera: Acrididae). Eos. Madrid, 25: 15~47, fig. 102.

Dirsh, V. M. & Uvarov B. P. 1953. Preliminary diagnoses of new genera and new sysnomy in Acrididae. Tijdschr Ent. , 96: 231~237.

Dirsh, V. M. 1956a. The phallic complex in Acridoidea (Orthoptera) in relation to taxonomy. Trans. R. Entomol. Soc. London. 108 (7): 223~356, pls. 66.

Dirsh, V. M. 1956b. Preliminary revision of the Catantops Schaum and review of the group Catantopini (Orthoptera, Acrididae). Publ. Cult. Comp. Diam. Angola 23: 1~150, fig. 1~518.

Dirsh, V. M. 1957. Two new genera of Acridoidea (Orthoptera). Ann. Mag. Nat. Hist. London 12 (10): 861 ~ 862 fig. 9.

Dirsh, V. M. 1961. A preliminary revision of the families and subfimilies of Acridoidea (Orthoptera, Insecta). Bull. Brit. Mus. (Nat. Hist.), London Ent. 10: 351~419, fig. 34.

Dirsh, V. M. 1965. The African genera of Acridoidea. Anti-Locust Research Center, London, 579.

Dirsh, V. M. 1970. La fanue terrestre de I ' ile de Sainte- Helene. (Premiere partie) . 7. Orthoptera, C. Acridoidea. Annla Mus. R. Afr. Cent. (Ser. 8). No. 181: 152.

Dirsh V. M. 1975. Classification of the Acridomorphoid Insects. 1~170.

Fabricius. 1775. Systema entomologiae, sisitens insectorum, classes, ordines, genera, species, adiectis, synonymis, locis, descriptionibus, observationibus. Flens-burgi et Lipsiae, in officina libraria Kortii, 1775.

Fabricius. 1787. Mantissa insectorum exhibens species nuper in Etruria collectas a Ptro Rossio. 1: 239.

Fabricius. 1793. Supplementum Entomologiae Systematicae. 2: 1~58.

Fabricius. 1798. Supplementum Entomologiae Systematicae (Entomologia Systematica emenda et aucta. Secundum classes, ordines, genera, species adjectis synonimis, locis, observationibus, descriptionibus). Suppl: 194.

Fieber F. X. 1853. Synopsis der europäischen Orthoptera. Lotos, III: 98, 119~121.

Fischer, H. 1853. Orthoptera Europaca. Lipsiae: 454 pp. (296~298, 305~307, 365~381, 387~390).

Finot, A. 1907. Sur le genre Acridium. Contribution a l'etude du gene Acridium Serville de la famille des Acridiens, Insects Orthopteres, avec description d'especes nouvelles. Paris Ann. Soc. Ent. Fr. 76: 247~354, fig. 1~27.

Fischer de Waldheim. 1846. Entomographia la Ruusie Orth. Ross. , 443.

Giglio-Tos, E. 1907. Ortotteri africani Part 1. Acridioidea. Torino Boll. Musei Zool. Anat. 22 No. 545: 1~35.

Harz, K. 1975. The Orthoptera of Europe. Series Entomologica 2: 1~939, fig. 3519.

Haskell, P. T. 1982. The locusta and grasshopper agricultural manual, 385.

Hebard, M. 1924. Studies in the Acrididae of Panama (Orthoptera). Trans. Amer. Ent. Soc. 50: 75~216, pls. 3.

Henry, G. M. 1934. Observations on the genus *Genimen* Bolivar, with description of a new genus and species. Ceylon Jour. Sec. B, 18: 193~198, pl. 1.

Hochkirch, A. 2001. A Phylogenetic Analysis of the East African Grasshopper Genus *Afrophlaeoba* Jago, 1983 (Orthoptera: Acridoidea: Acridinae). Doctor's dissertation. 1~192.

Hollis, D. 1965. A revision of the genus *Trilophidia* Stål (Orthoptera: Acridoidea). Anti. Locust Research Centre, London. 245~262.

Hollis, D. 1966. A revision of the *Dnopherula* Karsch (Orthoptera: Acridoidea). Eos, 41 (1965): 267~329.

Hollis, D. 1968. A revision of the Genus *Aiolopus* Fieber (Orthoptera: Acridoidea). Bull. Br. Mus. Nat. Hist. (Ent.), 22 (7): 309~352.

Hollis, D. 1970. A revision of the genus *Tristria* (Orthoptera: Acridoidea). Jour. Nat. Hist. 4: 457~480, fig. 75.

Hollis, D. 1971. A preliminary revision of the genus *Oxya* Audinet-Serville (Orthoptera: Acridoidea). Bull. Br. Mus. Nat. Hist. (Ent.). 26: 269~343, fig. 269.

Hollis, D. 1975. A review of the subfamily Oxyinae (Orthoptera: Acrididae). Bull. Brit. Mus. Nat. Hist. Ent. London. Vo. 31, No. 6, 189~234.

Houlbert, C. 1927. Encycl. Sci. Thysanoceres, Dermapteres *et* Orthopteres, 2: 94.

Ingrisch, S. 1989. Record, descriptions, and revisionary studies of Acrididae from Thailand and adjacent regions (Orthoptera, Acridoidea). Spixiana (Munich). 11(3): 205~242.

Ingrisch, S. 1990. Grylloptera and Orthoptera s. str. from Nepal and Darjeeling in the Zoologische Staatssammlung München. Spixiana (Munich). 13(2): 149~182.

Ingrisch, S. 1993. A review of the Oriental species of *Dnopherula* Karsch (Orthoptera: Acrididae). Entomologica Scandinavica. 24 (3): 313~341, fig. 1~134.

Ingrisch, S. , F. Willemse & M. S. Shishodia. 2004. New species and interesting records of Acrididae (Orthoptera) from Northeast India. Tijdschrift voor Entomologie, 147, 289~320.

Inoue, M. 1979. Two new species of the genus *Parapodisma* from western Japan (Orthoptera: Acrididae). Proc. Jap. Soc. Syst. Zool. , 16: 58~64, pl. 1.

Jacobson. 1905[1902~1905]. Orthoptera. In Jacobson & V. L. Bianchi. Orthopteroid and Pseudoneuropteroid Insects of Russian Empire and adjacent countries. 6~466.

Jago, N. D. 1966. A key check list and synonymy to the species formerly included in the genera *Caloptenopsis* I. Bol. , 1889 and *Acorypha* Krauss, 1877. Eos, 42: 397~462, fig. 124.

Jago, N. D. 1971. A review of the Gomphocerinae of the World with a key to the genera (Orthoptera, Acrididae). Proc. Acad. Nat. Sci. Phila. 123 (8): 205~343.

Jago, N. D. 1982. The African Genus *Phaeocatantops* Dirsh and its allies in the old world tropical genus *Xenocatanto-*

ps Dirsh with description of new species (Orthoptera, Acridoidea, Acrididae, Catantopinae) Tran. Amer. Ent. Sec. 108 (4): 429~457.

Jago, N. D. 1983. Flightless members of the *Phlaeoba* genus group in eastern and north-eastern Africa and their evolutionary convergence with the genus *Odontomelus* and its allies (Orthoptera, Acridoidea, Acrididae, Acridinae). Transactions Am. ent. Soc. , 109 (1): 77~126.

Johannson. 1763. Centurio insectorum rariorum. In Linnaeus. Amoenitates Academicae seu dissertationes variae Physicae, Medicae, Botanicae anthehac seorsim editae, 2nd ed. 6: 384~415.

Johnston, H. B. 1956. Annotated catalogue of African grasshoppers. Combridge University Press, Anti-Locust Res. Centre: 833.

Johnston, H. B. 1968. Annotated catalogue of African grasshoppers. Supple. : 172.

Johnsen, P. 1982. Acridoidea of Zambia Volume 2, 3. Aarhus University, Aarhus, 82~241.

Johnsen, P. 1983. Acridoidea of Zambia Volume 4. Aarhus University, Aarhus 242~252.

Karny, H. 1915. Sauteres Formosa-Ausbeute. Orthoptera et Osthecaria. Suppl. Ent. 4: 56~108.

Karsch, F. 1896. Neue Orthopteren aus dem tropischen Afrika. Stettin. ent. Ztg. 57: 242~359.

Kelch. 1852. Grundlage zur Kenntnis der Orthopteren (Geradflugeler) Oberschlesiens, und Grundlage zur Kenntnis der Käfer Oberschlesiens, erster Nachtrag (Schulprogr). Ratibor, Bogner (publication series).

Kevan, 1966. A revision of the known Asiatic Sphenariini (Orthoptera, Acridoidea, Pyrgomorphidae) with the erection of a new genus. Canadian Ent. 98(12): 1275~1283.

Kevan, D. K. 1968. A revision of the Pseudomorphacridini (Orthoptera, Acridoidea, Pyrgomorphidae). Oriental Insects 2 (2): 141~154, fig. 32.

Kevan, D. K. & Chen, 1969: A revised synopsis of the genus *Atractomorpha* Saussure, 1862 (Orthoptera, Pyrgomorphidae), with an account of the African aberrans-group. Zool. F. Linn. Soc. , 48: 141 ~ 198, pl. 8, fig. 80.

Kevan, D. K. 1975. The synonomy and distribution of the *Grenulata-* and *Psittacina-groups* of *Atractomorpha* Saussure 1862 (Orthoptera, Acridoidea, Pyrgomorphidae). Zool. J. Linn. Soc . 57 (2): 95~154, maps, 4.

Kirby, W. F. 1888. On the Insects (exclusive of Coleoptera and Lipidoptera) of Christmas Island. Proceedings of the Zoological Society of London. 1888(4): 546~555.

Kirby, W. F. 1910. A Synonymic catalogue of Orthoptra. British Museum Catalogue of Orthoptra 3. Orth. Part ii (Locustidae vel Acrididae): 674, pla. Vii.

Kirby, W. F. 1914. Fauna of British India, including Ceylon and Burma. Orthoptera (Acrididae). London: 276, fig. 140.

Krauss, H. A. 1877. Orthoptera von Senegal. Anz. Akad. Wiss. Wien, 14, 1~146.

Kukalova-Peck& Brauckmann. 1992. Most Paleozoic Protorthoptera are ancestral hemipteroids: major wing braces as clues to a new phylogeny of Neoptera (Insecta). Can. J. Zool. , 70: 2452~2473.

Liang, G. Q. 1989. A new species of *Sinacris* from Yunnan Province, China (Acrididae: Catantopinae). Oriental Insects, 23: 153~55, fig. 1~14.

Linnaeus C. 1758. Systema naturae. Editio decima. Lipsiae, tomus 1. 824.

Linnaeus C. 1767. Systema Naturae per Regna tria naturae (12th ed.). 1, pt. 2: 1~1327.

Ma, E. B. & Zheng, Z. M. 1992. A new species of *Caryanda* Stål and its chromosomal C-banding karyotype (Orthoptera : Acridoidea). Oriental Insects, 26: 195~200, fig. 1~4.

Ma, E. B. , Guo, Y. P. & Zheng, Z. M. 1993. A new species of *Oxya* Audinet-Serville and its chromosomal C-banding karyotype (Orthoptera: Acridoidea). Oriental Insects, 27: 211~215.

Ma, E. B. , Guo, Y. P. & Li C. X. 1994. The genus *Lemba* (Orthoptera: Acridoidea) with description of a new species from China. Oriental Insects, 28: 97~101, fig. 1~11.

Ma, E. B., Guo, Y. P. & Zheng, Z. M. 2000. Description of a new species of *Caryanda* Stål and its chromosomal C-banding karyotype (Orthoptera: Acridoidea). Oriental Insects, 34: 331~340, fig. 1~8.

Mani, M. S. 1968. Ecology and Biogeography of High Altitude Insects. DR. W. Junk N. V. Publishers, the Hague. 1~527.

Mao, B. Y., Ou, X. H. & Ren, G. D. 2008. Description of two new species of *Sinophlaeoba* and the female of *S. bannaensis* (Orthoptera: Acrididae) from Yunnan, China. Zootaxa, 1899: 34~42, figs 1~28.

Mao, B. Y., Ren, G. D. & Ou, X. H. 2006. Two new species of the genus *Caryanda* Stål (Orthoptera: Acridoidea) from Yunnan Province, China. Acta Zootaxonomica Sinica, 31(4): 826~831, fig. 1~31.

Mao, B. Y., Ren, G. D. & Ou, X. H. 2007a. A taxonomic review of *Longchuanacris* Zheng *et* Fu (Orthoptera: Acrididae: Catantopinae), with descriptions of two new species from Yunnan, China. Zootaxa, 1467: 51~62.

Mao, B. Y., Ren, G. D. & Ou, X. H. 2007b. Two new species of the genus *Assamacris* (Orthoptera: Acrididae: Catantopinae) from Yunnan, China. Zootaxa, 1516: 61~68.

Mao, B. Y., Ren, G. D. & Ou, X. H. 2007c. Two new species of the genus *Caryanda* Stål (Orthoptera: Acrididae) from Yunnan, China. Zootaxa, 1630: 55~62.

Mao, B. Y., Ren, G. D. & Ou, X. H. 2010. A new recorded genus and three new species of grasshoppers from China (Orthoptera, Catantopidae). Acta Zootaxonomica Sinica, 35(1): 27~34, fig. 1~29.

Mao, B. Y. & Ren, G. D. 2007. A new genus and a new species of Acrididae (Orthoptera) from Yunnan, China. Entomological News, 118(4): 366~370, figs 1~11.

Mao, B. Y., Xu, J. S. & Yang, G. H. 2003. Description of a new species of the genus *Caryanda* Stål (Orthoptera: Catantopidae) from Yunnan Province. Entomotaxonomia, 25(3): 172~174.

Marschall, A. F. 1836. Decas Orthopterorum novorum. Annln naturh. Mus. Wien 1: 207~218.

Mason, J. B. 1973. A revision of the Genera *Hieroglyphus* Krauss, *Parahierohlyphus* Carl and *Hieroglyphodes* Uvarov (Orthoptera: Acridoidea). Bull. Brit. Mus. Nat. Hist. Ent. Vol. 28 (7), 509~560, fig. 1~142, map. 1~4.

Maxwell-Lefroy. 1909. Indian Insect Life: A Manual of the Insects of the Plains (TropicalIndia). 87 (partly), pl. 7.

Miller, N. C. E. 1934. Notes on malayan Acrididae and descriptions of some new genera and species. Jour. Fed. Malay States Mus. 17: 526~548, pl. 13, fig. 1~9.

Miller, N. C. E. 1935. A new species of Borneau Acrididae (Orth.) J. F. M. S. Mus., Kuala Lumpur 17: 710~711, fig. 1.

Mistshenko, L. L. 1947. Two new genera of the tribe Podismini (Orthoptera, Acrididae) from the Old world. Proc. R. ent. Soc. Lond. (B) Ⅹ Ⅵ, 1~2, 10~12, fig. 2.

Mistshenko, L. L. 1936. Revision of Palaearctic species of the genus *Sphingonotus* Fieber (Orthoptera, Acrididae). Eos, 12: 65~282.

Mishchenko, L. L. 1952(1965). Fauna of the USSR. Orthoptera 4, No. 2. Acrids (Catantopinae). Zool. Inst. Akad. Nauk USSR, Moscow (N. S.) 54: 1~610, fig. 520.

MjM Software Design. 1999. PC-ORD Multivariate Analysis of Ecological Data. Gleneden Beach, Oregon, USA. 1~220.

Morrone, J. J. 1994. On the identification of areas of endemism. Syst. Biol. 43 : 438~441.

Navas, R. P. L. 1904. Algunos insectos de Kurseong en la cordillera del Himalaya. Boln. Soc. aragon. Cienc. nat. 3: 128~134.

Oka. 1928. Chormosome behaviour in the spermatogenesis of *Oxya velox* . Dobutsugaku Zasshi Tokyo, 40: 321~342.

Olivier. 1791. Encyclopédie méthodique. Histoire naturelle. Insectes. 6: 204~236.

Ou, X. H. , Liu, Q. & Zheng, Z. M. 2007. Two new species of the genus *Caryanda* (Orthoptera, Catantopidae) from Yunnan province, China. Acta Zootaxonomica Sinica, 35(4): 758~762, fig. 1~16.

Otte, D. 1995. Grasshoppers [Acridomorpha] C. Orthoptera Species File. 4: 1~518.

Otte, D. , Eades, D. C. & Naskrecki, P. (2006) Orthoptera Species File Online (http: //osf2x. orthoptera. org).

Ramme, W. 1929. Afrikanische Acrididae. Revisionen und Beschreibungen wenig bekannter und neuer Gattungen und Arten. Mitt. Zool. Mus. Berl. 15: 247~493, pls. 14, fig. 106.

Ramme, W. 1931. Erganzungen und Berichtigungen zu meiner Arbeit "Afrikanische Acrididae" (Orth.). Mitt. Zool. Mus. Berl. 16: 918~946, pl. 2.

Ramme, W. 1939. Beitrage zur Kenntnis der Palaearktischen Orthopteren fauna (Tettig. u. Acrid.) iii. Mitt. Zool. Mus. Berlin, 24: 41~150, pls. 2, fig. 58.

Ramme, W. 1941[1940]. Beitrage zur Kenntnis der Acrididen-Fauna des indomalayischen und benachbarter Gebiete (Orth.). Mit besonderer Berucksichtigung der Tiergeographie von Celebes. Mitteilungen aus dem Zoologischen Museum in Berlin. 25: 1~243, fig. 1~55, pl. 1~21.

Rehn J. A. G. 1905. A contribution to the knowledge of theAcrididae (Orthoptera) of Costa Rica. Proc. Acad. Nat. Sci. Philad. 57: 400~454.

Rehn, J. A. G. 1952. On the genus *Gesonula* . Trans. Amer. Ent. Soc. , Philadelphia 78: 117~136, 2 pls.

Rehn, J. A. G. 1957a. Grasshoppers and Locusts (Acridoidea) of Australia. Vol. 3 Family Acrididae: subfamily Cyrtacanthacridinae, tribes Oxyini, Spathosternini, and Praxipulini. Melbourne. Commonw. Sci. ind. Res. Org. 273, pls. 29.

Rehn, J. A. G. 1957b. A new species of the *Quilta* from Thailand (Orthoptera; Acrididae, Cyrtacanthacridinae). Notul. nat. Philadelphia no. 302: 7, fig. 10.

Ritchie J. M. 1981. A taxonomic revision of the genus *Oedaleus* Fieber (Orthoptera: Acrididae). Bull. Brit. Mus. (Nat. Hist.) Ent. 42 (3): 83~183.

Ritchie J. M. 1982. A taxonomic revision of the genus *Gastrimargus* Saussure (Orthoptera: Acrididae). Bull. Brit. Mus. (Nat. Hist.) Ent. 44 (4): 239~329.

Roffey, J. 1979. Locusts and grasshoppers of economic importance in Thailand. College House, London. 200, fig. 75.

Saussure H. 1884. Prodromus Oedipodiorum Insectorum. Mem. Soc. Phys. Hist. Nat. Geneve. 28(9): 1~254, pl. 1.

Saussure H. 1888. Prodromus Oedipodiorum, insectorum ex ordine Orthopterorum. Men. Sco. Phys. D'Hist. Nat. Geneve, XXX. (1): 1~180.

Schaum. 1853. Uebersicht der von ihm in Mossambique beobachteten Orthopteren nebst Beschreibung der neu entdeckten Gattungen und Arten durch Herrn Dr. Hermann Schaum. Bericht über die zur Bekanntmachung geeigneten Verhandlungen der königlich Preussischen. Akademie Wissenschaften zu Berlin. 2: 775~780.

Sengr A. M. C. 1984. The cimmeride orogenic system and the tectonics ofEurasia. Geological society of America Special Paper, 195: 1~82.

Serville. 1831. Revue méthodique des insectes de l'ordre des Orthoptères. Annales des Sciences Naturelles, Paris. 22 (86): 28~65, 134~167, 262~292.

Shiraki, T. 1910. Acrididen Japans (Keiseisha). Tokyo. 1~90, pla. 2~51, 52.

Sjöstedt, Y. 1928. Monographie der Gattung *Gastrimargus* Sauss. (Orthoptera: Oedipoidae) Svenska Akad. Handl. Stockholm (3)6 no. 1: 1~51, pls. 11.

Sjöstedt, Y. 1933. Schwedischchinesische Wissenschafliche Expedition nach den nordwestlichen Provinzen Chinas unter Leitung von Dr. Sven Hedin & Prof. So Ping-chang. Orthoptera: 1. Acrididae 2. Mantidae 3. Odonata. Ark. Zool. f. , XXV A3: 17~34, 3 pls.

Sengör, A. M. C. *et al.* 1988. Origin and assembly of the Tethyside orogenic collage at the expense of Gondwana-land. In Gondwana and Tethys. Oxford: Oxford University Press, 119~181.

Stål, C. 1860. Fregatten Eugenie's Resa omkring Jorden. Insectter. Orthoptera. 229 ~ 350, II tab. Norstedt, Stockholm.

Stål, C. 1861[1860]. Kongliga Svenska fregatten Eugenies Resa omkring jorden under befäl af C. A. Virgin åren 1851~1853 (Zoologi). 2(1): 336.

Stål, C. 1873a. Orthoptera nova descriptist. Öfversigt af Kongliga Vetenskaps-Akademiens Förhandlinger. 30 (4): 39~53

Stål, C. 1873b. Recensio Orthopterorum. Revue Critique des Orthoptères décrits par Linné, De Geer et Thunberg. Acridiodea I: 1~154.

Stål, C. 1877. Orthoptera nova exinsulis Philippinis. Ofvers. Akad. Forh. xxxiv 10: 33~58.

Stål, C. 1878. Systema Acridiodeorum. Bih. Sven. Vet. Akad. Handl. , V, 4: 1~100.

Steinmann, H. 1967. New palaearctic Atractomorpha Sauss, and Pyrgomorpha Serv. Species (Orthoptera: Acrididae). Acta Entomol. Mus. Natl. Pragae 37: 565~575, fig. 8.

Storozhenko, S. & Kano, Y. 1992. A review of the genus *Ognevia* Ikonn. of the Easter Palaearctic Region (Orthoptera: Acrididae). AKITU new series, No. 128, 1~16, fig. 1~40.

Temminck. 1842. Verhandelingen over de natuurlijke geschiedenis der Nederlandsche overzeesche bezittingen. Zoologie: 1~161.

Thunberg, C. P. 1815. Henvpterorum maxillosorum genera illustrata. Mem. Acad. Sci. ent. Petersb. 5: 211 ~ 301, pl. 3.

Thunberg, C. P. 1824. Grylli monographia, illustrata. Mem. Acad. Sci. St. Petersb. 9: 492.

Tinkham E. R. 1935. Distribution and ecological notes on the Acrididae from south-eastern Kwangxi, with a key to the genus *Hieroglyphus*. Lingn. Sci. Jour. , Canton, 14(3): 477~498.

Tinkham E. R. 1936a. Spathosternum sinense Uvarov considered to be a race of *S. prasiniferum* (Walker) (Orthoptera: Acrididae). Lingn. Sci. Jour. 15(1): 47~54.

Tinkham E. R. 1936b. Four new species of Orthoptera from Loh Fau Shan, Kwangtung, South China. Lingn. Sci. Jour. 15(3): 401~413.

Tinkham E. R. 1936c. Notes on a small collection of Orthoptera from Hupeh and Kiangsi with a key to Mongolotettix Rehn. Lingn. Sci. Jour. 15(2): 201~218.

Tinkham E. R. 1940. Taxonomic and biological studies on the Cyrtacanthacrinae of south China . Lingn. Sci. Jour. 19 (3): 269~382.

Tsai, P. H. , 1929. Description of three new species of Acridids from China, with a list of the species hitherto recorded. J. Coll. by Agric. Univ. Tokyo, 10: 139~149.

Tsai, P. 1931. Mitteilungen aus dem Zoologischen Museum in Berlin. 17: 437, fig. 1.

Uvarov, B. P. 1921a. On records and descriptions of Indian Acrididae. Ann. Mag. Nat. Hist. (7): 480~509.

Uvarov, B. P. 1921b. Notes on the Orthoptera in British Museum. 1. The group of Euprepocnemini. Trans. Ent. Soc. bend. 7: 106~144.

Uvatov, B. P. 1921c. Three new alpine Orthoptera from Central Asia. Jour. Bomb. Nat. Hst. Soc. XXVIII 366, fig. 2A.

Uvarov, B. P. 1922a. Rice Grasshoppers of the genus *Hieroglyphus* and their nearest Allies. Bull. Ent. Tesearch London 13: 225~241, fig. 3.

Uvarov, B. P. 1922b. Notes on the Orthoptera in the British Museum. 2. The group of Calliptamini. Trans. Ent. Soc. Lond. : 117~177.

Uvarov, B. P. 1923a. A revision of the Old World Cyrtacanthacrini (Orthoptera, Acrididae). 1. Introduction and key to genera. Ann. Mag. Nat. Hist. (9)：11：130~144.

Uvarov, B. P. 1923b. A revision of the old world Cynacanthacrini (Orthoptera, Acrididat)2. Genera Phyzacra to Willemsea. Ann. Mag. Nat. Hist. (9) 11：473~490.

Uvarov, B. P. 1923c. A revision of the Old World Cyrtacanthacrini (Orthoptera, Acrididae). 3. Genera Valanga to Patanga, Ann. Mag. Nat. Hist. (9) 11：345~366, fig. 1.

Uvarov, B. P. 1923d. Notes on locusts of economic importance with some new data on the periodcity of locust invasion. Bull. Ent. Res. London, 1431~1439.

Uvarov, B. P. 1924. A revision of the Old World Cyrtacanthacrini (Orthoptera, Acrididae). V. Genera Cyrtacanthaccis to Loiteria. Ann. Mag. Nat. Hist., (9)：14：96~113.

Uvarov, B. P. 1925a. Orthoptera (except Blattidae) collected by Prof. Gregoryps expedition to Yunnan. J. Asiat. Soc. Bengal (n. s.), 20 (6)：314, 332.

Uvarov, B. P. 1925b. A new grasshopper injurious to rice in Siam. Bull. Ent. Res., London. 16：159~161, fig. 5.

Uvarov, B. P. 1925c. A revision of the genus *Ceracris* Walker (Orthoptera, Acrididae). Entom. Mitt. XVI (1)：11~17.

Uvarov, B. P. 1926. Notes on the genus Oxya Serv. (Orth. Acrid.) Bull. Ent. Res. London, 17：45~48.

Uvarov, B. P. 1927a. Distributional records of Indian Acrididae. Rec. Indian Mus. 29：233~239.

Uvarov, B. P. 1927b. Some Orthoptera of the Families Mantidae, Tettigoniidae and Acrididae from Ceylon. Ceylon Jour. Sci. (B), 14：1~85.

Uvarov, B. P. 1929. Acrididae from South India. Revue Suisse Zool. Geneva, 36：533~563, fig. 4.

Uvarov, B. P. 1931. Some Acrididae fromS outh China. Lingn. Sci. Jour., Canton, 10：217~221.

Uvarov, B. P. 1935. Notes on Acrididae from South China. Lingnan Sci. J., Canton, 14：267~269, fig. 2.

Uvarov, B. P. 1939. Some Acrididae from South-eastern Tibet. Linn. Soc. Journ., London (Zool.), XL (275)：561~574, pls. 2, fig. 2.

Uvarov, B. P. 1940a. Twenty-eight new generic names in Orthoptra. Ann. Mag. Nat. Hist. (11) 5：173~176.

Uvarov, B. P. 1940b. Twenty-four new generic names in Orthoptra. Ann. Mag. Nat. Hist. (11) 6：112~117.

Uvarov, B. P. 1953. Grasshoppers (Orthoptera, Acrididae) ofAngola and Northern Rhodesia, Collected by Dr. Malcolm Burr in 1927~1928. Publ. Cult. Comp. Diamani. Angola, Lisbon No. 21：1~217, fig. 295.

Uvarov, B. P. 1977. Grasshoppers and Locusts. Centre for overseas pest research, 2, 371~444.

Vincent P., Didier N., *et al*. 2002. A new genus and species of fossil mole cricket in the Lower Cretaceous amber of Charente-Maritime, SW France (Insecta：Orthoptera：Gryllotalpidae). Cretaceous Research, 23, 307~314.

Walker, F. 1859. Characters of some apparently undescribedCeylon insects. Ann. Mag. Nat. Hist., London (11) 4：217~224.

Walker, F. 1870a. Catalogue of the specimens of Dermaptera Saltatoria in the collection of the British Museum, Part III. London, pp. 425~604.

Walker, F. 1870b. Catalogue of the specimens of Dermaptera Saltatoria in the collection of the British Museum. Part iv. London, pp. 605~809.

Walker, F. 1871a. Supplement to the catalogue of Dermaptera Saltatoria. London. 1~116.

Walker, F. 1871b. Catalogue of the Specimens of Dermaptera Saltatoria in the Collection of the British Museum. 5. (Suppl.). pp. 1~53.

Wallace, A. R. 1876. The geographical distribution of animals. MacMillanand Co., London. 1(26), 1~503；2(8)：1~607.

Wang, Y. F., Zheng, Z. M. & Lian, Z. M. 2005. A new species of the genus *anaptygus* (Orthoptera, Arcypteridae) from Yunnan, China. Acta Zootaxonomica Sinica, 30 (1)：87~89.

Whittaker R. J, & Katherine J. W. 2001. Scale and Species Richness: Towards a General, Hierarchical Theory of Species Diversity. Journal of Biogeography, 28(4): 453~470.

Willemse, C. 1921 (1922). Bijdrage tot de Kennis der Orthoptera s. s. van den Nederlandsch Indischen Archipel en om-liggende Gebieden. Zool. Meded. R. Mus nat. Hist. Leiden, 6: 1~44, pl. 1., fig. 4.

Willemse, C. 1925. Revision der Gattung *Oxya* Serv. (Orthoptera, Acridoidea Trib. Cyrtacanthacrinae). Tijd. Schr. Ent., LXVI: 1~60, fig. 65.

Willemse, C. 1929. Liste des especes de Locustidae (Acrididae) des iles de Krakatau, de Sebesi et de Verlaten Eiland. Treubia Butienzory 10: 463~464.

Willemse, C. 1930. Fauna sumatrensis. Preliminary revision of the Acrididae (Orthoptera). Tijdschr. V. Ent., Amsterdam 73 (62): 1~210, fig. 101.

Willemse, C. 1931. Acrididae Celebicae. Treubia Buitenzorg 12: Suppl. 189~270, fig. 24.

Willemse, C. 1932. Description of some new Acrididae (Orthoptera) chiefly from China from the Naturnistoriska Riksmuseum of Stockholm. Natuurh. Maandbl., Maastricht 21 (8): 104~107, fig. 4.

Willemse, C. 1933. On a small collencion of Orthoptera from the Chungking district, S. E. China. Natuurh. Maandbl., Maastricht 22 (2): 15~21, fig. 3.

Willemse, C. 1939a. Some new new Indo-Malayan Acrididae. Ent. Ber., Amsterdam. 10: 163~169.

Willemse, C. 1939b. Description of new Indo-Malayan Acrididae. Part X. Natuurh. Maandbl., Maastricht 28: 72~75.

Willemse, C. 1951. Synopsis of the Acridoidea of the Indo Malayan and adjacent regions (Insecta, Orthoptera) part I. Fam. Acrididae, subfam. Acridinae. Publ. natuu. Genoot. Limburg, 4: 41~114.

Willemse, C. 1955~1956. Synopsis of the Acridoidea of the Indo-Malayan and adjacent regions (Insecta, Orthoptera), Part. Fam. Acrididae, Subfam. Catantopinae, Part1. Publ. Natuurh. Genoot. Limburg. 8: 1~225, fig. 125.

Willemse, F. 1957. Synopsis of the Acridoidea of the Indo-Malayan and adjacent regions (Insecta, Orthoptera), Part II. Fam. Acrididae, Subfam. Catantopinae, Part2. Publ. Natuurh. Genoot. Limburg. 10: 227~500, pls. 15.

Willemse, F. 1968. Revision of the Genera *Stenocatantops* and *Xenocatantops* (Orthoptera, Acridiidae, Catantopinae). Monografieen van de Nederlandsche Entomologische Vereniging No. 4: 1~77, 109, pls. 6.

Wu. C. F., 1935. Order III. Orthoptera. Catalogus Insectorum Sinensium (Catalogue of Chinese Insects), Peiping (Peking). Vol. 1. pp. 15~214.

Yamasaki, T. 1980. A new Parapodisma species (Orthoptera, Catantopidae) from Kyushu Japan. Annotationes Zool. Jap. 53 (1): 50~55, fig. 14.

Yin, H. & Yin, X. C. 2005. Description of two new species of *Stenocatantops* (Orthoptera: Acrididae: Catantopinae) from Taiwan with a key to known species of genus. Zootaxa, 1055: 41~48.

Yin, H., Zhang, D. C & Li. X. J. 2002. A new genus and a new species of Grasshoppers from Jiangsu Province (Orthopters: Arcypteridae), Zoological Research, 23 (4): 319~322.

Yin, X. C., Shi, J. P. & Yin, Z. 1996. A synonymic catalogue of grasshoppers and their allies of the world (Orthoptera: Caelifera). China Forestry Publishing House, Beijing, 1266.

Yin, X. C. & Yin, H. 2007. A new genus and new species of Phlaeobinae from China (Orthopters: Acrididae). Zootaxa, 1547: 65~68.

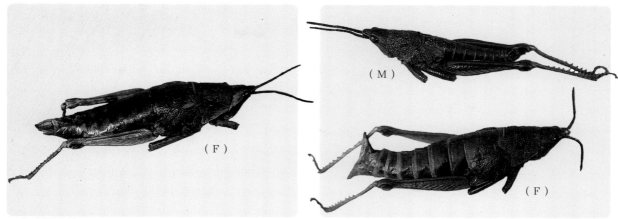

1.戈弓湄公蝗 *Mekongiana gregoryi* (Uvarov，1925)

2.郑氏云南蝗 *Yunnanites zhengi* Mao et Yang，2003

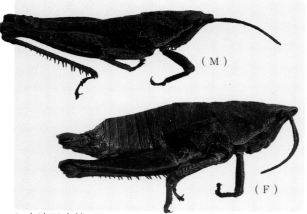

3.白边云南蝗 *Yunnanites albomargina* Mao et Zheng，1999

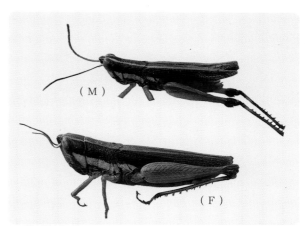

4.佯曙板角蝗 *Oxytauchira paraurora* sp. nov.

5.中甸拟澜沧蝗 *Paramekongiella zhongdianensis* Huang，1990

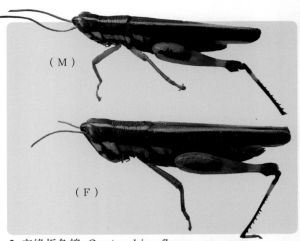

1.无斑板角蝗 *Oxytauchira amaculata* sp. nov.

2.突缘板角蝗 *Oxytauchira flange* sp. nov.

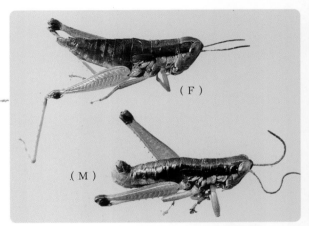

3.叉尾龙川蝗 *Longchuanacris bilobatus* Mao, Ren *et* Ou，2007

4.曲尾龙川蝗 *Longchuanacris curvifurculus* Mao, Ren *et* Ou，2007

5.二齿龙川蝗 *Longchuanacris bidentatus* (Zheng *et* Liang，1985)

1.绿龙川蝗 *Longchuanacris viridus* Mao *et* Ou，2007　　2.拟绿卵翅蝗 *Caryanda viridoides* sp. nov.

3.马关卵翅蝗 *Caryanda maguanensis* sp. nov.　　4.金平卵翅蝗 *Caryanda jinpingensis* sp. nov.

5.黑刺卵翅蝗 *Caryanda nigrospina* sp. nov.

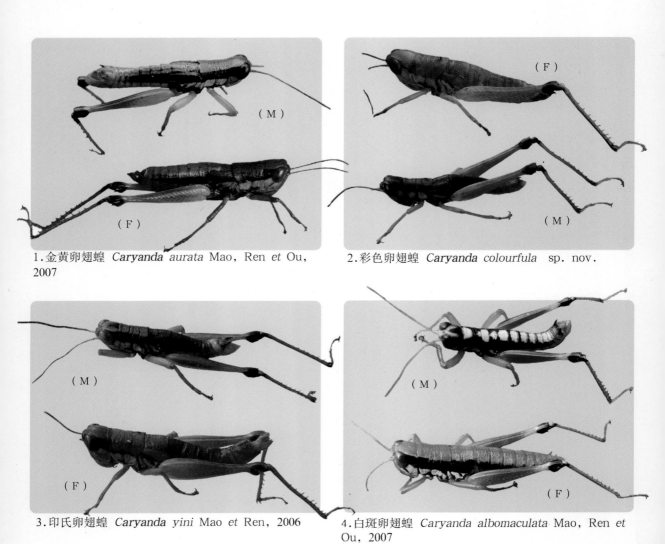

1.金黄卵翅蝗 *Caryanda aurata* Mao，Ren et Ou，2007

2.彩色卵翅蝗 *Caryanda colourfula* sp. nov.

3.印氏卵翅蝗 *Caryanda yini* Mao et Ren，2006

4.白斑卵翅蝗 *Caryanda albomaculata* Mao，Ren et Ou，2007

5.尾齿卵翅蝗 *Caryanda dentata* Mao et Ou，2006

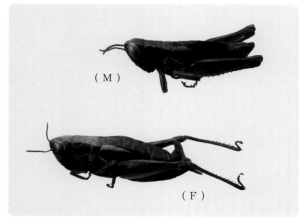

1.高山拟凹背蝗 *Pseudoptygonotus alpinus* sp. nov.

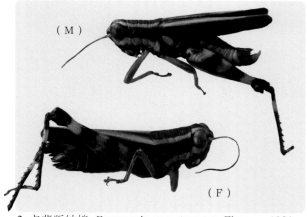

2.点背版纳蝗 *Bannacris punctonotus* Zheng，1980

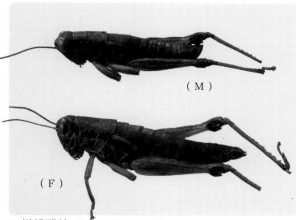

3.橄榄蹦蝗 *Sinopodisma oliva* sp. nov.

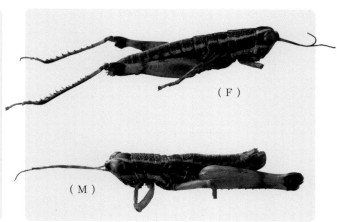

4.郑氏庚蝗 *Genimen zhengi* Mao，Ren et Ou，2010

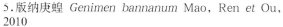

5.版纳庚蝗 *Genimen bannanum* Mao，Ren et Ou，2010

6.砚山小翅蝗 *Alulacris yanshanensis* sp. nov.

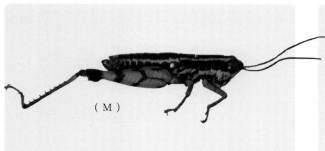

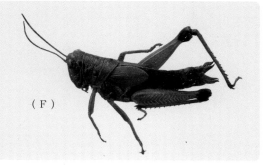

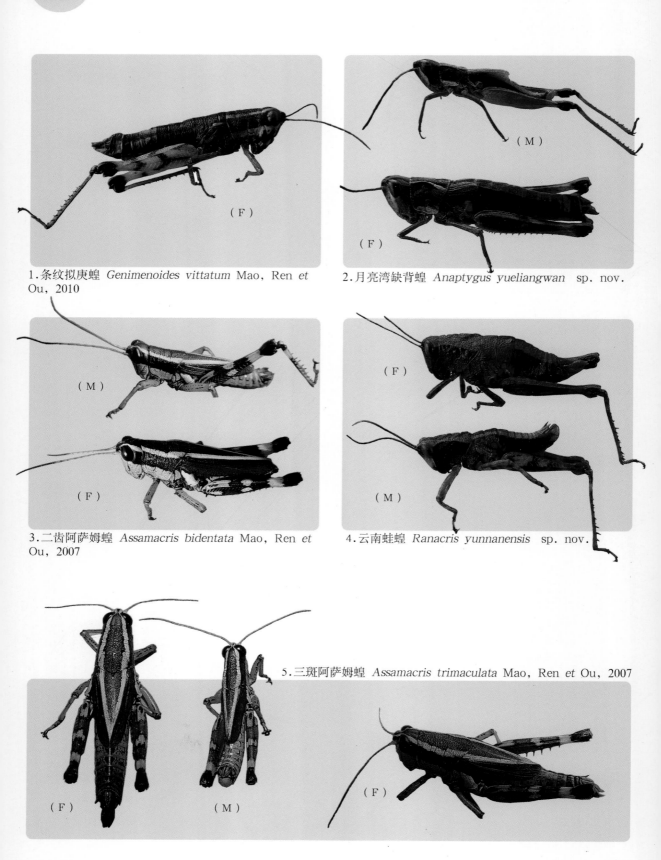

1.条纹拟庚蝗 *Genimenoides vittatum* Mao, Ren et Ou, 2010

2.月亮湾缺背蝗 *Anaptygus yueliangwan* sp. nov.

3.二齿阿萨姆蝗 *Assamacris bidentata* Mao, Ren et Ou, 2007

4.云南蛙蝗 *Ranacris yunnanensis* sp. nov.

5.三斑阿萨姆蝗 *Assamacris trimaculata* Mao, Ren et Ou, 2007

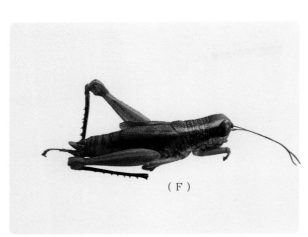

1.长翅龙州蝗 *Longzhouacris longipennis* Huang *et* Xia，1984

2.大山雏蝗 *Chorthippus dashanensis* sp. nov.

3.钝尾雏蝗 *Chorthippus obtusicaudatus* sp. nov.

4.版纳华佛蝗 *Sinophlaeoba bannaensis* Niu *et* Zheng，2005

5.滇西蹦蝗 *Sinopodisma dianxia* sp. nov.

1.老阴山华佛蝗 *Sinophlaeoba laoyinshan* Mao, Ou et Ren, 2008

2.筱翅华佛蝗 *Sinophlaeoba brachyptera* Mao, Ou et Ren, 2008

3.短翅橄蝗 *Tagasta brachyptera* Liang, 1988

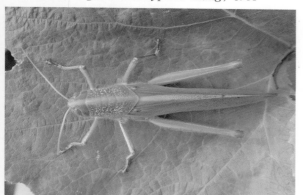

4.棉蝗 *Chondracris rosea rosea* (De Geer, 1773)

5.云南蛙蝗 *Ranacris yunnanensis* sp. nov.

6.长翅踵蝗 *Pternoscirta longipennis* Xia, 1981

7.云南卡蝗 *Carsula yunnana* Zheng, 1981